新一代信息技术丛书

5G MOBILE COMMUNICATION

WIRELESS NETWORK OPTIMIZATION TECHNOLOGY
AND PRACTICE

5G移动通信

无线网络
优化技术与实践

张阳　郭宝　刘毅　编著

机械工业出版社
CHINA MACHINE PRESS

本书将系统理论与工程实践有机结合，以 3GPP 为理论基础，对 5G 系统的组网架构、无线网络新技术特点和基本流程原理进行了阐述，同时，结合 5G 无线网络优化实践，针对性地介绍了相关技术原理和解决方案。本书重点关注 5G 无线网络优化技术，同时介绍了与 5G 无线网络优化生产实践相关的一些新技术领域（如人工智能、边缘计算、网络切片等），以便读者扩充知识体系，更深刻理解 5G 的内涵和外延。

　　本书既可以作为通信工程、信息工程和其他相关专业高年级本科生及研究生的参考书，也可以作为信息与通信工程领域技术人员和科研人员的参考资料。

图书在版编目（CIP）数据

5G 移动通信：无线网络优化技术与实践／张阳，郭宝，刘毅编著 . —北京：机械工业出版社，2021.1

（新一代信息技术丛书）

ISBN 978-7-111-67139-8

Ⅰ.①5… Ⅱ.①张… ②郭… ③刘… Ⅲ.①无线电通信-移动通信-通信技术 Ⅳ.①TN929.5

中国版本图书馆 CIP 数据核字（2020）第 260207 号

机械工业出版社（北京市百万庄大街 22 号　邮政编码 100037）
策划编辑：李馨馨　　责任编辑：李馨馨　秦　菲
责任校对：张艳霞　　责任印制：张　博
三河市国英印务有限公司印刷

2021 年 1 月第 1 版·第 1 次印刷
184mm×240mm·21.5 印张·530 千字
0001-1500 册
标准书号：ISBN 978-7-111-67139-8
定价：128.00 元

电话服务　　　　　　　　　　网络服务

客服电话：010-88361066　　机 工 官 网：www.cmpbook.com
　　　　　010-88379833　　机 工 官 博：weibo.com/cmp1952
　　　　　010-68326294　　金　书　网：www.golden-book.com
封底无防伪标均为盗版　　机工教育服务网：www.cmpedu.com

谨以本书献给我的儿子小煊煊，尽管爸爸开始写作的时候还不知道你的到来。

致　谢

　　小说《岛上书店》中有一句话："没有谁是一座孤岛，每本书都是一个世界。"每本书对读者而言既是探索世界的钥匙，也是信息沟通的桥梁，对作者而言亦是如此，甚至在整个写作的过程中更是一种独自面对孤独的修行。好在有家人的陪伴，让这场修行的背景色彩是温暖的基调。感谢我的爱人和母亲的理解与包容，短暂地赋予了我写作期间不干家务活的权利。本书也向父亲致意，虽然离开我们已十余年，但挥手道别的微笑和相逢重聚的拥抱仿佛就在昨天，记忆不曾有丝毫的褪色，那永远是一个儿子心中最温暖的思念。

　　另外，需要特别致谢的友人有刘志平老师、张锴老师，两位老师严谨治学的精神和专业的工作方法让我收获很多，本书创作过程中的很多顿悟得益于与两位老师的深入交流和探讨。其他需要感谢的有徐晓东博士、冷娜娜、李磊、亓新峰、康增辉等众多业内专家和同仁。

张　阳

前　　言

自从 2016 年底开始接触新一代 5G 移动通信技术以来，笔者就陆陆续续做了一些学习笔记和文字整理，期间也利用零敲碎打的时间撰写了一些关于 5G 新技术的文章，以连载的方式发表于《人民邮电报》的"5G 新在哪儿"专栏，这些文章组成了本书的基本架构。

本书在创作过程中，笔者也经常与业内同仁探讨交流，除了对于技术细节的讨论，大家也经常会交流一些关于 5G 从整体系统架构设计到标准撰写等方面的有趣话题，尽管有些观点未必成熟，在此仍希望分享出来以便与读者朋友们共同学习和提升。5G 系统在前期标准制定过程中的时间有些仓促，这直接导致在同一个标准文档的不同发布版本之间会存在个别自相矛盾或错漏的地方，甚至会有大量细节来不及讨论确定，以 FFS（For Further Study）的方式进行留白处理，尤其是在 5G NR 早期的 3GPP 文档中这类问题还是比较常见的。从 3GPP V15.4.0 之后的版本就趋向稳定，协议中的每句话、每个单词甚至每个标点符号都值得研读，有时往往对于一个标点符号的理解偏差会导致对于整段文档描述的误读，在研读协议时往往需要参考同一个规范的不同版本相互佐证。另外，5G NR在标准制定过程中，为了突出系统灵活性的特点，相比 4G LTE 单一的系统架构设计更加多元、更加复杂，同时，文稿撰写的技术壁垒也加深了，加大了工程师查阅协议的困难程度。有时为了对一个知识点形成完整准确的理解，需要横向查阅不同标号的文档。值得一提的是，虽然 5G 系统包含 NSA（Non-Standalone，非独立组网）和 SA（Standalone，独立组网）两种组网方案，但是在整个 NR 接入网标准文档中并没有将这两种方案独立成章，因此在标准规范中如果没有进行特别标注区分，所描述的技术方案对于 NSA 和 SA 两种模式都可以适用。NSA 组网方案在信令流程方面相比 SA 方案简化一些，但是优化实践中涉及的具体问题相对较多；SA 系统在技术理论方面涉及内容较多，而组网方案相对简捷明确。随着运营商对 5G 网络投资的不断加大，网络规模不断发展，由低频组网到高频组网也是 5G 发展的必然趋势，所涉及的一些具体组网技术细节和优化实践也可能存在差异。

移动通信技术更新换代的速度之快超乎想象，要想把握时代的脉搏，迅速地学习领悟一项新技术，最快捷的方法就是依托已有的知识背景和实践经验，以对比的视角来看待全新的技术发展方向，这也是笔者写作本书所秉持的理念。如果是从零开始，从移动通信最基本的概念开始来介绍 5G 技术，既不利于有针对性地把握系统设计的精髓，也会使得文字拖沓冗余，研读效率上会有一定折扣。因此，本书依托既有的 4G 移动通信技术为写作蓝本，着重介绍 5G 无线网络优化所涉及的新技术特点和设计理念，笔者更希望本书不仅能够作为一本 5G 无线网络优化的入门参考书，同时也能作为一本网络优化工程师厘清日常概念、随手翻阅的工具书。

本书整体组织架构采取松耦合的方式，读者可以按照目录顺序阅读，也可以挑选重点关注的内容阅读，同时，为了便于读者进行对照参考，在一些章节中，例如第 2 章的 2.2.1 节、2.3.1 节，第 5 章的 5.1 节都对 4G 移动通信系统中的相关技术特点进行了必要的铺垫阐述。

本书创作历时 3 年多，一般都是在夜深人静之时进行写作，这个时间段的大脑活跃程度并不是一天中的最佳状态。另外，面对繁复庞杂的 5G 系统架构，个人的理解感悟毕竟有限，偏颇之处在所难免，为了保证信息传递的一致性以及力图呈现原汁原味的专业表述，书中从 3GPP 规范截取的相关图表、公式保持了原始英文形态，也请读者一并见谅。

张　阳

目　　录

绪　　论

近年来，互联网领域的热词之一就是"5G"，5G作为国家信息化发展战略中建设网络强国的重要举措吸引了大量的关注。5G网络速度将是4G的10~100倍，那么5G与4G在核心技术上是否有根本的区别呢？实际上，移动通信系统中最基础的基带处理无外乎调制解调（解决信息如何在无线电波中进行传输的问题）和多址技术（解决容纳多个用户接入网络的问题）。1G到2G的核心技术变革在于从模拟信号到数字信号处理机制的转变，2G到3G的核心技术区别在于从窄带时（码）分多址技术向宽带码分多址技术的转变，3G到4G的核心技术转变在于码分多址向更高效的正交频分复用多址接入（Orthogonal Frequency-Division Multiple Access，OFDMA）技术的演变升级，从这个角度来看，5G与4G都是采取OFDMA（4G上行采用DFT-s-OFDM，5G上行调制方式可以灵活选择）+MIMO（Multiple Input Multiple Output，多输入多输出）的调制复用多址技术，似乎没有颠覆性的区别。当然，5G在4G的基础上为了实现更高的速率，提供了更大带宽传输，同时在编码效率上进一步优化提升，物理层的系统级参数配置方面也更加灵活多变，协议栈也进行了些许的改动调整，但是这些似乎都不足以促使5G产业"姗姗来迟"，貌似理应与4G"捆绑打包发售"。那么产业中到底是什么根本性的因素决定着5G产业的发展进程呢？

5G的通信网络架构设计是应用驱动的，主要面向更大的带宽（速率）、更低的时延（车联网）以及广域物联网络。现阶段3GPP标准化工作推进主要聚焦在大带宽和低时延。大带宽首先是通过提供连续更大（相比4G）的频谱来实现，那么LTE（Long Term Evolution，长期演进）通过更多载波聚合技术就可以支持（目前业内最大能够提供3~5载波聚合的能力）。因此，单纯实现大带宽的能力并不是5G的"绝活"。大带宽意味着芯片中负责数字信号处理（Digital Signal Processing，DSP）的器件运算能力提升，实现4G/5G OFDM调制复用技术的关键在于快速傅里叶变换（Fast Fourier Transform，FFT）的计算能力，FFT的计算点位（抽头）伴随着带宽增加而相应增加，因此计算的复杂度也是呈指数提升的，从这一层面看来，逐步通过LTE载波聚合技术实现更高的带宽传输也可以看作是实现5G DSP芯片计算能力的一种技术储备和过渡。那么，如何在实现大带宽传输能力的同时保证可靠性以及较低的时延呢？这里主要取决于两个因素：高效的解码能力和对于时频资源的高速调度。而这两个因素本质上又与芯片的实现架构以及处理能力息息相关，因此笔者尝试先从芯片技术的架构设计进行一些探讨。

芯片设计有两种架构设计思路：一种是精简指令集计算（Reduced Instruction Set Computing，RISC）简指令集；另外一种是复杂指令集计算（Complex Instruction Set Computing，CISC）。CISC 的典型代表是英特尔（Intel）公司的 x86 芯片系列，在 20 世纪 90 年代，大多数个人计算机（PC）的微处理器采用的都是 CISC 体系，CISC 是一种为了便于编程和提高内存访问效率的设计体系，其主要特点是后向兼容性较好，软件编程较容易，主要依赖于硬件实现，而采取大量的复杂指令、可变的指令长度、多种寻址方式等设计理念造成指令集以及芯片的设计比较复杂，不同的指令需要不同的时钟周期来完成，效率优化提升空间较小。RISC 的典型代表是 ARM 公司的 ARM 芯片系列，该架构采取高度优化精简指令集和通用寄存器设计，只包含一些简单、基本、长度固定的指令，通过组合形成复杂指令。另外，RISC 的指令寻址种类较少、执行周期较短、芯片并行处理能力强、流水线效率更高，在使用相同的芯片技术和相同的运行时钟下，RISC 系统的运行速度大约是 CISC 的 2~4 倍。但同时也暴露出一些问题，例如编译器需要重新设计、编写代码量变得庞大、需要较大的程序存储空间。总体来说，采取 CISC 架构的芯片设计解码效率较低，已经越来越不适用于未来移动互联网中高速并发数据处理的时延需求，目前仍然存在的 X86 芯片架构主要为了兼容大量的 X86 平台上的软件以及对处理效率要求不高的大数据分布式存储工作站。而 RISC 体系的 ARM 指令的最大特点是处理效率较高、能耗较少，因此，ARM 处理器广泛用于智能移动终端，也是几种主流的嵌入式处理体系结构之一。

在硅谷著名投资人吴军博士所著《见识》一书中有一个小故事，英特尔公司当年富有传奇色彩的首席执行官安迪·格鲁夫生前在一次会议上回答过大家一个提问：在工作站时代为什么太阳微系统公司、美国硅图公司和摩托罗拉公司的 RISC 处理器做不过英特尔？当时做工作站处理器的几家公司，都是每 36 个月左右推出一款性能是之前 4 倍的处理器，而英特尔每 18 个月就推出一款性能是之前 2 倍的处理器，虽然从效果上讲大家是按照同一个速度进步的，但是英特尔从商业模式上屡屡推出"爆款"，尽管只走了半步，却及时地刷新了大家的记忆。当然，也不是"爆款"的频率越高越好，从商业模式上讲"爆款"变化太小不足以吸引眼球，从终端厂家产品推陈出新的角度，太快的研发周期意味着成本的显著提升，而芯片性能研发质量也难以得到保障。另外，5G 网络的大带宽提供的目标吞吐率是 4G 网络的 10 倍，目标时延要求也是 4G 的 1/10 左右，因此对芯片的高速解码能力以及处理计算效率的要求也更加严苛，业内更倾向于选择低能耗的 RISC 架构作为终端芯片设计。从上面这个小故事可以看出，更高性能的芯片研发是有 3~4 年周期的，这是影响 5G 产业链中芯片（网络侧、终端侧都涉及）成熟度的重要原因之一。当然，目前 CISC 架构也吸取了 RISC 的一些诸如并行处理的优点，在处理效率方面也得以进一步提升，不过这是另外一个话题。

随着移动通信网络的高速发展，运营商部署的 2G/3G/4G/5G 网络会长期共存，因此需要终端芯片对这些网络制式的基带处理模块以及射频单元有更高程度的集成。另外，随着移动互联网业务的发展，更多的业务处理模块也要求移动智能终端处理芯片集成能力越来越强，甚至有想法将终端的射频器件也集成于芯片之中（SoC，System on Chip），这就需要采用超深亚微米（Very Deep Sub-Micron，VDSM）、纳米器件这些工艺技术（目前终端芯片普遍已经采用纳米技术）。另外，随着纳米器件的体积更小，在同样的体积下可以塞进更多的电子元器件，处理性能更强、功耗更低，终端厂商可以有更多的空间为智能手机设计更大的电池或者更纤薄的机身，对于 5G 这样大带宽高功耗的终端，手机的续航能力也是推进产业成熟的重要因素之一。可以想象，一块指甲盖大小的芯片容纳下几十亿个纳米器件，并且要保证芯片的稳定运行，如何能确保如此高的可靠性呢？归纳来说主要从两个方面，一个是元器件通过原始材料制作的工艺水平，另一个是软硬件编程配合，这两方面的技术细节在此不展开探讨，不过回顾一下纳米技术产品的研发周期也有助于理解决定 5G 产业发展的另一个客观且重要的因素。

2012 年 4 月，美国高通公司（Qualcomm）发布了基于 28 nm 技术的高通骁龙 Snapdragon S4 系统级芯片。

2014 年 4 月，高通发布了基于 22 nm 技术的两款最新型 64 位移动处理系统级芯片 Snapdragon 808 与 810。

2017 年 6 月，在上海 MWC（世界移动大会）上，高通推出了基于 14 nm 工艺的骁龙 450 芯片。

2016 年 11 月，高通宣布开发骁龙 835 处理器，其最大特色是采用 10 nm 制程工艺打造，同时支持 Quick Charge 4.0 快充技术。

2018 年 12 月，高通发布了全球首款 7 nm PC 平台骁龙 8cx。7 nm 终端芯片在 2019 年底推出。

全球芯片半导体产业为了实现更低功耗、更高集成度等目标，已步入纳米技术时代。从以上纳米技术的研发周期可以看出，纳米器件随着规格尺寸的减小，研发周期将会越来越长，到了一定的尺寸（目前极限是 5 nm），再往下缩减会越来越难，相应的工艺实现层面也越来越复杂，除了像 FD-SOI（全耗尽绝缘体硅）、硅光子、3D 堆叠等工艺技术之外，对于新型材料的选择，各大企业也在逐步加大研发投入。目前制造芯片的半导体原材料以硅为主，硅的物理特性限制了芯片的发展空间，一些新型的化学材料如 III-V 族化合物（镓铝砷、镓砷磷）、碳纳米管、石墨烯等由于其独特的特性（例如，IBM 表示，石墨烯中的电子迁移速度是硅材料的 10 倍，石墨烯芯片的主频在理论上可达300 GHz，而散热量和功耗却远低于硅基芯片。麻省理工学院的研究发现，石墨烯可使芯片的运行速率提升百万倍。）正在受到产业越来越高度的关注。不过也要看到，新材料技术在实际产业应用的时间可能比预期更长，例如，石墨烯材料以 2004 年实验室首次提纯到 2018 年 4 月初步解决石墨烯基芯片所需要的带隙方法，走过了 14 年光景。

除了芯片（网络/终端）的这个因素，另一业界一直在讨论的关于 5G 组网实现的因素就是 5G 的频率该如何选择。众所周知，按照香农公式，通信系统高速数据传输的一个必要条件就是提供更大的无线信道系统带宽。通信射频信号本质上是经过调制在某一特定的频率上通过无线电波弥散振荡的方式在空间进行传播的。某一频率资源一旦划分给某一个制式的通信系统，一般情况下是不会再被随意调整划拨作为其他用途的，因此，业界一般认为频率资源就像国家土地资源一样，属于不可再生资源。随着无线电波与人类的关系日益密切，使用场景也越来越广泛，要知道不是只有移动通信才采用无线电波的，广播电视、广播电台、航空通信调度、军用雷达通信、卫星通信等无一不在使用稀缺而宝贵的无线电波频率资源。由于低频率的无线电波传播能力较好，业界在关于无线信道的传输模型理论和实践研究方面也比较深入，作为民用用途的通信设施一般都青睐较低的频率（所谓较低的频率一般指 3 GHz 以下）作为信号发射的载体，这样的好处也显而易见，建站数量可以不用那么多，投资没有那么巨大，信号的传输质量也比较可靠。而到了 5G 时代，随着低频资源越来越稀缺，业界也把目光锁定了高频率，甚至超高频率（俗称毫米波，一般在 28 GHz 以上）。为了解决高频无线电波穿透损耗过大这个问题，业界一直倾向选择源于相控雷达阵列技术的高增益波束赋形天线技术，例如，在 TD-SCDMA/TD-LTE 设备中就已经采用的 8T8R（T、R 分别代表发射和接收的物理通道）天线技术。从原理上而言，通道数量越多，天线的波束赋形增益和对抗高频衰减的能力就越好。而受限于所分配的频率，在 3G/4G 时代的 TDD 系统中，如果要采取更多通道的天线技术，如现网使用的大规模阵列天线（Massive MIMO），为了满足天线振子之间的物理隔离需求，就需要将天线本身的尺寸做得很大。而这一天线工艺实现问题在 5G 的高频段有所缓解，天线尺寸已经不再是业界所关注的重点问题。通过天线技术创新解决的另一个问题是用户和系统传输速率，在 4G 时代，为了提升用户传输速率主要使用了单用户 MIMO 技术，用户设备（UE）通过计算逆向信道矩阵以恢复原始数据流（4G 也有多用户 MIMO，但实现原理与 Massive MIMO 有所不同，与单用户 MIMO 一样都是基于终端侧码本求逆实现的），而 4G 时代的单用户 MIMO 对于覆盖环境比较挑剔，覆盖弱场实现的效果不甚理想。5G Massive MIMO 阵列天线通过通道预编码矩阵技术将复杂性从 UE 侧转移到基站侧，从而实现多用户 MIMO，UE 侧每个数据流由单独的接收器独立接收，基站侧使用 64~512 单元的天线阵列进行波束赋形（如图 0-1 所示），可减少对使用多用户 MIMO 的相邻用户的干扰，这样保证了用户即使处于覆盖边缘的区域也能通过基站的配对实现多用户 MIMO 传输，大规模阵列天线技术在 5G 上的应用是近年来通信技术从理论研究到工程实践最伟大的一次创新，也是未来高频率 TDD 制式通信系统的必然选择。

　　未来移动通信技术在传统的通信数字信号处理层面的界限越来越模糊，通常作为通信系统"前端"出现的终端和天线在 5G 时代之前往往并不被认为是通信技术更新换代的幕后推手。随着信息编码和处理技术的越发成熟，通信理论研究的提升空间越来越受到压缩，而产业落地实现反而变成了关注的焦点，也许在未来很长一段时间，如何提升元器件的性能、如何在材料技术上有所突破、如何提升终端或者天线技术的工艺水平，才是通信产业关注的重点。

双极化振子2

双极化振子1

8T8R馈缆接口之一，每个极化方向的振子组成一个RRU通道，振子与RRU通道通过一个馈缆连接，12个同方向的偶极子形成一个通道，一个通道独立配置一个权值

8T8R天线：16振子，8通道，8根接入馈缆（同步调测馈缆除外，实际8+1根馈缆），最多可配置为2天线端口(同一极化方向的所有偶极子可实现1天线逻辑端口)

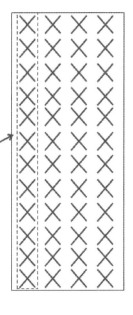

a)

双极化振子2

双极化振子1

3D-MIMO天线通道之一，每一个通道包含同一极化方向两个振子，3D-MIMO没有外部馈缆，与RRU通过内部光纤相连，每个通道独立配置一个权值

同一极化方向8个通道所含振子可实现配置为一个天线逻辑端口（可选方案之一）

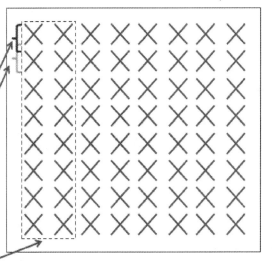

3D-MIMO天线：128振子，64通道，最多可配置为8天线端口（基于UE-specific RS）

b)

图 0-1 Massive-MIMO（3D-MIMO）阵列天线与传统 8T8R 天线

a）传统 8T8R 天线　b）Massive-MIMO（3D-MIMO）阵列天线

第1章 5G系统架构

作为下一代移动通信网络标准的5G技术集合了世界范围内信息与通信技术（Information and Communications Technology，ICT）专家和科研工作者的智慧结晶，随着全球商业步伐的日益加速，5G向我们缓缓拉开了人类又一场波澜壮阔的产业技术革命的大幕。这是迄今为止，人类对于看似遥不可及的未来移动通信技术最大胆的想象。5G协议标准的官方命名是New Radio（NR），俗称新无线电（或新空中接口）技术。很多读者也许十分好奇，5G相比4G到底"新"在了哪些方面？要知道，每一代移动通信系统中最核心的部分往往是无线接入网（一般称作"空中接口"）技术，这是移动通信系统的灵魂，当对一个全新的技术领域进行研究和思考时，不要急于一股脑扎入烦冗的技术细节，可以暂且抽离出来，以宏观的视角看看5G全产业到底都有哪些新的设计理念与发展方向，大致对5G形成一个感性的认知之后再逐渐深入。

1.1 5G全新系统架构

1.1.1 5G全新产业技术发展概述

5G作为一种全产业链创新的技术，可以认为是第一次真正以应用为导向进行的移动通信协议标准制定和系统设计，是一次由高层带动底层设计的革命。5G作为移动通信系统中无所不能的"变形金刚"，提供了一整套统一基础的框架机构，可以适用于多种应用需求。归纳而言，包括如下新特点。

（1）新的应用需求

5G作为一种以应用驱动进行设计的通信系统架构，其设计之初的目标以及需求非常明确，主要强调了高可靠（低误码率）、高可用、低时延等特性。高可靠性意味着在限定的时延下传送近似0误码的数据包。可以通过成功传输包的比率（或者反向的误包率）来评估可靠性，不同的高可靠与低时延（Ultra-Reliable and Low Latency Communication，URLLC）用例对于所需的比率以及时延门限可能有所不同。高可用性则涉及通过3GPP系统提供可靠服务的通信链路。所谓通信链路包括端到端的通道，其中含空口链路、传输链路以及不同软硬件功能。高可用性本质意味着质量以及容量的保障，5G在系统架构设计时强调一种更高的适配性，空中接口是一种标准化无线接入网技术，可以通过软硬件资源、频率、参数调整适配不同的应用场景以及需求。5G对于低时延的目标则有明确的衡量标准，例如，控制面时延是指设备从 IDLE 态转换到数据连续传输状态的时延，目标值为 10 ms，而 LTE 的时延则是 50~100 ms。用户面时延指 UE/BS 不处于 DRX 状态下，应用层数据包通过无线协议栈 2/3 层进口 SDU 到对端无线协议栈 2/3 层出口 SDU 的时延，对于上下行的用户面时延要求都是 0.5 ms（注：LTE 一个子帧 1 ms，一个时隙 0.5 ms）。间歇式的小包业务（IoT）时延是在基于最大路损 164 dB 的前提下，上行发送 20B 应用数据包时（物理层 105B）不超过 10 s；

（2）新的组网模式

5G 组网方式较 4G 更加新颖灵活，主要包含去中心化部署、与 LTE 共站址部署、中心化部署、跨运营商共享部署四种方式（见图 1-1），各种方式适用场景不同，组网特点也各不相同。例如，对于去中心化部署方式，其网络节点扁平化，接入网元节点互联互

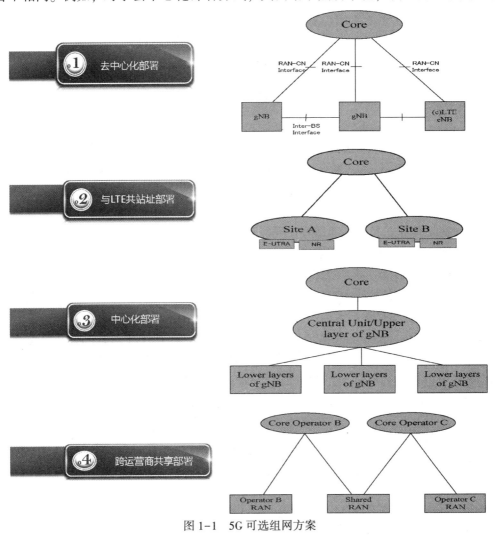

图 1-1　5G 可选组网方案

通，可与 LTE 的 eNB 连接，组网模式与 4G 现网相同；在现有站址资源稀缺的情况下，可以采取与 LTE 共站址进行组网部署，既可以通过共基带处理单元实现物理资源深度融合，也可以单纯以共机框、共机房、共天面的方式实现物理资源的复用，这种组网方式可以最大化地复用现有站址资源；中心化组网方式意味着集中式部署，这就是 C-RAN 的概念，其中 CU 与 DU 分离实现了协议栈之间的解耦，可以节省基站机房资源，实现服务器资源弹性利用以及有效负荷分担，也可以提升 CoMP 多点协作等技术的性能；跨运营商共享组网方式可以采取异构组网方式（多个小区），共享接入网频率可以是公共频率也可以是某一运营商频率。在非共享区域与共享区域之间的移动性能与 LTE 网络系统内的移动性能相当。

（3）新的无线接入网络方案

全新接入网可兼容现网 LTE 基站，主要包含两种逻辑网元：一种是 5G 基站 gNodeB，负责提供 NR 的用户面和控制面协议；另外一种可以是升级版的 LTE 基站 eNodeB，负责提供 E-UTRA 的用户面和控制面协议。现网 LTE 接入网逻辑节点（eNodeB）之间的接口称作 X2 接口，而 5G 接入网逻辑节点（gNodeB）之间的接口称作 Xn 接口，在标准预研阶段 gNodeB 与 5G 核心网之间的接口笼统称作 NG 接口。接入网与核心网的组网架构在标准协议中进行了多种定义，较常用的包括独立组网的 Option2（gNB 与 5G 核心网 NGC（注：最初命名为 NGC，现已正式更名为 5GC）互连，该种组网方式的特点是需要新建核心网和接入网）和 Option5 方案（eLTE eNB 与 NGC 互连，该种组网方式的特点是可利旧升级存量 LTE 基站，进行核心网替换，网络投资较小），同时包括非独立组网的 Option3/3A（NR 非独立设置，NR 用户面可通过 LTE eNB（3）与现有核心网互连，也可以直接互连（3A），该种方式利于快速部署，现网升级利旧）和 Option7/7A 方案（NR 非独立设置，NR 用户面可通过 LTE eNB（7）与 NGC 互连，也可以直接互连（7A），保留 LTE 接入网设备，替换现有核心网），详见图 1-2。

（4）新的应用场景

5G 应用场景主要包含三大类：eMBB（enhanced Mobile BroadBand，增强型移动宽带）服务（相比 URLLC 可能有一定时延），此类场景的典型应用例如 AR/VR、高清电视信号传输等对带宽的需求很高，在能保证传输质量的前提下，我们将来坐在电视前就可以身临其境地感受到以球员视角进行的实时影像回传；mMTC（massive Machine Type Communication，海量机器类通信）则面向提供百万规模物物连接，实现万物互联，可以实现物品远程定位、数据采集、实时监控或者对物的自动化管控；URLLC 极端可靠低时延通信面向对时延相当敏感、对网络性能极端依赖的应用需求，如车辆自动驾驶接管、远程医疗、户外手术、紧急救援等。

（5）新的评估体系

5G 基于传统 4G 数据网络评估体系，衍生出一些新的评估量化维度。例如，对峰值速率的要求进一步提升，单站最高理论速率的目标值是下行 20 Gbit/s，上行 10 Gbit/s；峰值频

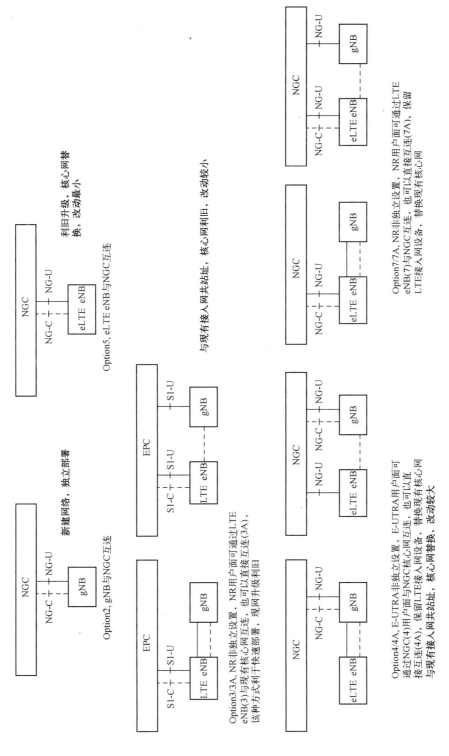

图1-2　5G无线接入网络可选方案

谱效率，频率归一化下单站最高理论速率的目标值是下行 30 bit/s/Hz 和上行 15 bit/s/Hz；控制面时延指从空闲态到业务传输态，目标值为 10 ms；用户面时延，不考虑 DRX 的情况下，对于 URLLC 业务，端到端数据包传输时延的目标值是上行 0.5 ms，下行 0.5 ms。对于 eMBB 业务，目标值为上行 4 ms 和下行 4 ms；间歇小包业务时延，端到端数据包传输时延，在最大路损 164 dB 条件下，传送 20B 应用包时延不超过 10 s；移动服务中断时间，这个项指标主要评估 NR 系统内同频切换或者异频切换系统服务中断时间，目标为 0 ms，在特殊场景下，如偏远低价值区域，该指标门限可适当放宽；可靠性：该指标评估在特定信道环境下，在指定时延下，空口端到端包传送成功率。对于一般 URLLC 业务，目标值为用户面时延 1 ms，传送 32B 成功率 99.999%；覆盖，边缘速率 160 bit/s 下的最大路损，目标值为 164 dB；UE 电池寿命，mMTC 电池寿命 10 年；UE 能量效率，评估 UE 在尽可能减少耗能的前提下提供更多的宽带数据业务；服务区域业务容量指每单位地理面积下总业务吞吐率（Mbit/s/m²）；连接密度指给定丢包率前提下能够提供的连接数，目标值为 1000000 device/km²；移动性，意味着在保障 QoS 下，最大用户移动速度为 500 km/h；网络能耗效率，网络设备进一步降低功耗，实现绿色节能。

（6）新技术

5G 通过大规模阵列通道实现的 Massive-MIMO 天线技术不仅在覆盖能力方面进一步提升，同时能够有效地缓解容量压力。在无线空口技术创新方面，5G 不仅采取了更优化的编码调制技术进一步提升频谱传输效率，还采取了灵活可变的物理层参数设置以及信令流程进一步满足 5G 面向多种需求的设计理念。在优化组网架构方面，大量引入小基站实现宏微协同，不仅加强室内区域的深度覆盖，同时也能针对业务量动态变化趋势实现小区分裂或者合并，缓解容量攀升带来的压力，同时还可以实现用户定位等辅助应用需求。另外一方面，5G 不仅仅是传统通信技术的革新，由于其大带宽所带来的数据颗粒度进一步细化，也为与 IT 技术的深度融合进一步创造了条件，使得边缘计算、大数据、人工智能、软件虚拟化、云计算等技术与移动通信技术深度融合发展成为可能。

（7）新的运维模式

随着 5G 业务的发展，不仅需要考虑与现有 4G 网络的协同运维，还需要针对 5G 的独有特点进行考量。初期 5G 采取非独立组网模式（NSA）可以使旧站点快速实现连片部署，但是对于锚定载波的选取、频率的重耕、与 4G 网络的协同天馈优化、邻区参数设置等诸多方面都需要重点予以关注。另外，还需提前针对 5G 基站的能耗增加进行节能措施研究，以及对机房配套用电改造进行合理规划。同时，为了满足重点业务区域潜在大带宽流量需求，并适配新型的 BBU+AAU 单站架构，需提前进行前传传输网络资源预留，以及 C-RAN 架构下涉及机房的改造升级。

（8）新玩家

在传统通信设备供货模式中，运营商需要采购并使用专用通信硬件系统，软硬件紧密耦合，主设备厂家将软件整合捆绑在硬件中一起采购供货。在 5G 产业发展中，随着通用硬件处理能力的提升，并结合 CU 与 DU 的分离架构可以实现软硬件充分解耦，导致供货模式可能产生根本性的变化，由传统电信设备巨头控制的通信市场可能会引入更多参与者，更多主导 IT 软件研发的公司可能成为全新的玩家。

（9）新思维

5G 技术颠覆传统移动通信系统中组网架构倾向于单一稳定的传统思路，使得运营商能够通过灵活多变的网络参数配置重构网络。从这一点看来，5G 不仅仅是一种技术标准创新，一种运维流程的革新，一种供求模式的更新，更是一种全新思维模式的大胆探索。5G 不仅仅需要依靠其自身的"内涵"——智能通道运维能力的提升带来更好的网络体验，更需要凭借其"外延"——在大数据变现、内容创新等方面促进本身价值的提升，因此，5G 是全产业链的共同机遇。

1.1.2　基于服务的核心网络架构

3GPP 标准将 5G 核心网架构赋予了新的名称，SBA（Service-based Architecture）架构，这种基于服务的架构和传统核心网络"节点-节点"互联的架构共同作为 5G 核心网络架构候选，一直是业内讨论的焦点。最终，3GPP 将 SBA 架构确定为 5G 网络唯一的基础架构。基于服务的网络架构借鉴 IT 领域中"微服务"的设计理念，将网络功能定义为多个相对独立可被灵活调用的服务模块，基于此种架构设计理念，运营商可以灵活地按照业务需求新增或者升级网元功能，实现灵活定制组网。

从图 1-3 中 5G 系统架构及组网方式来看，SBA 组网架构存在如下特点。

1）传统的硬件与软件捆绑形成的逻辑功能网元向网络功能虚拟化（NFV）转型，在命名上统称为网络功能（Network Function），为了便于理解，也可以用传统的网元功能或者功能网元名称予以描述。

2）网元功能与承载 VoLTE 的 IMS 的核心网架构中的网元功能划分比较类似，以微服务、小功能为基本逻辑网元单位，将传统"大锅饭"式的逻辑大网元实体进行分离，以

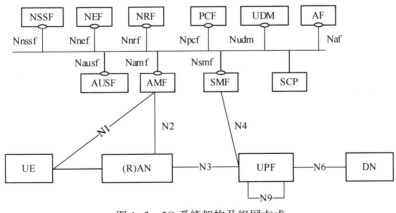

图 1-3　5G 系统架构及组网方式

小的逻辑功能实体存在。

3）以服务为基础的系统架构接口单一化，规整清晰，逻辑网元之间可以通过 IT 领域中的"总线"结构实现彼此互联，新增服务网元组网模式简单，成本较低，而"节点到节点"系统架构接口之间需要彼此预置逻辑规则，组网模式复杂，新增逻辑网元对于整体架构、接口改动较大。

为了更加深入了解 SBA 架构的设计理念精髓，需要对于涉及的主要功能网元进一步了解。

AUSF（Authentication Server Function） 鉴权服务功能，类似 4G 中 MME 的鉴权功能，可支持 3GPP 框架定义的接入服务鉴权，同时也可以支持非 3GPP 接入网的鉴权。

AMF（Access and Mobility Management Function） 访问与移动性管理功能，该功能是 5G 整体核心网络架构中最为重要的网元，大体功能类似 4G 的 MME 中移动性管理（EMM）逻辑功能，对网络的控制面消息进行处理。具体功能涵盖接入网控制面处理、NAS 消息处理、NAS 消息加密和完整性保护、注册管理、连接管理、接入性管理、移动性管理、合法信息截获、提供给 SMF 一些特殊会话管理消息、访问鉴权 & 授权、安全锚定功能 SEAF（SEAF 可以认为是 AUSF 的鉴权代理）、位置服务管理、与 4G 核心网 EPS 交互时分配 EPS 承载 ID、UE 移动事件通知、5G 物联网中控制面数据传输优化、提供外部配置参数。除了对于涉及 3GPP 接入网相关流程进行管控，AMF 还有一个新的特点就是对非 3GPP 接入网也可以管控，在此情况下，一些 3GPP 相关信息和流程（例如：与切换流程相关）就不适用了。

SMF（Session Management Function） 会话管理功能，这个网元类似实现了 4G 中的 ESM 功能，可以实现会话管理，如会话建立、修改和释放，同时可以对 UPF 与 AN 节点之间的通道进行维护；可实现 UE 的 IP 地址分配 & 管理，当然 UE 的 IP 地址也可以从 UPF 或者外部网络进行分配；可以选择并且控制用户面功能，例如可以控制 UPF 转发以太网数据至 SMF，也可以为以太网数据传输提供对应的 UE MAC 地址；在 UPF 上配置正确业务路由；落地执行策略控制功能；合法截获（会话管理事件与 LI 系统接口）；计费数据收集并提供计费接口，也可以管控 UPF 中的计费数据收集；SMF 是 NAS 消息中关于会话管理的最终节点，可以向 UE 提供下行数据传输指示；发起接入网的特定会话管理信息（通过 AMF 路由）；决定了会话中 SSC 模式（5G 系统中对于不同应用与服务类型定义的会话与服务连续性的模式）；漫游功能（处理 VPLMN QoS 实现，VPLMN 计费数据收集与计费接口，VPLMN 合法数据截获，传递外部数据网络对于 PDN 会话关于鉴权/授权的信令），同时支持 5G 物联网中控制面数据传输优化。

UPF（User Plane Function） 用户面功能，类似之前的 SGW/PGW 合设，具体提供如下的功能：本系统/异系统移动性锚点；根据 SMF 请求分配 UE IP 地址；与外部数据网络对接的 PDN 会话节点；数据包路由/转发；数据包检查；用户面策略执行；合法截获；业务使用报告；用户面 QoS 处理；上行业务校验（业务数据流（SDF）到 QoS 流的映射）；

上下行传输层数据包标记；下行数据包缓存和触发下行数据指示；在跨小区切换完成之后，向源小区发送或转发（来自 SMF）的业务终止传输标识（End Marker）；响应以太网数据传输提供对应的 UE MAC 地址；当 3GPP 主导的 5G 网络与 IEEE 主导的工业低时延网络（Time Sensitive Network，TSN）互联时，可以作为保持和转发用户面数据包的桥梁以平滑抖动时延；另外，可以在 GTP-U 层为了确保 5G 物联网的可靠数据服务提供下行数据包复制以及上行数据包丢弃的相应措施。

NEF（Network Exposure Function） 网络曝光功能，该逻辑网元是 5G 核心网与外部交互相关能力和信息的接口，该接口可以对外部提供的网络能力主要包括监控能力、供给能力、策略/计费能力和分析报告能力。监控能力主要指对 5G 系统中 UE 的特定事件进行监控，并向外部提供监控事件信息，例如可以输出 UE 位置信息、接续性、漫游状态、连接保持性等；供给能力指外部实体可以向 NEF 提供相关信息或参数以对 UE 的移动性或会话管理参数进行设置，同时也包括一些网络配置参数以及涉及服务的参数，传递的这些参数更偏向应用于涉及物联网类型的管控，如周期通信时间、通信持续时间、调度通信时间及通信类型、最大响应时间；策略/计费能力指根据外部需求对 QoS 以及计费策略进行调整响应，这些信息可以用来进行 UE 会话的 QoS/优先级处理，同时也可以设置合适的计费实体或者计费率；分析报告能力包含对于外部实体报告上报内部分析数据。NEF 网元是网络内部与外部实体进行信息双向交互的接口网元，同时也是内部信息分发汇总的逻辑网元。总体来说，这是一个内外部网元信息安全传递的节点，可以对不同应用功能网元信息进行鉴权、授权和限流，同时可以根据网络策略向外部应用提供脱敏后的网络和用户相关信息。

NRF（NF Repository Function） 网络仓库功能，这个网元功能可以支持服务发现功能。从一个网元功能或服务通信代理（SCP）收到网元"发现"请求，并且可以将被"发现"的网元功能信息予以反馈。同时，这个网元功能还负责维护可用网络功能的信息以及它们各自支持的服务。所谓的发现流程是由需求网元功能（NF）借助 NRF 实现特定 NF 或者特定服务寻址的过程，NRF 提供相应 NF 实例或 NF 服务实例的 IP 地址或者 FQDN 或者 URI，在这点上很像 DNS。NRF 还可以通过提供 PLMN ID 实现跨 PLMN 的发现流程。为了实现网元功能的寻址发现，各个网元都需要在 NRF 中进行登记，一些网元功能可在首次运行时在 NRF 中进行登记。NRF 与 SCP 的主要区别在于 NRF 进行地址映射，而 SCP 主要负责路由。

PCF（Policy Control Function） 策略管控功能，该网元有如下功能：支持管控网络行为的统一策略框架、提供策略规则给控制平面执行、访问 UDR 中与策略制定相关的订阅信息。

UDM（Unified Data Management） 统一的数据管理，功能类似 4G 中的 HSS 网元中数据管控逻辑功能，具体可以支持如下功能：鉴权信用处理；用户标识处理；可以实现用户永久订阅标识（SUPI）的存储和管理，同时支持用户隐私保护订阅标识（SUCI）的去隐私化；提供基于订阅数据的访问授权；对 UE 提供服务的网元功能注册管理；通过对会话分配 SMF/DNN 保持服务/会话的连续性；订阅管理；被叫短消息接收及短消息管理；合法信息截获；5G 局域网用户管理；支持外部提供参数。

UDR（Unified Data Repository） UDR 是一个用户订阅数据存储库，该数据存储库可以分别与 UDM/PCF/NEF 进行接口互联，以实现 UDM/PCF/NEF 访问调用用户订阅数据，UDR 可以与 UDSF 进行合设。

NSSF（Network Slice Selection Function） 网络切分功能可以选择服务于 UE 的切分标识实例组，并且可以决定可用或者配置的网络切分标识，为了实现网络切分服务，可以为 UE 选择服务的 AMF。

DN（Data Network） 数据网络（包含运营商服务，互联网访问或者第三方服务），类似 4G 的外部数据网络，UE 中特定服务应用（APP）通过 PDN 会话传递的方式与数据网络进行信息交互，这里 PDN 会话可以包含多种类型，如 IPv4、IPv6、以太网协议数据以及非结构化数据等。DNN（Data Network Name）数据网络名称就是在 4G 网络中所谓的互联网访问节点 APN，二者除了命名方式没有任何本质区别。

UDSF（Unstructured Data Storage Network Function） 非结构化数据存储网络功能，该功能是 5G 核心网的一个可选功能。UDSF 负责存储并向其他网元功能以非结构化数据形式提供信息。所谓非结构化数据是指并没有在 3GPP 标准中定义的数据信息。

AF（Application Function） 应用功能，该功能与 5G 核心网交互的目的在于提供服务，例如支持如下功能：对于业务路由的应用影响，访问网络能力曝光，与策略框架交互进行策略管控。根据运营商部署策略，受信 AF 可以直接访问 5G 核心网内部网元功能提升业务处理效率，当然也可以利用通用的外部网元功能访问框架通过 NEF 与相应的内部网元功能实现信息交互。

UE（User Equipment） 用户设备。

（R）AN（（Radio）Access Network） （无线）接入网络。

除了一些上述提及的 5G 网元功能之外，在 5G 核心网中还有两个比较重要的概念值得一提。

（1）发现流程

对于采取总线接口模型的全新 5G 统一基础架构，网元功能可以被虚拟化地部署在通用的硬件服务器上，网元功能之间的"发现和选择"流程被用来进行网元功能之间的寻址定位。前文提及的 NRF 网元就是帮助网元之间进行相互"发现"的网元功能，需求网元功能需要提供待"发现"网元的类型或者特定服务以及其他服务参数（发现目标网元的切片信息），NRF 网元功能会据此提供目标网元功能的 IP 地址或者 FQDN，抑或相关的通用服务标识。

（2）网络切分

网络切分是个比较抽象的概念。以往网络布局以网元实体为基础单位处理所有的服务类型（不区分服务），而以服务为导向的网络框架结构引入了网络切分的概念，可以实现网元的功能依据服务进行切分。每个网元功能可以包含多个网元功能服务实例，这样的框架设计不仅符合各自功能逻辑以微服务的形式独立出现，同时对于以差异化服务为目标而设计的网络切分流程能够予以更有机的适配和编排。而对应每个具体网络切分的服务，则是以网元功能切分实例形式出现。对应 5G 系统中的目标业务，如 eMBB、URLLC、MIoT 等，通过网络切分标识（S-NSSAI）可以告知网络是什么具体类型的业务，这样网络可以依据不同的业务特点提供定制化的服务。不同的目标业务类型可以分配不同的网络切分标识，而同一种类型的业务所涉及的不同 UE 组也可以分配不同的网络切分标识，当然网络也可以为一个 UE 同时分配多个网络切分标识，配置数量需要满足接入网所允许的默认配置的最大网络切分实例数量要求，或者由 NSSF 功能进一步进行数量限制。

归纳而言，相比现有的 4G 核心网络，新型的 5G 统一基础架构核心网络有如下几个特点。

1）大网元功能解耦，大的逻辑网元按照功能逻辑分解成一个个小型模块化的网元功能，这样网元之间互相有信息交互同时又具备独立性，个体网元升级替换更加容易，例如像 MME 这样的集移动性、会话管理与鉴权于一体的网元就进一步解耦成了 AMF+SMF+AUSF。

2）网元之间按照计算机的方式以总线进行连接，可以实现逻辑上的两两互联，由于取消了实体接口，因此需要引入发现寻址机制。

3）5G 核心网不仅考虑现有数据网络传输机制，还兼容将来的万物互联应用需求，因此在网元逻辑功能设计时采取了前向兼容架构，引入了一些现有 IoT 网络的专属流程处理逻辑，如控制面数据传输优化方案等。

4）5G 核心网提供了一种总体框架，至于接入网采取什么技术并不重要，可以采取 New Radio、LTE 甚至非 3GPP 的接入网技术，例如 Wi-Fi，甚至也可以采取固网接入，但需要有一些额外的新增网元功能实现用户面数据与 UPF 的对接。

5）5G 系统整体设计目标都导向于业务驱动，不仅接入网架构以及物理层技术如此，核心网架构更遵从了微服务理念和网元功能虚拟化的有机结合，因此可以通过编排的方式对网元功能或者所提供的服务进行重组以适应不同的业务需求。另外，未来 5G 核心网络功能升级更加灵活和高效，这也是 CT 技术与 IT 理念不断融合的创新。

从以上几点来看，5G 完全可以有一个新的名字：New Core。

曾经经常听到一个说法，欧美强国制定游戏规则（标准），日韩等国提供精密仪器加工，而发展中国家只能通过代工输出廉价劳动力。有朝一日，中国也能在国际事务游戏规则中占据一席之地曾是多少中国知识分子心中炽热的梦想。我国通信事业从 2G 跟随，3G 突破，4G 同步，发展到 5G 谋求中国"领跑"，SBA 架构作为 5G 核心网络基础架构标志着从老邮电时期经过一代一代电信工作者近 30 年不懈努力结下的硕果，这让我们不得不由衷地再一次为祖国信息化事业喝彩，为我国电信科技工作者加油，为早日实现中国梦而勇往直前。

1.1.3　基于 C-RAN 的接入网架构

传统电信网络架构设计理念中信令和数据路由通过核心网到接入网贯通实现，接入网节点彼此之间不需要进行业务互联，而随着用户对移动性需求的提升，对实时信令交互能力提出了更高的要求，接入网节点之间彼此需要打通接口实现信令交互以及数据传输，例如 3G 网络中 Iur 接口可实现 RNC 之间的信令和数据交互；4G 网络基站之间通过X2 接口互联可实现移动性管理指令、基站配置更新、基站负荷状态以及用户面数据等信息的动态交互。伴随数据业务的爆发式发展，从资源调度协调、处理负荷分担、干扰抑制到机房站址规划、绿色节能等方面都对新型的接入网架构提出了更高的需求。

面向 5G 电信网络的新型架构主要设计理念使得庞大的接入网面向集中化、协作化、云化和绿色节能。集中化指基带处理单元物理部署更加集中，同时对分布各处的射频单元的管控更加集中；而协作化指基带处理设备的交互更加密切，更好地赋能载波聚合、COMP、多连接、无线资源动态管理、无缝移动性管理等技术；云化指接入网侧更加贴近内容访问处理以及虚拟化能力；绿色节能指依托集中式架构，利用 C-RAN 集中化、协作化、云化能力进一步降低整体机房和载频配置，优化无线利用率，提升机房效能比，降低整体功耗。具备这些特征的接入网架构设计称为 C-RAN。C-RAN 其实由来已久，并不完全是 5G 时代才提出的新概念，在 2G-3G-4G 大规模网络建设时期，C-RAN 组网一直是业内探索实践的课题，但受限于现网机房改造、传输扩容以及通用硬件能力等综合因素，并没有大规模部署实施。随着产业链条的不断成熟升级，通用硬件与软件解耦概念的提出，以及 5G 网络对于时延和稳定性更高的应用需求，C-RAN 以全新的设计理念和特征再次成为业界关注的热点，人们普遍认为 C-RAN 组网架构为5G 核心城区高话务区域等典型场景提供了具备相当优势的解决方案。在 C-RAN 中传统接入网的基带处理单元 BBU 可以被重构为 CU（Centralized Unit，集中式单元）和 DU（Distributed Unit，分布式单元）两个功能实体，CU 单元处理无线高层协议栈功能，而 DU 部署更贴近射频模块。DU 单元主要负责处理实时性需求较高的层 2 和物理层功能，如图 1-4 所示。CU-DU 的分离设计理念不仅可以实现协议栈的虚拟切分，降低信令交互时延，同时可以推动传统"黑盒"专用通信设备网元面向开源软件和通用硬件解耦转型，CU可以将通用的硬件处理器"汇聚"在物理机房，

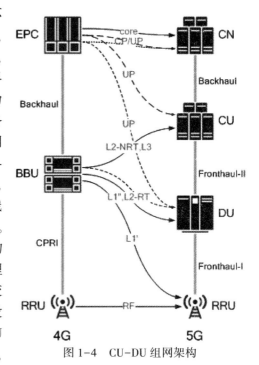

图 1-4　CU-DU 组网架构

这一架构可以实现资源最大化利用、处理负荷分担、缓解潮汐话务效应、降低能耗，同时也能利用这一架构特点推动主设备厂商的设备硬件与使用权限（License）解耦，进一步降低投资成本。另外，集中汇聚式 CU 架构可以降低传统单基站节点的退服率，提供更可靠的服务保障。设备软硬件解耦实现了业务的解放，而协议栈切分推动产业链条不断地细分和标准化。依托通用硬件的计算处理能力，IT 软件企业也可以根据标准协议提供通信服务能力，变成电信领域的"新玩家"。运营商也可以通过编程来实施部分设备功能，充分践行运营 DevOps 的理念。

当然，5G 以 C-RAN 组网结构部署时仍需要考虑一些网络运维中的实际问题和场景。首先，CU/DU 的分离架构使得传输资源开销很大，不仅需要提前对物理传输机房进行规划、预留，同时需要引入一些新技术（如 WDM（彩光）技术与 CPRI 接口压缩技术）解决前传网络光纤资源消耗过多的问题。其次，需要对 C-RAN 架构适用的部署场景提前进行甄选评估，例如，在 CU 集中部署的前提下，核心城区中话务密度较高、平均站间距较小且机房资源受限的区域，可以采取将 DU 集中部署的方式，甚至较激进的组网方式将 CU 与 DU 进行合设，例如高校园区、大型演出场馆都是这样的典型场景；而对于话务较稀疏、平均站间距较大的区域，DU 可以采取分布式的部署方式，如郊县、山区等场景。另外，C-RAN 将基带处理单元集中式地部署到一个物理机房中也可能存在运维中的安全隐患，比如在机房断电等特殊情况下，传统部署模式只影响单基站的信号覆盖，而集中式部署有可能影响一大片区域的信号覆盖，类似的问题需要在网络规划和日常运维阶段予以关注。

值得一提的是，在 C-RAN 架构中，云化这一特征也是其重要设计理念之一，其主要涵盖两方面的意义：一方面可推动部分核心网功能以及内容访问源下沉到接入网侧，并结合接入网的边缘计算能力，实现无线资源的灵活调配，缩短业务访问时延，加速用户体验；另一方面可通过软件编程实现网元虚拟化功能，类似核心网 NFV/SDN 的设计理念，不同的虚拟化网元提供差异化的服务能力，并根据业务规模、QoS、路由参数等诸多因素调整配置网络资源，构建网络拓扑，提供针对垂直行业业务的接入网切分能力。

任何新技术带来的潜在产业革命都不能盲目地过分乐观，我们仍然需要清醒地认识到，C-RAN 之路还需要面对很多实际的问题，比如前文提及的基站机房利旧改造、传输机房扩容选址、机房安全维护、部署场景规划等。C-RAN 标准化之路也仍然任重道远，但我们依然对 C-RAN 这朵绚烂的"云之花"充满了期待。

1.1.4 NSA 模式与 SA 模式的融合发展

NSA（Non-standalone）非独立组网模式与 SA（Standalone）独立组网模式是 5G NR 在实际网络发展过程中的两种组网配置形态。NSA 作为一种快速提供 5G 能力，并能够实现规模部署的组网方案引起了业界极大的关注与探讨。一般 NSA 非独立组网模式都是通过多射频技术双连接（MR-DC，Multi-Radio Dual Connectivity）予以实现，尽管 NSA 非独立组网模式也存在多种实现形态，如 EN-DC、NGEN-DC、NE-DC、NR-DC，但一般认为 5G 的核心网以 4G 的核心网 EPC 为基础，锚定 4G 基站 eNB 作为主节点，辅节点为 NR 基站 gNB，这种形态是目前 NSA 模式的认知范畴，即 EN-DC（E-UTRA-NR Dual Connectivity），如图 1-5 所示。

SA 独立组网模式则完全脱离了 4G 在基站侧的锚定，核心网也彻底从 EPC 实现了向 5GC 的变革转换。除了组网物理架构方面的差异，从系统流程设计的角度来观察，NSA 模式与 SA 模式的一个显著区别在于高层信令流程的路由，SA 的信令流程路径是 5GC-gNB-UE（如图 1-6 所示），即 5G 核心网通过 5G NR 基站实现与 UE 的信令交互，而 NSA 的信令流程路径则是（以 EN-DC 为例）4G 核心网以 4G 基站作为主节点实现信令交互，同时 5G 基站也可以选配以辅节点形态进行信令传递，但核心网 EPC 与 5G 基站之间没有信令互通。5G 基站辅节点与 4G 基站主节点之间通过 X2 接口可以实现信令互通。

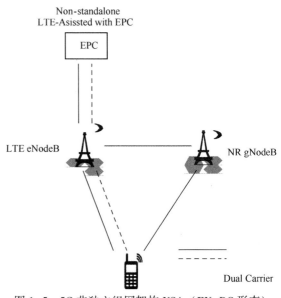

图 1-5　5G 非独立组网架构 NSA（EN-DC 形态）

无线通信系统中主要解决信息通过无线电波进行交互的问题，而在业务数据传输之前需要先解决的是控制信令传输。根据无线通信协议栈的划分，每一层协议栈都包含本

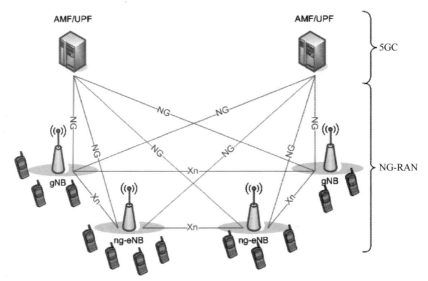

图 1-6　5G 独立组网架构 SA

层的控制面信令，如 RRC 层的无线资源控制信令、MAC 层的控制单元或物理层的 ACK/NACK 消息等，而在通信节点（基站/终端）内部由高层到底层依次传递这些控制面信令的信道分别是逻辑信道、传输信道以及物理信道，当然这些信道也可以传输用户面信息。在 4G 之前的移动通信系统设计中，这三种信道由高到低是承接映射关系，而在 4G 系统设计中创新地在上下行物理信道中引入了 PUCCH、PDCCH、PHICH、PCFICH 这些与高层协议栈没有承接关系，只处理物理层流程的小区级公共控制信道。将部分物理信道功能从垂直协议栈中独立进行设计的好处是可以提升控制面信令交互的时效性，实现动态资源管理。相比而言，通过 RRC 或者 MAC 层控制消息实现的网络与终端专属信令交互可以认为是一种半静态式的信令传输或者资源管理模式。终端通过解码小区级系统消息进行的参数和资源配置则可以认为是静态式的资源管理模式。

　　基于这种时效性资源配置方式的视角再尝试分析 5G 中 NSA 与 SA 组网模式的特点，可以发现 NSA 与 SA 组网模式的本质区别在于 5G 小区的静态/半静态资源配置的信令路径归属。相比 SA 模式中信令的单一垂直化路径，NSA 模式中关于 5G 的高层信令消息被封装成了一些字节序列，通过主节点（eNB）的 RRC 消息进行传递。为了提升信令消息传递的可靠性，NSA（EN-DC）模式还支持 4G 传统信令消息（SRB1/SRB2）以主辅节点双路由的方式传递到终端。另外，为了实现 NSA 连接模式下（配置了 EN-DC）辅节点的一些快速资源配置，例如在辅节点（gNB）之间的一些移动性测量上报配置，网络侧还可以为此启用 SRB3 专属配置，此时不需要主节点进行协调干预，即可实现特殊应用需求场景下辅节点与终端之间的快速信令交互。

　　目前，业界对 NSA 与 SA 发展的争议主要聚焦在 NSA 是否能够满足未来车联网的超低时延要求，以及是否能够支持基于不同业务的网络切片。针对时延问题，主要涉及接入时延和调度时延两部分，终端在 NSA 组网下接入网络时，由于主辅节点需要预先进行信令交互，导致接入时延相比 SA 组网在一定程度受限，而当终端进入连接态后，调度时延主要取决于系统对信息交互的处理能力以及相应的无线帧结构设计。尽管目前现网 4G 设备毫米级调度能力普遍弱于 5G，不过随着 3GPP 针对 4G 之前的标准进行前向设计完善，提出了基于时隙或子时隙的调度概念，意味着 4G 系统未来的发展方向也在向高可靠低时延不断演进，从这点来看，NSA 与 SA 在调度时延优化方面的目标是趋同的，随着网络结构以及覆盖不断成熟稳定，接入时延也可以得到一定程度的优化。另外一个关注的焦点问题是 NSA 是否能够提供网络切片能力，由于基于业务的网络切分调度能力主要实现在核心网，所以这个问题的本质解决方案并不在于无线组网模式的变更，而恰恰在于现有 4G 核心网 EPC 面向以服务为基础的 5G 核心网 5GC 转型升级，如果核心网络采取 5GC，无线网络架构采取 NGEN-DC（NG-RAN E-UTRA-NR Dual Connectivity）的非独立组网架构，基于业务的网络切分能力也同样能够实现。

　　尽管可以从另外一个维度重新认知 NSA 组网模式与 SA 组网的特点，但仍然需要清醒地看到目前现网大规模实施的 NSA 组网模式一些需要解决的问题，由于 NSA 需要通过 4G

实现锚点提供业务，锚点频率与 NR 辅节点频率的协同优化需要得到进一步的关注。另外，由于锚点众多容易导致无线信号杂乱，可能会产生终端显示 5G 信号，但由于 NR 辅节点频率覆盖能力受限导致用户感知下降。

无论如何，更全面，更多维度地认知 NSA 与 SA 组网模式的特点才能有针对性地根据 5G 业务需求进行技术方案选型。技术本质上并没有过多的优劣之分，很多时候在于是否适配应用需求。

1.2　5G 灵活的系统设计

1.2.1　5G 灵活的系统参数设计

移动通信系统接入网（无线网）中最关键的技术就是调制和多址接入技术，这也是从 1G 到 5G 推动无线通信技术变革的核心。这里首先需要进行概念澄清，所谓的 GMSK、QPSK、16QAM、32QAM、64QAM 可以认为是"狭义"的基带符号调制技术，通过这些调制技术可以将信源原始码流"转变"成通信系统中传输效率更高的"符号"。在无线信道传输中，基站通过动态适配调制方式以期获得信道传输效率和对抗信道衰落鲁棒性之间的均衡。而在 3G 中的扩频技术，4G 的 OFDM 技术可以看作更"广义"的调制技术，在硬件算法实现的维度，也往往看作是信号处理技术。这些调制技术从单用户角度来看，是某种"特性"的增强，例如 3G 中的直接序列扩频技术通过扩频增益实现了软覆盖的提升，使得信号在较差的信道环境下（载干比较低）也能够被成功解调。对于多用户而言，这就成了一种多址技术，通过正交的扩频因子，可以成功区分同小区下不同的接入用户，并且可以一定程度规避邻小区用户的干扰。4G 中的 OFDM 技术作为一种多载波调制技术，其提出的主要目的是消除信道环境中的多径效应带来的符号间干扰（ISI），因此利用傅里叶变换的数字处理技术实现了频域小数据并发传输并结合循环前缀（CP）规避了符号间干扰，同时也保持了子载波之间的正交性。4G 中采取 OFDM 技术能够很好地抑制频域选择性衰落，提升接收机信噪比。诸如此类的"广义"调制技术不仅需要考虑对于单用户信号传输的可靠性，同时也要兼顾系统容量的平衡。换句话说，这一类信号处理技术对于单用户是调制复用，而对于系统中的多用户而言就是多址接入技术，通信系统中关键的调制/多址接入技术在设计选择阶段就需要兼顾组网中覆盖、质量以及容量等综合因素。

4G 网络中的关键无线接入技术之一是 OFDM 多载波调制技术，5G 依然承接这一基于傅里叶变换的信号处理技术框架，同时也具有很多的改变，在系统帧结构及参数设计方面就具备相当的灵活性，通过如下的一些具体特点可以进一步明确认知。

1）灵活多样的子载波间隔（Subcarrier Spacing, SCS）与 CP 开销，这些子载波间隔都是某一子载波间隔的整数倍（例如可以从 15～240 kHz，如图 1-7 所示）。但是对于较高的频段，由于多普勒效应，不建议采取较低的子载波间隔设置。协议定义了 FR1 频段中

（Frequency range 1，业界一般认为 6 GHz 以下频段可以代指 FR1 可用频段）SSB（SS/PBCH block）的 SCS 可以配置为{15 kHz,30 kHz}，初始 BWP（Bandwidth Part）的 SCS 可以配置为{15 kHz,30 kHz}，非初始 BWP 的 SCS 可以配置为{15 kHz,30 kHz,60 kHz}；同时，协议还定义了 FR2 频段中（Frequency range 2，业界一般认为属于毫米波频段）SSB 的 SCS 可以配置为{120 kHz,240 kHz}，初始 BWP 的 SCS 可以配置为{60 kHz,120 kHz}，非初始 BWP 的 SCS 可以配置为{60 kHz,120 kHz}。

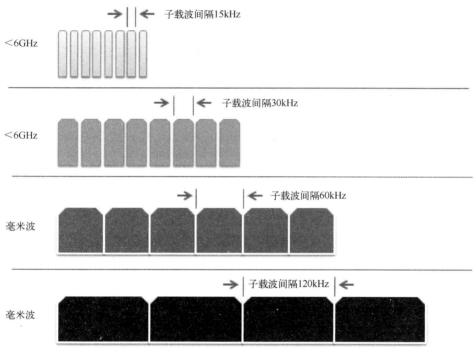

图 1-7　NR 载波在不同频段下子载波间隔（SCS）

2）R15 中进行了规定，对于 NR（New Radio）载波带宽在 FR1 频谱范围（410～7125 MHz）最大的可配置带宽为 100 MHz，而在 FR2 频谱范围（24250～52600 MHz，毫米波）最大的可配置带宽达 400 MHz，NR 的最大子载波配置数可以是 3300。NR 的信道设计需要考虑潜在的版本功能演进需求，使 R15 的终端兼容相同频段未来系统的版本演进。

3）一个 NR 的无线帧长度与 LTE 的无线帧都是 10 ms，每个无线帧都可分为两个 5 ms 长度的半帧，NR 与 LTE 的系统子帧长度固定为 1 ms，LTE 中一个子帧包含两个时隙，每个时隙固定 0.5 ms，一般 CP 模式下一个时隙包含了 7 个 OFDM 符号；而 NR 中一个子帧可以包含多种时隙配置，目前协议规定可配置个数为 1～16，一般 CP 模式下一个时隙包含 14 个 OFDM 符号。子载波间隔越大，一个时隙可容纳的时域采样越少，因而一个子载波可划分的时隙个数就越多。如果基站将来采用毫米波频段进行工作，随着芯片器件处理能力的提升，越来越小的时隙长度结构就可能适配这样的能力提升，从而进一步缩短处理调度时延，这也是毫米波从帧结构角度观察的一个应用特点。LTE 中最小的时间调度单位是一个子帧，而 NR 则从子帧为调度基础转移到了以时隙为调度基础，随着协议版本的演进，为了适配 URLLC 中对于超低时延的要求，甚至还会有以 OFDM 符号为最小调度颗粒度的方案。

4）类似 LTE，NR 在 3GPP 的 R15 版本中也规定了系统配置时可以支持扩展 CP 模式，目前只规定在子载波间隔为 60 kHz 时可选配置扩展 CP，扩展 CP 的类型可以通过网络侧以 UE 专属 RRC 信令半静态配置。

5）通信系统中信号传输带宽的中心频率可用来进行模拟信号调制/解调中的上变频/下变频处理，这也是所谓的直流分量（Direct Current，DC）。为了避免零中频接收机产生的直流分量自调（影响子载波正交性），LTE 系统中下行信道中 DC 直流子载波并不传输数据，而上行信道中基于 SC-FDMA 技术实现的信号传输本质上可以归类为单载波调制技术，如果"挖取"一个子载波作为 DC 直流分量会人为造成频率选择性衰落，因此 LTE 为上行信道传输采取了一个折中方案，将基带数字的 DC 与模拟的 DC 错开半个子载波宽度（即 7.5 kHz），这样本振泄漏在模拟 DC 部分产生的干扰，不会影响到基带 DC 处的信号。事实上，从终端的发射机来看，基带 DC 信号被调制在了载频偏移 7.5 kHz 的地方，而基站侧接收机一般采用一次变频方案（零中频或二次变频性能较差，基站侧较少采用），通过 7.5 kHz 频偏的方式，基站侧接收机在对直流分量进行处理时由于本振泄漏所带来的噪声影响对接收信号的平均信噪比微乎其微，（通常此噪声功率比总接收功率低 20 dB 以上）。NR 在最初协议设计阶段没有为上下行预留明确的 DC 子载波，尽管设计初衷不是针对 DC 子载波进行具体约束，完全取决于厂商自身通信设备（基站/终端）的射频收发信机能力实现，不过仍然规定了发射机中出现 DC 分量情况下的一些处理原则，接收机需要知道 DC 子载波的位置或者通过协议/信令解码得知具体位置或者确认是否出现在接收机带宽中。对于下行传输，UE 假定 gNB 发射机的 DC 分量被调制，而上行传输，UE 对于直流分量进行调制，但无须进行速率匹配和打孔，但是需要满足 RAN4 关于信号质量需求（如 EVM），同时还要避免与 DMRS 的碰撞。对于上行 DC 分量，协议需要为 DC 直流分量规定至少一个子载波作为 DC 子载波的候选位置，例如 DC 子载波可以配置在 PRB 的边缘。同时在上行需要规定 DC 子载波位置的检测方案（可通过标准协议确定位置以及半静态信令通知）。4G 中下行采取 DC 子载波预留，上行采取频偏的方式实现，相比而言 5G 采取发射机（上下行）可通过 DC 子载波传输数据，一般对接收机的处理机制协议不做明确规定，取决于具体工艺实现的能力，例如将接收到的 DC 子载波数据打孔掉。目前协议对 DC 子载波的设计思路采取 SSB 不保留 DC 直流，完全留给主设备和终端的收发信机功能实现，而下行 BWP 可以选择性地配置小区级 DC 直流参数 txDirectCurrentLocation，配置范围 0～3299 意味着在载波带内，3300 意味着 DC 直流分量在带外实现，其他配置值则可忽略，如果该参数不配置则认为采取默认值 3300。每一个服务小区的上行工作 BWP 可以独立配置 DC 直流分量参数 txDirectCurrentLocation，该参数可由 UE 通过 RRC 重配/恢复完成信令携带并上报基站（注：这点不同于 LTE，LTE 上下行信道涉及的参数都由基站侧进行配置管控），配置范围 0~3299 意味着在载波带内，3300 意味着 DC 直流分量在带外实现，3301 表征载波带内位置不确定，与此同时，NR 为了实现与 LTE 共频谱动态调度，UE 还可以选择将上行 DC 直流分量的中心频率偏置 7.5 kHz，以便降低基站侧接收机的 EVM。

NR 仍然支持 FDD 与 TDD 两种类型频谱的工作模式，为了适配物联网传输应用，FDD 还包含半双工方式。NR 的主流双工类型是 TDD 频谱模式，而仅仅为 FDD 分配了一些频率较低、带宽较小的频谱以适配现有一部分 4G 频谱的未来演进。在 TDD 频谱下，理论上也可以划分出各自独立的上行 BWP 和下行 BWP，但这样的划分可能造成频谱割裂，损失一些边际频谱效率。值得一提的是，对于 TDD 这种双工模式，从 4G 中以子帧为基本调度单位变成了以符号为基本调度单位（注：可以将 FDD 时隙及符号看作是 TDD 的一个配置特例）。时隙中的符号类型包含下行符号、上行符号和特殊符号三种。5G 中配置时隙和符号的方式相当灵活，可以通过小区级 tdd-UL-DL-ConfigurationCommon 消息体进行静态配置，也可以通过 RRC 专属信令中的 tdd-UL-DL-ConfigurationCommon 消息体实现半静态配置，如图 1-8 所示。这个消息体中通过参数 referenceSubcarrierSpacing 提供了参考子载波间隔 μ_{ref} 以及时隙配置参数集 pattern1（pattern2），pattern1 包含如下信息。

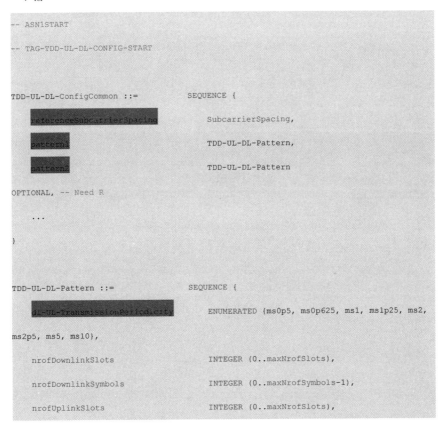

```
    nrofUplinkSymbols                    INTEGER (0..maxNrofSymbols-1),

    ...,

    [[

    dl-UL-TransmissionPeriodicity-v1530     ENUMERATED {ms3, ms4}
OPTIONAL -- Need R

    ]]

}


TDD-UL-DL-ConfigDedicated ::=        SEQUENCE {

    slotSpecificConfigurationsToAddModList       SEQUENCE (SIZE (1..maxNrofSlots)) OF
TDD-UL-DL-SlotConfig       OPTIONAL, -- Need N

    slotSpecificConfigurationsToreleaseList      SEQUENCE (SIZE (1..maxNrofSlots)) OF
TDD-UL-DL-SlotIndex       OPTIONAL, -- Need N

    ...

}


TDD-UL-DL-SlotConfig ::=        SEQUENCE {

    slotIndex                    TDD-UL-DL-SlotIndex,

    symbols                      CHOICE {

        allDownlink                  NULL,

        allUplink                    NULL,

        explicit                     SEQUENCE {

            nrofDownlinkSymbols              INTEGER (1..maxNrofSymbols-1)
OPTIONAL, -- Need S

            nrofUplinkSymbols               INTEGER (1..maxNrofSymbols-1)
OPTIONAL -- Need S

        }

    }

}
```

```
TDD-UL-DL-SlotIndex ::=                     INTEGER (0..maxNrofSlots-1)



-- TAG-TDD-UL-DL-CONFIG-STOP


-- ASN1STOP
```

图 1-8　TDD 上下行时隙结构配置

dl-UL-TransmissionPeriodicity：时隙配置周期 P ms。

nrofDownlinkSlots：仅包含下行符号的时隙个数 d_{slots}（下行时隙）。

nrofDownlinkSymbols：下行符号个数 d_{sys}（针对特殊时隙）。

nrofUplinkSlots：仅包含上行符号的时隙个数 u_{slots}（上行时隙）。

nrofUplinkSymbols：上行符号个数 u_{sym}（针对特殊时隙）。

其中有些时隙配置周期取值与参考子载波间隔有一定的约束条件关系，例如 $P=0.625$ ms 仅适用于 $\mu_{ref}=3$（SCS 120 kHz），$P=1.25$ ms 仅适用于 $\mu_{ref}=2$（SCS 60 kHz）或 $\mu_{ref}=3$（SCS 120 kHz），$P=2.5$ ms 仅适用于 $\mu_{ref}=1$（SCS 30 kHz）或 $\mu_{ref}=2$（SCS 60 kHz）或 $\mu_{ref}=3$（SCS 120 kHz）。

时隙配置周期设置 P ms，表明时域周期基于参考子载波间隔 μ_{ref} 包含 $S=P\cdot 2^{\mu_{ref}}$ 个时隙。在这 S 个时隙之内，前 d_{slots} 个时隙作为下行时隙，后 u_{slots} 个时隙作为上行时隙，在下行时隙之后的 d_{sym} 个符号作为特殊时隙中的下行符号，在上行时隙之前的 u_{sym} 个符号作为特殊时隙中的上行符号，剩余的 $(S-d_{slots}-u_{slots})\cdot N_{symb}^{slot}-d_{sym}-u_{sym}$ 个符号一律作为灵活符号，如图 1-9 所示。

如果 tdd-UL-DL-ConfigurationCommon 同时提供了 pattern1 和 pattern2 两套时隙配置参数集，UE 将轮流按照 pattern1 和 pattern2 所规定的时隙结构进行配置，其中 pattern2 同样提供了如下信息。

dl-UL-TransmissionPeriodicity：时隙配置周期 P_2 ms。

nrofDownlinkSlots：仅包含下行符号的时隙个数 $d_{slots,2}$（下行时隙）。

nrofDownlinkSymbols：下行符号个数 $d_{sym,2}$（针对特殊时隙）。

nrofUplinkSlots：仅包含上行符号的时隙个数 $u_{slots,2}$（上行时隙）。

nrofUplinkSymbols：上行符号个数 $u_{sym,2}$（针对特殊时隙）。

其中 P_2 应该与 P 取值一致，时隙配置周期 $(P+P_2)$ ms 包含 pattern1 的 $S=P\cdot 2^{\mu_{ref}}$ 时隙和 pattern2 的 $S_2=P_2\cdot 2^{\mu_{ref}}$ 时隙，对于 S_2 时隙，上下行时隙涉及的参数含义与前述 pattern1 中大体一致，具体可参考 TS 38.213 11.1，这里不做赘述。关于参考子载波间隔，值得一提的是，这只是一种 UE 计算时隙结构的假设辅助条件，UE 预期 μ_{ref} 应该小于或等于实际配置的下行 BWP 或者上行 BWP 的子载波间隔 μ，因此每个由 pattern1 或者 pattern2 所配

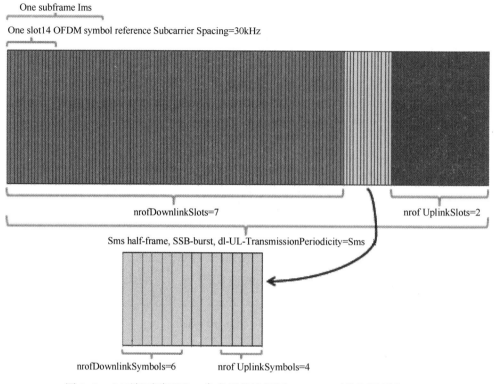

图 1-9　上下行时隙配比，参考子载波间隔 30 kHz，时隙配置周期 5 ms

置的时隙（符号）应该分别严格映射为 $2^{(\mu-\mu_{\text{ref}})}$ 个连续的时隙（符号）。

　　如果 UE 额外通过 tdd-UL-DL-ConfigurationDedicated（参见图 1-8）消息体修改时隙结构配置，那么该专属配置消息体只能修改 tdd-UL-DL-ConfigurationCommon 消息体中所定义的灵活符号的属性，tdd-UL-DL-ConfigurationDedicated 与 tdd-UL-DL-Configuration-Common 一样，对于时隙结构的配置在服务小区中每一个 BWP 都生效，并且其参考子载波间隔仍然沿用 tdd-UL-DL-ConfigurationCommon 消息体中的 μ_{ref}，tdd-UL-DL-ConfigurationDedicated 提供了如下信息。

　　slotSpecificConfigurationsToAddModList：需要修改属性的一系列时隙列表。

　　slotIndex：时隙列表中每个时隙的索引。

　　symbols：时隙中灵活符号所要修改的属性，如果取值为 allDownlink，时隙中所有的符号都变更为下行符号，如果取值为 allUplink，时隙中所有的符号都变更为上行符号，如果取值为 explicit，结合子参数 nrofDownlinkSymbols 意味着提供了时隙中前部的下行符号数量，子参数 nrofUplinkSymbols 意味着提供了时隙中后部的下行符号数量，如果这两个子参数不出现，就意味着没有对应设置上（下）行符号，没有设置意味着符号属性为灵活符号。灵活符号意味着符号的使用属性可以根据 PDCCH 或者高层调度灵活变化为上行符号或者下行符号，但在实际高层参数配置以及调度策略配置中应遵循一个基本准则，即灵活符号的使用属性不出现冲突（不能同时配置或调度为上行和下行符号）。

除此之外，时隙的结构还可以通过解码 PDCCH 中的 DCI 格式 2_0 实现动态配置。为了实现这样的动态时隙结构配置，网络侧应该预先通过高层消息体 SlotFormatIndicator 进行一系列调度相关的参数配置，其中涵盖 sfi-RNTI 提供的解扰相应 PDCCH 格式所需要的 RNTI，另外还明确了根据 SFI-RNTI 加扰后的 DCI 载荷大小，如图 1-10 所示。

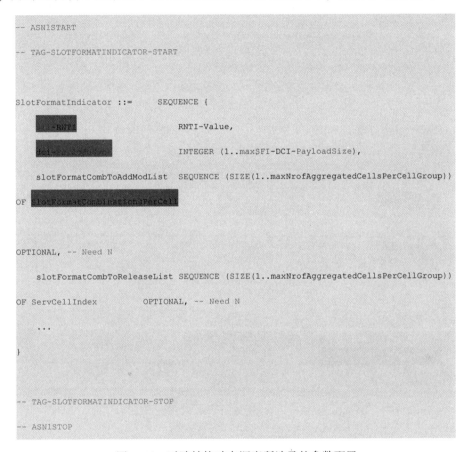

图 1-10　时隙结构动态调度所涉及的参数配置

针对 NR 多服务小区需要动态时隙结构调度的情况，网络侧还需要针对每一个服务预先配置消息体 SlotFormatCombinationsPerCell，如图 1-11 所示，其中包含如下参数（详见 TS 36. 213 11. 1. 1）。

servingCellId：服务小区标识。

positionInDCI：DCI 格式 2_0 载荷中针对 SFI 索引（slotFormatCombinationId）的起始比特位置标识。

```
-- ASN1START

-- TAG-SLOTFORMATCOMBINATIONSPERCELL-START


SlotFormatCombinationsPerCell ::=        SEQUENCE {
    ██████████                           ServCellIndex,

    subcarrierSpacing                    SubcarrierSpacing,

    subcarrierSpacing2                   SubcarrierSpacing
OPTIONAL, -- Need R

    slotFormatCombinations               SEQUENCE (SIZE
(1..maxNrofSlotFormatCombinationsPerSet)) OF SlotFormatCombination


OPTIONAL, -- Need M
    ██████████                           INTEGER(0..maxSFI-DCI-PayloadSize-1)
OPTIONAL, -- Need M
    ...
}


SlotFormatCombination ::=                SEQUENCE {
    slotFormatCombinationId              SlotFormatCombinationId,

    slotFormats                          SEQUENCE (SIZE
(1..maxNrofSlotFormatsPerCombination)) OF INTEGER (0..255)

}


SlotFormatCombinationId ::=              INTEGER (0..maxNrofSlotFormatCombinationsPerSet-1)


-- TAG-SLOTFORMATCOMBINATIONSPERCELL-STOP

-- ASN1STOP
```

图 1-11　多服务小区时隙格式所涉及的参数配置（针对每个服务小区配置）

slotFormatCombinations：时隙格式组合集，其中每一个时隙格式组合包含一个或者多个时隙格式 slotFormats 以及提供了时隙格式 slotFormats 与 DCI 格式 2-0 中相应的 SFI 索引条目映射的标识 slotFormatCombinationId（SFI-index）。

subcarrierSpacing：TDD 模式下参考子载波间隔 μ_{SFI}，FDD 模式下该参数为下行信道参考子载波间隔 $\mu_{SFI,DL}$。

subcarrierSpacing2：TDD 模式上行增补信道 SUL 参考子载波间隔 $\mu_{SFI,SUL}$，FDD 模式下该参数为上行信道参考子载波间隔 $\mu_{SFI,UL}$。

NR 中设计特殊符号这种类型的目的就是为了使时域资源调配更加灵活，通过 RRC 半静态专属信令或 PDCCH DCI 格式 2_0 可以重新配置特殊符号的类型，实现下行传输或者上行传输。值得一提的是，通过 PDCCH DCI 格式 2_0 进行符号的动态调配时，一个重要原则就是不与 tdd-UL-DL-ConfigurationCommon 或 tdd-UL-DL-ConfigurationDedicated 所配置的上下行符号冲突，同时所调配的上下行符号也不应与其他通过高层信令配置的上下行信道或者 PDCCH 动态配置的上下行信道资源产生冲突。

NR 通过动态、多样的系统级基础参数配置凸显其灵活性，丰富了运营商网络运维的手段。NR 系统甚至提供了一种更激进的方式，即不通过高层信令 tdd-UL-DL-ConfigurationCommon 和 tdd-UL-DL-ConfigurationDedicated（如果系统提供）预先配置系统时隙结构，完全依赖于 PDCCH DCI 格式 2_0 实现动态调度，当然这对于设备研发而言复杂性大大提升，而极度灵活的系统级参数为组网规划带来更多可能性的同时也带来了不小的挑战，需要对这些灵活机制设计的初衷、内涵有比较深刻的认知，同时也要结合属地环境进行恰当的参数优化设置。

1.2.2　4G 与 5G 灵活频谱共存方案

无线频谱资源就像国家土地资源一样，属于不可再生稀缺资源，一旦按照规定进行划分就很难再被轻易更改。对于任何移动通信系统而言被分配的无线频谱价值远远贵于黄金，主要由于其不仅决定着规划组网的难易程度，同时更直接左右了资源和成本的投入规模。目前，业界主要对于 5G NR 明确了两个大的频率范围。一个称为毫米波频段，其频率划分范围为 24250~52600 MHz；另外一个频率范围相对较低，其频率划分范围主要为 410~7125 MHz，业界俗称 sub 6 GHz 频段。一方面，毫米波由于其频率较高，对设备能力以及组网能力要求较高，同时前期布网成本投入较大，因此在 5G NR 部署的初级阶段，运营商主要将目光聚焦在 sub 6 GHz 的使用上，而这一范围的频率在前期被广泛分配给了 LTE 系统进行使用，并且呈现了局部频谱"零散分片"的格局，很难直接满足 5G NR 单小区载波需要连续 100 MHz 频率的需求。尽管运营商可能通过逐步的规模性移频策略实现这一需求，但随着 5G 潜在用户的逐渐爆发，对于新的连续载波资源需求也势必逐渐纳入议事日程。随着纯净可用的载波频率资源日益枯竭，LTE 与 NR 系统的频率共存问题需要提前进行分析和规划。另一方面，由于 5G 的载波频率一般被分配较高频段，在实际组网运维过程中往往可能出现上行覆盖受限的场景。一种解决方案是通过复用较低的频率实现上行覆盖的增强，这种场景称作上行补充传输（Supplementary Uplink，SUL），在此种场景下，NR 很有可能复用 LTE 的频率，这也是一种 LTE 和 NR 系统频率共存的典型场景。

LTE 与 NR 系统频率共存从不同维度定义有很多种可能的组合，如 LTE FDD 与 NR FDD、LTE FDD 与 NR TDD、LTE TDD 与 NR FDD 或者 LTE TDD 与 NR TDD 等情况。另外，根据 FDD 制式上下行频率的不同，还可能存在二者之间上下行频率共存的更多场景。为了简化分析，需要更加聚焦实际组网情况。目前三大运营商 5G 试验频率分别为中国移动 2515～2675 MHz（160 MHz），4800～4900 MHz（100 MHz），中国联通 3500～3600 MHz（100 MHz），中国电信 3400～3500 MHz（100 MHz），未来主要可能出现 LTE 与 NR 系统频谱共存的频段范围为 n41 频段（2496～2690 MHz），即 TD-LTE 与 NR TDD 制式共存。运营商之间的交叠频率可以通过政策协调干预，进行清/移频处理，而运营商内部分配频率在一定时间阶段以及一些特定的地理区域内可能存在 LTE 与 NR 复用共享的情况。另外一种跨通信技术制式的频率共享则可能出现在将较低频率的 LTE FDD 上行载波（如 n3 频段：1710～1785 MHz 上行频段）配置为 NR 的 SUL 以提升 NR 上行覆盖能力。

LTE 与 NR 频率共存产生的最大问题就是同频干扰，但是如果将 LTE 与 NR 的时频资源按照统一调度分配机制进行资源复用不仅能够有效解决干扰问题，也可能带来频率复用的增益。LTE 与 NR 时频资源统一复用调度机制本质上并不区分 5G 是 NSA 组网方式还是 SA 组网方式，尽管两者可能在资源配置的信令流程方面存在一定差异。LTE 协议在设计初期并没有考虑到与未来 NR 的前向兼容，因此需要 NR 在协议设计时充分考虑到与 LTE 融合，具体包含如下原则。

1）可以自适应地快速调整 NR 带宽，调整带宽的时延要求至少达到 LTE 的载波聚合水平。

2）NR 在上行传输时需要避免与 LTE 上行子帧中传输 SRS 信号的 OFDM 符号碰撞。

3）NR 在设计时需要避免与 LTE 载波中 MBSFN 子帧中控制区域的碰撞，但可以占用 MBSFN 子帧中不使用的资源进行下行传输。

4）TDD 模式下的 LTE 与 NR 不仅在频带内共存时需要考虑上下行转换点对齐，邻带共存时也需要考虑上下行转换点对齐，避免邻频泄漏导致的上下行串扰，由于 LTE 先于 NR 固化了标准，NR 需要在子帧对齐时考虑后向兼容并支持 LTE TDD 中的 UL-DL 配置类型 0、1、2、3、4、5 以及所有特殊子帧类型配置。

5）在 LTE-NR 频谱共存的情况下，对于 NR UE 的要求也比较明确，UE 不必同时支持 LTE 与 NR 双连接，也不一定非要支持 LTE，这意味着 UE 可以只支持 NR SA 模式甚至不包含 LTE 射频模组，此种情况 NR UE 仅仅"听命"于 NR 基站进行资源调度。

6）为了解决 NR 高频段传输中上行覆盖受限的情况，LTE 与 NR 可以共享较低频段 LTE FDD 的上行频率，SA 或 NSA 模式下都可以采取这样的配置，当采取 NSA 模式时，低频 LTE FDD 下行频率可以被配置为锚点频率，而上行共享频率可以被配置为 NR 的上行补充频率。值得注意的是，上行补充频率与上行载波聚合不同的特点在于上行补充频率不与被补充的（原）上行频率同时进行传输，UE 的初始接入既可以在原上行频率接入，也可以在 SUL 频率接入。

为了实现 LTE 与 NR 在频率共存情况下的资源动态分配，需要在网络侧部署统一的设备逻辑框架以及调度机制。LTE 与 NR 的资源动态分配可以继承或借鉴 LTE 中载波聚合的设计理念，将频域资源以频分（FDD）或者时分（TDD）的方式动态有机地分配给 LTE 或 NR 独立使用。采取频分的方式需要为 LTE 和 NR 分别划分正交频域资源，同时二者之间预留保护频带，另外二者系统带宽的改变需要通过高层信令以半静态的方式进行改变，一般认为以频分的方式实现 LTE 与 NR 的资源划分不仅在频谱效率上有所降低，同时对于资源调度在实时性方面的效率也不高。而以时分的方式复用资源，需要对 NR 系统的参数配置以及资源调度机制提出更高的要求，例如可以配置为更小时间调度颗粒度的"迷你时隙"以提升资源调度的耦合程度，同时可以结合时隙内部符号资源动态配置实现 LTE 与 NR 共享频域资源在时域上的无缝复用。除此之外，还应针对性地进行一些特殊参数设置，例如通过将 NR 下行业务信道数据打孔来规避 LTE 小区级参考信号碰撞等。在 3GPP R12 之后的版本也引入了关于 TD-LTE 系统的动态子帧配置机制（Enhanced Interference Management and Traffic Adaptation，eIMTA），eIMTA 可以通过 PDCCH 控制消息动态，将已配置的上行子帧的一部分和特殊子帧转换为下行子帧，这一升级的特性也使 LTE 与 NR 的资源复用机制更加灵活。

第 2 章　5G 无线网络典型技术特点

2.1　5G 物理层新技术设计

2.1.1　全新的广播信道波束设计——SS/PBCH

系统消息设计是无线通信系统中的重要概念之一，小区级系统消息主要为了配置小区驻留、用户接入、互操作等一系列重要参数。5G NR 对系统消息进行了一定程度的简化，相比 4G，在同步信号以及系统消息方面都进行了完全不同的设计，因此有必要重新认知。

有别于 4G 将小区下行同步信号以及物理广播信道分离设计，5G 中将小区主辅同步信号（Synchronization Signal，SS）与物理广播信道（Physical Broadcast Channel，PBCH）进行了某种程度的耦合，以 SS/PBCH 资源块的形式出现，简称为 SSB。在 4G 系统中，主辅同步信号占用基带频域的位置是固定的，例如主辅同步信号 PSS/SSS 固定占用整个频域带宽中间连续 62 个 RE 的位置，PBCH 固定占用整个频域带宽中间 6 个连续 PRB 的位置，而 5G NR 中 SSB 占用频域资源 20 个连续 PRB，最多共计 240 个连续 RE 资源，其中主辅同步信号分别占用 SSB 中第 1 个和第 3 个 OFDM 符号中连续的 127 个 RE 资源，如图 2-1 所示。

5G 使用全体频率信道格栅（Global Frequency Channel Raster）定义了射频参考频率的集合。射频参考频率可以用来表征射频信道、SSB 中心频率以及其他一些频率对象。实际的射频参考频率（如 2524.95 MHz）不会直接通过空口信令进行传递，而是用 NR 绝对射频信道码（NR-ARFCN，NR Absolute Radio Frequency Channel Number）进行表征。二者的映射关系可以用公式 $F_{REF} = F_{REF-Offs} + \Delta F_{Global}(N_{REF} - N_{REF-Offs})$ 表示，其中 F_{REF} 是射频参考频率，$F_{REF-Offs}$ 是射频参考频率计算偏置，

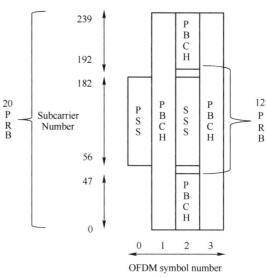

图 2-1　SS/PBCH（SSB）资源块的时频结构

N_{REF} 是 NR-ARFCN，$N_{\text{REF-Offs}}$ 是 NR-ARFCN 计算偏置，ΔF_{Global} 是全体频率信道格栅的最小颗粒度间隔。基于全体频率信道格栅集合的概念，协议进一步定义了信道格栅（Channel Raster），信道格栅是全体频率信道格栅的子集，信道格栅表征了在某一工作频段上可用的 NR-ARFCN 集合（详见 TS 36.101-1 5.4.2），通过信令下发 SSB 的中心频点（如 NSA 模式下或者 NR 载波聚合中辅载波的 SSB 配置）可以从信道格栅中选取合适的进行配置，而针对需要 UE 盲检锁频 SSB 的中心频点实现同步的情况（例如 SA 模式），为了加快 UE 的搜网效率，协议又额外定义了同步格栅（Synchronization Raster）的概念，同步格栅以另外一种码号 GSCN（Global Synchronization Channel Number）的方式映射 SSB 中心频率（详见 TS 36.101-1 5.4.3），值得注意的是，GSCN 在实际使用中并不通过信令下发，如果需要信令下发，应该转换为 NR-ARFCN 的编码方式，全体频率信道格栅、信道格栅与同步格栅三者的关系可参见图 2-2 说明。

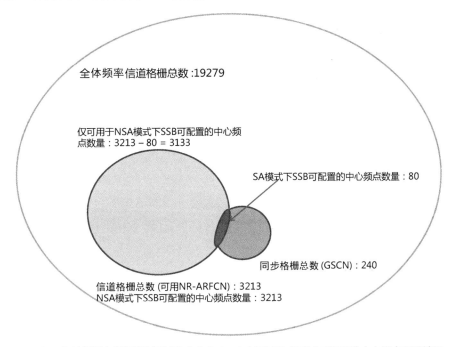

Band 41频段内以2525.86MHz作为Point A，100MHz频宽内SSB可选中心频点配置情况

图 2-2　Band41 频段内 SSB 可配置中心频点

5G NR 系统组网中，每个小区的 SSB 频域中心位置尽管都可以进行差异化灵活配置，但为了避免与业务信道的干扰，在实际组网规划中建议各个小区的 SSB 中心频点统一设置。尽管 5G 系统在频域上可能配置多个 SSB，但是包含有效 MIB 信息的 SSB 只有一个，并且该 SSB 的中心频点设置应遵循如下几个准则。

1）NSA 模式下 SSB 的中心频点与 PointA 通过 RRC 重配通知 UE，SSB 的中心频点满足 channel raster 设置准则即可。

2）SA 模式下 SSB 的中心频点需同时满足 channel raster 以及 synchronization raster（GSCN）。

3）CORESET 0 与包含 MIB 信息的 SSB 会在频域重叠复用，协议规定 CORESET 0 下沿要比 SSB 下沿低一个偏置（详见 TS 36.213 13），因此 CORESET 0 的频域下沿至少要不低于公共参考点 Point A。

4）子载波偏置 k_{SSB} 在有效取值范围之内。

5G 系统中允许频域设置多个 SSB 的作用主要是为了测量或者辅助进行频域同步，协议规定这些 SSB 的中心频点设置都要使得 SSB 起始 RB 的起始子载波（subcarrier 0）中心频率与公共参考点 Point A 满足条件 offsetToPoint×（12×15 kHz）+k_{SSB}×15 kHz（FR1 频段）或 offsetToPoint×（12×60 kHz）+k_{SSB}×subCarrierSpacingCommon（FR2 频段），如图 2-3 所示，其中 offsetToPointA 是以 15 kHz 为子载波间隔的 RB 级偏置，k_{SSB} 是子载波级偏置，这两个系数均为整数，offsetToPointA 通过解码 SIB1 消息体之后获取，subCarrierSpacingCommon 是 MIB 消息体中的参数，表征了 CORESET0/SIB1、初始接入期间 Msg2/4、寻呼和系统消息 SI 的子载波间隔，k_{SSB} 在解码了 MIB 消息体通过参数 ssb–SubcarrierOffset 获取（针对

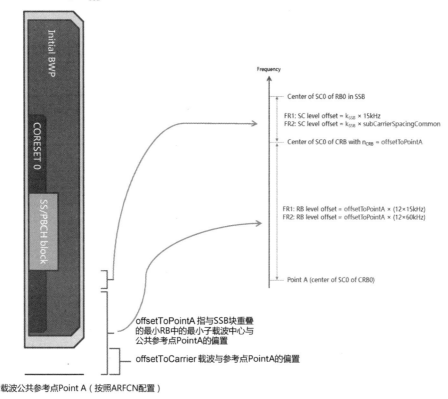

图 2-3　SSB 中心频点的设置原则示意图

SSB 类型 B）或者额外结合 PBCH 载荷比特获取（针对 SSB 类型 A），如图 2-4 所示。SSB 类型 A 定义为 SSB 子载波间隔为 15 kHz 或者 30 kHz，对应了 FR1 频段，对于包含了有效 MIB 消息体的 SSB，k_{SSB} 的有效取值范围为 $k_{SSB} \in \{0,1,2,\cdots,23\}$，SSB 类型 B 定义为 SSB 子载波间隔为 120 kHz 或者 240 kHz，对应了 FR2 频段，k_{SSB} 的有效取值范围为 $k_{SSB} \in \{0,1,2,\cdots,11\}$，如果 UE 解码检测到 k_{SSB} 不在有效取值范围内，则认为搜索检测到的 SSB 并不含有有效 MIB 消息体（不含与之对应的 SIB1 和 CORESET#0），可以根据 k_{SSB} 实际取值继续频域范围内下一个 SSB 的搜索检测，具体流程详见 TS 38.213 13。值得一提的是，

```
-- ASN1START

-- TAG-MIB-START


MIB ::=                             SEQUENCE {

    systemFrameNumber               BIT STRING (SIZE (6)),

    subCarrierSpacingCommon         ENUMERATED {scs15or60,

scs30or120},

    ssb-SubcarrierOffset            INTEGER (0..15),

    dmrs-TypeA-Position             ENUMERATED {pos2, pos3},

    pdcch-ConfigSIB1                PDCCH-ConfigSIB1,

    cellBarred                      ENUMERATED {barred,

notBarred},

    intraFreqReselection            ENUMERATED {allowed,

notAllowed},

    spare                           BIT STRING (SIZE (1))

}


-- TAG-MIB-STOP

-- ASN1STOP
```

图 2-4　MIB 消息体内容

对于有些特殊情况，例如不含有效 MIB 消息体的 SSB，即使 ssb-SubcarrierOffset 不出现，协议规定 UE 也应该能够根据 SSB 与 Point A 的频率差推算出 k_{SSB}。

UE 通过搜频实现 SSB 同步之后，解码物理广播信道中的 MIB 系统消息块。在 LTE 系统中小区除了配置 MIB 消息，还需要按照固定传输周期配置系统消息 SIB1，以及通过 SIB1 传递解析一系列系统消息 SIB2-SIBN 所需的必要参数配置，而 5G NR 提供了一种系统消息配置的优化机制，即按需配置（on-demand）。例如，NSA 组网模式下 SIB1 中携带的小区级相关配置信息与参数可以通过 LTE 锚点侧 RRC 专属信令携带下发，协议甚至还规定了 SA 组网模式下除了 SIB1 的其他系统消息 SIBs 可以不用周期式占用公共小区资源下发，SIB1 中明确了仅支持 on-demand 模式的其他系统消息，UE 可以通过发起 SI 请求在随机接入阶段获取系统消息。另外，UE 在 RRC 连接态下，网络侧也可以通过专属 RRC 重配信令（RRC Reconfiguration）来提供系统消息（参见 TS 38.331 5.2.1），这样设计的好处就是增加了资源调配的灵活性，节省不必要的资源开销，同时终端也可以一定程度上降低周期侦听系统消息所带来的功耗抬升。5G NR 中通过 MIB 消息中的参数 ssb-SubcarrierOffset 来决定 SIB1 是否配置在 PDCCH 公共搜索空间 CORESET#0，该参数表征 SSB 的频域起始子载波中心频率相对于 SSB 交叠最小的 RB 的起始子载波中心频率之间的偏差，针对 FR1（sub 6 GHz）频带的 5G 小区载频，终端结合 PBCH 附加表征时域载荷 1 比特（$\bar{a}_{\bar{A}+5}$）联合确定 SSB 起始位置相对 Point A 的子载波级偏置 k_{SSB}（见图 2-3），取值范围 0~31，如果该值不大于 23，UE 则认为该小区配置了系统消息 SIB1，否则 SIB1 承载内容可能不以系统消息方式出现；针对 FR2 频带的 5G 小区载频，终端仅通过参数 ssb-SubcarrierOffset 判定子载波偏置，其取值范围为 0~15，如果该值不大于 11，UE 则认为该小区配置了系统消息 SIB1，否则 SIB1 承载内容可能不以系统消息方式出现。

LTE 中广播信道采取周期传输的机制提升解调成功率，5G NR 在时域传输中也承袭了这一设计思路，但有所不同的是，LTE 的广播信道是无波束赋形技术的传统广播宽波束，而 5G NR 引入了赋形窄波束的理念，波束的发送样式没有明确规定，协议定义了以一个无线半帧（5 ms）作为一个 SSB 突发（SSB-burst），在这一期间内通过将不同候选传输时刻与 SSB 发送的赋形窄波束进行关联，使得时域传输与空域的波束赋形实现了统一，如图 2-5 所示。

协议规定 SSB 传输块最大为 80 ms 产生一个，这意味着至少在 80 ms 高层调度周期内，SSB 承载的高层内容不会改变。SSB 的物理层传输周期可通过高层参数 ssb-periodicityServingCell 进行配置，取值范围{5 ms, 10 ms, 20 ms, 40 ms, 80 ms, 160 ms}，设置 SSB 重复周期主要是为了对 SSB 传输速率匹配进行考量，周期越大意味着 SSB 占用时域资源越少，终端侦听周期可能相应调整拉长，如果该参数不配置，则终端默认 SSB 传输周期为 5 ms。协议规定，在初始小区选择时，终端可以假定以 20 ms 为周期搜索包含 SSB 的半帧，按照这样的假设，现网将 ssb-periodicityServingCell 配置为 20 ms 是一种比较均衡的考量。针对不同子载波间隔，每传输半帧 SSB 的候选位置定义如下。

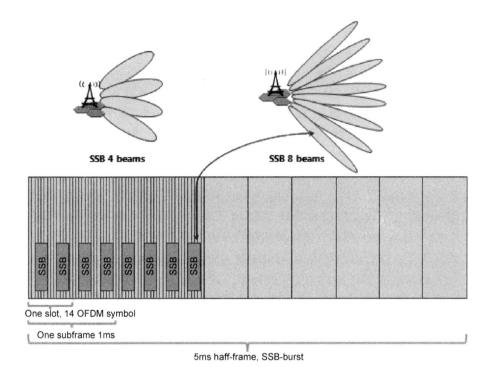

图 2-5　一个 SSB-burst 内 SSB 时域位置与 SSB 波束的映射关系（假定载波频率属于 FR1
频段范围内的 TDD 频谱，且大于 2.4 GHz，SSB 子载波间隔为 30 kHz）

A：子载波间隔 15 kHz，针对 FR1 频带内不大于 3 GHz 的 NR 载波频率，SSB 的候选传输时刻可配置在 0，1 时隙的 {2,8} OFDM 位置，共 4 个候选时刻；而针对 FR1 频带内大于 3 GHz 的 NR 载波频率，SSB 的候选传输时刻配置在 0，1，2，3 时隙的 {2,8} OFDM 位置，共 8 个候选时刻。

B：子载波间隔 30 kHz，针对 FR1 频带内不大于 3 GHz 的 NR 载波频率，SSB 的候选传输时刻可配置在以 0 时隙起始计算的 {4,8,16,20} OFDM 位置，这样共 4 个候选时刻；而针对 FR1 频带内大于 3 GHz 的 NR 载波频率，SSB 的候选传输时刻配置在 0，2 时隙分别为起始计算的 {4,8,16,20} OFDM 位置，共 8 个候选时刻。

C：子载波间隔 30 kHz，5G FDD 频谱模式下，针对 FR1 频带内不大于 3 GHz 的 NR 载波频率，SSB 的候选传输时刻可配置在 0，1 时隙的 {2,8} OFDM 位置，共 4 个候选时刻；而针对 FR1 频带内大于 3 GHz 的 NR 载波频率，SSB 的候选传输时刻配置在 0，1，2，3 时隙内的 {2,8} OFDM 位置，共 8 个候选时刻；5G TDD 频谱模式下，针对 FR1 频带内不大于 2.4 GHz 的 NR 载波频率，SSB 的候选传输时刻可配置在 0，1 时隙的 {2,8} OFDM 位置，这样共 4 个候选时刻；而针对 FR1 频带内大于 2.4 GHz 的 NR 载波频率，SSB 的候选传输时刻配置在 0，1，2，3 时隙内的 {2,8} OFDM 位置，共 8 个候选时刻，如图 2-5 所示。

D：子载波间隔 120 kHz，对于 FR2 频带内 NR 载波频率，SSB 的候选传输时刻配置在 0，2，4，6，10，12，14，16，20，22，24，26，30，32，34，36 时隙，分别为起始计算的 {4,8,16,20} OFDM 位置，共 64 个候选时刻。

E：子载波间隔 240 kHz，对于 FR 频带内 NR 载波频率，SSB 的候选传输时刻配置在 0，4，8，12，20，24，28，32 时隙，分别为起始计算的 {8,12,16,20,32,36,40,44} OFDM 位置，共 64 个候选时刻。

5G NR 在系统架构中遵循一个重要的设计理念就是系统参数设置相当灵活，在 SSB 中体现在子载波间隔（SCS，Subcarrier Spacing）可以与其他物理传输信道独立设置，但是否有必要差异化配置有待于在实际组网环境下验证。SA 模式下，终端在开机搜网同步时，根据 NR 的工作频段可以盲检出 SSB 的子载波间隔以及 SSB 候选传输位置式样（A/B/C/D/E），如表 2-1 所示。如果异频载波 SSB 的子载波间隔通过高层信令（如 NSA 模式或者载波聚合）进行传递明确为 30 kHz 时，SSB 候选传输位置式样 B 可扩展适用于 SCS 定义为仅 15 kHz 的 FR1 中的 NR 工作频带。表 2-1 中涉及 SSB 子载波间隔为 30 kHz 也适用于同频段 15 kHz 中对应的频率。另外，当终端被配置为 FR2 频带内的载波聚合或者 FR1 频带内连续频率的载波聚合机制时，如果网络侧提供了载波聚合任何一个小区的 SSB 的子载波间隔信息，终端认为这一系列载波聚合小区的 SSB 子载波间隔一致，详见 TS 38.213 4.1。

表 2-1　NR 不同工作频段对应 SSB 子载波间隔以及同步栅格

NR Operating Band	SS Block SCS	SS Block pattern[1]	Range of GSCN (First-<Step size>-Last)
n1	15 kHz	Case A	5279-<1>-5419
n2	15 kHz	Case A	4829-<1>-4969
n3	15 kHz	Case A	4517-<1>-4693
n5	15 kHz	Case A	2177-<1>-2230
n5	30 kHz	Case B	2183-<1>-2224
n7	15 kHz	Case A	6554-<1>-6718
n8	15 kHz	Case A	2318-<1>-2395
n12	15 kHz	Case A	1828-<1>-1858
n20	15 kHz	Case A	1982-<1>-2047
n25	15 kHz	Case A	4829-<1>-4981
n28	15 kHz	Case A	1901-<1>-2002
n34	15 kHz	Case A	5030-<1>-5056
n38	15 kHz	Case A	6431-<1>-6544
n39	15 kHz	Case A	4706-<1>-4795
n40	15 kHz	Case A	5756-<1>-5995

（续）

NR Operating Band	SS Block SCS	SS Block pattern[1]	Range of GSCN （First-<Step size>-Last）
n41	15 kHz	Case A	6246-<3>-6717
	30 kHz	Case C	6252-<3>-6714
n50	15 kHz	Case A	3584-<1>-3787
n51	15 kHz	Case A	3572-<1>-3574
n66	15 kHz	Case A	5279-<1>-5494
	30 kHz	Case B	5285-<1>-5488
n70	15 kHz	Case A	4993-<1>-5044
n71	15 kHz	Case A	1547-<1>-1624
n74	15 kHz	Case A	3692-<1>-3790
n75	15 kHz	Case A	3584-<1>-3787
n76	15 kHz	Case A	3572-<1>-3574
n77	30 kHz	Case C	7711-<1>-8329
n78	30 kHz	Case C	7711-<1>-8051
n79	30 kHz	Case C	8480-<16>-8880

NOTE 1：SS Block pattern is defined in section 4.1 in TS 38.213 [8]

针对在半帧内（SSB-burst）传输的 SSB 候选位置式样 ABCDE，终端可以通过解码 PBCH 载荷比特来确定当前传输 SSB 的具体索引位置，对于半帧包含 4 个 SSB 候选传输位置，通过 2 个低比特位（LSB）确定索引，而半帧包含 8 个 SSB 候选传输位置，则通过 3 个低比特位（LSB）确定索引，这两种情况下 PBCH 索引恰恰与 SSB 中 DMRS 的高德伪随机初始序列索引成一一对应的关系，终端在确定 2 个低比特位或者 3 个低比特位时并不是直接通过解码 PBCH 传输比特获知，而是间接通过解码 DMRS 进行逻辑映射。半帧包含 64 个 SSB 候选传输位置，传输 SSB 中 DMRS 的索引按照 3 个低比特位循环映射（8 个 SSB 循环），终端结合 3 个低比特位（LSB）与 PBCH 载荷的 3 个额外高比特位 $\overline{a}_{\overline{A}+5}$，$\overline{a}_{\overline{A}+6}$，$\overline{a}_{\overline{A}+7}$（MSB）共同确定 SSB 的传输索引。PBCH 有效载荷共 32 bit，包含承载 RRC 内容 23 bit，这 23 bit 中有 6 bit 作为计算无线帧的高位 6 bit，如图 2-4 所示的 MIB 消息体中参数 systemFrameNumber（6 bit），除了这 23 bit 之外，物理层额外与传输时刻相关 4 bit 作为计算无线帧的低位 4 bit，1 bit 作为无线帧中的半帧标识，3 bit 作为确定 SSB 索引的高位 3 bit，剩余 1 bit 协议没做规定，MAC 层实体为了与传输字节对齐进行填补。

5G NR 广播信道通过大规模阵列天线实现了窄波束赋形空域扫描，相比传统 LTE 定向大角度广播波束覆盖是否会出现终端下行同步侦听 SSB 不及时导致脱网？按照一组最极端网络参数设置进行评估，假定基站侧采取毫米波频带（FR2）进行覆盖，SSB 传输周期 160 ms，并且在 5 ms 半帧内 64 个 SSB 波束扫描方向各不相同，那么终端至少需要 160 ms 完成一次窄波束搜网同步，以高铁最快车速 300 km/h 计算，在此期间，终端移动了 13.33m 的距离，按照毫米波基站覆盖有效距离 150~180m 评估仍然有相当大的规划余量，因此协议针对 SSB 的参数配置选择至少在理论上足以支撑 5G 无线通信系统的实际规划需求。

2.1.2　5G 灵活的空口带宽传输方式——BWP

5G NR 在载波带宽中引入了 "带宽片段" 的概念（BWP, Bandwidth Part）。如图 2-6 所示，BWP 是连续公共资源块的子集，所包含的频率资源不能超过载波的范围，这意味着载波应该能够 "包含" BWP（注：BWP 可以设置与载波一样）。在下行信道一个 UE 最多可以被配置为 4 个 BWP，每一个 BWP 都可以进行独立的参数配置，在一定时间范围内只有一个 BWP 是有效工作状态，PDSCH、PDCCH 和 CSI-RS 在有效 BWP 中传输。在上行信道，一个 UE 也最多可以被配置为 4 个 BWP，且一定时间内只有一个是有效工作状态，如果 UE 配置了辅助上行载波 SUL，UE 可以被额外配置最多 4 个 BWP，也遵循一定时间内只有一个是有效工作状态，上行信道中 PUSCH、PUCCH、PRACH 或 SRS 均需在有效 BWP 中进行传输。值得一提的是，下行 BWP 与上行 BWP 在子载波间隔以及频率起始位置和带宽方面也可以采取不同配置，如果是 TDD 传输模式，配置为相同 bwp-Id 的 BWP 对（注：包含上行 BWP 和下行 BWP，此种模式称作 unpaired spectrum）必须保持相同的中心频率。

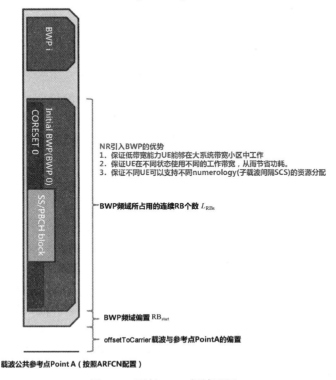

图 2-6　下行 BWP 频域配置

在 UE 通过解码 SSB 完成下行同步后，需要解码 SIB1 消息完成小区驻留，这里包含了关于初始 BWP 的相关配置（注：承载 Type0 PDCCH CSS 的 CORESET 0 以及承载 SIB1 消息的 PDSCH 默认配置在初始 BWP 中，同时初始下行 BWP 包含了 CORESET 0 的频域。除了 SIB1 消息提供初始 BWP 配置信息外，还可以由 ServingCellConfigCommon 消息体提供，这一般适用于 SA 模式下配置 NR 辅载波小区、NSA 模式下添加 NR 辅载波小区以及 NR 服务小区之间切换的场景），每一个服务小区都会配置初始上下行 BWP，同时还包括一个默认下行 BWP 参数配置和一个默认的上行 BWP 参数配置，如果需要配置辅助上行载波 SUL，还需要包含一个默认的 SUL 载波 BWP 参数配置。如果 UE 没有被提供高层参数 initialDownlinkBWP 获取下行初始 BWP 配置信息，UE 将认为下行初始 BWP 占用一系列连续 PRB 资源，起始位置和终止位置对应了 CORESET 的 Type0-PDCCH CSS 集合，同时子载波间隔与循环前缀模式与 Type0-PDCCH CSS 集合中 PDCCH 信道一致，否则就需按照高层参数 initialDownlinkBWP 确定下行 BWP 相关参数配置。而对于上行初始 BWP 的配置，UE 需要通过高层参数 initialuplinkBWP 获取。而对于辅助上行载波的 BWP 配置，则通过 supplementaryUplink 中的 initialUplinkBWP 获取。参数 initialDownlinkBWP 提供了初始下行 BWP 的配置信息，如图 2-7 所示，而参数 BWP-Downlink 则提供了非初始下行 BWP 的基本配置信息，类似的，BWP-Uplink 提供了非初始上行 BWP 的基本配置信息，如图 2-8 所示。

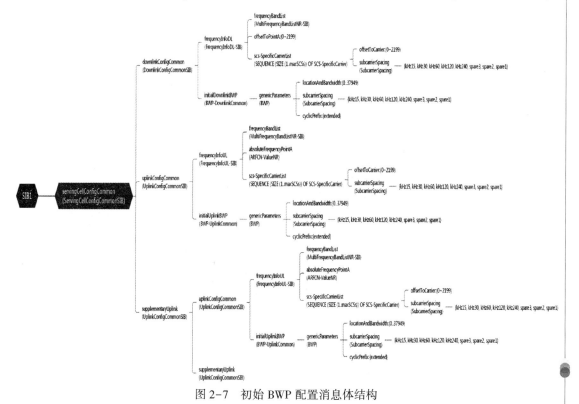

图 2-7　初始 BWP 配置消息体结构

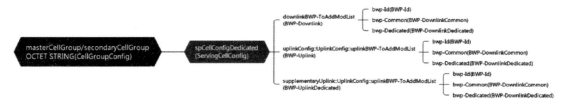

图 2-8　非初始 BWP 配置消息体结构

无论初始 BWP 还是非初始 BWP 都需要配置 BWP 的一些基本参数信息，这些参数配置包含子载波间隔 subcarrierSpacing（注：初始下行 BWP 的子载波间隔应该和 MIB 消息中参数 subCarrierSpacingCommon 配置一致，即和 CORESET 0/承载 SIB1 消息 PDSCH 信道等子载波间隔配置一致，本质上 BWP 上的子载波间隔和循环前缀同时定义了该 BWP 上控制信道和数据信道的子载波间隔和循环前缀），循环前缀格式 cyclicPrefix 以及频域的起始位置和工作带宽 locationAndBandwidth（见图 2-9），该参数取值对应 resource indication value（RIV），BWP 的起始位置由载波偏置 O_{carrier} 和频域偏置 RB_{start} 共同决定，即 $N_{\text{BWP}}^{\text{start}} = O_{\text{carrier}} + \text{RB}_{\text{start}}$，其中载波偏置 O_{carrier} 由高层参数 offsetToCarrier 配置（0~2199，单位为 RB），而 RB_{start} 以及 BWP 的频域所占用的连续 RB 个数 L_{RBs} 由公式 $\text{RIV} = N_{\text{BWP}}^{\text{size}}(L_{RBs}-1) + \text{RB}_{\text{start}}$（当 $(L_{RBs}-1) \leq \lfloor N_{\text{BWP}}^{\text{size}} \rfloor$）或 $\text{RIV} = N_{\text{BWP}}^{\text{size}}(N_{\text{BWP}}^{\text{size}} - L_{RBs} + 1) + (N_{\text{BWP}}^{\text{size}} - 1 - \text{RB}_{\text{start}})$ 反推得出，其中 UE 需

```
-- ASN1START

-- TAG-BWP-START



BWP ::=                        SEQUENCE {

    locationAndBandwidth           INTEGER (0..37949),

    subcarrierSpacing              SubcarrierSpacing,

    cyclicPrefix                   ENUMERATED { extended }

OPTIONAL    -- Need R

}



-- TAG-BWP-STOP

-- ASN1STOP
```

图 2-9　BWP 基本参数信息配置

假定 $N_{\mathrm{BWP}}^{\mathrm{size}} = 275$ （详见 TS 38.331&38.214 5.1.2.2.2）。针对 SIB1 消息提供的初始下行 BWP 频域带宽配置 locationAndBandwidth 参数，UE 仅仅在接收 RRCSetup/RRCResume/ RRCReestablishment 信令之后才将其应用。除此之外，BWP 还会被提供相关的 ID 标识以及一系列 BWP-common 和 BWP-dedicated 参数（注：BWP-dedicated 参数如果配置给初始 BWP，意味着初始 BWP 属于 RRC 配置 BWP 类型），其中，初始 BWP ID 标识默认为 0，其他非初始 BWP 的 ID 标识（BWP-Id）可取值范围 1~4。

初始 BWP 可以有两种配置方式，一种是由 ServingCellConfigCommon/ServingCellConfig-CommonSIB 消息体配置下行初始 BWP（BWP-DownlinkCommon）和上行初始 BWP（BWP-UplinkCommon），但是并不通过 ServingCellConfig 配置 BWP-DownlinkDedicated 或 BWP-UplinkDedicated。对于这种配置方式，初始 BWP 配置（BWP#0）不认为是 RRC 配置 BWP，也就是说即使 UE 仅仅支持一个 BWP 配置，也可以在 BWP#0 之外再配置 BWP#1，这样所谓最大配置 4 个 BWP 就是在初始 BWP 之外还可配置 4 个 BWP，该配置方式比较单一受限，因为只能通过系统消息 SIB1 的方式进行配置。5G 小区采用这种初始 BWP 的配置方式时，如果需要将初始 BWP 转换为其他专属 BWP，则应通过 RRC 重配信令指示 UE 实现转换，而不能通过 DCI 格式 1_0 动态选择，详见图 2-10。

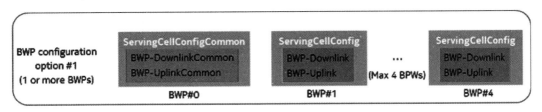

图 2-10　不包含专属配置的初始 BWP 配置

另外一种初始 BWP 的配置方式可以被认为是通过 RRC 配置的 BWP，如图 2-11 所示，这种配置方式意味着如果 UE 仅仅支持一个 BWP，就不能同时配置 BWP#0 和 BWP#1。如果 UE 支持多于 1 个 BWP，这种配置方式相对前一种而言限制较少，可以通过 DCI 动态指示工作 BWP 的转换。该配置适用场景一般可能为，SA 模式下主小区处于 IDLE 状态的 UE 通过获取系统消息 SIB1，或者对于 PCell 小区切换或 PsCell 小区添加/切换，可以通过配置 ServingCellConfigCommon 消息体实现初始 BWP 的配置；NSA 模式下可以通过 RRC 重配信令将 NR 小区中 ServingCellConfigCommon 消息体的初始 BWP 配置参数进行传递（通过封装为 nr-SecondaryCellGroupConfig 字节传递，详见 TS 36.331）。这两种初始 BWP 的配置方式由基站侧选择实现，如果通过 RRC 专属信令（如 RRC 重配）中的 ServingCellConfig 消息体携带 initialDownlinkBWP/ initialUplinkBWP 配置，则 UE 认为该初始 BWP 配置为上述第二种 RRC 配置 BWP，否则，UE 认为该初始 BWP 配置为上述第一种非 RRC 配置 BWP。如果没有其他的额外 BWP 配置，网络侧总是要配置 initialDownlinkB-WP/ initialUplinkBWP 消息体，专属消息体 initialDownlinkBWP/ initialUplinkBWP 可配置参数内容如图 2-12 所示。

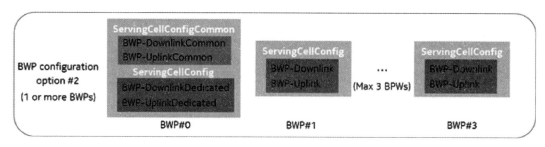

图 2-11　包含专属配置的初始 BWP 配置

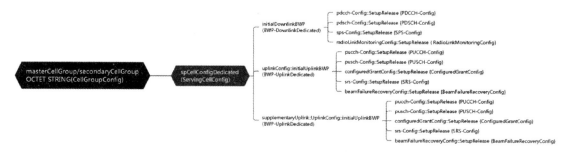

图 2-12　ServingCellConfig 配置初始 BWP 消息体结构

　　针对主小区（PCell）以及辅小区（PUCCH-SCell）中所配置的每个下行 BWP，UE 可以配置各种类型的 PDCCH 公共搜索空间（Common Search Space，CSS）和用户搜索空间（User Search Space，USS），UE 不期望在 PCell（即 SpCell，包含 SCG 中 PSCell）或 MCG 的 PUCCH-SCell 所配置的工作 BWP 中一个 CSS 都不配置，这意味着在这些类型的小区中，工作 BWP 必须配置控制信道以实现业务调度。同时，在 PCell 或者 PUCCH-SCell 中的每个上行 BWP 中都需要配置小区级 PUCCH 公共资源。原则上，侦听相应 PDCCH 时机解码 Type0 PDCCH CSS 所需要的 controlResourceSetZero 和 searchSpaceZero 只能配置在初始 BWP 中，UE 通过初始 BWP 进行侦听解码，而如果当前工作 BWP 不是初始 BWP，有一种特殊配置场景，即工作 BWP 包含 CORESET 0 带宽，并且工作 BWP 子载波间隔和循环前缀与初始 BWP 保持一致，UE 可以在工作 BWP 上使用 controlResourceSetZero 和 search-SpaceZero 配置参数解码侦听 Type 0 PDCCH CSS。

　　如果服务小区配置了多个 BWP，可以通过 BWP 转换机制在同一时间去激活当前工作 BWP，同时激活某一不活跃 BWP。触发 BWP 转换存在多种方式，例如可以通过 DCI 动态调度，BWP 不活跃定时，RRC 信令方式或者基于 MAC 实体的随机接入流程触发等，可通过 RRC 信令或者 PDCCH DCI 予以明确具体目标工作 BWP。对于 NR TDD 频谱模式，下行 BWP 与上行 BWP 在配置时就以成对耦合的形式出现（配置 ID 一样），BWP 转换机制会触发上行 BWP 和下行 BWP 同时改变。值得一提的是，基于 MAC 实体的随机接入流程触发 BWP 转换情况，一般是当前服务小区中上行工作 BWP 没有配置 PRACH 时机，那么 UE 在发起随机接入之前需要先转换到初始上行 BWP（注：当 SpCell 作为服务小区时，工作 DL BWP 也需要随之转换为初始 DL BWP）。在 UE MAC 实体处理正在进行的随机接入流程中，如果 MAC 实体接收到了关于 BWP 转换的 PDCCH DCI 指示，一般由 UE 来决定是否执行 BWP 转换或者忽略 PDCCH 关于 BWP 的转换指示，除非该 PDCCH（由 C-RNTI 解码）指示随机接入流程成功完成，此时 UE 需要执行 BWP 转换流程。如果 MAC 实体决定在随机接入流程中先执行 BWP 转换，那么随机接入流程应该在 BWP 转换之后重新进行。如果 MAC 实体决定忽略 PDCCH 关于 BWP 的转换指示，MAC 实体应该继续完成正在服务小区进行的随机接入流程。如果在随机接入流程中，UE 收到了 RRC（重）配置信令触发 BWP 转换，MAC 实体应该先终止正在进行的随机接入流程，在完成 BWP 转换之后重新启动随机接入。

如果采取 DCI 格式动态切换 BWP 的机制，那么 DCI 格式 1_1 所含字段 bandwidth part indicator（从 RRC 高层预先配置的下行 BWP 可选集中）指示了下行工作 BWP ID，DCI 格式 0_1 所含字段 bandwidth part indicator（从 RRC 高层预先配置的上行 BWP 可选集中）明确了上行工作 BWP ID。字段 bandwidth part indicator 可配置比特个数为 0、1 或 2，具体配置比特数由 $\lceil \log_2 n_{BWP} \rceil$ 决定，当 $n_{BWP,RRC} \leqslant 3$ 时，$n_{BWP} = n_{BWP,RRC} + 1$；取值为 4 时，$n_{BWP} = n_{BWP,RRC}$。其中 $n_{BWP,RRC}$ 是高层信令配置 BWP 的个数。字段 bandwidth part indicator 与 BWP ID 的映射关系见表 2-2。

表 2-2　BWP 指示字段含义

Value of BWP indicator field 2 bit	Bandwidth part
00	Configured BWP with BWP-Id = 1
01	Configured BWP with BWP-Id = 2
10	Configured BWP with BWP-Id = 3
11	Configured BWP with BWP-Id = 4

如果 DCI 格式 0_1 或 1_1 中分别指示的上行 BWP 或下行 BWP 与当前上行工作 BWP 或下行工作 BWP 不一致，UE 应该将工作上行/下行 BWP 转换为 bandwidth part indicator 字段所指示的上行/下行 BWP，在解码该字段中针对以下特殊情况，UE 应该分别处理：

如果 bandwidth part indicator 字段所含比特个数小于实际解码所需比特个数，UE 应该采取前置补 0 处理，直到比特数满足解码所需比特个数；

如果 bandwidth part indicator 字段所含比特个数大于实际解码所需比特个数，UE 应该采取截断比特原则，保证从低位（右侧）比特起始个数与解码所需比特个数一致。

在通过 DCI 指示工作 BWP 转换时，存在一个 BWP 转换时延 $T_{BWPswitchDelay}$ 以便 UE 留出足够射频滤波调整时间（注：基站侧其实也存在这样的转换时延），在此期间，UE 不能收发数据，同时 DCI 格式 1_1 或 0_1 中所含字段 time domain resource assignment 指示 PD-SCH 接收或者 PUSCH 传输的延迟时间也不能小于这个转换时延，BWP 转换时延 $T_{BWPswitchDelay}$ 参见表 2-3 中 Type1 的定义。

表 2-3　BWP 转换时延

μ	NR Slot length (ms)	BWP switch delay $T_{BWPswitchDelay}$（slots）	
		Type 1[Note 1]	Type 2[Note 1]
0	1	1	3
1	0.5	2	5
2	0.25	3	9
3	0.125	6	18

Note 1：Depends on UE capability.

Note 2：If the BWP switch involves changing of SCS, the BWP switch delay is determined by the smaller SCS between the SCS before BWP switch and the SCS after BWP switch.

　　如果 UE 检测到 DCI 格式 0_1/1_1 指示上行/下行工作 BWP 需要改变，UE 从收到该 DCI 的那个时隙 n 中第三个符号起始（注：如果 UE 期望通过 DCI 格式 0_1/1_1 接收上行/下行 BWP 改变指示，那么对应 PDCCH 应该被配置在该时隙的前 3 个符号之内），一直到 DCI 中包含字段 time domain resource assignment 所表征的时隙起始这段时间之内，不需要接收或者传输数据。另外，FR1（FR2）频段内跨载波调度时，DCI 格式 0_1/1_1 指示被调度载波工作上行/下行 BWP 需要改变，那么相应的，在那些被调度载波不能收发数据的时间内（可以按照调度小区下行 SCS 折算为对应时隙），其他小区也不能够收发数据。

　　针对服务小区，UE 还可以通过 defaultDownlinkBWP-Id 配置一个默认下行 BWP，该 ID 是个 UE 专属配置，可以从已配置的下行 BWP ID 中取值（可选取值范围 0~4），如果不配置则默认使用初始下行 BWP，当 BWP 不活跃定时器（bwp-InactivityTimer）超时后，UE 自动回退到该默认 BWP 或者初始下行 BWP（注：当默认 BWP 与当前工作 BWP 不同或者 defaultDownlinkBWP-Id 不配置且当前工作 DL BWP 不是初始 DL BWP 时会触发该定时器，否则该定时器不会触发）。FR1（FR2）频段内，如果配置的 BWP 不活跃定时器在计时中，如果在一个子帧（半个子帧）内没有满足重新计时条件（注：重新计时条件详见 TS 38.321 5.15），那么该定时器在每子帧（半个子帧）的最后边沿实现计时渐减。当 BWP 不活跃定时器超时后，UE 回退到默认（DL/UL）BWP 的过程中，也存在一个 BWP 转换延迟时间 $T_{BWPswitchDelay}$（注：此时间的起始点在 BWP 不活跃定时器超时后毗邻子帧的起始边沿（FR1）或者半个子帧的起始边沿（FR2）），在此时间之内，UE 也无法收发数据，$T_{BWPswitchDelay}$ 参见表 2-3 中 Type2 的定义。值得一提的是，在 BWP 转换过程中，假设 UE 没有取得针对新 BWP 的 TCI 状态，那么 UE 会沿用 BWP 转换之前老的 TCI 状态，直到收到 MAC CE 更新 TCI 状态信息用以接收 PDCCH 和 PDSCH。如果 UE 事先获取了针对新 BWP 的 TCI 状态信息，那么在 MAC CE 激活生效之前（MAC CE 激活到生效也存在延迟）沿用老的 TCI 状态，生效之后使用新的 TCI 状态接收 PDCCH 和 PDSCH。当工作（DL/UL）BWP 处于改变过程中，如果此时恰好发生了 BWP 不活跃定时超时，那么该超时所触发的新一轮 BWP 改变流程会一直延迟到之前的 BWP 改变流程完成之后毗邻的子帧（FR1）或半个子帧（FR2），在此期间 UE 无法收发数据。

如果 UE 存在专属 BWP 配置，UE 可以在主小区（MCG 或 SCG 的 SpCell）被配置 firstActiveDownlinkBWP-Id 和 firstActiveUplinkBWP-Id，并且通过 RRC（重）配置激活分别作为下行工作 BWP 和上行工作 BWP。如果参数 firstActiveDownlinkBWP-Id/firstActiveUplinkBWP-Id 不配置，那么 RRC（重）配置就无法激活上行/下行 BWP 改变。针对主小区，一般有两种情况可以使用 firstActiveDownlinkBWP-Id/firstActiveUplinkBWP-Id：其一是通过专属消息 spCellConfigDedicated 实现小区内 BWP 变更；另外是通过 reconfigurationWithSync 执行 PCell（NSA 模式下 MCG 或 SA 模式下的主小区）切换或者 PSCell（NSA 模式下 SCG 主小区）添加或变更时首选的工作 BWP。对于涉及小区改变的后一种情况，网络侧应该将 firstActiveDownlinkBWP-Id 与 firstActiveUplinkBWP-Id 配置一致（注：针对 PCell 改变的情况，一个前提条件是 firstActiveDownlinkBWP-Id 所指向的工作 DL BWP 中包含 searchSpaceSIB1 所配置的公共搜索空间（即包含 SIB1），因此可以只配置 firstActiveDownlinkBWP-Id，后续通过解码 SIB1 之后获取上行 BWP 信息，如需要配置 firstActiveUplinkBWP-Id，应该确保 firstActiveDownlinkBWP-Id 和 firstActiveUplinkBWP-Id 保持一致）。另外针对辅小区 Scell，如果 UE 被提供了 firstActiveDownlinkBWP-Id 和 firstActiveUplinkBWP-Id，那么 UE 会在 Scell 小区使用 firstActiveDownlinkBWP-Id 和 firstActiveUplinkBWP-Id 分别作为首先激活的下行 BWP 和上行 BWP。

针对 NR FDD 频谱模式，如果由 DCI 格式 1_0 或格式 1_1 调度 PUCCH 传输 HARQ-ACK 信息，在侦听到 DCI 格式与传输 PUCCH 期间如果发生了上行 BWP 改变，UE 会放弃相应的 PUCCH 传输。

另外，UE 如果需要在非当前工作 DL BWP 执行 RRM 测量，如果该 DL BWP 不在当前工作 DL BWP 之内，那么在 RRM 测量期间，UE 会停止当前下行 BWP 的 PDCCH 侦听。

2.2　天线近似定位——QCL

2.2.1　4G/5G 天线端口的基本概念

在 4G LTE 系统中，由于天线引入了 MIMO 技术，在网络优化日常工作中一个耳熟能详的名词"天线端口"经常会被提及，而在 5G 中，天线端口同样是非常重要的概念，同时在标准设计时对其赋予了更加丰富的内涵。首先需要溯源以探究天线端口的设计用途和相关基本概念。

2G/3G 系统中是没有天线端口这个概念的，一般经常会提到通道的概念，例如，3G TD-SCDMA 系统中最引以为自豪的技术之一就是 8 通道天线赋形。而通道指的是物理射频单元（RRU）的内部物理划分，每一路划分独立承载了一个射频信号，因此也同样需要有 8 根独立的物理线缆馈入天线单元（注：极化天线从外观上看是 4 根馈缆，但是物理上仍然对应了 8 个射频通道）。

4G LTE 中引入的天线端口是逻辑上的概念，与通道是两个不同范畴的概念，所以一般也可以以天线逻辑端口这样的命名进行代称。3GPP TS 36.211 对天线逻辑端口的定义如下。

同一天线端口传输的不同信号所经历的信道环境是一样的，每一个天线端口都对应了一个资源栅格。天线端口与物理信道或者信号有着严格的对应关系。

这句话对于天线逻辑端口概念表达了下面这两层含义：

1）天线逻辑端口虽然在发射机进行配置，但是其本质含义是辅助接收机进行解调的，天线逻辑端口是物理信道或物理信号的一种基于空口环境的标识，相同的天线逻辑端口信道环境变化一样，接收机可以据此进行信道估计，从而对传输信号进行解调；

2）接收机对于不同逻辑端口的并发接收解码需要有不同的并发解码机制。

另外，天线逻辑端口虽然是逻辑上不同传输信号的一种划分机制，但是与物理层面的天线通道概念却有着对应关系，如果需要将天线进行逻辑端口的划分，一定需要有对应的物理通道划分作为基础能力支持。例如，2 个天线逻辑端口就至少对应了 2 个天线物理通道，当然也可以对应 2 的整数倍的通道，如 4 通道或者 8 通道，所以经常遇到的 LTE 系统中 4T2R 天线或者 4T4R 天线中 T 和 R 分别指的是天线物理传输和接收通道的个数。理论上，4T2R 天线分别可以划分为 1、2、4 个逻辑端口，但是 1 个物理通道无法分拆为 2 个逻辑端口。天线逻辑端口与物理通道虽是两个不同的概念，却彼此存在辩证的关系。

为了更好地了解天线逻辑端口的概念，下面研究一个小实例。以下是 3GPP TS 36.211 中对 PSS/SSS 物理信道所属天线逻辑端口的描述。

The UE shall not assume that the primary synchronization signal is transmitted on the same antenna port as any of the downlink reference signals. The UE shall not assume that any transmission instance of the primary synchronization signal is transmitted on the same antenna port, or ports, used for any other transmission instance of the primary synchronization signal.

这段描述表明了两层意思：其一，PSS/SSS 的天线逻辑端口与下行参考信号（例如 CRS）的天线逻辑端口不同，终端在基于天线逻辑端口的 CRS 天线图样解码时不应该能够同时解码 PSS/SSS，反之亦然；其二，终端不应该同时解码不同的 PSS/SSS。

4G LTE 协议没有明确为 PSS/SSS 划分具体的天线逻辑端口号（注：5G NR 中对于同步信号以及 PBCH 块划分了具体的天线逻辑端口 p=4000），基于以上对于天线逻辑端口以及 PSS/SSS 与参考信号逻辑端口关系的认知，可以知道终端通过周期性解码 PSS/SSS

实现下行时频域同步时（一般认为是 DRX 之后），在时隙 0 或者 10 上，不应该"看"到 CRS 天线图样。

在 5G NR 中，为了提高信道的利用效率去掉了小区参考信号（CRS）的设计，UE 根据与天线端口相关的 DMRS 进行下行共享信道（PDSCH）的信道估计，天线端口仍然是基于空口信道质量的一种逻辑概念划分。5G 中还可能存在大量密集小站组网的场景或者射频拉远单元，为了区分这些新型天线配置与传统宏站天线布放场景的区别，协议中还明确了对于两个天线端口是否是逻辑上近似共站点的定义，即如果包括时延扩展、多普勒扩展、多普勒频移、平均天线增益、平均时延和接收机参数等其中之一或多个空间信道属性相同时，两个天线端口可以认为是逻辑上的近似共站点。4G 中基于不同的天线逻辑端口的 CRS 参考信号占用了不同的时频资源，也可以认为通过正交的时频资源实现了天线端口空口传输中的图谱，而 UE 专属参考信号引入了码分的概念，通过时域扩展引入正交码可以实现相邻配对的天线端口的参考信号在同样的时频资源进行传输，从而降低对时频域资源的占用，而 5G 中 UE 专属天线端口所对应的 DMRS 或 CSI-RS 在 4G 基础上更进一步，基于时频两域扩展引入正交码实现时频域资源的复用，从而在天线端口配置较多时（例如：与 CSI-RS 相关的天线端口最大可配置为 32）能够尽可能地释放资源以供数据传输。

总之，基于天线端口的参考信号传输是接收机一侧用来评估信道状态的手段，在实际无线网络参数优化配置中，如果为其配置过多的时频域物理资源可能导致实际空口业务传输能力下降，而配置过少可能导致接收机评估信道失准，在实际网络优化中应该权衡两方面的利弊进行合理配置。

2.2.2　5G 天线端口近似定位——QCL

5G NR 通过大规模阵列天线不仅在业务信道，同时在广播、控制信道都可以实现窄波束赋形，同时为了提升系统资源效率，取消了小区级公共参考信号，以 SSB 或者 CSI-RS 波束测量作为 UE 的测量电平参考，这就需要一套天线端口传输的近似信道条件假设，辅助 UE 进行信道传输的测量与估计。5G NR 通过 TCI（Transmission Configuration Indicator）传递 QCL（Quasi Co-Location）通知 UE 关于信道条件的假设，这一整套机制不仅适用于 PDSCH 信道解调，同时也适用于 PDCCH 信道解调。

5G NR 通过高层信令可以预先配置一系列信道条件关联关系，每一种关联关系以一个 TCI 状态进行标识，而一个 TCI 状态可以通过 TCI-StateId 来进行索引。关于 PDSCH 信道这样的 TCI 状态每载波最大配置值为 128 组，而 PDCCH 信道的 TCI 状态每载波最大配置值为 64 组。每个 TCI 状态信息包含了配置 PDSCH/PDCCH 中 DMRS 天线端口和其他 1 或 2 个下行参考信号（DL RS）近似定位关系的参数，这里所谓的下行参考信号可以配置为 CSI-RS，也可以是 SSB。由于 5G NR 没有了类似 LTE 中 CRS 宽波束小区参考信号作为信道评估的参考依据，因此需要在信道评估中指明具体需要参考哪些窄波束的 CSI-RS 或者 SSB 配置，UE 借助 TCI 状态配置信息（QCL）动态评估 PDCCH/PDSCH 信道传输条件，这就是 QCL 机制的作用。每个 TCI 状态都可以配置 DMRS 天线端口与下行参考信号（CSI-RS/SSB）之间的近似定位关系参数（QCL），所谓的近似定位关系本质就是一种信道状态假设。协议定义 QCL 概念可以用来支持波束管理（通过时延/多普勒参数进行）、时频域偏差估计以及无线资源管理（RRM）等功能。目前协议规定至多可以配置 2 个下行参考信号（DL RS），如果高层信令配置了 2 个下行参考信号，那么这 2 个参考信号的 QCL 类型不应该配置一样，其中 QCL 可以配置为如下类型之一。

QCL-TypeA：该类型意味着 DMRS 天线端口与参考信号之间的信号传输条件（或近似定位关系）具有相同的多普勒频移、多普勒扩展、平均时延以及多径时延扩展。

QCL-TypeB：该类型意味着 DMRS 天线端口与参考信号之间的信号传输条件具有相同的多普勒频移、多普勒扩展。

QCL-TypeC：该类型意味着 DMRS 天线端口与参考信号之间的信号传输条件具有相同的多普勒频移和平均时延。

QCL-TypeD：该类型意味着空间接收机参数一致。该类型可以认为是网络侧对终端接收天线的一种信道条件约束。

基站通过 MAC 控制消息 MAC CE 激活指令最大能够映射 8 个 TCI，协议规定每个 UE 最大同时可激活 TCI 的个数为 8，如图 2-13 所示，T_i 代表了 TCI-StateId i，取值置为 1 代表该 TCI 状态激活，置为 0 代表该 TCI 状态去激活，依序排列的 8 个 TCI 状态恰好映射关联了 PDCCH DCI 格式 1_1 中所包含的 Transmission configuration indication 字段中 3 bit 所表征的 8 个取值——映射关联（如果高层参数 tci-PresentInDCI 不开启，该字段为 0 bit）。而实际上网络侧可以通过高层参数为每个 UE 灵活配置 M 个 TCI 状态配置，M 取值取决于 UE 的每 BWP 实际能够支持的最大活跃 TCI 配置能力，由高层参数 maxNumber-ActiveTCI-PerBWP 决定，可选取值分别为 $\{1, 2, 4, 8\}$（注：UE 上报能力参数 maxNum-

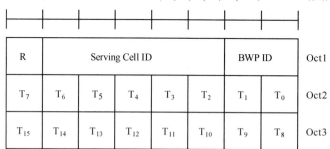

图 2-13 通过 UE 专属 PDSCH MAC CE 激活（去激活）TCI 状态

berActiveTCI-PerBWP 体现了 UE 在每载波中每 BWP 下能够激活 TCI 的能力，包含了控制信道和数据信道活跃 TCI 个数，UE 实际可被配置 $n \times M$ 组 TCI 状态，$n \times M$ 小于或等于 128）。

　　如果对应包含 MAC CE 激活指令的 PDSCH 的 HARQ-ACK 在时隙 n 中传输，那么使用 DCI 指示 TCI 状态应该从时隙 $n+3N_{\text{slot}}^{\text{subframe},\mu}+1$ 开始，如图 2-14 所示。如果高层配置了 TCI 状态参数，那么在接收 MAC CE 激活指令之前，UE 可以假定 PDSCH 的 DMRS 天线端口与初始随机接入过程相关的 SSB 波束信道属性上存在近似定位关系 QCL-TypeA（针对高频 UE，QCL-TypeD 也可以适用），如图 2-15 所示。

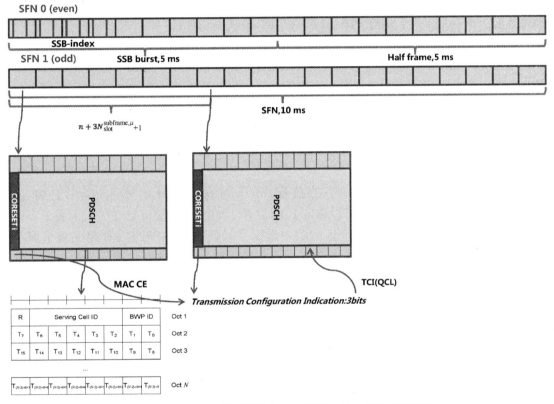

图 2-14　MAC CE 激活指令与 DCI 指示 TCI 之间的时序关系

　　如果高层信令将参数 tci-PresentInDCI 配置为启用（enabled），UE 假定在 DCI 格式 1_1 传输 Transmission configuration indication 字段，如果 tci-PresentInDCI 没有配置在调度相应 PDSCH 的 CORESET 消息体中，或者 PDSCH 由 DCI 格式 1_0 调度并且接收到 DCI 与对应 PDSCH 的时间间隔大于或等于 UE 能力门限 timeDurationForQCL（注：该能力门限以 OFDM 符号数进行取值，只针对高频 FR2 频段进行定义，针对子载波间隔 60 kHz，取值为 7、14、28，针对子载波间隔 120 kHz，取值为 14、28，对于 FR1 频段不适用，可以理解为对应其他子载波间隔取值为 0），UE 则假设 PDSCH 与包含该 PDCCH 的 CORESET 的信道传输条件（TCI 状态或 QCL 假设）保持一致。

针对跨载波调度或调度下行 BWP 时，如果参数 tci-PresentInDci 配置为启用，那么调度载波使用 DCI 格式 1_1 调度并且包含 Transmission Configuration Indication 字段，该字段所指示的 TCI 状态被用作调度载波或者下行 BWP 确定 PDSCH 天线端口的 QCL 参数。针对服务小区，如果接收 DCI 与对应 PDSCH 之间的时间间隔大于或等于（UE 能力）门限 timeDurationForQCL，那么 UE 可以假定 PDSCH 的 DMRS 端口与 DCI 指示 TCI 状态中的参考信号近似定位，且 QCL 类型参数即为对应 TCI 状态中配置 QCL 参数。针对 PDSCH 单时隙调度，指示 TCI 基于调度 PDSCH 的时隙中激活的 TCI 状态进行选择；针对 PDSCH 多时隙调度，指示 TCI 基于调度 PDSCH 的首个时隙中激活的 TCI 状态进行选择，并且 UE 期望调度该 PDSCH 的多个时隙的激活 TCI 状态保持一致。如果当 UE 被配置了与跨载波调度（Cross-Carrier Scheduling）相关的 CORESET 和搜索空间，那么 UE 期望 CORESET 消息体中 tci-PresentInDci 参数配置为启用，并且如果调度服务小区的搜索空间所配置的 TCI 状态中包含 QCL-TypeD 参数，UE 期望在搜索空间中接收到 PDCCH 与对应 PDSCH 之间的时间间隔大于或等于门限 timeDurationForQCL，换言之，对于跨载波调度下，UE 默认并不假定相互之间配置了 QCL 关系，UE 期望网络侧启用"MAC CE 激活–DCI 调度指示 TCI"这一套流程机制。

无论 tci-PresentInDCI 启用与否，当接收 DCI 与对应 PDSCH 的时间间隔小于 UE 能力配置 timeDurationForQCL，UE 可以假定 PDSCH 的 DMRS 天线端口与（关联了服务小区工作 BWP 中相应搜索空间的）最近时隙中索引号最低的 CORESET（如果配置了多个 CORESETs）所使用的 QCL 参考信号以及 QCL 参数近似定位。这种情况下，如果索引号最低 CORESET 所包含的 PDCCH DMRS 和 PDSCH DMRS 在时域上有至少一个符号的交叠导致 QCL-TypeD 不同（即接收参数不同），此时 UE 期望优先接收该 PDCCH，如果类似的情况发生于带内载波聚合的场景下，即调度 PDSCH 与前述索引号最低的 CORESET 分别传输在不同的载波，UE 仍然期望优先接收 PDCCH。值得一提的是，如果高层信令所配置的 TCI 状态都不含 QCL-TypeD，那么 UE 就不需要考虑 DCI 与相应 PDSCH 之间的时间间隔，仍然可以通过指示的 TCI 状态获取其他 QCL 参数假设，本质上来看，UE 的能力参数 timeDurationForQCL 是高频多天线 UE 侧基于定向接收波束转换的一种时延能力表征，timeDurationForQCL 和 QCL–TypeD 针对低频全向天线 UE 实际上并不生效。

如果 UE 没有被提供指示近似定位信息的 TCI（注：如果是 NSA 组网模式下，该条件假设 UE 没有被提供 TCI 配置信息；如果是 SA 组网模式，UE 在小区初始接入阶段没有 TCI 配置信息），UE 解码 MIB 所含字段 pdcch-ConfigSIB1 获取 Type0-PDCCH CSS 时还无法使用激活高层信令配置 TCI 状态这一流程机制，因此 UE 可以假定该 PDCCH DMRS 端口以及相应 PDSCH DMRS 端口与对应的 SSB 波束在天线平均增益、QCL-TypeA（针对高频 UE，QCL-TypeD 也可以适用）等信道属性保持一致（近似定位 QCL）。

通过高层信令配置 TCI 状态这一机制可以适用于与 UE 相关的其他 CORESET（如 CORESET 1~11），首先需要高层信令预先配置 TCI，之后通过 MAC CE 消息实现相应的 TCI 状态参数启用（注：PDCCH 的 TCI 近似定位参数启用机制只能通过下发 MAC CE 指示，无法通过 DCI 调度启用，DCI 调度启用只适用于 PDSCH 近似定位），但在这两个步骤中如果存在异常，例如，高层没有配置 TCI 状态相关参数，或者在已经配置 TCI 一系列状态参数后没有收到 MAC CE 的相关激活指示，UE 可以假定 PDCCH 信道中 DMRS 天线端口与随机初始接入所关联的 SSB 存在近似定位关系，或者在切换同步重配过程中，高层配置了一系列 TCI 状态参数，但没有收到 MAC CE 的任何一个相关激活指示，UE 可以假定 PDCCH 信道中 DMRS 天线端口与同步重配流程中的随机接入所关联的 SSB 或者 CSI-RS 存在近似定位关系，如图 2-15 所示。

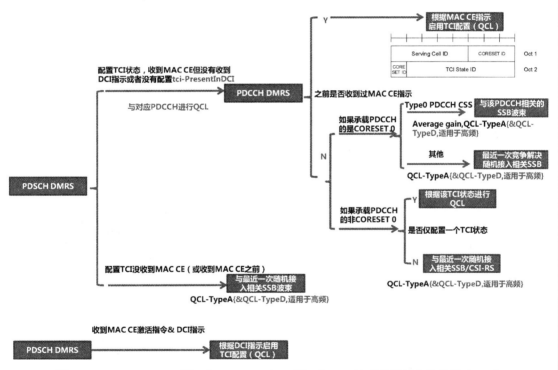

图 2-15　PDSCH DMRS 端口和 PDCCH DMRS 端口与 SSB 波束的近似定位关系（QCL）

除此之外，5G NR 中针对不同类型 CSI-RS 的信道条件进行了相关假设，例如，对于非周期 TRS 资源（trs-Info 配置为 true 的非周期 CSI-RS 参考信号资源），UE 期望其与某个周期 TRS 资源（trs-Info 配置为 true 的周期 CSI-RS 参考信号资源）在近似定位关系中配置为 QCL-TypeA，对于高频 UE 而言，也可为该周期 TRS 资源同时配置 QCL-TypeD 参数。类似这样的配置原则还有很多，具体可参见图 2-16，不再赘述，感兴趣的读者可以参阅 3GPP 38.214 5.1.5 的详细描述。

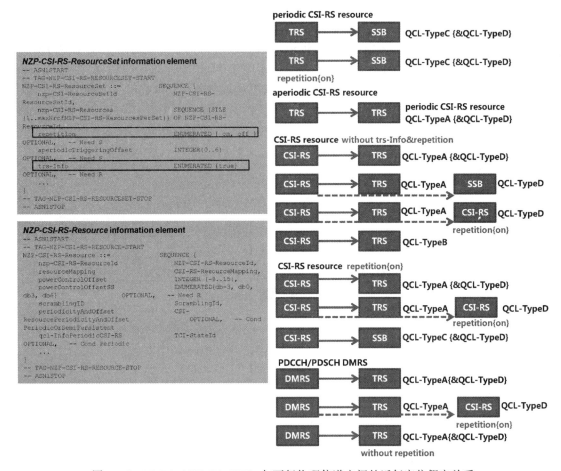

图 2-16　DL RS（CSI-RS/SSB）与下行物理信道之间的近似定位假定关系

2.2.3　天线波束管理

在 5G NR 系统中，波束管理（Beam Management）被定义为一系列基于 L1/L2 层获取和维护基站收发天线点 TRP（Transmission and Reception Point）和/或 UE 的波束，用于上下行发射/接收的流程。波束管理包含如下四个方面。

1）波束确定：基站 TRP(s)或者 UE 选择自己的收发波束。

2）波束测量：基站 TRP(s)或者 UE 测量接收波束信号的特性。

3）波束上报：UE 基于波束测量结果上报。

4）波束扫描：根据预先定义的方式在一定时间段覆盖某一空域的波束传输和接收过程。

波束管理贯穿了业务的始终，以上具体流程在波束管理全生命周期中相互耦合，基站侧和 UE 侧都可以进行波束选择。在实际技术应用中，波束管理的目标就是形成波束或者叫作波束赋形，通过波束汇聚的增益提升小区边缘覆盖能力，从天线阵子组合实现波束本质来看，既包括传输波束赋形的能力，也包括接收波束赋形的能力。随着通信使用频率的不断演进，尤其步入高频或者毫米波时代，天线技术也随之产生变化，不仅基站侧（TRP）需要传输更窄波束，随着终端天线工艺的提升，UE 侧也同样会具备波束赋形的能力，因此协议针对这样的天线技术演进需求，在天线收发波束能力方面也进行了相关的定义，对于基站侧而言，满足以下任何条件之一，可以认为 TRP 具备收发天线互易性和一致性调整能力：根据 UE 对于 TRP 的一个或者多个发射波束的下行测量结果的上报接收来确定 TRP 接收波束；根据 TRP 基于一个或者多个接收天线的上行测量来确定 TRP 关于下行传输的发射波束。

同样地，对于 UE 而言，满足以下任何条件之一，可以认为 UE 具备收发天线互易性和一致性调整能力：根据 UE 基于一个或者多个接收天线的下行测量来确定 UE 关于上行传输的发射波束；基于 UE 的一个或者多个发射波束的上行测量的 TRP 指示来确定 UE 关于下行传输的接收波束；UE 支持波束互易性相关信息的能力指示上报。

协议还定义了涉及波束管理的三个阶段。

P1 阶段：UE 测量不同的 TRP 发射波束以支持选择 TRP 发射波束和 UE 接收波束，对于此阶段的 TRP 波束赋形，主要意味着基站 TRP 内部或者跨 TRP 间的波束扫描，类似目前 SSB 窄波束在空域中依次扫描的形态；而对于 UE 波束赋形而言，主要意味着 UE 从不同波束中进行接收波束扫描，P1 阶段是 TRP 发射波束和 UE 接收波束调整的初始状态。

P2 阶段：利用 UE 针对 TRP 接收波束的测量对于基站 TRP 的发射波束进行优化调整，P2 阶段是波束赋形的调优阶段，可以认为是 P1 阶段的特例。

P3 阶段：利用 UE 针对相同 TRP 发射波束的测量改变 UE 的接收波束从而根据接收-发射波束互易性使得 UE 实现发射波束赋形成为可能。

在 P1～P3 波束管理全生命阶段，UE 可以基于与 K 个波束（K 等于配置波束的个数）对应的参考信号（CSI-RS/SSB）进行测量，同时 UE 需要选择 N 个发射波束的测量结果（N 不一定是固定不变的）进行上报。值得注意的是，以移动性管理为目的基于参考信号测量也属于波束管理的范畴。假定针对波束管理的高层参数配置了 $M(\geqslant 1)$ 个参考信号资源，同时配置了 $N(\geqslant 1)$ 个测量上报配置，应该将测量上报配置与参考信号资源预先进行关联，这样 UE 提供测量上报结果时，基站可以获取 UE 是基于哪个具体资源进行测量的。原则上，P1 和 P2 阶段都支持资源配置和测量上报配置这一组合机制，P3 阶段对测量上报配置机制不做限定。上报配置应该至少包含如下信息：所选择测量波束、L1 层测量报告、上报的时域方式（例如：非周期、周期或半持续）和频域测量颗粒度，资源配置应该至少包含如下信息：资源时域传输方式（如非周期或半持续）、参考信号类型（CSI-RS/SSB）、至少配置一个 CSI-RS 资源集合（每个集合中包含前面提及的 K 个

CSI-RS 资源，注：针对 K 个 CSI-RS 资源配置，一些参数诸如端口数量、资源时域传输方式、传输密度和周期等可以配置一样）。UE 在波束上报时，至少会采取如下可选方案之一。

可选方案 1：UE 将 TRP 发射波束和与之相关的 UE 接收波束集一起上报，UE 接收波束集定义为包括用来接收下行信号的一系列 UE 接收波束，至于采取何种方式构成 UE 接收波束集，协议不做约束，取决于终端实现，一种可能的解决方案就是将一个 UE 天线接收板对应一个 UE 接收波束集。如果 UE 包括了多个接收波束集，可以在上报 TRP 发射波束测量结果的同时，将与之相关的 UE 接收波束集的标识一并上报。

可选方案 2：UE 将 TRP 发射波束和与之相关的 UE 天线组一起上报，UE 天线组指接收天线板或者其子阵列。如果 UE 包括了多个天线组，可以在上报 TRP 发射波束测量结果时，将与之相关的 UE 接收天线组的标识一并上报。

NR 还支持 UE 根据控制信道质量（如低于某一门限或者能够定时器超时）触发波束失败恢复机制。一旦波束失败发生，那么波束失败恢复机制同步触发，网络侧可以为此机制预先配置相关参数（例如波束失败恢复相关随机接入参数配置）。业界目前普遍认为，低频系统中 UE 的发射波束和基站 TRP 的接收波束是相对比较宽的波束（或者笼统地称之为"全向波束"），因此一旦由于 UE 移动性造成的 UE 下行接收发射波束失步，可以通过 UE 测量上报，之后由基站侧进行发射波束的更新纠偏，可以简化与波束失败机制相关的系统参数配置。而在高频系统中，UE 的发射波束和基站 TRP 的接收波束都是窄波束，一旦出现了波束方向的失位，很难仅通过基站波束赋形纠偏，因此有必要引入波束失败恢复相关机制。

NR 可以通过下发与波束相关指示信息辅助 UE 进行波束接收（注：也可以不下发指示信息，协议不做限定），在 UE 使用基于 CSI-RS 测量机制时，网络侧可以通过近似联合口定位指示 UE 获取波束信息（注：基于 SSB 测量机制，可以通过下发 QCL 指示，也可以通过预先关联），QCL 本质上是对于波束传输信道变化的指示，UE 可以通过 QCL 确定是相同波束还是不同波束传输。NR 可以支持使用相同或者不同波束实现控制信道和相应数据信道的传输。

针对控制信道 PDCCH 传输，UE 可以同时接收多个 PDCCH 传输波束以增强解码鲁棒性，这取决于终端的实现能力，UE 能够支持将下行参考信号（CSI-RS/SSB）与 PDCCH DMRS 端口通过近似联合定位（QCL）实现波束标识，网络侧可以通过 MAC CE 信令、RRC 信令、DCI 信令或者以上方式的结合实现 QCL 信息的传递。

针对下行数据信道 PDSCH DMRS 端口与下行参考信号之间的 QCL 关系，网络侧通过 DCI 进行动态指示。不同的 DMRS 天线端口可以与不同的参考信号端口之间实现 QCL。NR 支持所有 DMRS 端口实现近似联合定位（QCL），也同样允许 DMRS 端口之间的差异化。NR DMRS 在时频域资源之外还引入了码域资源，占用相同时频资源，以码域资源区分的 DMRS 端口可以归入同一 CDM 组，组内的 DMRS 端口保持相同的 QCL，不同组之间

DMRS 端口的 QCL 不同。

针对 CSI-RS 天线端口，UE 默认两组 CSI-RS 资源之间没有 QCL 关系，两组 CSI-RS 资源之间如需建立 QCL 关系，需要通过信令指示予以明确，信令指示可以只包含部分 QCL 参数，如与 UE 接收相关的 QCL 参数（QCL-TypeD）。另外，如果同样使用 SSB 作为参考信号，两个参考信号（CSI-RS 和 SSB）之间也可以通过传递 QCL 部分参数建立近似定位关系。

2.3　大规模阵列天线技术

2.3.1　4G 系统中的大规模阵列天线技术

5G 通信系统中一个关键技术就是大规模阵列天线技术，俗称 3D-MIMO 天线技术。在 4G 实际网络运行环境中，3D-MIMO 天线就已经进行了规模部署，可以实现覆盖增强，同时有效缓解容量所带来的压力。为了更好地了解 3D-MIMO 技术关键原理以及应用实践，有必要从基本的 MIMO 技术原理入手，抽丝剥茧地进行解读。

1. SU-MIMO 技术

单用户 MIMO 技术通过空分复用实现了单用户在相同时频资源内的吞吐量提升。MIMO 技术广义包含两个范畴，其一是传输分集（Transmit Diversity），其二是空分复用（Spatial Multiplexing）。从信息论的角度来看，发射分集的数据属于同一"份"数据源，而空分复用则是利用了"空间"这个资源实现了两"份"不同数据源的同时传输。

LTE 系统的 MIMO 技术通过基带预编码（Precoding）实现了以上两种数据传输模式。LTE 中通过 SFTD（Space Frequency Transmit Diversity，空频传输分集）+FSTD（Frequency Switch Transmit Diversity，频率交换发射分集）技术实现了开环传输分集，而空分复用又包含了三种工作方式，分别是大延迟 CDD 空分复用、闭环空分复用和单层闭环空分复用。

要了解以上具体的实现方案，首先需要对于一些基本的术语概念进行澄清。

1）码字（Codeword）　码字是一个子帧中在物理信道传输的一系列信道编码比特，一个码字对应了一个传输块（Transport Block，TB），是传输块经过信道编码之后的产物，一个调度子帧（TTI）中最多传输两个码字，也意味着同时最多能传输两个 TB。

2）层（Layer）　码字经过调制之后的一系列复数符号需要映射为层，国内一些文献容易翻译成"流"，为了术语的严谨和一致性，我们还是愿意称之为"层"。一个码字调制之后的一系列复数符号可以映射为 1 层，也可以映射为多层。不同工作模式下，码字与层有不同的映射关系，可以认为层是码字的一种进一步分割，也是为了预编码处理的一种中间过程。LTE 系统中，对于单天线端口，只存在单层与其映射，同时意味着只存在单码字传输。而对于传输分集的模式，存在两种层映射的工作方式，分别是 2 层和 4 层，与之对应的也只有单码字的工作方式。对于空分复用的工作方式，在层映射中需要遵从的一个原则就是层的数量应该小于等于天线端口数。对于单码字映射多层这种情况，仅仅在 CRS 天线端口为 4 或者 UE 专属 RS 的天线端口为 2 或者更多的条件下会出现。无论是空分复用还是传输分集工作方式，通过码字到层的映射之后，每层所包含的符号数是一致的。在空分复用工作模式中，单码字可分别映射为 1、2、3、4 层，双码字可分别映射为 2、3、4、5、6、7、8 层。5G NR 系统中取消了传输分集模式，取而代之的是基于空分复用模式的码字与层映射关系，单码字可以分别映射为 1、2、3、4 层，而双码字则分别可映射为 5、6、7、8 层。图 2-17、图 2-18 说明了 LTE 系统中天线不同工作模式下层与码字的映射关系。

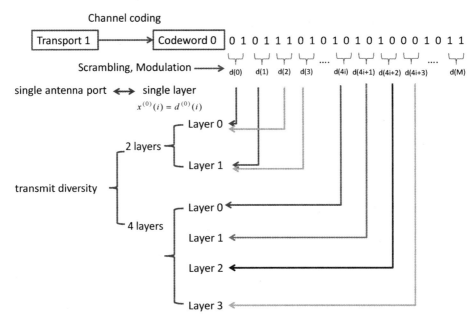

对于单天线端口以及传输分集模式，对应为单码字传输，即在一个TTL上传输一个TB

图 2-17　LTE 单天线端口/传输分集工作模式下码字与层的映射关系示意图

3）预编码（Precoding）　预编码技术是将已分割好的各层所包含的信息编码映射到天线端口进行传输的过程，不论对于单天线端口工作方式，还是多天线端口工作方式，所涉及的传输分集或者空分复用都是必要的过程。预编码的设计初衷就是通过码分的方式人为将空间维度通过预先编码表征出来，这样对于移动终端多个接收天线在距离很近的情况下依然能够进行解码处理，实现了虚拟的空分接收。对于单天线端口，映射原则比较简单，单层所包含的符号与单天线逻辑端口符号一一对应，这种情况现网中一般会出现室分场景，室分配置单端口，不存在传输分集或者空分复用的工作方式。

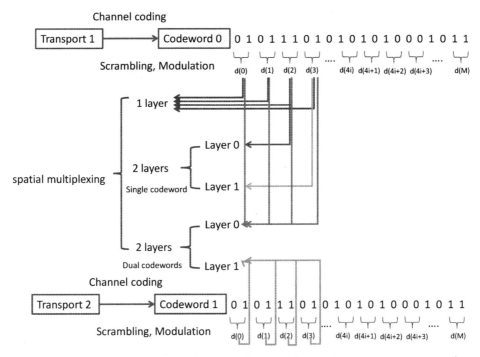

图 2-18　空分复用工作模式下单/双码字与层的关系（1/2 层）

空分复用工作方式下码字到层的信息映射流程是进行空分复用预编码的唯一前提，承袭这一流程，空分复用预编码实现了层到天线端口的信息映射。目前 LTE 协议中支持空分复用天线端口数为 2 或者 4，基于小区公共参考信号的空分复用预编码技术有三种实现方式，分别是无循环延迟分集的预编码方案（Precoding without CDD）、大延迟 CDD 预编码方案（Precoding for large delay CDD）和基于信道状态反馈（CSI）的码本选择（闭环空间复用和单层闭环空间复用）。

无循环延迟分集的空分复用预编码方案的定义公式为

$$
\begin{bmatrix}
y^{(0)}(i) \\
\vdots \\
y^{(p-1)}(i)
\end{bmatrix}
= \boldsymbol{W}(i)
\begin{bmatrix}
x^{(0)}(i) \\
\vdots \\
x^{(v-1)}(i)
\end{bmatrix}
$$

公式的右侧为输入的各层所映射的信息，左侧为输出的各天线端口所映射的信息，$\boldsymbol{W}(i)$ 是大小为 $p{\times}v$ 的预编码矩阵，该天线预编码矩阵从 eNodeB 和 UE 预先各自配置的码本（Codebook）中进行选择（注：码本是可供选择的预编码矩阵的集合）。预编码矩阵不仅实现了层到天线端口信息的映射和转换，同时还为每一天线端口均等地分配发射功率，该预编码方案并没有进行循环延迟处理，这样的设计尽管在模拟实现空分中各个支路的相关性较强，但解码处理比较简单，结合闭环 PMI 进行码本反馈的方式仍然可以得到较好的空分效果，在 LTE 协议中，下行传输模式 TM4 使用这种预编码方式，一般用在上下行频率互异的 FDD 系统中。

大延迟 CDD 的空分复用预编码方案的定义公式为

$$\begin{bmatrix} y^{(0)}(i) \\ \vdots \\ y^{(p-1)}(i) \end{bmatrix} = \boldsymbol{W}(i)\boldsymbol{D}(i)\boldsymbol{U} \begin{bmatrix} x^{(0)}(i) \\ \vdots \\ x^{(v-1)}(i) \end{bmatrix}$$

该方案相比没有 CDD 的预编码方案通过引入相位偏转的方式实现了循环延迟分集。LTE 系统中采用支持较大延迟的 CDD 技术，这样保证空间不同路（注：这里的"路"定义为空口中通过不同天线端口传输的信号，不能与层的概念混淆）的信号经历的信道环境变化足够大，人为制造出了信道之间的不相关性，确保 MIMO 的接收性能。无循环延迟和大循环延迟两种预编码方式都可以通过码本索引和传输层数共同确认。

截止到 3GPP R15 版本，LTE 在下行传输中定义了 10 种传输模式，分别是 TM1 ~ TM10，UE 通过 RRC 高层信令可以获知基站采取传输模式 TM1 ~ TM10，同时也可以知道对应的天线端口配置。RRC 高层信令半静态通知 UE 关于模式转换，而 UE 通过 PDCCH 动态解码 DCI 获知空分复用或者传输分集工作方式的转换。其中 TM3 是开环空分复用模式，TM4 是闭环空分复用模式（注：TM5 闭环多用户空分复用，TM8/9/10 可以配置为闭环空分复用），所谓开环就是基站侧与终端侧并不对编码的方式进行信息交互，双方按照预先约定的码本集合进行预编码传输，基站侧也可以选择协议规定预编码码本集合的子集进行传输，基站侧通过 PDCCH DCI 格式 2 通知 UE 关于码字传输方式（单/双码字）和基站侧传输码本的选择。基于 CSI（Channel Status Information）上报的码本选择预编码技术则属于闭环空分复用方案，CSI 包含信道质量信息（Channel Quality Indicator，CQI）、秩指示（Rank Indication，RI）、预编码矩阵指示（Precoding Matrix Indicator，PMI）、预编码类型指示（Precoding Type Indicator，PTI）、CSI-RS 资源指示（CSI-RS Resource Indication，CRI）这五种主要上报反馈信息（注：从 R14 开始针对 TM9 和 TM10 中双层码本反馈信息中还额外定义了 RPI（Relative Power Indicator）以辅助计算上报码本），CSI 反馈模式分为非周期反馈和周期反馈两种模式，非周期反馈由控制信道 PDCCH DCI 中所含字段 CSI request 进行触发，周期反馈由高层信令预先进行配置，CSI 信息按照约定的时域资源和频域资源（PUCCH）以周期的方式进行反馈。Precoding for large delay CDD/ without CDD 技术并不与开/闭环传输模式严格对应，例如，对于 TM5 多用户 MIMO 传输模式中需要进行单 PMI 反馈，这属于一种闭环传输模式，但预编码方式规定选择 Precoding without CDD。

UE 使用 CQI 来评估并向基站反馈下行 PDSCH 的信道质量，用 0 ~ 15 来表示 PDSCH 的信道质量。0 表示信道质量最差，15 表示信道质量最好。不管是开环空分复用（如 TM3）还是闭环空分复用（如 TM4），UE 都需要反馈 CQI，以供 eNodeB 对信道质量进行评估。

RI 是 UE 基于空口信道相关性对于基站侧传输层个数的一种判断，RI 反馈中可以分别包含 1-bit 或者 2-bit 原始信息，通过 2-bit 原始信息组合产生第 3 个比特，因此 RI 所表征的层个数可以为 1~8。

在 TM4/5/6 或配置了 PMI/RI 上报的 TM8/9 传输模式下（CSI-RS 端口>1），UE 通过上报 PMI（Precoding Matrix Indicator）进行预编码反馈以辅助基站进行预编码选择，这就是所谓的闭环空分复用，其他传输模式并不上报 PMI。UE 根据评估计算的 RI 取值来假定基站侧传输层的个数，并就此来确定上报的码本索引（PMI）。在 FDD 系统中由于上下行异频，传输信道条件不同，基站侧无法通过上行信道的状态来判断下行信道，因此需要通过开启闭环空分复用的模式使得 UE 对基站进行码本预选择的反馈，而相较而言，TDD 系统可以通过上行信道来反推同频下行信道的状态，通过基站设备厂商特定处理算法可以只启用开环空分复用模式，而不使用闭环空分复用。

PTI 是一种仅仅针对 TM9 传输模式且配置了 8 个 CSI-RS 端口情况下的预编码类型指示上报，上报值为 0 或 1。UE 在 CSI 周期上报模式下通知基站 PMI 上报类型的转变，当基站同时配置宽带 CQI/PMI 和子带 CQI/PMI 周期上报时，UE 通过使用 PTI 指示宽带 PMI 和子带 PMI 上报方式的变化。

传输分集预编码只针对单码字传输进行处理，层个数应该与天线端口数保持一致，根据 3GPP 规范目前的定义，基于小区公共参考信号传输分集如同空分复用工作方式一样，只支持 2 天线端口和 4 天线端口的配置方式。传输分集复用不同的时频资源实现相同信息的传输，从而提升了信息接收的可靠性。值得一提的是，对于单层的空分复用更像一种多径设置，严格意义来讲并不属于传输分集范畴，在实际应用中更多作为 MU-MIMO 配对使用。

UE 的上行 MIMO 与下行 MIMO 传输机制大体类似。由于终端尺寸对于天线的隔离度限制，3GPP 规范目前对于终端只进行了 2 和 4 天线发射端口的定义，没有定义传输分集的工作方式，而上行空分复用最多可以支持双码字 4 层（注：R15 中基于时隙级 PUSCH 传输引入单码字 4 层）。上行的传输模式依然通过 RRC 高层信令半静态进行配置｛TM1，TM2｝，同时 RRC 高层信令也可以激活 4 天线端口配置。当 UE 配置为 TM2 时，可以通过解码 PDCCH DCI 格式 0/DCI 格式 4 获知上行工作方式的改变｛Single-antenna port/Closed-loop spatial multiplexing｝，进一步可以通过解码 DCI 格式 4 获取码字的传输方式（单/双码字）和码本的选择，上行闭环空分复用在实现流程上区别于下行闭环空分复用的是，下行闭环空分复用通过 UE 反馈期望选择码本-网络侧下发实际码本，而上行闭环空分复用直接由网络侧为 UE 选定了合适的码本，二者的闭环交互流程并不是对称的，但网络具有对于码本的最终选择权。

2. MU-MIMO 技术

多用户 MIMO 顾名思义是将单用户 MIMO 技术扩展配对为多用户接入，即占用相同时频资源的多个并行的数据发给不同用户（下行），或不同用户采用相同时频资源发送数据给基站（上行）。从基站侧来看，这本质上与传统的 SU-MIMO 在工作方式维度来看没有太大的区别，最重要的特点是如何将这些分布在不同空间范围内的不同用户有机地"配对"，根据香农公式对于 MIMO 技术的容量定义，取决于总体传输效率的两个关键因素是信道的信噪比以及信道的相关程度，所谓"配对"需要做的工作是将具有合适信噪比和信道条件的用户合理地组合，基站侧需要通过 UE 上报 CSI（CQI/PMI）以获取用户的信道条件。对于终端而言，需要获知自身是否已被配对为 MU-MIMO 进行数据传输，由于用户之间并不知道彼此的信道条件，因此需要基站明确通知 UE 以确定的码本进行解码。LTE 系统中定义的下行 TM5 传输模式即为 MU-MIMO，这也是一种闭环空分复用的工作方式。协议中规定，UE 假定基站是以单层进行传输的，即 RI=1，因此一般设备实现中对于单用户也分配了单层映射，当然也只能是单码字传输。所以 MU-MIMO 模式下最多能够配对的用户数取决于基站侧配置天线的端口数（假设终端都支持 MU-MIMO），配置为 2 端口传输的基站最多能够在同样的时频资源上配对复用 2 个用户，而配置为 4 端口传输的基站最多能够在同样的时频资源上配对复用 4 个用户。UE 通过解码 PDCCH DCI 格式 1D 能够获取 TM5 传输模式下的码本信息，对于正在"配对"中的用户，码本理论上是不同的，否则无法保持不同用户传输信息的预编码正交性。

3. 3D-MIMO 天线技术

3D-MIMO 的标准术语称作 Massive-MIMO，是一种高增益的阵列天线技术。相比传统的 8T8R 天线（如图 2-19 所示），不仅实现了水平面的赋形，同时也利用更多的振子和通道实现了垂直面的赋形。天线赋形技术是通过不同通道电调阵子相位实现对于某一方向窄波束的汇聚从而实现辐射能量的增益，对于 8T8R 而言，在垂直方向上所有振子归属一个通道，无法实现垂直维度的赋形，而 3D-MIMO 天线通过垂直维度的通道隔离实现不同通道内所含振子的独立电调从而完成了垂直维度的赋形，如图 2-20 所示。对于 LTE 广播信道而言，3D-MIMO 不进行类似 PDSCH 的赋形，而是通过 32 个双极化通道（64 通道）中每个极化通道的权值进行波束优化调整。

LTE 中除了 TM5 的 MU-MIMO 工作方式，TM7/8/9/10 也可以提供 MU-MIMO 的传输方式。与 TM5 通过明确预编码矩阵实现空分复用的机制有所不同，TM7/8/9/10 通过天线通道的权值赋形技术并结合空间信道的特征匹配实现了多用户空分复用。TM7/8/9/10 传输模式下对于 MU-MIMO 的实现与信道条件准确评估密切相关。在 TD-LTE 中由于上下行信道工作在相同频段，基站还可以一定程度上利用上下行信道的互易性通过终端 SRS 信息进行赋形预编码矩阵计算，而 FDD 系统下 TM8/9/10 传输模式则一定需要 UE 闭环反馈码本（CQI/PMI）辅助基站进行赋形纠偏。另外，为了消弭通过 SRS 信息实现预编码矩阵的不足，3GPP 从 R10 开始引入 CSI-RS 的概念，在后续的演进中（主要针对 TM8/9/10），UE 可以基于 CSI 天线端口发送的参考信号进行测量，上报码本以供基站实现赋形预编码。

传统 8T8R 天线下 TM7 单端口传输方式是典型的单用户赋形技术，而对于 TD-LTE 的 3D-MIMO 技术，基站根据不同用户上报的 SRS 评估信道，并结合大规模阵列天线多通道

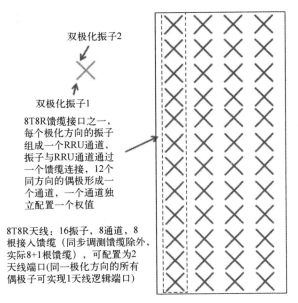

双极化振子2

双极化振子1

8T8R馈缆接口之一，每个极化方向的振子组成一个RRU通道，振子与RRU通道通过一个馈缆连接，12个同方向的偶极形成一个通道，一个通道独立配置一个权值

8T8R天线：16振子，8通道，8根接入馈缆（同步调测馈缆除外，实际8+1根馈缆），可配置为2天线端口(同一极化方向的所有偶极子可实现1天线逻辑端口)

图 2-19 8T8R 天线逻辑示意图

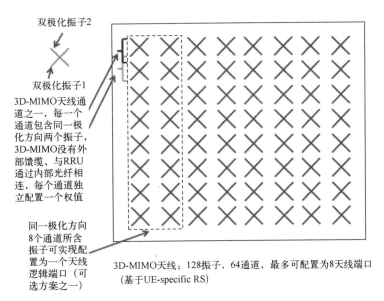

双极化振子2

双极化振子1

3D-MIMO天线通道之一，每一个通道包含同一极化方向两个振子，3D-MIMO没有外部馈缆，与RRU通过内部光纤相连，每个通道独立配置一个权值

同一极化方向8个通道所含振子可实现配置为一个天线逻辑端口（可选方案之一）

3D-MIMO天线：128振子，64通道，最多可配置为8天线端口（基于UE-specific RS）

图 2-20 3D-MIMO 天线逻辑示意图（64T64R）

进行编码赋权，在基站侧实现了多用户空分复用传输配对。从终端角度观察，解码出来的依然是以单天线端口进行传输的 TM7 模式，而且对于其他配对终端无感知；从空间信道角度观察，基站好像向空间特定位置多个用户分别发出了多个定向窄波束，彼此之间无干扰，实现了完全物理维度"硬"空分，但其本质与 TM5 的预编码实现多用户空分一

样，都是基于预编码矩阵计算实现，只不过 TM5 的预编码码本矩阵基站和终端进行了预先约定，而 TM7 的预编码完全实现在基站一侧，对于终端而言是透明的。

UE 在 TM8 传输模式下通过解码 PDCCH DCI 格式 2B 可以获取是单码字传输还是双码字传输。在 LTE 3D-MIMO 大规模阵列天线应用之前，传统的 8T8R 天线通过极化方式实现单用户 TM8 模式的"双层传输"，该方案本质上属于开环空分复用，但由于空间传输信道中极化正交性无法完全保障，因此这种实现方式在实际应用中效果并不理想。在大规模 3D-MIMO 天线部署之后，TM8 传输模式可通过赋形预编码技术实现。在某些无线设备厂商实现中，TM8 模式下的"双层传输"不仅可以支持 SU-MIMO 空分复用，也可以支持 MU-MIMO 配对空分复用。

TM9 传输模式是 TM8 传输模式的扩展。TM9 同样支持单用户以单码字或者双码字进行传输的空分复用。当 PDSCH 以单码字单层传输时，特定情况下可以降阶等价于 TM8 单端口，最大可实现 4 层 SU-MIMO 空分复用。当 PDSCH 以双码字传输时，最大可实现 8 层 SU-MIMO 空分复用。至于 TM9 是否能够支持 8 层传输 MU-MIMO，则取决于两个因素，一个是 3D-MIMO 天线通道个数是否足够大以实现赋形预编码，另外一个因素取决于终端，由于目前终端尺寸和工艺水平的原因，暂时很难做到接收 8 天线，业界 TM9 模式下的 8 层传输（SU/MU-MIMO）普遍没有生效，对于一些特殊类型终端，如具备 8 接收天线的 CPE 等，可以配置 TM9 传输模式。

TM10 传输模式可支持多基站联合 CoMP 技术，基站可以利用上报 RSRP 测量值以及 CSI 报告激活 CoMP 传输。TM10 同样可以支持最大单用户 8 层传输，除此之外还新增了新码本集合，并且支持 CSI-RS 参考信号以 beamform 的形式进行发射，另外 CSI-RS 配置可以通过周期、非周期（半静态）的方式进行配置，CSI 上报可以通过周期、半持续或周期方式实现。TM10 和 TM9 可以配置多个 CSI-RS 资源，UE 可通过 CRI（CSI-RS Resource Indication）明确所上报的 CQI 是基于具体哪个 CSI-RS 资源配置进行测量上报。

LTE 中 3D-MIMO 大规模阵列天线提升容量有两方面维度，一方面通过提升某一方向的阵列增益提升 PDSCH 的覆盖效果，进而提升用户吞吐率或者激发更多的业务需求，但是 LTE 广播信道并不具备赋形条件，因此讨论 3D-MIMO 是否能够通过提升覆盖来提升系统容量是需要建立在广播信道不受限的前提下。另一方面，3D-MIMO 能够通过单用户 SU-MIMO 多层传输或者通过 MU-MIMO 用户配对来实现系统吞吐率的提升。除此之外，还需要澄清一个概念，业界对于 3D-MIMO 技术能够同时提供多少"流"的能力进行评估，"流"是业界约定俗称的称谓（注：R15 的协议中已经正式出现了"流"的描述），3GPP 规范中主要定义了"层"的概念，对于单用户空分复用而言，二者是统一的，而对于非码本支持的多用户空分复用传输，二者概念有所不同。换句话说，从终端的角度观察到的是"层"，而从基站侧（单小区）能够同时支持的数据传输个数是"流"，二者具有辩证的关系。3D-MIMO 是一次产业先行，推进 3GPP 标准发展的良好实践，随着 3D-MIMO 技术的日臻完善，相关的标准化工作也会不断成熟，从这一点来看，LTE 标准的未来演进方向与 5G 技术标准是趋同的。

2.3.2　5G 系统中的大规模阵列天线技术

5G NR 中最重要的射频技术变革就是 3D-MIMO 大规模阵列天线技术的应用,以至于相当一部分 NR 物理层架构设计内容都是围绕该技术进行适配更新,本小节对比 LTE 将 5G 系统中的 3D-MIMO 天线技术进行介绍。

由于 5G 在系统设计时已经取消了小区级参考信号,因此天线端口信号传输都基于 UE 专属参考信号(DMRS)进行信道评估。为了使"层"到天线端口传输数据的映射更加统一和简化,NR 标准在下行共享信道实现中索性彻底取消了 LTE 中基于小区级参考信号的预编码矩阵方案,取而代之使用的是类似 LTE 中通过 3D-MIMO 天线技术实现的赋形预编码方案进行 SU/MU-MIMO,同时随之简化掉的是复杂的传输模式类型 TM1~TM10。当然,传输分集模式也没有进行定义,基站侧用波束赋形进行了替代。对于空分复用,NR 下行共享传输信道最多可实现双码字-8 层映射,UE 通过解码 PDCCH DCI 格式 1_1 获取传输码字信息,以及相应的天线端口信息,对于 DMRS 配置类型 1 的最大双码字-8 层传输天线端口映射为 {1000~1007},对于 DMRS 配置类型 2 的最大双码字-8 层传输天线端口映射为 {1000,1001,1002,1003,1006,1007,1008,1009}。采取这样的设计思路主要有两方面的优势,首先,UE 接收侧不再进行复杂的预编码处理,复杂度得以简化。另外,随着取消传输模式类型定义,指示传输模式类型改变的高层信令也相应简化,减少了网络与终端侧信令负荷开销。

对于下行信道非码本传输方式(注:这里的"非码本"指发射机不采用预编码矩阵,但数字阵列天线会在各个发射通道进行权值编码,只不过这样的权值编码对于终端不可感知),基站侧需要评估信道的条件以便实现更好的赋形效果,一般会采取两种主要的实现方式:一种方式是利用上下行信道的互易性,基于 UE 的 SRS(Sounding Reference Signal)上报评估信道相关性从而实现多波束赋形,UE 可以支持 SRS 基于不同天线端口的轮发或并发,SRI(SRS Resource Indicator)是 SRS 资源配置的标识,可以用来明确轮发或并发方式传输的 SRS 资源;另外一种方式是 UE 根据 CSI-RS 来评估信道下行信道条件来形成预编码矩阵索引(PMI)反馈,基站参考 PM 实现多波束赋形。

与 LTE 在 R10 以后引入 CSI-RS 的理念一致,NR 中的 CSI-RS 配置同样是一个决定大规模阵列天线 SU/MU-MIMO 多流传输效果的重要参数。目前协议版本中,LTE 与 NR 最大可配置 CSI-RS 天线端口数均为 32,该数值与 3D-MIMO 天线设备通道赋形权值能力紧密相关。NR 中 CSI-RS 参考信号的配置方式有三种,可以被配置为周期传输类型,也可以通过高层信令半静态的配置为非周期或者半持续传输类型。尽管在 NR 中 CSI-RS 参考信号本身被赋予了更丰富的内涵,例如 UE 可以通过 CSI-RS 进行时频域位置精确锁定,以及基于波束切换的移动性测量,但结合 3D-MIMO 天线技术,基于 CSI-RS 对应的 PDSCH 参考资源的测量进行信道质量上报(CQI)以及闭环预编码矩阵索引(PMI)以供基站进行赋形预编码矩阵选择，这一过程仍然是其最典型的应用价值所在。除此之外，与之相关的 CSI 上报信息还包含 CRI 上报、LI（Layer Indicator）上报以及 SSBRI（SSB Resource Indicator）上报。由于 CSI-RS 可以进行多个资源配置，UE 通过 CRI 明确了与 CSI 上报相关的测量资源。LI 表征 PMI 所对应预编码矩阵的某一列，而该列恰好是具有最好传输信道条件下码字所对应最强的层映射。如果在连接态 UE 需要针对物理层信道 RSRP 测量上报，可以将 CSI 上报配置为基于 CRI-RSRP 或者 SSB-INDEX-RSRP，如果采取后者就需要结合 SSBRI 明确测量的 SSB 端口，这种设计其实赋予 UE 更多的灵活性，在连接态下既可以通过测量 CSI-RS 评估信道覆盖情况，也可以通过 SSB 波束来进行评估，这些信息反馈给基站，基站根据特定的算法可以综合进行优化调整。

5G NR 在 PMI 基于码本反馈方面的设计相较 LTE 复杂很多，一共分为 Type I 和 Type II 两大类型，每种类型又包含了两类子型。这两大类型主要的区别在于码本精度不同，同时伴随的 PMI 反馈开销也不同。Type I 分为单天线阵列板码本和多天线阵列板码本，单天线阵列板码本类似于 LTE 单基站下 UE 上报的 PMI（注：本质上是提供给基站作为下行预编码矩阵选择的参考），适用于下行单用户 MIMO 传输和下行多用户 MIMO 传输，基于 UE 反馈 PMI 的下行传输可以认为是闭环 MIMO 传输方式，此时 UE 不需要知道基站侧的预编码矩阵。多天线阵列板码本使用场景类似于 LTE 传输模式 TM10 中多小区联合 ComP 技术，可以实现多 AAU 联合传输，多天线阵列板码本使用时需假设面板之间传输信号相位恒定，目前协议定义在 CSI-RS 端口为 8、16、32 下，可配对多天线阵列板个数为 2 或 4。Type II 在 Type I 基础上进一步提升了反馈码本的精度，当然反馈开销也较大，目前协议规定基于该种 PMI 反馈类型下，信道的秩（RI）不超过 2。Type II 通过终端选择测量 CSI-RS 窄波束上报，并结合幅度以及相位反馈信息辅助基站逼近理想赋形权值性能，值得注意的是，通过高层参数定义的 Type I 码本子集限制规定了特定码本子集是否可选，而 Type II 码本子集限制则规定了特定码本相关上报幅值的上限。Type II 子类型 2 上报基于极化方向的端口权值码本，基站可以结合特定 CSI-RS 赋形预编码矩阵进一步提升空间波束赋形精度。

5G NR 上行共享信道可以选择基于码本和非码本两种传输方式，这两种传输方式都通过 UE 解码 PDCCH DCI 格式 0_0/0_1 或者半静态配置方式进行资源调度。基站通过高层参数 *txConfig* 配置决定 UE 是否使用码本传输方式，如果该参数没有配置，上行共享信道传输模式采取单天线端口模式，此时 UE 不期望传输资源由 PDCCH DCI 格式 0_1 进行调度，但是可以由 DCI 格式 0_0 进行调度。上行共享信道码本传输与非码本传输的本质区别在于基站侧是否下发码本指示（TPMI）以辅助终端进行预编码矩阵选择，对于这两种传输模式，可选择的预编码矩阵集合是一样的。对于码本传输方式，有别于 LTE 终端需要根据基站指示 TPMI（Transmitted Precoding Matrix Indicator，宽带预编码矩阵指示），信道秩的个数进行码本传输选择，而 5G 终端可以基于 DCI 动态调度或者高层参数半静态调度下发的 SRI、TPMI 和传输信道秩 RI 自主决定预编码码本，这种方式赋予了终端一定的灵活性。基站在码本选择时需参考 SRS 信号，下发 TPMI 时需与对应的 SRI 进行关联。非码本传输模式中主要有两个实现步骤：首先，UE 可以通过测量与 SRS 关联配置的一个 NZP-CSI-RS 资源来计算 SRS 的预编码赋形，这是一个粗放式的上行赋形阶段；其次，UE 根据网络侧下发的 DCI 所包含的 SRI 指示判断上行波束接收方向，从而决定 PUSCH 的预编码，实现精细化赋形。值得一提的是，非码本传输模式下对于 UE 只能配置一个 SRS 资源集合，一个资源集合最多配置 4 个 SRS 资源，每个 SRS 资源只能配置一个 SRS 端口，UE 使用这个资源集合下一个或者多个 SRS 资源进行传输，同一符号内可以同时传输的 SRS 资源取决于 UE 的能力。非码本传输模式相比码本传输模式节省了码本指示信息开销。上行传输的非码本传输方式是 5G 独特的一种传输方式，主要针对未来具备多天线能力的 UE 用来实现上行波束赋形，这与下行非码本传输方式的应用目标是一致的。

　　与 LTE 早期版本不同的是，5G NR 除了在下行共享业务信道中使用了 3D-MIMO 的窄波束赋形技术，目前下行控制信道以及物理信号也可以通过特定算法实现窄波束赋形，这样不仅能够提升控制信道的信息解码成功率，还能通过与业务信道预编码矩阵相结合更加提升业务信道的空分复用效果。虽然控制信道赋形技术在 3GPP 中并没有明确体现，但主流设备厂商均已具备类似的算法和能力，不得不说这也是 5G 大规模阵列天线应用的一项实践创新。

第 3 章　5G 物理信号

3.1　5G 同步信号

如同 4G 系统一样，5G 系统的同步信号包含两种，一种是主同步信号（Primary Synchronization Signal，PSS），另外一种是辅同步信号（Secondary Synchronization Signal，SSS）。UE 借助同步信号可以实现下行同步完成小区选择，在稳定驻留小区之后根据同步信号周期性进行同步更新。另外，在初始接入时，UE 可以根据同步信号进行小区物理标识（Physical-Layer Cell Identity，PCI）计算。站在 UE 的角度，作为 5G 系统基站小区身份的唯一标识，协议一共定义了 1008 个不重复的物理层小区标识，是 4G 系统中可分配物理层小区标识的 2 倍（注：4G 系统中定义 504 个物理小区标识）。5G 中物理小区标识由公式 $N_{ID}^{cell} = 3N_{ID}^{(1)} + N_{ID}^{(2)}$ 定义计算，式中 $N_{ID}^{(1)} \in \{0, 1, \cdots, 335\}$ 且 $N_{ID}^{(2)} \in \{0, 1, 2\}$。

3.1.1　主同步信号

主同步序列 $d_{PSS}(n)$ 由如下公式定义：

$$d_{PSS}(n) = 1 - 2x(m)$$
$$m = (n + 43N_{ID}^{(2)}) \bmod 127$$
$$0 \leqslant n < 127$$

式中，$x(i+7) = [x(i+4) + x(i)] \bmod 2$，并且初始序列赋值为 $\begin{bmatrix} x(6) & x(5) & x(4) & x(3) & x(2) & x(1) \end{bmatrix} = \begin{bmatrix} 1 & 1 & 1 & 0 & 1 & 1 & 0 \end{bmatrix}$。

主同步信号以 127 bit 作为序列长度，模 3 循环产生的同步序列。

3.1.2　辅同步信号

辅同步序列 $d_{SSS}(n)$ 由如下公式进行定义：

$$d_{SSS}(n) = [1 - 2x_0((n + m_0) \bmod 127)][1 - 2x_1((n + m_1) \bmod 127)]$$
$$m_0 = 15\left\lfloor \frac{N_{ID}^{(1)}}{112} \right\rfloor + 5N_{IN}^{(2)}$$
$$m_1 = N_{ID}^{(1)} \bmod 112$$
$$0 \leqslant n < 127$$

式中，

$$x_0(i+7) = \left[x_0(i+4) + x_0(i) \right] \bmod 2$$

$$x_1(i+7) = \left[x_1(i+1) + x_1(i) \right] \bmod 2$$

并且初始序列赋值为

$$\left[x_0(6) \quad x_0(5) \quad x_0(4) \quad x_0(3) \quad x_0(2) \quad x_0(1) \quad x_0(0) \right] = \left[0 \ 0 \ 0 \ 0 \ 0 \ 0 \ 1 \right]。$$

$$\left[x_1(6) \quad x_1(5) \quad x_1(4) \quad x_1(3) \quad x_1(2) \quad x_1(1) \quad x_1(0) \right] = \left[0 \ 0 \ 0 \ 0 \ 0 \ 0 \ 1 \right]。$$

辅同步信号以 127 bit 作为序列长度,模 336 循环产生的同步序列,值得注意是辅同步序列基于主同步序列中 $N_{\text{ID}}^{(2)}$ 关联产生。

3.2　5G 参考信号

5G NR 物理层中有诸多参考信号,取消了 LTE 小区级参考信号,根据时频域资源的分配模式新增了一些物理层参考信号,如 DMRS、PT-RS 等。5G NR 下行物理参考信号包括:

关于 PDSCH、PDCCH 和 PBCH 信道的解调参考信号包括:相位追踪参考信号、信道状态参考信息、主同步信号、辅同步信号。而上行物理参考信号包括:

关于 PUSCH、PUCCH 信道的解调参考信号、相位追踪参考信号、探测参考信号。

3.2.1　DMRS 参考信号

1. 下行 PDSCH DMRS 解调参考信号

5G NR 的时频域资源配置非常灵活,控制信道并没有像 LTE 那样进行全频带设计,因此在 5G NR 中也不需要进行全频带的小区参考信号设计,相应的也节省了一部分的 RE 资源,可以使得时频域资源调度更加灵活。下行 DMRS 主要是为了下行 PDSCH 以及 PBCH 解调使用。DMRS 参考信号序列产生过程如下。

UE 假定基础序列 $r(n)$ 定义如下,这与 LTE 中小区级参考信号产生的计算公式是一样的,详见 TS 36.211,

$$r(n) = \frac{1}{\sqrt{2}} \left[1 - 2 \cdot c(2n) \right] + j \frac{1}{\sqrt{2}} \left[1 - 2 \cdot c(2n+1) \right]$$

式中,伪随机序列 $c(i)$ 仍然定义为序列长度为 31 的 Gold 序列,由两个 m 序列产生,详见 TS 38.211 5.2.1,伪随机序列按照如下公式进行初始化:

$$c_{\text{init}} \left(2^{17}(14 n_{\text{s,f}}^{\mu} + l + 1)(2 N_{\text{ID}}^{n_{\text{SCID}}} + 1) + 2 N_{\text{ID}}^{n_{\text{SCID}}} \right) \bmod 2^{31}$$

式中,l 是时隙中 OFDM 的符号索引;$n_{\text{s,f}}^{\mu}$ 是一个无线帧中的时隙索引;$N_{\text{ID}}^{0}, N_{\text{ID}}^{1} \in \{0, 1, \cdots, 65535\}$,这两个参数分别由消息体 DMRS-DownlinkConfig(见图 3-1)中的参数 scramblingID0 和 scramblingID1 进行配置,如果某一参数不配置,其对应 $N_{\text{ID}}^{n_{\text{SCID}}} = N_{\text{ID}}^{\text{cell}}$。由 DCI 格式 1_1 调度的 PDSCH 可以使用高层 scramblingID0 或 scramblingID1 这两个参数实现 DMRS 序列初始化,通过字段 DMRS sequence initialization(1 bit)进行指示。由 DCI 格式

1_0 调度的 PDSCH 可以使用 scramblingID0 实现 DMRS 序列初始化。

UE 应假定 PDSCH DMRS 的时频域资源映射是根据高层参数配置 DL-DMRS-config-type 中规定的配置类型 1 或配置类型 2 来决定（注：协议定义配置类型 1 可以支持最大 8 天线端口的 SU-MIMO，配置类型 2 可以支持最大 12 天线端口的 MU-MIMO），如图 3-1 所示。下行 DMRS 以 β_{PDSCH}^{DMRS} 作为（相比 PDSCH EPRE）功率比例因子，其中 $\beta_{PDSCH}^{DMRS} = 10^{\frac{\beta_{DMRS}}{20}}$，$\beta_{DMRS}$［dB］详见表 3-1，并且根据如下公式定义映射到资源单位 $(k,l)_{p,\mu}$ 上。

$$a_{k,l}^{(p,\mu)} = \beta_{PDSCH}^{DMRS} w_f(k') w_f(l') r(2n+k')$$

$$k = \begin{cases} 4n+2k'+\Delta & \text{Configuration type 1} \\ 6n+k'+\Delta & \text{Configuration type 2} \end{cases}$$

$$k' = 0,1 \tag{3-1}$$

$$l = \bar{l}+l'$$

$$n = 0,1,\cdots$$

式中，$w_f(k')$、$w_f(l')$、Δ 和 λ 由表 3-2 和表 3-3 定义；$\bar{l}$ 取值参见 3GGP TS 28.211 表 7.4.1.1.2-3 和表 7.4.1.1.2-4。

表 3-1 PDSCH EPRE 与 DMRS EPRE 的比值（β_{DMRS}［dB］）

Number of DMRS CDM groups without data	DMRS configuration type 1	DMRS configuration type 2
1	0 dB	0 dB
2	−3 dB	−3 dB
3	—	−4.77 dB

表 3-2 PDSCH DMRS 配置类型 1 的相关参数定义

p	CDM group λ	Δ	$w_f(k')$		$w_t(l')$	
			$k'=0$	$k'=1$	$l'=0$	$l'=1$
1000	0	0	+1	+1	+1	+1
1001	0	0	+1	−1	+1	+1
1002	1	1	+1	+1	+1	+1
1003	1	1	+1	−1	+1	+1
1004	0	0	+1	+1	+1	−1
1005	0	0	+1	−1	+1	−1
1006	1	1	+1	+1	+1	−1
1007	1	1	+1	−1	+1	−1

```
-- ASN1START

-- TAG-DMRS-DOWNLINKCONFIG-START



DMRS-DownlinkConfig ::=          SEQUENCE {

    dmrs-Type                    ENUMERATED {type2}

OPTIONAL,   -- Need S

    dmrs-AdditionalPosition      ENUMERATED {pos0, pos1, pos3}

OPTIONAL,   -- Need S

    maxLength                    ENUMERATED {len2}

OPTIONAL,   -- Need S

    scramblingID0                INTEGER (0..65535)

OPTIONAL,   -- Need S

    scramblingID1                INTEGER (0..65535)

OPTIONAL,   -- Need S

    phaseTrackingRS              SetupRelease { PTRS-DownlinkConfig  }

OPTIONAL,   -- Need M

    ...

}



-- TAG-DMRS-DOWNLINKCONFIG-STOP

-- ASN1STOP
```

图 3-1 下行 DMRS 配置相关参数配置

表 3-3 PDSCH DMRS 配置类型 2 的相关参数定义

p	CDM group λ	Δ	$w_f(k')$		$w_t(l')$	
			$k'=0$	$k'=1$	$l'=0$	$l'=1$
1000	0	0	+1	+1	+1	+1
1001	0	0	+1	−1	+1	+1
1002	1	2	+1	+1	+1	+1
1003	1	2	+1	−1	+1	+1
1004	2	4	+1	+1	+1	+1
1005	2	4	+1	−1	+1	+1
1006	0	0	+1	+1	+1	−1
1007	0	0	+1	−1	+1	−1
1008	1	2	+1	+1	+1	−1
1009	1	2	+1	−1	+1	−1
1010	2	4	+1	+1	+1	−1
1011	2	4	+1	−1	+1	−1

UE 还应该假设下行 DMRS 符合如下原则条件。

1）DMRS 是一种辅助 UE 解调的 UE 专享物理信号，因此内嵌在 PDSCH 传输的公共资源块中。

2）DMRS 频域子载波位置 k 的参考点根据 PDSCH 承载的内容进行定义，例如，对于包含了 SIB1 的 PDSCH 传输中，参考点定义为 PBCH 配置的 CORESET 0 中最低索引的公共资源块的子载波 0，而对于承载其他内容的 PDSCH 传输，参考点对应了公共资源块 0 的子载波 0 位置。

3）DMRS 时域符号位置 l 的参考点位置以及第一个 DMRS 的时域位置 l_0 取决于 PDSCH 映射类型，对于 PDSCH 映射类型 A，l 的参考点位置是时隙的起始位置，而根据 MIB 消息体中高层参数 dmrs-TypeA-Position（DL-DMRS-typeA-pos，TS 38.211）配置决定第一个 DMRS 符号的时域起始位置 l_0，$l_0=2$（pos2）或 $l_0=3$（pos3）；而对于 PDSCH 映射类型 B，l 的参考点位置是调度 PDSCH 资源的起始位置并且第一个 DMRS 符号的时域起始位置 $l_0=0$。

4）DMRS 时域符号位置由式（3-1）中的 $\bar{l}$ 予以定义，同时，对于 PDSCH 传输映射类型 A，DMRS 可以内嵌在时域中从时隙的第一个 OFDM 符号到该时隙中调度的 PDSCH 最后一个 OFDM 符号范围之内；对于 PDSCH 传输映射类型 B，DMRS 可以内嵌在调度的 PDSCH 所包含的 OFDM 符号占据的时域范围之内。另外，5G NR 中还提出了一个 Additional DMRS 的概念，即当 UE 移动速度提高时，为了更精准地进行信道估计，可以通过时域额外配置更多的 DMRS 符号提高解调性能，可通过高层参数 dmrs-AdditionalPosition

（DL-DMRS-add-pos，TS 38.211）进行配置，详见图 3-1，当该参数不出现时，UE 采取默认值为 2。结合 dmrs-AdditionalPosition 的取值，PDSCH 中 DMRS 的时域符号位置分别由表 3-4、表 3-5 进行规定。

表 3-4　单符号类型 DMRS 的 PDSCH DMRS 的时域位置 $\bar{l}$

l_d in symbols	DMRS positions $\bar{l}$							
	PDSCH mapping type A				PDSCH mapping type B			
	dmrs-AdditionalPosition				dmrs-AdditionalPosition			
	0	1	2	3	0	1	2	3
2	—	—	—	—	l_0	l_0		
3	l_0	l_0	l_0	l_0	—			
4	l_0	l_0	l_0	l_0	l_0	l_0		
5	l_0	l_0	l_0	l_0	—			
6	l_0	l_0	l_0	l_0	l_0	$l_0, 4$		
7	l_0	l_0	l_0	l_0	l_0	$l_0, 4$		
8	l_0	$l_0, 7$	$l_0, 7$	$l_0, 7$	—	—		
9	l_0	$l_0, 7$	$l_0, 7$	$l_0, 7$	—	—		
10	l_0	$l_0, 9$	$l_0, 6, 9$	$l_0, 6, 9$	—	—		
11	l_0	$l_0, 9$	$l_0, 6, 9$	$l_0, 6, 9$	—	—		
12	l_0	$l_0, 9$	$l_0, 6, 9$	$l_0, 5, 8, 11$	—	—		
13	l_0	l_0, l_1	$l_0, 7, 11$	$l_0, 5, 8, 11$	—	—		
14	l_0	l_0, l_1	$l_0, 7, 11$	$l_0, 5, 8, 11$	—	—		

表 3-5　双符号类型 DMRS 的 PDSCH DMRS 的时域位置 $\bar{l}_0$

l_d in symbols	DMRS positions $\bar{l}$					
	PDSCH mapping type A			PDSCH mapping type B		
	dmrs-AdditionalPosition			dmrs-AdditionalPosition		
	0	1	2	0	1	2
<4				—	—	
4	l_0	l_0		—	—	
5	l_0	l_0		—	—	
6	l_0	l_0		l_0	l_0	
7	l_0	l_0		l_0	l_0	
8	l_0	l_0		—	—	
9	l_0	l_0		—	—	

（续）

l_d in symbols	DMRS positions $\bar{l}$					
	PDSCH mapping type A			PDSCH mapping type B		
	dmrs-AdditionalPosition			dmrs-AdditionalPosition		
	0	1	2	0	1	2
10	l_0	l_0, 8	—	—		
11	l_0	l_0, 8	—	—		
12	l_0	l_0, 8	—	—		
13	l_0	l_0, 10	—	—		
14	l_0	l_0, 10	—	—		

对于 PDSCH 映射类型 B，如果 PDSCH 时域包含了 2、4、7 个 OFDM 符号（针对正常 CP）或者 2、4、6 个 OFDM 符号（针对扩展 CP），同时 PDSCH 的时频域资源分配与预留给对应 CORESET（Control Resource Set）的搜索空间资源分配相冲突时，DMRS 符号的时域位置 l 需要增加以错开 CORESET 的时域位置。在这种情况下，如果 PDSCH 时域包含了 2 个 OFDM 符号，UE 不期望在超过第二个 OFDM 符号的位置接收 DMRS 符号，如果 PDSCH 时域包含了 4 个 OFDM 符号，UE 不期望在超过第三个 OFDM 符号的位置接收 DMRS 符号；如果 PDSCH 时域包含了 7 个 OFDM 符号或者 6 个 OFDM 符号（扩展 CP），UE 不期望在超过第四个 OFDM 符号的位置接收第一个 DMRS 符号；如果配置了一个额外的单符号类型 DMRS，对应了必配 DMRS 分别在第 1 个或者第 2 个 OFDM 符号的传输位置，UE 仅仅可以预期这个额外的单符号类型 DMRS 在第 5 个或第 6 个 OFDM 符号上传输，除此之外 UE 可认为额外的 DMRS 不应被配置。另外，对于 PDSCH 映射类型 B，如果 PDSCH 时域包含 2 个或者 4 个 OFDM 符号，下行解调参考信号仅仅支持配置为单符号类型 DMRS。

对于下行 DMRS 采取单符号配置还是双符号配置可以通过高层参数配置 maxLength（DL-DMRS-max-len，TS 38.211，详见图 3-1）以及相关动态 DCI 调度共同决定。例如，当该参数不配置时，PDSCH 解调参考信号默认采取单符号 DMRS 传输类型，当该参数配置为 2 时，PDSCH 解调参考信号既可以采取单符号 DMRS 传输类型，也可以采取双符号 DMRS 传输类型，这由相关 DCI 调度决定，涉及单/双符号 DMRS 的时域索引 l' 以及对应下行 DMRS 所支持的天线逻辑端口 p 由表 3-6 进行定义。

表 3-6　PDSCH DMRS 时域索引 l' 和天线端口 p

Single or double symbol DMRS	l'	Supported antenna ports p	
		Configuration type 1	Configuration type 2
single	0	1000-1003	1000-1005
double	0, 1	1000-1007	1000-1011

在缺乏 CSIRS 参考信号配置的情况下，并且除了其他一些特别配置说明（注：在 2.2.2 节有提及），UE 可以假定 PDCCH DMRS 与 SSB 波束之间在多普勒频偏、多普勒扩展、平均时延、时延扩展（针对高频还可以包括 UE 空域接收波束参数）存在信道近似定位关系（QCL）。UE 还可以假定在同一个 CDM 组内的 PDSCH DMRS 在多普勒频偏、多普勒扩展、平均时延、时延扩展以及 UE 空域接收波束参数方面存在信道近似定位关系。UE 还假定与同一个 PDSCH 相关的多个 DMRS 端口在信道近似定位方面存在 TypeA 或者针对高频的 TypeD 的 QCL 关系。

根据天线逻辑端口、PDSCH DMRS 的配置类型以及 DMRS 符号类型可以确定 PDSCH 类型 A 中的 DMRS 符号在时频域资源中的位置分别如图 3-2~图 3-9 所示。

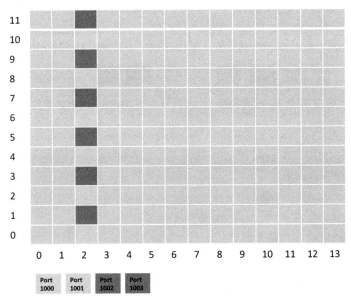

图 3-2　PDSCH 类型 A，配置类型 1，单符号类型 DMRS（时域起始位置符号 2）

2. 上行 PUSCH DMRS 解调参考信号

上行 PUSCH 传输针对 PAPR 问题有两种实现思路：一种方式默认采取与下行 OFDM 调制方式一致的 CP-OFDM 且不启用转换预编码（Transform Precoding）；另外一种与 LTE 上行处理 PAPR 的机制类似，通过转换预编码进一步降低 PAPR。这两种编码方式可以通过激活/去激活转换预编码进行灵活选择。对于以 CP-OFDM 作为调制方式的 PUSCH DMRS 与下行 PDCCH DMRS 基序列一致，而对于启用转换预编码的 PUSCH DMRS，其基序列采取低 PAPR 序列（TS 38.311 5.2.2）生成，并且该基序列可以启用组间跳变（Group Hopping）或者序列跳变（Sequence Hopping）方式对抗干扰。跳变模式可以根据高

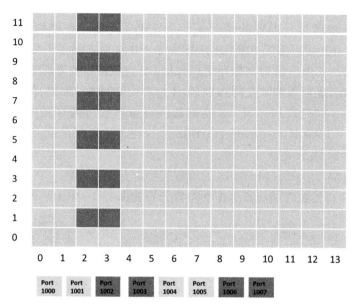

图 3-3　PDSCH 类型 A，配置类型 1，双符号类型 DMRS（时域起始位置符号 2）

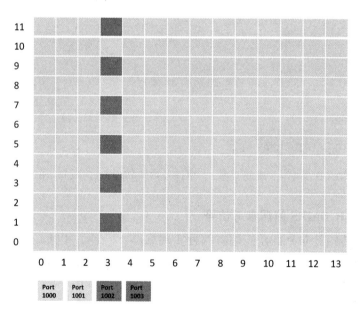

图 3-4　PDSCH 类型 A，配置类型 1，单符号类型 DMRS（时域起始位置符号 3）

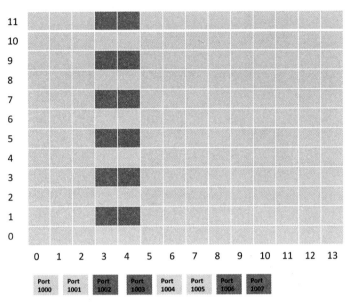

图 3-5　PDSCH 类型 A，配置类型 1，双符号类型 DMRS（时域起始位置符号 3）

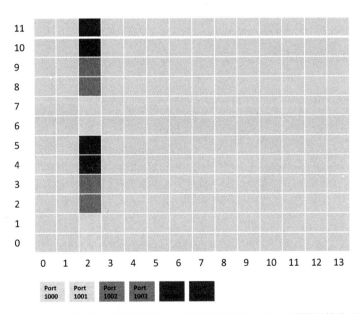

图 3-6　PDSCH 类型 A，配置类型 2，单符号类型 DMRS（时域起始位置符号 2）

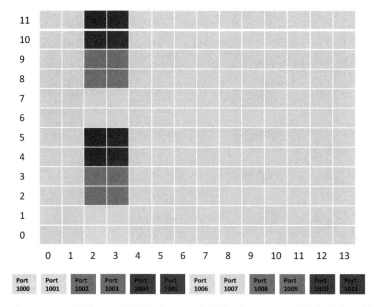

图 3-7　PDSCH 类型 A，配置类型 2，双符号类型 DMRS（时域起始位置符号 2）

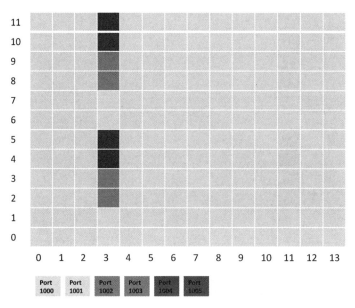

图 3-8　PDSCH 类型 A，配置类型 2，单符号类型 DMRS（时域起始位置符号 3）

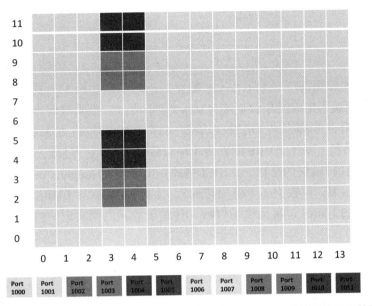

图 3-9　PDSCH 类型 A，配置类型 2，双符号类型 DMRS（时域起始位置符号 3）

层参数进行控制，例如，当 PUSCH 传输由 RAR 上行授权（UL Grant）或者由 TC-RNTI 加扰的 DCI 格式 0_0 调度，那么序列跳变不启用，而组间跳变可由高层参数 groupHoppin-gEnabledTransformPrecoding 决定开启与否；对于其他 PUSCH 传输类型，序列跳变和组间跳变可以分别由高层参数 sequenceHopping 启用 & sequenceGroupHopping 去激活，需要注意的序列跳变和组间跳变不应同时生效启用，因此如果 sequenceHopping& sequenceGrou-pHopping 这两个参数不配置的话，那么跳变模式与 Msg3 保持一致（取决于 groupHoppin-gEnabledTransformPrecoding 是否配置）。

当转换预编码不启用时，PUSCH DMRS 的时频域位置映射规则与 PDSCH DMRS 保持一致。启用了转换预编码的 PUSCH DMRS 中间序列产生如以下公式。

$$\tilde{a}_{k,l}^{(\tilde{p}_0,\mu)} = w_{\mathrm{f}}(k')w_{\mathrm{t}}(l')r(2n+k')$$
$$k = 4n+2k'+\Delta$$
$$k' = 0,1$$
$$l = \bar{l}+l'$$
$$n = 0,1,\cdots$$

式中，k' 和 Δ 由天线端口 $\tilde{p}_0,\cdots,\tilde{p}_{v-1}$ 决定。

不管是否启用转换预编码，中间序列都需要与 PUSCH 传输一样采取预编码转换，如下式所示。

$$\begin{bmatrix} a_{k,l}^{(p_0,\mu)}(m) \\ \vdots \\ a_{k,l}^{(p_{p-1},\mu)}(m) \end{bmatrix} = \beta_{\text{PUSCH}}^{\text{DMRS}} W \begin{bmatrix} \widetilde{a}_{k,l}^{(\tilde{p}_0,\mu)}(m) \\ \vdots \\ \widetilde{a}_{k,l}^{(\tilde{p}_{v-1},\mu)}(m) \end{bmatrix}$$

其中预编码矩阵 W 根据高层参数 $txConfig$ 配置基于码本或非码本方式来决定，当采取非码本方式传输，预编码矩阵是单位矩阵（Identity Matrix），当采取码本方式传输，W 根据 DCI 动态调度 TPMI 索引以及传输层数来确定（详见 TS 38.211 6.3.1.5），如果 $txConfig$ 不配置，$W=1$，另外，对于 DMRS 配置为单端口传输，$W=1$。过渡天线端口 $\{\tilde{p}_0\cdots\tilde{p}_{v-1}\}$ 本质上对应了 PUSCH 传输层的个数，由 DCI 格式 0_1 中字段 Antenna ports 决定，对于启用预编码矩阵的 PUSCH，层数为 1（单层传输），实际的 PDSCH DMRS 天线端口数由预编码矩阵 W 和分配的 DMRS 过渡天线端口数（传输层数）共同决定。PUSCH DMRS 的天线端口号从 0 起始。

上行 PUSCH DMRS 还支持伴随 PUSCH 在时隙内频域跳频，当消息体 PUSCH-Config 内打开跳频参数 frequencyHopping 开关指示采取时隙内跳频 $\{intraSlot\}$，同时 DCI 通过标记字段 Frequency hopping flag 指示启动 PUSCH 跳频，PUSCH DMRS 也随之进行时隙内跳频，一个 PRB 内的频域位置按照之前的原则保持不变，符号位置以时隙为周期根据 PUSCH 前后两跳（First/Second Hop）的时域范围重复跳变，例如假设 PUSCH 映射类型 A 在时隙内传输占用 $N_{\text{symb}}^{\text{PUSCH,s}}=13$ 个 OFDM 符号时，且当 dmrs-TypeA-Position 设置为 $pos2$，dmrs-AdditionalPosition 设置为 $pos0$ 时，第 1 跳对应的时域范围为 $\lfloor N_{\text{symb}}^{\text{PUSCH,s}}/2 \rfloor=6$ 个 OFDM 符号，起始位置为相对第 1 跳 PUSCH 起始位置的符号 2，第 2 跳对应的时域范围为 $N_{\text{symb}}^{\text{PUSCH,s}}-\lfloor N_{\text{symb}}^{\text{PUSCH,s}}/2 \rfloor=7$ 个 OFDM 符号，起始位置为相对第 2 跳 PUSCH 起始位置的符号 0，了解详细定义可参阅 TS 38.211 6.4.1.1.3。

3. 上行 PUCCH DMRS 解调参考信号

上行 PUCCH 信道 DMRS 针对 PUCCH 不同格式基序列产生，由此所对应的时频域映射方式都有所不同。上行 PUCCH 主要用来传输物理层控制信息，所有格式的 DMRS 都是单端口传输（注：天线端口 $p=2000$），除 PUCCH 格式 2 外，PUCCH 格式 0、1、3、4 都可以分配并配置组间跳变、序列跳变或相位跳变以对抗信道衰落或干扰（注：相位跳变也可以进一步抑制 PAPR），详见 TS 38.211 6.3.2.2.1。PUCCH 格式 0 本身就是频域上一组序列，因此不存在 DMRS 信号。PUCCH 格式 1 的 DMRS 可以通过高层参数 intraSlotFrequencyHopping 启用时隙内跳频，参考信号产生的公式为：

$$z(m'N_{\text{sc}}^{\text{RB}}N_{\text{SF},0}^{\text{PUCCH,1}}+mN_{\text{sc}}^{\text{RB}}+n)=w_i(m)\cdot r_{u,v}^{(\alpha,\delta)}(n)$$

$$n=0,1,\cdots,N_{\text{sc}}^{\text{RB}}-1$$

$$m=0,1,\cdots,N_{\text{SF},m'}^{\text{PUCCH,1}}-1$$

$$m'=\begin{cases} 0 & \text{no intra-slot frequency hopping} \\ 0,1 & \text{intra-slot frequency hopping enabled} \end{cases}$$

式中，$N_{SF,m'}^{PUCCH,1}$ 对应了分配给 PUCCH 格式 1 频域 PRB 的个数，$r_{u,v}^{(\alpha,\delta)}(n)$ 是低 PAPR 基序列。$N_{SF,m'}^{PUCCH,1}$ 对应了分配给 PUCCH 格式 1 传输的时域 OFDM 符号个数 $N_{symb}^{PUCCH,1}$，具体映射关系参见表 3-7。PUCCH DMRS 在时域符号的映射位置为 0，2，4…，符号映射位置 0 对应了 PUCCH 传输的首个 OFDM 符号。PUCCH 格式 1 DMRS 时频域位置分配可参考图 3-10（注：图 3-10 中假定 PUCCH 传输的起始符号为时隙的起始符号，跳频起始位置仅仅是示意图，具体位置根据参数 secondHopPRB 灵活可配，PUCCH 不同格式跳频起始 PRB 配置一致）。

表 3-7　DMRS 符号个数与对应的 $N_{SF,m'}^{PUCCH,1}$

PUCCH length, $N_{symb}^{PUCCH,1}$	$N_{SF,m'}^{PUCCH,1}$		
	No intra-slot hopping $m'=0$	Intra-slot hopping	
		$m'=0$	$m'=1$
4	2	1	1
5	3	1	2
6	3	2	1
7	4	2	2
8	4	2	2
9	5	2	3
10	5	3	2
11	6	3	3
12	6	3	3
13	7	3	4
14	7	4	3

PUCCH 格式 2 的 DMRS 参考序列由 PN 伪随机序列产生，如以下公式所示：

$$r_l(m) = \frac{1}{\sqrt{2}}\left[1-2c(2m)\right] + j\frac{1}{\sqrt{2}}\left[1-2c(2m+1)\right]$$

$$m = 0, 1, \cdots$$

式中，PN 伪随机序列 $c(i)$ 由公式 $c_{init} = \left[2^{17}(N_{symb}^{slot}n_{s,f}^{\mu}+l+1)(2N_{ID}^0+1)+2N_{ID}^0\right] \bmod 2^{31}$ 实现初始化，$N_{ID}^0 \in \{0,1,\cdots,65535\}$ 由消息体 DMRS-UplinkConfig 中的高层参数 scramblingID0 实现配置，如果 UE 同时配置 dmrs-UplinkForPUSCH-MappingTypeA 和 dmrs-UplinkForPUSCH-MappingTypeB 两个消息体，那么 scramblingID0 应该根据 dmrs-UplinkForPUSCH-MappingTypeB 消息体获取作为 N_{ID}^0 的配置值，如果高层参数 scramblingID0 没有配置，$N_{ID}^0 = N_{ID}^{cell}$。PUCCH 格式 2 频域子载波位置满足 $k=3m+1$，频域占用 PRB 个数由 PUCCH 格式 2 的参数 nrofPRBs 配置，时域符号位置以及起始符号位置根据参数 nrofSymbols 和 startingSymbolIndex 可以分别配置，值得一提的是，nrofSymbols 可选取值为 1 或 2，意味着只能配置 1

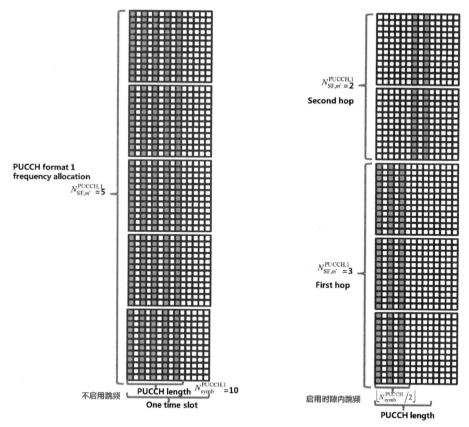

图 3-10　PUCCH 格式 1 DMRS 时频域分配示意（左图为不启用跳频，右图为启用时隙内跳频）

个或者 2 个 OFDM 符号，如图 3-11 所示。

PUCCH 格式 3 和格式 4 由低 PAPR 序列直接产生，如下所示：

$$r_l \,|\, (m) = r_{u,v}^{(\alpha,\delta)}(m)$$
$$m = 0, 1, \cdots, M_{SC}^{PUCCH,s} - 1$$

式中，$M_{sc}^{PUCCH,s} = M_{RB}^{PUCCH,s} N_{sc}^{RB}$，$M_{RB}^{PUCCH,s}$ 是分配不同格式频域 PRB 个数，如下所示（α_2，α_3，α_5 为非负整数，$s \in \{3,4\}$）：

$$M_{RB}^{PUCCH,s} = \begin{cases} 2^{\alpha_2} \cdot 3^{\alpha_3} \cdot 5^{\alpha_5} & \text{for PUCCH format 3} \\ 1 & \text{for PUCCH format 4} \end{cases}$$

PUCCH 格式 3 和格式 4 都需要转换预编码降低 PAPR，其中 PUCCH 格式 3 不存在扩频处理且频域可以分配多个 RB，PUCCH 格式 4 采取 RB 内时频域扩展机制对抗信道衰落和干扰，频域只能分配 1 个 RB。PUCCH 格式 3 和格式 4 都可以启用时隙内跳频机制，同时由于 PUCCH 长度较长，还可以配置附加 DMRS，可由高层参数 additionalDMRS 进行配置（注：该参数对 PUCCH 格式 1 和格式 2 不适用），如表 3-8 所示（注：PUCCH DMRS 位

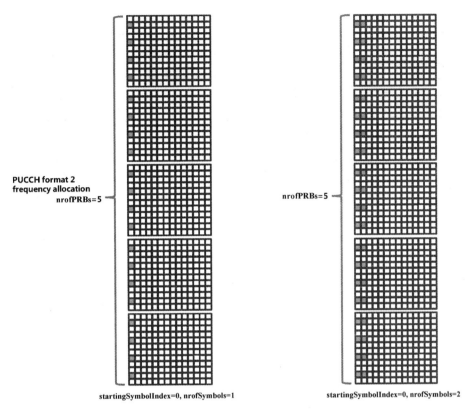

图 3-11　PUCCH 格式 2 DMRS 时频域分配示意（假定频域分配 5 个 PRB，时域起始符号 0）

置 0 对应了 PUCCH 传输的首个符号位置）。PUCCH 格式 3 和格式 4 的 DMRS 传输占用时频资源分别如图 3-12 和图 3-13 所示。

表 3-8　PUCCH 格式 3 和格式 4 的 DMRS 时域符号位置

PUCCH length	DMRS position l within PUCCH span			
	No additional DMRS		Additional DMRS	
	No hopping	Hopping	No hopping	Hopping
4	1	0, 2	1	0, 2
5	0, 3		0, 3	
6	1, 4		1, 4	
7	1, 4		1, 4	
8	1, 5		1, 5	
9	1, 6		1, 6	
10	2, 7		1, 3, 6, 8	

（续）

PUCCH length	DMRS position l within PUCCH span			
	No additional DMRS		Additional DMRS	
	No hopping	Hopping	No hopping	Hopping
11	2, 7	1, 3, 6, 9		
12	2, 8	1, 4, 7, 10		
13	2, 9	1, 4, 7, 11		
14	3, 10	1, 5, 8, 12		

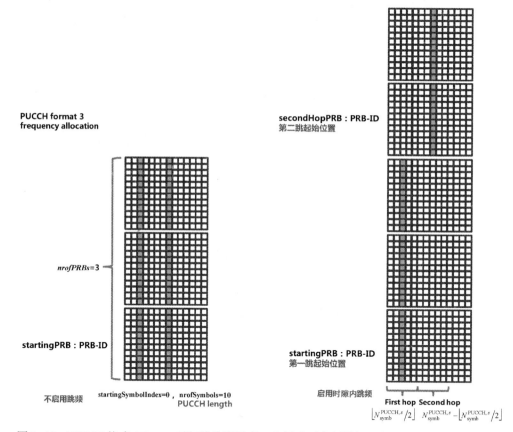

图 3-12　PUCCH 格式 3 DMRS 时频域分配示意（左图为不启用跳频，右图为启用时隙内跳频）

4. PDCCH 与 PBCH DMRS 解调参考信号

　　PDCCH 与 PBCH 的解调参考信号都是基于 PN 伪随机序列所产生的，其中 PDCCH DMRS 参考信号的天线端口 $p = 2000$，如果 UE 不尝试解码 CORESET 中的 PDCCH 信道，那么就不对 CORESET 中 DMRS 的出现与否进行判断。PDCCH DMRS 频域一个 RB 内占

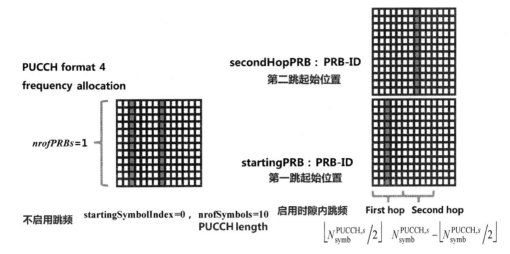

图 3-13　PUCCH 格式 4 DM-RS 时频域分配示意（左图为不启用跳频，右图为启用时隙内跳频）

用子载波位置为 $4k+1(k=0,1,2)$，时域为 CORESET 所占符号长度。在没有 CSI-RS 配置的情况下，如不做其他特别配置，UE 假定 PDCCH DMRS 天线端口与 SSB 波束存在多普勒频移，多普勒扩展，平均时延，时延扩展以及相同接收机参数等信道近似定位关系。

PBCH DMRS 参数分别在 SSB 内部 OFDM 符号 1、符号 3 中对应的频域子载波位置为 $0+v,4+v,8+v,\cdots,236+v$，在 SSB 内部 OFDM 符号 2 中对应的频域子载波位置为 $0+v,4+v,\cdots,44+v,192+v,196+v,\cdots,236+v$，其中 $v=N_{ID}^{cell}\bmod4$，N_{ID}^{cell} 是小区 PCI，UE 在初始同步时通过 PSS 和 SSS 同步序列计算获取。

3.2.2　CSI-RS 参考信号

5G NR 中的 CSI-RS 参考信号是个非常重要的参考信号，在 5G 系统规划以及日常测试阶段可将 CSI-RS/SSB 作为衡量小区覆盖的重要参考手段，当然，这只是 5G 系统中 CSI-RS 的用途之一。5G NR 的 CSI-RS 参考信号相比 LTE 系统中的 CSI-RS 参考信号内涵更加丰富，主要新增功能用途包括时频域的追踪定位、RRC 连接态下的 L1-RSRP 计算以及小区级移动性测量，另外一类的用途和 LTE 系统中所定义的 CSI-RS 类似，对下行信道质量进行测量并进行信道状态上报以供基站进行链路自适应调整。LTE 系统中无论在空闲态还是连接态都可以通过 CRS 的位置进行 OFDM 符号以及子载波间的同步，而 5G NR 系统中并没有使用小区级的 CRS 参考信号，因此时频资源间的同步就需要利用 CSI-RS 予以代替（注：作为时频域资源同步的 CSI-RS 是一类特殊的参考信号，可以称之为 TRS，Tracking Reference Signal）。5G NR 为了满足 CSI-RS 的多种功能需求，在设计时可以进行 CSI-RS 的多样性配置，最大配置数量为 112，每种 CSI 配置又可包含 CSI 资源分组，一种 CSI 配置最多包含 16 个 CSI-RS（NZP/ZP）资源集合，而每个小区资源集合最多为 64 个

（ZP 模式为 16 个）。CSI-RS 资源集合进一步可配置为多个 CSI-RS 资源，一个资源集合最多可配置为 64 个 CSI-RS 资源（ZP 模式为 16 个），而一个 CSI 配置则最多包含 192 个 CSI-RS 资源（ZP 模式为 32 个）。之所以可以配置的 CSI-RS 如此之多，主要是为了预留给波束测量和移动性管理使用。在 CSI-RS 接收过程中，UE 不期待 CSI-RS 参考信号与 SIB1 消息交叠在一起传输，换言之，在 SIB 传输所占用的 PRB 中不应该配置 CSI-RS。另外，针对那些基于节电考量而配置了 DRX 的 UE，为了 CSI 上报，最近的 CSI 测量发生在 DRX 的活跃期（DRX Active Time）。

　　如果 CSI-RS 参考信号要被用作时频域同步的追踪（Tracking）信号，需要将某一个 CSI-RS 资源集配置为 trs-Info {true}，如图 3-14 所示。UE 应假定资源集内所有 CSI-RS

```
-- ASN1START

-- TAG-NZP-CSI-RS-RESOURCESET-START

NZP-CSI-RS-ResourceSet ::=            SEQUENCE {

    nzp-CSI-ResourceSetId              NZP-CSI-RS-ResourceSetId,

    nzp-CSI-RS-Resources              SEQUENCE (SIZE

(1..maxNrofNZP-CSI-RS-ResourcesPerSet)) OF NZP-CSI-RS-ResourceId,

    repetition                        ENUMERATED { on, off }

OPTIONAL,   -- Need S

    aperiodicTriggeringOffset         INTEGER(0..6)

OPTIONAL,   -- Need S

    trs-Info                          ENUMERATED {true}

OPTIONAL,   -- Need R

    ...

}



-- TAG-NZP-CSI-RS-RESOURCESET-STOP

-- ASN1STOP
```

图 3-14　NZP-CSI-RS-ResourceSet 消息体

配置资源中具备相同天线端口索引的天线端口都是同一个端口（注：为了方便理解，不做特别说明以下涉及的都是非零功率 CSI-RS 参考信号，如 NZP CSI-RS 资源）。为了实现时频同步，对于 sub 6G（FR1）的频率范围，UE 可以被配置 1 个或者多个 NZP CSI-RS 资源集，至少 1 个资源集包含 4 个周期 NZP CSI-RS 资源，4 个周期 NZP CSI-RS 资源在连续两个时隙中进行传输，每个时隙传输 2 个周期 NZP CSI-RS 资源；针对高频（FR2）范围，UE 可以同样被配置 1 个或者多个 NZP CSI-RS 资源集，至少 1 个资源集包含 2 个周期 NZP CSI-RS 资源，这 2 个周期 NZP CSI-RS 资源在一个时隙中传输，或者如同 FR1 频段配置一样，至少 1 个资源集包含 4 个周期 NZP CSI-RS 资源，4 个周期 NZP CSI-RS 资源在连续两个时隙中进行传输，每个时隙传输 2 个周期 NZP CSI-RS 资源。配置为 TRS 的 CSI-RS 资源集，可以包含如下类型的 CSI-RS 资源配置。

1）周期型 CSI-RS 资源，资源集中的所有 CSI-RS 资源配置为相同的周期、带宽以及子载波位置。

2）配置一个资源集包含周期 CSI-RS 资源（周期 CSI-RS 资源集），而与之相关的第二个资源集中包含非周期的 CSI-RS 资源（非周期 CSI-RS 资源集），非周期的 CSI-RS 资源与周期的 CSI-RS 资源配置了相同带宽（同样的 RB 位置），同时非周期 CSI-RS 资源与周期 CSI-RS 资源存在 QCL-TypeA 和 QCL-TypeD（针对高频 UE）的近似定位关系。针对 FR2 频率，对于 UE 而言，承载相应调度 DCI 的 PDCCH 最后一个符号与非周期 CSI-RS 传输的第一个符号之间的调度时延不应小于 UE 上报能力参数 ThresholdSched-Offset。另外，UE 应该期望周期 CSI-RS 资源集和与之相关的非周期 CSI-RS 资源集配置了相同的 CSI-RS 资源，同时每时隙的资源个数也是相同的。例如，如果周期 CSI-RS 资源配置在连续两个时隙中，同时每个时隙配置了两个 CSI-RS 资源，那么可以通过高层参数 aperi-odicTriggeringOffset 和触发偏置将非周期资源集中的 CSI-RS 资源也分散配置在连续不同的两个时隙中（确保每个时隙 2 个非周期 CSI-RS 资源）。

由于 TRS 参考信号只是用于时频域跟踪的一类特殊参考信号，TRS（资源集通过高层参数 trs-Info｛true｝标识）可以配置为周期传输形式，亦可以配置为非周期传输形式从而实现时频域精细颗粒度的同步，针对周期传输的 TRS，UE 不期望配置与之相关的 CSI 上报配置消息体 CSI-ReportConfig，针对非周期传输的 TRS，除了将上报量纲参数 reportQuantity 设置为 'none' 外，UE 亦不期望配置与之相关的 CSI 上报配置消息体 CSI-ReportConfig。另外，TRS 参考信号不作为高频 UE 评估接收波束信号，因此 UE 不期望资源集同时配置 trs-Info｛true｝ 和 repetition｛on｝ 这两个属性参数。另外，针对 TRS 参考信号，协议还在相应时频域资源配置方面做了如下具体要求（详见 TS 38. 214 5. 1. 6. 1. 1）。

1）一个时隙中 2 个 CSI-RS 资源或者 2 个连续时隙中 4 个 CSI-RS 资源（每个时隙中配置一样）的时域位置满足 $l \in \{4,8\}$，$l \in \{5,9\}$ 或 $l \in \{6,10\}$（FR1 和 FR2）以及 $l \in \{0,4\}$，$l \in \{1,5\}$，$l \in \{2,6\}$，$l \in \{3,7\}$，$l \in \{7,11\}$，$l \in \{8,12\}$ 或 $l \in \{9,13\}$（FR2）。

2）配置为单端口 CSI-RS 资源，同时密度 $p=3$。

3）带宽通过高层参数 freqBand 可配置为 $\min\{52, N_{RB}^{BWP,i}\}$ 或者配置为 BWP 带宽 $N_{RB}^{BWP,i}$。

4）如果 CSI-RS 资源占用带宽配置大于 52RBs，UE 不期待配置周期 CSI-RS 资源的传输周期为 $2^{\mu}\times10$ 个时隙。

5）周期传输 CSI-RS 资源的周期可由高层参数 periodicityAndOffset 实现配置，取值为 $2^{\mu}X_p$，其中 $X_p=10,20,40,80$，μ 是子载波间隔。

6）所有 CSI-RS 资源与 PDSCH 的功率偏置 powerControlOffset 以及与 SSS 信号的功率偏置 powerControlOffsetSS 都配置相同。

低频 UE 天线接收范围是全向的，而高频 UE 接收方向可以根据来波方向实现定向接收，因此针对高频 UE，CSI-RS 还可以通过配置高层参数 repetition 实现 UE 接收侧的波束扫描，从而辅助高频 UE 针对来波的定向接收。当基于某一个 CSI-RS 的资源集合（NZP-CSI-RS-ResourceSet）将高层参数配置为 repetition｛on｝时，UE 会假定在各个 OFDM 符号中基站发射波束参数和天线端口数是恒定不变的，因此该 NZP-CSI-RS-ResourceSet 不能与某一待侦听的 CORESET 设置在相同的 OFDM 符号中。针对其他将高层参数配置为 repetition｛off｝的 CSI-RS 资源集，即使将 CSI-RS 与某些 CORESET 配置在相同的 OFDM 中，UE 也不希望 CSI-RS 与这些 CORESET 被配置交叠在一起，这意味着 CORESET 中不应该出现 CSI-RS，对于这些与 CORESET 配置在相同 OFDM 符号中的 CSI-RS，UE 可以假定 CSI-RS 与 PDCCH DMRS 存在 QCL-TypeD 的近似定位关系（注：针对高频可实现多天线波束赋形的终端而言）。针对以信道测量为目的，且高层参数配置为 repetition｛on｝& trs-Info｛false｝（注：trs-Info｛false｝这样的写法对应实际参数 trs-Info 不配置）的 CSI-RS 资源集，如果 UE 将与之相关的 CSI-ReportConfig 中上报量纲参数 reportQuantity 配置为 'cri-RSRP' 或者 'none'，那么资源集中所有的 CSI-RS 资源的天线端口数需要配置为相同的（1 或 2）端口数。配置为这种类型的 CSI-RS 资源主要作为 L1 层 RSRP 计算，如前述，这种配置可以用于高频 UE 的接收波束扫描评估，也可以作为高/低频 UE 基于波束赋形的 L1 层 RSRP 测量上报。如果 UE 将 CSI-RS 资源与 SSB 配置在了相同的 OFDM 符号中，UE 可假定 CSI-RS 与对应的 SSB 之间存在 QCL-TypeD 的近似定位关系。另外，CSI-RS 资源不应与 SSB 配置重叠，同时 CSI-RS 子载波间隔应与 SSB 子载波间隔设置一致，这意味着基于 CSI-RS 用于 L1-RSRP 计算的相关配置要求所属 BWP 的子载波间隔也应与 SSB 子载波间隔设置一致。

UE 还可以基于 CSI-RS 实现跨小区之间的移动性管理。UE 通过消息体 CSI-RS-ResourceConfigMobility（见图 3-15）获取 CSI-RS 资源配置的相关信息，同时需假定邻区 CSI-RS 配置资源的码域类型 cdm-Type 设置为 'No CDM'，同时以单端口方式传输。如果在消息体 CSI-RS-ResourceConfigMobility 中同时配置了参数 CSI-RS-Resource-Mobility，并且该 CSI-RS 资源没有配置相关的 SSB 波束（associatedSSB），UE 应该基于该 CSI-RS 资源授时作为当前服务小区授时，如果 CSI-RS-Resource-Mobility 中配置参数 associatedSSB，UE 可以基

```
-- ASN1START

-- TAG-CSI-RS-RESOURCECONFIGMOBILITY-START


CSI-RS-ResourceConfigMobility ::=        SEQUENCE {

    subcarrierSpacing                        SubcarrierSpacing,

    csi-RS-CellList-Mobility                 SEQUENCE (SIZE (1..maxNrofCSI-RS-CellsRRM)) OF

CSI-RS-CellMobility,

    ...,

    [[

    refServCellIndex                         ServCellIndex

OPTIONAL    -- Need S

    ]]



}



CSI-RS-CellMobility ::=              SEQUENCE {

    cellId                            PhysCellId,

    csi-rs-MeasurementBW              SEQUENCE {

        nrofPRBs                              ENUMERATED { size24, size48, size96, size192,

size264},

        startPRB                              INTEGER(0..2169)
```

图 3-15　作为移动性测量使用的 CSI-RS 相关配置参数

```
    },

    density                              ENUMERATED {d1,d3}
OPTIONAL,   -- Need R

    csi-rs-ResourceList-Mobility         SEQUENCE (SIZE (1..maxNrofCSI-RS-ResourcesRRM))
OF CSI-RS-Resource-Mobility

}


CSI-RS-Resource-Mobility ::=         SEQUENCE {

    csi-RS-Index                         CSI-RS-Index,

    slotConfig                           CHOICE {

        ms4                                  INTEGER (0..31),

        ms5                                  INTEGER (0..39),

        ms10                                 INTEGER (0..79),

        ms20                                 INTEGER (0..159),

        ms40                                 INTEGER (0..319)

    },

    associatedSSB                        SEQUENCE {

        ssb-Index                            SSB-Index,

        isQuasiColocated                     BOOLEAN

    }
OPTIONAL, -- Need R

    frequencyDomainAllocation            CHOICE {
```

图 3-15　作为移动性测量使用的 CSI-RS 相关配置参数（续）

```
        row1                              BIT STRING (SIZE (4)),

        row2                              BIT STRING (SIZE (12))

    },

    firstOFDMSymbolInTimeDomain           INTEGER (0..13),

    sequenceGenerationConfig              INTEGER (0..1023),

    ...

}

CSI-RS-Index ::=                          INTEGER (0..maxNrofCSI-RS-ResourcesRRM-1)



-- TAG-CSI-RS-RESOURCECONFIGMOBILITY-STOP

-- ASN1STOP
```

图 3-15　作为移动性测量使用的 CSI-RS 相关配置参数（续）

于该 CSI-RS 资源授时作为邻区（由参数 cellId 明确）授时，对于这样配置的 CSI-RS 资源，如果相关的 SSB 波束即使配置但是没有被 UE 检测到，那么 UE 就不再需要侦听相应的 CSI-RS 资源。这说明即使邻区将 CSI-RS 波束以及对应的 SSB 波束进行了捆绑以便于 UE 明确测量，当 UE 没有测量到 SSB 波束时，可能说明广播信道的无线环境不佳，此时再进一步测量业务信道已经没有太多意义，针对 FR1 频率，参数 associatedSSB 针对每一个 CSI-RS 资源可选配置，而针对 FR2 频率，参数 associatedSSB 要么为每一个 CSI-RS 资源都配置，要么都不配置。涉及关联 SSB 波束还有一个参数 isQuasiColocated，这指示了 CSI-RS 参考信号波束与关联 SSB 波束在信道近似定位方面是否存在 QCL-TypeD 的关系。针对 CSI-RS 作为移动性测量的信号，协议中还对待测邻区之间无线帧的时间差进行了相应的约束，例如在 FDD 频谱模式下，如果 CSI-RS-Resource-Mobility 配置的CSI-RS 资源传输周期大于 10 ms，UE 假定 CSI-RS-CellMobility 所含列表小区中任意两个配置了相同 PointA 参考点（refFreqCSI-RS）的小区的相同无线帧号彼此之间的绝对时间差小于 153600 T_s（5 ms）。另外，UE 如果配置了 DRX，那么 UE 只能在活跃时间（DRX Active Time）才能基于配置的 CSI-RS 资源进行测量。

　　UE 还可以基于 CSI-RS 进行测量并上报信道状态信息（Channel State Information，CSI）。5G 中上报的 CSI 包含如下内容：Channel Quality Indicator（CQI）、Precoding Matrix Indicator（PMI）、CSI-RS Resource Indicator（CRI）、SS/PBCH Block Resource Indicator

（SSBRI）、Layer Indicator（LI）、Rank Indicator（RI）和上文提及的 L1-RSRP。这些 UE 上报信息需要基站 gNB 控制分配特定的时频资源实现传输。UE 可以通过周期、非周期、半持续的方式实现 CSI 信息上报，上报设置相关参数通过 CSI-ReportConfig 消息体获取。CSI 周期上报通过 PUCCH 信道进行传输，非周期上报通过解码 DCI 动态调度在 PUSCH 信道传输，半持续上报既可以在 PUCCH 信道传输，也可以通过 DCI 解码激活后在 PUSCH 信道传输。CSI-RS 配置也存在三种传输方式，分别是周期 CSI-RS、非周期 CSI-RS 和半持续 CSI-RS，CSI-RS 配置资源方式与 CSI 上报方式的关系见表 3-9。

表 3-9　CSI-RS 配置资源方式与 CSI 上报方式对应关系

CSI-RS 配置	CSI 周期上报	CSI 半持续上报	CSI 非周期上报
周期 CSI-RS	非动态触发或激活，由 RRC 高层配置	UE 通过收到激活指令实现在 PUCCH 信道半持续上报 CSI；UE 动态解码 DCI 触发 CSI 在 PUSCH 信道半持续上报 CSI	由 DCI 解码动态触发，另外也可以采取 MAC 层激活指令
半持续 CSI-RS	不支持	UE 通过收到激活指令实现在 PUCCH 信道半持续上报 CSI；UE 动态解码 DCI 触发 CSI 在 PUSCH 信道半持续上报 CSI	由 DCI 解码动态触发，另外也可以采取 MAC 层激活指令
非周期 CSI-RS	不支持	不支持	由 DCI 解码动态触发，另外也可以采取 MAC 层激活指令

　　UE 还可以通过测量网络侧配置的周期 CSI-RS 资源实现 5G NR 载波聚合场景下任意（主/辅）小区非初始 BWP 的链路质量监测（注：主小区初始 BWP 链路指令监测可以通过 SSB 评估），并向高层通知（同步/失步）状态。

　　在 5G NR 系统中，除了非零功率（Non-Zero-Power, NZP）参考信号，还定义了另外一种称作零功率（Zero-Power, ZP）的参考信号（注：LTE 在 R13 版本之后对于 CSI-RS 定义也增加了 ZP CSI-RS 作为发现信号）。顾名思义"零功率"意味着信号不实际传输，只作为 PDSCH 物理资源的占位符。ZP CSI-RS 参考信号与 NZP CSI-RS 参考信号配置传输方式一样，也包括周期、非周期与半持续传输三种方式。引入"零功率" CSI-RS 参考信号的概念主要源于与 LTE 系统共频段这种场景的考量，通过在 5G PDSCH 信道中将对应的 CSI-RS 参考信号位置进行"打孔"处理，使得 PDSCH 传输与 LTE CRS 信号错开避免干扰。UE 应假定这些零功率 CSI-RS 占位不用作 PDSCH 信道传输，不论 PDSCH 是否与零功率 CSI-RS 占位相冲突，UE 都需进行零功率 CSI-RS 的测量或接收。

　　5G NR 中 CSI-RS 是复值信号，类似 DMRS 参考信号的产生机制，其基础序列定义如下。

$$r(m) = \frac{1}{\sqrt{2}}\big[1-2c(2m)\big] + j\,\frac{1}{\sqrt{2}}\big[1-2c(2m+1)\big]$$

其中作为加扰作用的伪随机序列与 4G 中伪随机序列定义一致，都是长度为 31 的"高德序列"（Gold Sequence），对于每一个 OFDM 符号都需要对伪随机序列重新进行初始化。实际传输的 NZP CSI-RS 参考信号是根据该基础序列在时频域上扩频产生，同时在物理信道时频域资源上映射的公式如下。

$$a_{k,l}^{p,\mu} = \beta_{CSIRS} w_f(k') \cdot w_f(l') \cdot r_{l,n_s,f}(m')$$

$$m' = \lfloor n\alpha \rfloor + k' + \left\lfloor \frac{\bar{k}_\rho}{N_{SC}^{RB}} \right\rfloor$$

$$k = nN_{SC}^{RB} + \bar{k} + k'$$

$$l = \bar{l} + l'$$

$$\alpha = \begin{cases} \rho & \text{for } X = 1 \\ 2\rho & \text{for } X > 1 \end{cases}$$

$$n = 0, 1, \cdots$$

如果 CSI-RS 参考信号配置为无线链路监测使用，β_{CSIRS} 取值为 1，即与 SSB 参考信号无功率差，CSI-RS 除此用途之外，β_{CSIRS} 取值根据高层参数 *powerControl Offset SS* 进行配置，*powerControl Offset SS* 定义为 CSI-RS EPRE（Energy Per Resource Element，每资源单位能量）相对 SSB EPRE 的功率差值，单位为 dB。

在 LTE 系统中，不同天线端口发射的参考信号通过不同时频域资源进行映射传输，UE 依据其在信道传播中的差异性对不同天线端口相关联的信道进行评估，而 5G NR 系统在关于 CSI-RS 的资源映射中除了时频域资源，又引入了"码"域资源这一个新的维度，通过正交扩展码得以实现。根据以上公式定义，可进一步明确 CSI-RS 参考信号所涉及的具体物理信道资源映射如下。

1）CSI-RS 配置的天线端口数 X：上述公式中 X 即为 CSI-RS 的天线端口数，该值由高层参数 nrofPorts 进行配置，天线端口取值为 $\{1,2,4,8,12,16,24,32\}$，如图 3-16 所示，天线端口决定了 CSI-RS 时频域资源的位置，在 5G NR CSI-RS 中引入了时频域正交扩展码的理念，因此，当不同天线端口对应相同时域资源时，可以通过正交的扩展码予以区分。

```
-- ASN1START

-- TAG-CSI-RS-RESOURCEMAPPING-START

CSI-RS-ResourceMapping ::=          SEQUENCE {

    frequencyDomainAllocation       CHOICE {

        row1                            BIT STRING (SIZE (4)),

        row2                            BIT STRING (SIZE (12)),

        row4                            BIT STRING (SIZE (3)),

        other                           BIT STRING (SIZE (6))

    },
```

图 3-16　CSI-RS 资源映射参数配置

```
    nrofPorts                           ENUMERATED {p1,p2,p4,p8,p12,p16,p24,p32},

    firstOFDMSymbolInTimeDomain         INTEGER (0..13),

    firstOFDMSymbolInTimeDomain2        INTEGER (2..12)

OPTIONAL,    -- Need R

    cdm-Type                            ENUMERATED {noCDM, fd-CDM2, cdm4-FD2-TD2,

cdm8-FD2-TD4},

    density                             CHOICE {

        dot5                                ENUMERATED {evenPRBs, oddPRBs},

        one                                 NULL,

        three                               NULL,

        spare                               NULL

    },

    freqBand                            CSI-FrequencyOccupation,

    ...

}

-- TAG-CSI-RS-RESOURCEMAPPING-STOP

-- ASN1STOP
```

图 3-16　CSI-RS 资源映射参数配置（续）

2）CSI-RS 参考信号密度 ρ：参考信号密度由高层参数 density 进行配置，该参数可在 CSI-RS-CellMobility（图 3-15）或 CSI-RS-ResourceMapping（图 3-16）两个消息体中获得，这两个消息体作用不同，前者是通过消息体 ServingCellConfig 实现配置（注：Serving-CellConfig 主要配置 UE 级参数，也包含部分小区级参数，例如，额外通过专属信令配置 initialDownlinkBWP），后者通过下发测控消息体 MeasObjectNR 用来提前进行邻小区 CSI-RS 测量，作为后续切换的决策依据。CSI-RS 参考信号密度决定了每天线端口对应的 CSI-RS 以 PRB 作为基本配置单位在频域上的循环配置图样的稀疏程度，在 CSI-RS-ResourceMapping 消息体中密度 ρ 取值为 $\{0.5,1,3\}$，CSI-RS-CellMobility 消息体中密度取

值为 {1,3}，取值越大意味着相邻 PRB 上相同天线端口所占频域位置间隔越小（密度越稠密）。

3）CSI-RS 参考信号的扩频/时模式 cdm-Type（码域资源）：在 4G 中不同天线逻辑端口传输的参考信号（Cell/UE-specific）通过分配不同时频域资源进行区分，在 5G 的 CSI-RS 中引入了"码域"资源的概念，即通过正交码的方式将 CSI-RS 的天线端口扩展到了 32 个，这样设计的优势也显而易见，在有限的时频域资源中通过码分的方式将能够同时进行传输的（基于不同天线端口）CSI-RS 数量进行提升，同时引入扩频/时码的机制还能一定程度上提升 CSI-RS 接收解调的可靠性。CSI-RS 扩频/扩时模式包含 noCDM（无扩频）、fd-CDM2（扩展因子为 2 的频域扩频）、cdm4-FD2-TD2（扩展因子为 2 的时频域扩展）、cdm8-FD2-TD4（频域扩展因子为 2，时域扩展因子为 4）四种类型。

4）频域资源位置配置参数 frequencyDomainAllocation（频域资源）：UE 需要解码该参数中比特映射图（Bitmap）确认 CSI-RS 频域中 RE 的具体映射位置，每 $\lceil 1/\rho \rceil$ PRB 的 RE 位置重新按照 Bitmap 中配置为 1 的比特位置进行设置更新。除此之外，UE 需要根据 start-PRB/startingRB 和 nrofPRBs 这两个参数确定 CSI-RS 配置的频域 PRB 的位置，其中 start-PRB/startingRB 以公共 PRB0 位置作为基准，取值为整数 4 的倍数。

5）时域资源位置配置参数：确定时域资源位置有两类参数，一类是确定时隙内 OFDM 符号的位置 firstOFDMSymbolInTimeDomain 和 firstOFDMSymbolInTimeDomain2 这两个参数（见图 3-16），在 CSI 移动性资源配置中仅需要配置 firstOFDMSymbolInTimeDomain；另外一类涉及时域资源参数是用来确定周期或者半持续 CSI-RS 传输所占用的具体时隙，首先通过高层参数 resourceType 或者 CSI-RS-CellMobility 确定 CSI-RS 传输模式为非周期、周期或者半持续传输，如果是周期或者半持续传输，需要进一步通过高层参数 CSI-ResourcePeriodicityAndOffset（见图 3-17）或者 slotConfig（见图 3-15）的配置值，并结合如下公式确定：

$$(N_{\text{slot}}^{\text{frame},\mu} n_{\text{f}} + n_{\text{s,f}}^{\mu} - T_{\text{offset}}) \bmod T_{\text{CSI-RS}} = 0$$

式中，$T_{\text{CSI-RS}}$ 是以时隙个数作为单位的配置周期；T_{offset} 是时隙偏置；$N_{\text{slot}}^{\text{frame},\mu}$ 是一个无线帧中包含的时隙个数；$N_{\text{slot}}^{\text{frame},\mu}$ 是系统帧号；$n_{\text{s,f}}^{\mu}$ 是在根据不同子载波间隔配置的一个无线帧中的时隙号。

6）NZP-CSI-RS 的 RE 功率配置（功率资源）：UE 假定每一个天线端口所对应的 CSI-RS 资源配置中的 EPRE 功率在所占用的时域（占用 OFDM 符号）和频域（配置带宽）资源中是恒定不变的。下行参考功率定义为工作系统带宽中所有配置 CSI-RS 功率的线性平均，RRC 高层通过与 SSB 中 SSS 的 EPRE 功率偏置参数 powerControlOffsetSS 指明 CSI-RS 与 SSS 的功率差值，实际计算时应根据 SSS 的系统配置值 ss-PBCH-BlockPower 叠加偏置值 powerControlOffsetSS。

为了便进一步说明 CSI-RS 在时频域资源上的具体映射式样，这里将时域参数 firstOF-DMSymbolInTimeDomain 固定配置为 0，firstOFDMSymbolInTimeDomain2 固定配置为 2，不

同频域，码域参数配置所对应的参考信号图谱依次如图 3-18~图 3-36 所示（彩图可扫码查看）

```
-- ASN1START

-- TAG-CSI-RESOURCEPERIODICITYANDOFFSET-START


CSI-ResourcePeriodicityAndOffset ::=        CHOICE {

    slots4                                      INTEGER (0..3),

    slots5                                      INTEGER (0..4),

    slots8                                      INTEGER (0..7),

    slots10                                     INTEGER (0..9),

    slots16                                     INTEGER (0..15),

    slots20                                     INTEGER (0..19),

    slots32                                     INTEGER (0..31),

    slots40                                     INTEGER (0..39),

    slots64                                     INTEGER (0..63),

    slots80                                     INTEGER (0..79),

    slots160                                    INTEGER (0..159),

    slots320                                    INTEGER (0..319),

    slots640                                    INTEGER (0..639)

}

-- TAG-CSI-RESOURCEPERIODICITYANDOFFSET-STOP

-- ASN1STOP
```

图 3-17　CSI-RS 资源配置周期与偏置参数

CSI-RS天线端口配置为1，天线端口号：3000，Row=1，densityρ=3，firstOFDMSymbolInTimeDomain:0

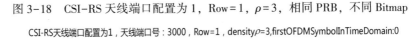

图 3-18　CSI-RS 天线端口配置为 1，Row＝1，ρ＝3，相同 PRB，不同 Bitmap

CSI-RS天线端口配置为1，天线端口号：3000，Row=1，densityρ=3，firstOFDMSymbolInTimeDomain:0

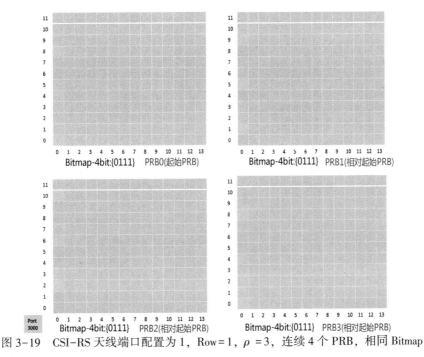

图 3-19　CSI-RS 天线端口配置为 1，Row＝1，ρ＝3，连续 4 个 PRB，相同 Bitmap

CSI-RS天线端口配置为1，天线端口号：3000，Row=2，density ρ=1，firstOFDMSymbolInTimeDomain:0

图 3-20

Bitmap-12bit:{000000000111}，PRB0(起始PRB)　　Bitmap-12bit:{000000000111} PRB1(相对起始PRB)

Port 3000　Bitmap-4bit:{000000000111} PRB2(相对起始PRB)　　Bitmap-4bit:{000000000111} PRB3(相对起始PRB)

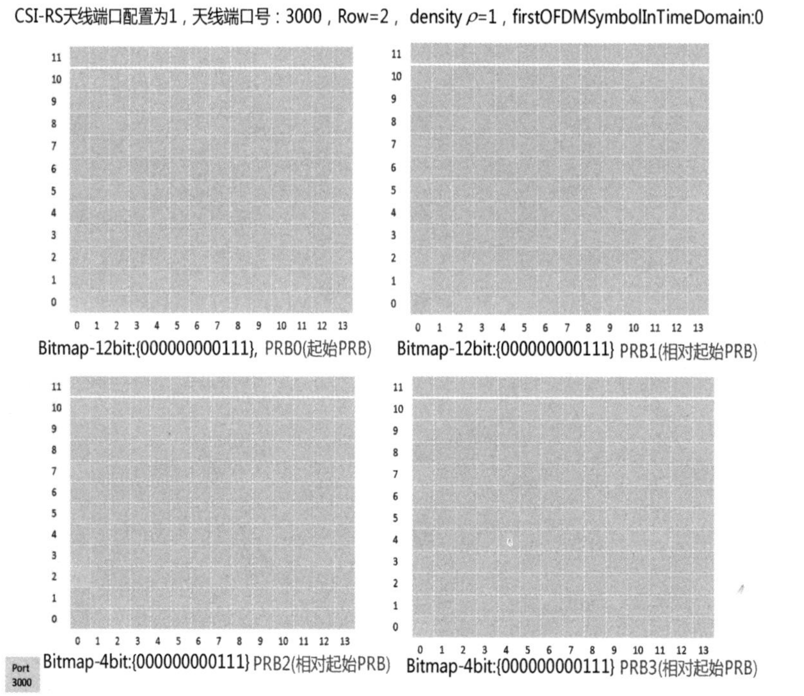

图 3-20　CSI-RS 天线端口配置为 1，Row=2，ρ=1，连续 4 个 PRB，相同 Bitmap

CSI-RS天线端口配置为1，天线端口号：3000，Row=2，density ρ=0.5，firstOFDMSymbolInTimeDomain:0

图 3-21

Bitmap-12bit:{000000000111}，PRB0(起始PRB)　　Bitmap-12bit:{000000000111} PRB1(相对起始PRB)

Port 3000　Bitmap-12bit:{000000000111}PRB2(相对起始PRB)　　Bitmap-12bit:{000000000111} PRB3(相对起始PRB)

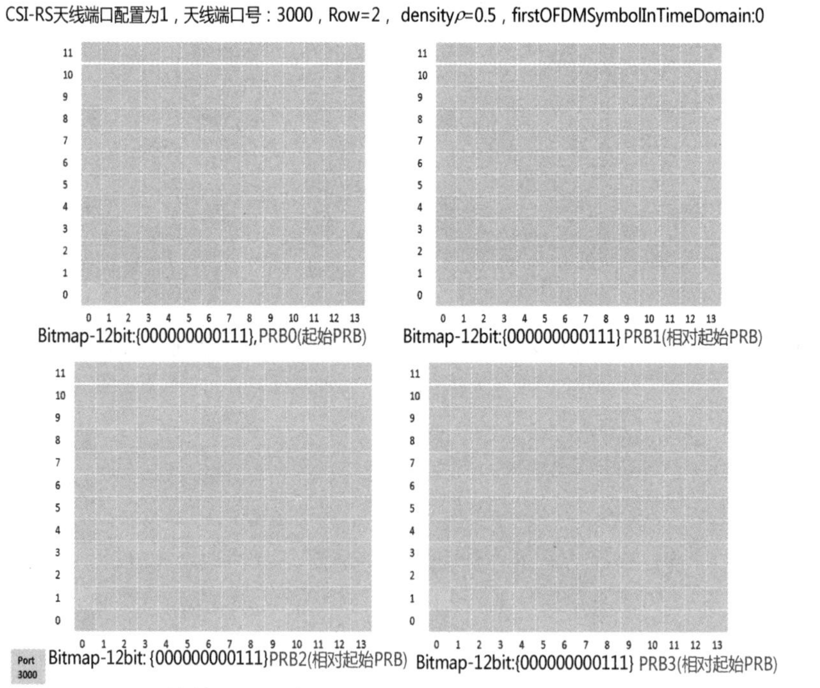

图 3-21　CSI-RS 天线端口配置为 1，Row=2，ρ=0.5，连续 4 个 PRB，相同 Bitmap

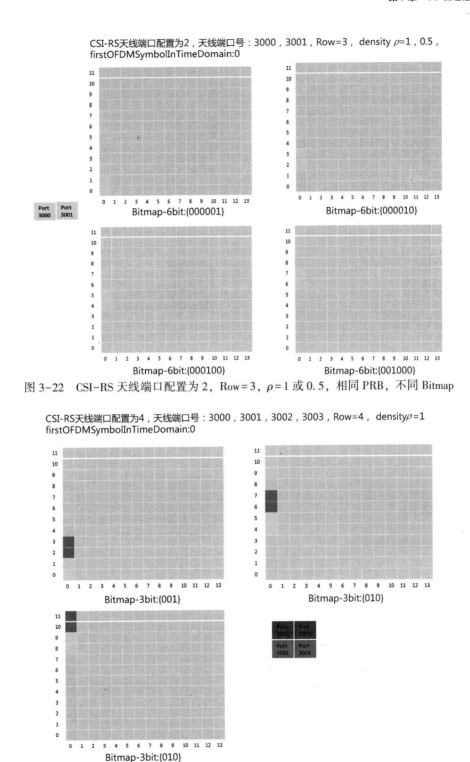

图 3-22　CSI-RS 天线端口配置为 2，Row = 3，$\rho = 1$ 或 0.5，相同 PRB，不同 Bitmap

图 3-23　CSI-RS 天线端口配置为 4，Row = 4，$\rho = 1$，相同 PRB，不同 Bitmap

CSI-RS天线端口配置为8，天线端口号：3000~3007,Row=6，densityρ=1,firstOFDMSymbolInTimeDomain:0

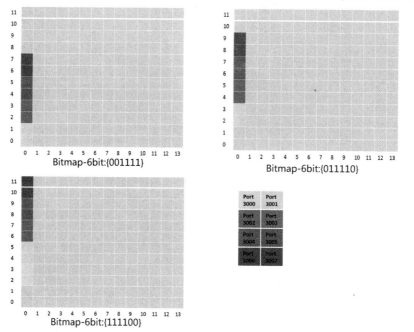

图 3-24　CSI-RS 天线端口配置为 8，Row=6，$\rho=1$，相同 PRB，不同 Bitmap

CSI-RS天线端口配置为8，天线端口号：3000~3007,Row=7，density ρ=1
firstOFDMSymbolInTimeDomain:0

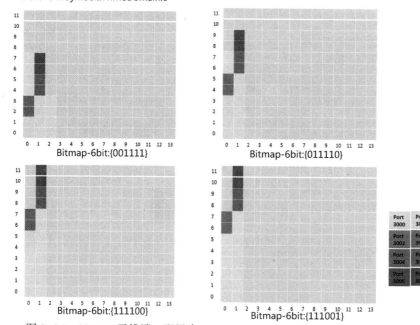

图 3-25

图 3-25　CSI-RS 天线端口配置为 8，Row=7，$\rho=1$，相同 PRB，不同 Bitmap

CSI-RS天线端口配置为8，天线端口号：3000~3007,Row=8，densityρ=1，
firstOFDMSymbolInTimeDomain:0

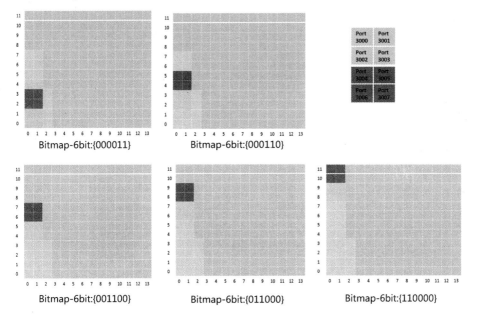

Bitmap-6bit:{000011}　　Bitmap-6bit:{000110}

Bitmap-6bit:{001100}　　Bitmap-6bit:{011000}　　Bitmap-6bit:{110000}

图 3-26　CSI-RS 天线端口配置为 8，Row=8，ρ=1，相同 PRB，不同 Bitmap

图 3-26

CSI-RS天线端口配置为12，天线端口号：3000~3011,Row=9，densityρ=1 Bitmap-6bit:{111111}，
firstOFDMSymbolInTimeDomain:0

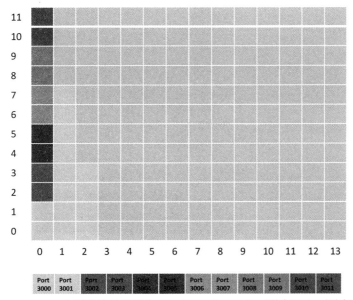

图 3-27

图 3-27　CSI-RS 天线端口配置为 12，Row=9，ρ=1，相同 PRB，相同 Bitmap

CSI-RS天线端口配置为12，天线端口号：3000~3011,Row=12，density $\rho=1$，
firstOFDMSymbolInTimeDomain:0

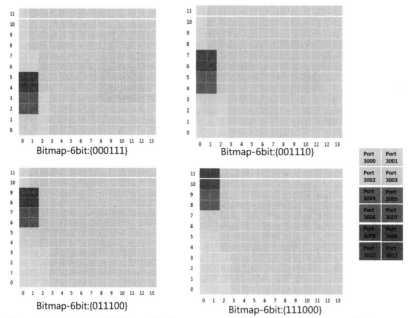

图 3-28　CSI-RS 天线端口配置为 12，Row=9，$\rho=1$，相同 PRB，不同 Bitmap

CSI-RS天线端口配置为16，天线端口号：3000~3015,Row=11，density $\rho=1$，
firstOFDMSymbolInTimeDomain:0

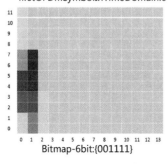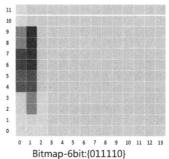

图 3-29　CSI-RS 天线端口配置为 16，Row=16，$\rho=1$，相同 PRB，不同 Bitmap

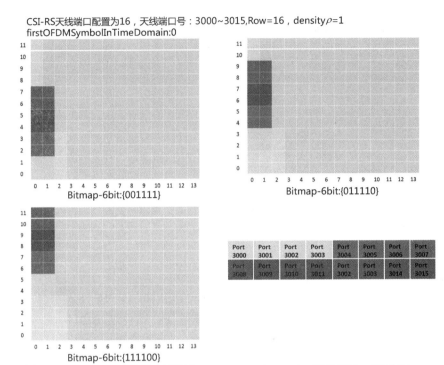

图 3-30　CSI-RS 天线端口配置为 16，Row＝16，ρ＝1，相同 PRB，不同 Bitmap

CSI-RS天线端口配置为24，天线端口号：3000~3023,Row=13，density ρ=1 Bitmap-6bit:{000111}，firstOFDMSymbolInTimeDomain:0, firstOFDMSymbolInTimeDomain2:2

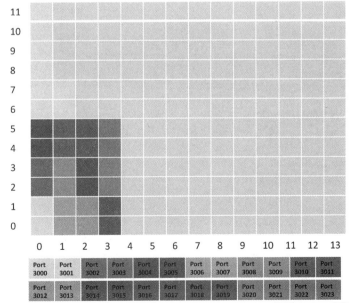

图 3-31　CSI-RS 天线端口配置为 24，Row＝13，ρ＝1，相同 PRB，相同 Bitmap

CSI-RS天线端口配置为24，天线端口号：3000~3023,Row=14，density ρ=1 Bitmap-6bit:{000111}, firstOFDMSymbolInTimeDomain:0, firstOFDMSymbolInTimeDomain2:2

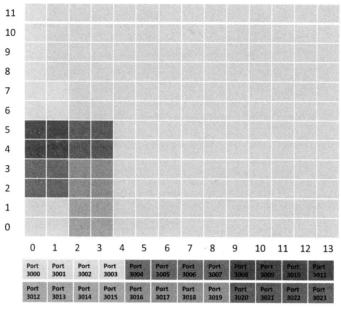

图 3-32

图 3-32　CSI-RS 天线端口配置为 24，Row=13，ρ=1，相同 PRB，相同 Bitmap

CSI-RS天线端口配置为24，天线端口号：3000~3023,Row=15，density ρ=1 Bitmap-6bit:{000111}, firstOFDMSymbolInTimeDomain:0, firstOFDMSymbolInTimeDomain2:2

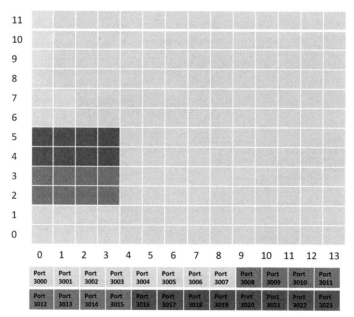

图 3-33

图 3-33　CSI-RS 天线端口配置为 24，Row=13，ρ=1，相同 PRB，相同 Bitmap

CSI-RS天线端口配置为32，天线端口号：3000~3031,Row=16，density ρ=1 Bitmap-6bit:{000111}, firstOFDMSymbolInTimeDomain:0, firstOFDMSymbolInTimeDomain2:2

图 3-34

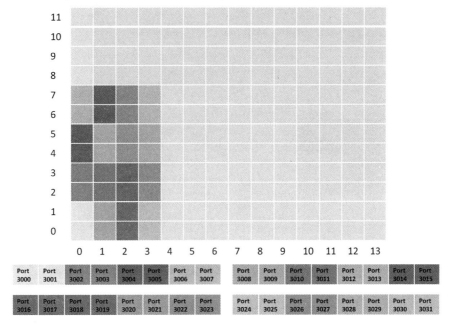

图 3-34　CSI-RS 天线端口配置为 32，Row＝16，$\rho=1$，相同 PRB，相同 Bitmap

CSI-RS天线端口配置为32，天线端口号：3000~3031,Row=17，density ρ=1 Bitmap-6bit:{000111}, firstOFDMSymbolInTimeDomain:0, firstOFDMSymbolInTimeDomain2:2

图 3-35

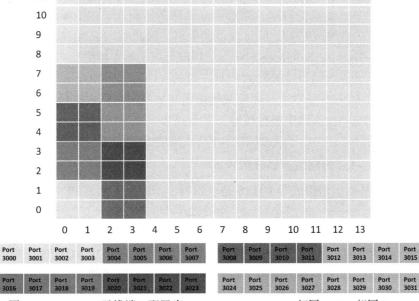

图 3-35　CSI-RS 天线端口配置为 32，Row＝17，$\rho=1$，相同 PRB，相同 Bitmap

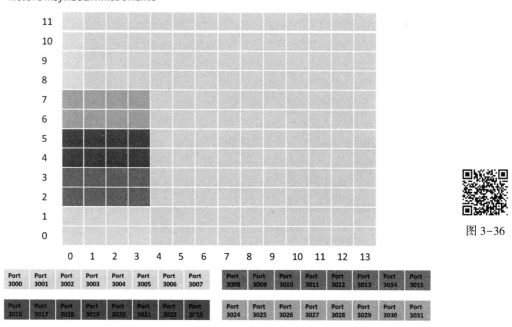

图 3-36　CSI-RS 天线端口配置为 32，Row = 18，$\rho = 1$，相同 PRB，相同 Bitmap

3.2.3　PT-RS 参考信号

5G NR 工作在了更高的频率，而对于高频振荡器而言，相位噪声的影响更加明显，相位噪声容易带来 OFDM 子载波之间正交性的失真。因此 5G NR 中特别设计了相位追踪信号 PT-RS（Phase-Tracking Reference Signals）以降低振荡器中相位噪声的影响。由于相位噪声对于频域上所有子载波的相位偏转影响是一致的，而对于时域上不同 OFDM 符号的影响是弱相关的，因此 PT-RS 采取了一种频域稀疏而时域稠密的样式进行设计。PT-RS 是 UE 专属信号，被限制在调度资源中进行传输，并且可以采取波束赋形。PT-RS 可以根据振荡器的质量、载波频率、OFDM 子载波间隔和传输的调制编码策略（MCS）进行灵活配置。

1. 下行 PT-RS 时频域资源映射规则

PT-RS 的基础序列构成与 DMRS 是一致的，子载波 k 上的 PT-RS 定义为：

$$r_k = r(2m + k')$$

对于下行 PT-RS 参考信号，UE 应假定 PT-RS 仅配置在 PDSCH 资源块中并且仅当高层参数配置之后才可以使用。当 PT-RS 被配置使用后，UE 应假定 PDSCH 信道的 PT-RS 参考信号应该以 $\beta_{\mathrm{PTRS},i}$ 作为功率比例因子进行扩展以符合实际的传输功率，因此资源单位$(k, l)_{p,\mu}$ 中的 PT-RS 信号被定义为：

$$a_{k,l}^{(p,\mu)} = \beta_{\text{PTRS},i} r_k$$

式中，l 是分配给 PDSCH 的某一个 OFDM 符号；承载 PT-RS 的资源单位不用作承载 DMRS、CSI-RS（注：那些用于移动性测量以及非周期传输的 CSI-RS 除外）、SS/PBCH 块、PDCCH 信道，另外，通过高层声明"不可用"的 PDSCH（注：例如一些为了速率匹配的打孔 PDSCH）可以承载 PT-RS。PT-RS 信号的时域符号位置 l 是相对 PDSCH 的起始位置进行设置的，设置规则按照如下步骤：

1）设置 $i = 0$ 和 $l_{\text{ref}} = 0$；

2）如果间隔 $\max[l_{\text{ref}} + (i-1)L_{\text{PTRS}} + 1, l_{\text{ref}}], \cdots, l_{\text{ref}}s + iL_{\text{PTRS}}$ 之内，包含承载 DMRS 的符号，那么设置 $i = 1$ 同时设置 l_{ref} 为 DMRS 符号的符号索引（单符号 DMRS）或者第二个 DMRS 符号的符号索引（双符号 DMRS）；重复步骤 2）前需要确保 $l_{\text{ref}} + iL_{\text{PTRS}}$ 在 PDSCH 分配范围之内；

3）将 $l_{\text{ref}} + iL_{\text{PTRS}}$ 加入 PT-RS 的时间索引位置集合；

4）将 i 加 1；

5）只要 $l_{\text{ref}} + iL_{\text{PTRS}}$ 在 PDSCH 分配范围之内就重复以上步骤 2），其中 $L_{\text{PT-RS}} \in \{1, 2, 4\}$。

关于 PT-RS 在频域上的映射，规定分配给 PDSCH 的资源块以 $0 \sim (N_{\text{RB}} - 1)$ 按照由低到高的顺序进行标识。在这些资源块中相应的子载波以 $0 \sim (N_{\text{SC}}^{\text{RB}} N_{\text{RB}} - 1)$ 按照由低到高的顺序进行标识。UE 假定 PT-RS 在频域子载波上的映射按照如下公式确定：

$$k = k_{\text{ref}}^{\text{RE}} + (iK_{\text{PTRS}} + k_{\text{ref}}^{\text{RB}}) N_{\text{SC}}^{\text{RB}}$$

$$k_{\text{ref}}^{\text{RB}} = \begin{cases} n_{\text{RNTI}} \bmod K_{\text{PTRS}}, & N_{\text{RB}} \bmod K_{\text{PTRS}} = 0 \\ n_{\text{RNTI}} \bmod (N_{\text{RB}} \bmod K_{\text{PTRS}}), & \text{其他} \end{cases}$$

式中，$i = 0, 1, 2, 3, \cdots$；$k_{\text{ref}}^{\text{RE}}$ 由表 3-10 中结合 DMRS 的天线逻辑端口和频域偏置 resourceElementOffset 共同确定，对于 DMRS 配置类型 1 下 DMRS 在天线逻辑端口 1004 ~ 1007 传输时或者对于 DMRS 配置类型 2 下 DMRS 在天线逻辑端口 1006 ~ 1011 传输时，UE 假定此时 PT-RS 并不传输。如果高层参数 resourceElementOffset 没有配置，默认使用'00' 列对应取值，resourceElementOffset 可选配置值参见图 3-37。另外，n_{RNTI} 是 DCI 调度传输相关的 RNTI，N_{RB} 是被调度的 RB 资源个数，$K^{\text{PTRS}} \in \{2, 4\}$。

表 3-10　参数 $k_{\text{ref}}^{\text{RE}}$ 取值

DMRS antenna port p	$k_{\text{ref}}^{\text{RE}}$							
	DMRS Configuration type 1				DMRS Configuration type 2			
	resourceElementOffset				resourceElementOffset			
	00	01	10	11	00	01	10	11
1000	0	2	6	8	0	1	6	7
1001	2	4	8	10	1	6	7	0
1002	1	3	7	9	2	3	8	9

（续）

DMRS antenna port p	$k_{\mathrm{ref}}^{\mathrm{RE}}$							
	DMRS Configuration type 1				DMRS Configuration type 2			
	resourceElementOffset				resourceElementOffset			
	00	01	10	11	00	01	10	11
1003	3	5	9	11	3	8	9	2
1004	—	—	—	—	4	5	10	11
1005	—	—	—	—	5	10	11	4

```
-- ASN1START

-- TAG-PTRS-DOWNLINKCONFIG-START



PTRS-DownlinkConfig ::=            SEQUENCE {

    frequencyDensity              SEQUENCE (SIZE (2)) OF INTEGER (1..276)

OPTIONAL,    -- Need S

    timeDensity                   SEQUENCE (SIZE (3)) OF INTEGER (0..29)

OPTIONAL,    -- Need S

    epre-Ratio                    INTEGER (0..3)

OPTIONAL,    -- Need S

    resourceElementOffset         ENUMERATED { offset01, offset10, offset11 }

OPTIONAL,    -- Need S

    ...

}



-- TAG-PTRS-DOWNLINKCONFIG-STOP

-- ASN1STOP
```

图 3-37　下行 PT-RS 参考信号配置消息

2. 时频域密度参数的含义

下行 DMRS 配置消息中 PTRS-DownlinkConfig 中的参数 phaseTrackingRS 决定了是否启用 PT-RS 参考信号以及相关配置，如图 3-38 所示。由以上说明可知，$L_{PT-RS} \in \{1, 2, 4\}$ 和 $K_{PTRS} \in \{2, 4\}$ 是 UE 分别决定 PT-RS 时频域传输具体位置的两个重要系数，网络侧通过灵活设置这两个系数，决定了 PT-RS 参考信号分别在时频域传输的密度，这两个决定物理层时频资源密度的系数可分别通过高层参数 timeDensity 和 frequencyDensity 关联映射得出。

如果参数 phaseTrackingRS 配置开启 {PTRS-DownlinkConfig}，消息体 PTRS-DownlinkConfig 中参数 timeDensity 和 frequencyDensity 分别指示了传输码字的 MCS 门限 ptrs-MCS$_i$（i=1，2，3）和调度带宽 $N_{RB,i}$（i=0，1），这两个门限参数与时频域密度映射关系参见表 3-11、表 3-12。

表 3-11　调度 MCS 决定了 PT-RS 的时域密度

Scheduled MCS	Time density（L_{PT-RS}）
$I_{MCS} <$ ptrs-MCS$_1$	PT-RS is not present
ptrs-MCS1 $< I_{MCS} <$ ptrs-MCS2	4
ptrs-MCS2 $\leq I_{MCS} <$ ptrs-MCS3	2
ptrs-MCS3 $\leq I_{MCS} <$ ptrs-MCS4	1

表 3-12　调度带宽决定了 PT-RS 的频域密度

Scheduled bandwidth	Frequency density（K_{PT-RS}）
$N_{RB} < N_{RB0}$	PT-RS is not present
$N_{RB0} \leq N_{RB} < N_{RB1}$	2
$N_{RB1} \leq N_{RB}$	4

如果高层参数 timeDensity 没有配置，UE 可能假定 $L_{PT-RS} = 1$，同样的，如果高层参数 frequencyDensity 没有配置，UE 可以假定 $K_{PT-RS} = 2$，如果这两个高层参数都没有配置，并且加扰 RNTI 是 MCS-C-RNTI、C-RNTI 或 CS-RNTI，UE 应假定 $L_{PT-RS} = 1$，$K_{PT-RS} = 2$。同时，如果表 3-13 中调度 MCS 小于 10 或者表 3-14 中调度 MCS 小于 5 或者表 3-15 中调度 RB 数小于 3 抑或加扰 RNTI 是 RA-RNTI、SI-RNTI 或 P-RNTI 时，UE 应假定 PT-RS 不传输，这表明在信道质量不佳时或者分配带宽较小时（QPSK 调制）或者 UE 处于非稳定连接态时，PT-RS 并不传输。

```
-- ASN1START

-- TAG-DMRS-DOWNLINKCONFIG-START


DMRS-DownlinkConfig ::=                 SEQUENCE {

    dmrs-Type                           ENUMERATED {type2}

OPTIONAL,    -- Need S

    dmrs-AdditionalPosition             ENUMERATED {pos0, pos1, pos3}

OPTIONAL,    -- Need S

    maxLength                           ENUMERATED {len2}

OPTIONAL,    -- Need S

    scramblingID0                       INTEGER (0..65535)

OPTIONAL,    -- Need S

    scramblingID1                       INTEGER (0..65535)

OPTIONAL,    -- Need S

    phaseTrackingRS                     SetupRelease { PTRS-DownlinkConfig  }

OPTIONAL,    -- Need M

    ...

}


-- TAG-DMRS-DOWNLINKCONFIG-STOP

-- ASN1STOP
```

图 3-38　下行 DMRS 配置消息配置是否启用下行 PT-RS 参考信号

表 3-13　PDSCH 的 MCS 索引表 1（PDSCH-Config 消息体中 MCS-Table 参数不配置使用 256QAM）

MCS Index I_{MCS}	Modulation Order Q_m	Target code Rate $R \times [1024]$	Spectral efficiency
0	2	120	0.2344
1	2	157	0.3066
2	2	193	0.3770
3	2	251	0.4902
4	2	308	0.6016
5	2	379	0.7402
6	2	449	0.8770
7	2	526	1.0273
8	2	602	1.1758
9	2	679	1.3262
10	4	340	1.3281
11	4	378	1.4766
12	4	434	1.6953
13	4	490	1.9141
14	4	553	2.1602
15	4	616	2.4063
16	4	658	2.5703
17	6	438	2.5664
18	6	466	2.7305
19	6	517	3.0293
20	6	567	3.3223
21	6	616	3.6094
22	6	666	3.9023
23	6	719	4.2129
24	6	772	4.5234
25	6	822	4.8164
26	6	873	5.1152
27	6	910	5.3320
28	6	948	5.5547
29	2	reserved	
30	4	reserved	
31	6	reserved	

表 3-14 PDSCH 的 MCS 索引表 2（PDSCH-Config 消息体中 MCS-Table 参数配置使用 256QAM）

MCS Index I_{MCS}	Modulation Order Q_m	Target code Rate $R \times [1024]$	Spectral efficiency
0	2	120	0.2344
1	2	193	0.3770
2	2	308	0.6016
3	2	449	0.8770
4	2	602	1.1758
5	4	378	1.4766
6	4	434	1.6953
7	4	490	1.9141
8	4	553	2.1602
9	4	616	2.4063
10	4	658	2.5703
11	6	466	2.7305
12	6	517	3.0293
13	6	567	3.3223
14	6	616	3.6094
15	6	666	3.9023
16	6	719	4.2129
17	6	772	4.5234
18	6	822	4.8164
19	6	873	5.1152
20	8	682.5	5.3320
21	8	711	5.5547
22	8	754	5.8906
23	8	797	6.2266
24	8	841	6.5703
25	8	885	6.9141
26	8	916.5	7.1602
27	8	948	7.4063
28	2	reserved	
29	4	reserved	
30	6	reserved	
31	8	reserved	

表 3-15 PDSCH 的 MCS 索引表 3 (PDSCH-Config 消息体中 MCS-Table 参数配置使用 256QAM)

MCS Index I_{MCS}	Modulation Order Q_m	Target code Rate $R \times [1024]$	Spectral efficiency
0	2	30	0.0586
1	2	40	0.0781
2	2	50	0.0977
3	2	64	0.1250
4	2	78	0.1523
5	2	99	0.1934
6	2	120	0.2344
7	2	157	0.3066
8	2	193	0.3770
9	2	251	0.4902
10	2	308	0.6016
11	2	379	0.7402
12	2	449	0.8770
13	2	526	1.0273
14	2	602	1.1758
15	4	340	1.3281
16	4	378	1.4766
17	4	434	1.6953
18	4	490	1.9141
19	4	553	2.1602
20	4	616	2.4063
21	6	438	2.5664
22	6	466	2.7305
23	6	517	3.0293
24	6	567	3.3223
25	6	616	3.6094
26	6	666	3.9023
27	6	719	4.2129
28	6	772	4.5234
29	2	reserved	
30	4	reserved	
31	6	reserved	

网络侧在配置这两个密度参数的门限时会根据 UE 上报能力进行参考，UE 应根据特定载波以及业务信道子载波上报预期的 MCS 和带宽门限，同时需假定使用其支持最大调制阶数所对应的 MCS 索引表。

3. 时频域密度参数一些特殊取值规定以及与 PT-RS 的传输关系

如果高层参数 phaseTrackingRS 没有配置，UE 认为 PT-RS 不做使用。高层参数 PTRS-DownlinkConfig 中的 timeDensity 提供了物理层参数 ptrs-MCS$_i$（$i=1,2,3$）的取值（表 3-13，表 3-15 中有效取值范围为 0～29，表 3-14 中有效取值范围为 0～28），ptrs-MCS4 不直接通过参数 timeDensity 予以配置，但是 UE 针对表 3-13、表 3-15 默认配置值为 29，以及针对表 3-14 默认配置值为 28；高层参数 frequencyDensity 提供了物理层参数 $N_{RB_i}i=0,1$ 的取值（取值范围为 1～276）。如果高层参数 PTRS-DownlinkConfig 分别配置 timeDensity 和 frequencyDensity 的两个连续域值门限取值一样，那么 UE 认为表 3-11 或表 3-12 中对应行的取值范围失效。针对表 3-11、表 3-12 中显示"PT-RS is not present"所对应的时频域密度取值范围内，UE 应假定 PT-RS 不传输。当 UE 正在接收的 PDSCH 属于映射类型 B，且仅分配了 2 个符号，与此同时如果时域密度 L_{PT-RS} 设置为 2 或 4，UE 应假定 PT-RS 不传输。当 UE 正在接收的 PDSCH 属于映射类型 B，且仅分配了 4 个符号，与此同时如果时域密度 L_{PT-RS} 设置为 4，UE 应假定 PT-RS 不传输。当 UE 正在接收重传的 PDSCH，如果 UE 被调度的 MCS 索引大于 V（针对表 3-13，表 3-15，$V=28$ 和针对表 3-14，$V=27$），那么 PT-RS 时域密度的 MCS 取值不能按照此取值，应根据该传输块初次传输时所对应的 DCI（所获取的 MCS）来决定，实际上应该小于或等于 V。

4. PT-RS 天线端口的近似定位关系（QCL）

PT-RS 参考信号一般在高频频段启用配置，UE 假定 PT-RS 与其相关联的下行 DMRS 端口存在 QCL-TypeA 和 QCL-TypeD 的信道近似定位关系。如果 UE 被调度单码字传输，并且分配了若干与 PDSCH 传输相关的 DMRS 天线端口，那么 PT-RS 天线端口与最低索引的 DMRS 天线端口实现近似定位关系。如果 UE 被调度双码字传输，如果 UE 根据两个码字进行调度，PT-RS 天线端口与具备较高 MCS 的那个码字所对应最小索引的 DMRS 天线端口相关联，如果两个码字的 MCS 一致，那么 PT-RS 天线端口与码字 0 所对应最小索引的 DMRS 天线端口相关联。

5. 上行 PT-RS 参考信号传输

UE 上行 PT-RS 参考信号传输过程与下行 PT-RS 接收过程基本大体类似，但有几点值得一提，首先，针对上行 PUSCH 信道在使用 transform precoding 传输对比不启用 transform precoding 传输，PT-RS 时频域密度的参数配置机制有所不同，尤其使用 transform precoding 时，在频域密度中引入了 PT-RS 组 N_{group}^{PT-RS} 和 PT-RS 组内采样 N_{samp}^{group} 的两个系数来决定频域的资源映射，这两个系数由高层参数 sampleDensity 来确定（详见 TS 38.331 & TS38.214 6.2.3.2），同时时域密度参数由 timeDensityTransformPrecoding 来确定；

这两种传输方案对应的 PT-RS 传输的功率因子取值有所不同；针对不启用 transform pre-coding 的传输方案，不管上行 PUSCH 信道采取基于码本方案传输还是不基于码本方案传输，都可以通过 DCI 格式 0_1 中的字段 PTRS-DMRS association（字段 PTRS-DMRS association 为 2 bit）来实现上行 PT-RS 端口与 DMRS 端口的关联，如果启用 transform precoding 传输方案，则不存在端口之间的关联关系（字段 PTRS-DMRS association 为 0 bit），更多详细内容请参考 TS 38.214 & 38.212，这里不做过多赘述。

3.2.4　SRS 参考信号

上行探测参考信号（Sounding Reference Signal，SRS）对于 5G NR 系统的上下行数据传输都意义非凡。基站侧可以利用 SRS 传输评估上行传输信道特征，从而实现针对 UE 的上行频率选择调度；另外，基站侧还可以根据 TDD 传输方式中上下行频谱的互易性和 SRS 评估 UE 天线之间或者不同 UE 之间的信道相关性，从而实现下行波束赋形传输。SRS 可以分别采取周期、半持续或者非周期的方式传输，针对每种传输方式，可以采取基于码本的方式进行预编码传输，也可以采取非码本方式传输。关于非码本方式，尤其对于高频多天线 UE，可以采取面向基站透明的波束赋形方案实现 SRS 的传输，当然，也可以基于基站的一些指示信息，例如 SRI 等，实现 SRS 的上行波束赋形传输。

针对 SRS 的不同用途和传输方式，SRS 同样引入了 SRS 资源的定义。SRS 资源根据高层消息体 SRS-Resource 进行配置，SRS 资源定义的逻辑架构与 CSI-RS 资源定义的逻辑架构相似，即通过 BWP 上行专属配置启用 SRS-Config，一个 SRS-Config 中可以配置多个 SRS 资源集（SRS-ResourceSet），协议规定最大可配置个数为 16，而一个 SRS 资源集中又可以配置多个 SRS 资源，协议规定最大可配置个数为 64，具体配置取决于 UE 上报能力。包含在一个 SRS 资源集下的多个 SRS 资源可以根据该资源集的功能用途指示参数 usage 将这些 SRS 资源的使用目的分别配置为 beamManagement、codebook、nonCodebook 或者 antennaSwitching，如果使用目的配置为 nonCodebook 传输，这意味伴随 SRS 传输的上行 PUSCH 也是非码本传输（以波束赋形方式实现），此时仅仅能够配置一个非码本 SRS 资源集，最大可以包含 4 个非码本传输 SRS 资源，每个 SRS 资源只能配置一个 SRS 天线端口，UE 可以通过网络侧下发 SRI（注：可以通过 DCI 下发，也可以通过高层参数 srs-ResourceIndicator 下发）来决定 PUSCH 的预编码（注：该预编码非空口传输的码本方式，主要通过 UE 天线通道数字权值实现高频多天线 UE 的波束赋形）以及传输秩，如果使用目的配置为除 nonCodebook 之外的其他值，那么每个 SRS 资源可以通过高层参数 nrofSRS-Ports 配置 $N_{ap}^{SRS} \in \{1,2,4\}$ 个天线端口 $\{p_i\}_{i=0}^{N_{ap}^{SRS}-1}$，其中 $p_i = 1000+i$，如果 SRS 资源集的使用目的配置为波束管理（beamManagement），那么在同一个时刻多个配置的 SRS 资源集合中每个集合只有一个 SRS 资源可以传输，（同一个 BWP 内部）不同集合的 SRS 资源可以同时传输。SRS 资源集的使用目的如果配置为 antennaSwitching，UE 可以使用不同的接收天线滤波参数进行相应的传输，基站侧根据信道互易性原则利用发射的上行 SRS 参考信号获取下行信道 CSI 信息，网络侧应根据 UE 上报的能力参数 supportedSRS-TxPortSwitch 决定相应SRS 资源配置，例如，对于 1T2R 的 UE 天线类型，最多配置 2 个 SRS 资源集，每个 SRS 的资源集的资源类型 resourceType 取值不同（周期/非周期/半持续），每个 SRS 资源集配置 2 个 SRS 资源且每个 SRS 资源所配置的 OFDM 传输符号不同，每个 SRS 资源各自配置 1 个不同的天线端口，这样可以实现 SRS 在两个不同天线端口上的轮发，针对其他 UE 天线类型的 SRS 资源集和 SRS 资源配置原则参见 TS 38.214 6.2.1.2。

SRS 资源的时域占用的连续 OFDM 符号个数 $N_{symb}^{SRS} \in \{1,2,4\}$ 可以根据参数 resourceMapping 中的内置参数 nrofSymbols 分配配置为 1、2 或 4。SRS 参考信号时域起始位置 l_0 由公式定义 $l_0 = N_{symb}^{slot} - 1 - l_{offset}$，其中 $l_{offset} \in \{0,1,\cdots,5\}$ 是与时隙中最后 OFDM 符号的偏置，由参数 startPosition 进行定义，同时需满足条件 $l_{offset} \geq N_{symb}^{SRS} - 1$ 以确保 SRS 参考信号时域占位不跨时隙的边界。k_0 定义为 SRS 参考信号的频域起始位置。

SRS 资源定义的逻辑架构与 CSI-RS 资源定义的逻辑架构相似，即通过 BWP 上行专属配置启用 SRS-Config，一个 SRS-Config 中可以配置多个 SRS 资源集（SRS-ResourceSet），如图 3-39 所示。

```
-- ASN1START

-- TAG-SRS-CONFIG-START


                                                        .

SRS-Config ::=                          SEQUENCE {

    srs-ResourceSetToReleaseList                SEQUENCE (SIZE(1..maxNrofSRS-ResourceSets))

OF SRS-ResourceSetId      OPTIONAL,     -- Need N

    srs-ResourceSetToAddModList                 SEQUENCE (SIZE(1..maxNrofSRS-ResourceSets))

OF SRS-ResourceSet        OPTIONAL,     -- Need N

    srs-ResourceToReleaseList                   SEQUENCE (SIZE(1..maxNrofSRS-Resources)) OF

SRS-ResourceId            OPTIONAL,     -- Need N

    srs-ResourceToAddModList                    SEQUENCE (SIZE(1..maxNrofSRS-Resources)) OF

SRS-Resource              OPTIONAL,     -- Need N

tpc-Accumulation                            ENUMERATED {disabled}

OPTIONAL,    -- Need S

    ...
```

图 3-39　SRS 资源配置消息体

```
}


SRS-ResourceSet ::=                          SEQUENCE {

   srs-ResourceSetId                         SRS-ResourceSetId,

   srs-ResourceIdList                        SEQUENCE

(SIZE(1..maxNrofSRS-ResourcesPerSet)) OF SRS-ResourceId    OPTIONAL, -- Cond Setup

   resourceType                              CHOICE {

      aperiodic                              SEQUENCE {

         aperiodicSRS-ResourceTrigger           INTEGER

(1..maxNrofSRS-TriggerStates-1),

         csi-RS                                 NZP-CSI-RS-ResourceId

OPTIONAL, -- Cond NonCodebook

         slotOffset                             INTEGER (1..32)

OPTIONAL, -- Need S

         ...,

         [[

         aperiodicSRS-ResourceTriggerList           SEQUENCE

(SIZE(1..maxNrofSRS-TriggerStates-2))

                                                    OF INTEGER

(1..maxNrofSRS-TriggerStates-1)  OPTIONAL  -- Need M

         ]]

      },
```

图 3-39 SRS 资源配置消息体（续）

```
        semi-persistent                          SEQUENCE {

            associatedCSI-RS                          NZP-CSI-RS-ResourceId
OPTIONAL, -- Cond NonCodebook

            ...

        },

periodic                                     SEQUENCE {

            associatedCSI-RS                          NZP-CSI-RS-ResourceId
OPTIONAL, -- Cond NonCodebook

            ...

        }

    },

    usage                                    ENUMERATED {beamManagement, codebook,
nonCodebook, antennaSwitching},

    alpha                                    Alpha
OPTIONAL, -- Need S

    p0                                       INTEGER (-202..24)
OPTIONAL, -- Cond Setup

    pathlossReferenceRS                      CHOICE {

        ssb-Index                                SSB-Index,

        csi-RS-Index                             NZP-CSI-RS-ResourceId

    }
OPTIONAL, -- Need M

    srs-PowerControlAdjustmentStates         ENUMERATED { sameAsFci2, separateClosedLoop}
```

图 3-39　SRS 资源配置消息体（续）

```
OPTIONAL, -- Need S

    ...

}


SRS-ResourceSetId ::=                    INTEGER (0..maxNrofSRS-ResourceSets-1)


SRS-Resource ::=                         SEQUENCE {

    srs-ResourceId                           SRS-ResourceId,

    nrofSRS-Ports                            ENUMERATED {port1, ports2, ports4},

    ptrs-PortIndex                           ENUMERATED {n0, n1 }

OPTIONAL,    -- Need R

    transmissionComb                         CHOICE {

 n2                                      SEQUENCE {

        combOffset-n2                            INTEGER (0..1),

        cyclicShift-n2                           INTEGER (0..7)

    },

    n4                                       SEQUENCE {

        combOffset-n4                            INTEGER (0..3),

        cyclicShift-n4                           INTEGER (0..11)

    }

 },

    resourceMapping                          SEQUENCE {

    startPosition                            INTEGER (0..5),
```

图 3-39　SRS 资源配置消息体（续）

```
        nrofSymbols                          ENUMERATED {n1, n2, n4},

        repetitionFactor                     ENUMERATED {n1, n2, n4}
},

freqDomainPosition                           INTEGER (0..67),

freqDomainShift                              INTEGER (0..268),

freqHopping                                  SEQUENCE {

    c-SRS                                        INTEGER (0..63),

    b-SRS                                        INTEGER (0..3),

    b-hop                                        INTEGER (0..3)
},

groupOrSequenceHopping                       ENUMERATED { neither, groupHopping,
sequenceHopping },

resourceType                                 CHOICE {

    aperiodic                                    SEQUENCE {

        ...
    },

    semi-persistent                              SEQUENCE {

        periodicityAndOffset-sp                      SRS-PeriodicityAndOffset,

        ...
},

    periodic                                     SEQUENCE {

        periodicityAndOffset-p                       SRS-PeriodicityAndOffset,

        ...
```

图 3-39　SRS 资源配置消息体（续）

```
        }

    },

    sequenceId                          INTEGER (0..1023),

    spatialRelationInfo                 SRS-SpatialRelationInfo
OPTIONAL,    -- Need R

    ...

}


SRS-SpatialRelationInfo ::=      SEQUENCE {

    servingCellId                   ServCellIndex
OPTIONAL,    -- Need S

    referenceSignal                 CHOICE {

        ssb-Index                       SSB-Index,

        csi-RS-Index                    NZP-CSI-RS-ResourceId,

        srs                             SEQUENCE {

            resourceId                      SRS-ResourceId,

            uplinkBWP                       BWP-Id

        }

    }

}


SRS-ResourceId ::=                      INTEGER (0..maxNrofSRS-Resources-1)
```

图 3-39 SRS 资源配置消息体（续）

```
SRS-PeriodicityAndOffset ::=          CHOICE {

    sl1                               NULL,

    sl2                               INTEGER(0..1),

    sl4                               INTEGER(0..3),

    sl5                               INTEGER(0..4),

    sl8                               INTEGER(0..7),

    sl10                              INTEGER(0..9),

    sl16                              INTEGER(0..15),

    sl20                              INTEGER(0..19),

    sl32                              INTEGER(0..31),

    sl40                              INTEGER(0..39),

    sl64                              INTEGER(0..63),

    sl80                              INTEGER(0..79),

    sl160                             INTEGER(0..159),

    sl320                             INTEGER(0..319),

    sl640                             INTEGER(0..639),

    sl1280                            INTEGER(0..1279),

    sl2560                            INTEGER(0..2559)

}


-- TAG-SRS-CONFIG-STOP

-- ASN1STOP
```

图 3-39　SRS 资源配置消息体（续）

SRS 序列由具有较低 PAPR 的基序列产生，如下式。

$$r^{(p_i)}(n,l') = r_{u,v}^{(\alpha_i,\delta)}(n)$$

$$0 \leqslant n \leqslant M_{sc,b}^{RS} - 1$$

$$l' \in \{0,1,\cdots,N_{symb}^{SRS} - 1\}$$

式中，$M_{sc,b}^{RS}$ 代表 SRS 参考信号序列长度，由 $M_{sc,b}^{RS} = m_{SRS,b} N_{sc}^{RB}/K_{TC}$ 进行定义，$m_{SRS,b}$ 为 SRS 参考信号跳频序列频域所占 PRB 个数，由表 3-16 给出，其中 $b = B_{SRS}$ 且 $B_{SRS} \in \{0,1,2,3\}$，由高层参数 freqHopping 中的字段 b-SRS 定义，表 3-16 中的跳频索引 $C_{SRS} \in \{0,1,\cdots,63\}$，由高层参数 freqHopping 中的字段 c-SRS 定义；低 PAPR 基序列 $r_{u,v}^{(\alpha,\delta)}(n)$ 中收缩因子为 $\delta = \log_2(K_{TC})$，因此 $M_{sc,b}^{RS} = m_{SRS,b} N_{sc}^{RB}/2^\delta$，$K_{TC}$ 对于 SRS 序列产生的作用像 "梳子" 一样，使序列形成了频域类似 "梳齿" 凹凸的效果，即 SRS 实际传输参考信号与零功率占位符号交替映射在频域，K_{TC} 由高层参数 transmissionComb 获取，可以配置为 2 或 4，意味着每隔 1 个零功率占位符或者每个 3 个零功率占位符会出现一个实际 SRS 传输信号，这样的设置使得 SRS 参考信号传输能量在频域上更加离散，通过 SRS 对于频域的评估更加准确和高效；针对于天线端口 p_i 的 SRS 序列的基序列中的循环移位相位 α_i 定义如下。

$$\alpha_i = 2\pi \frac{n_{SRS}^{cs,i}}{n_{SRS}^{cs,max}}$$

$$n_{SRS}^{cs,i} = \left(n_{SRS}^{cs} + \frac{n_{SRS}^{cs,max}(p_i - 1000)}{N_{ap}^{SRS}} \right) \bmod n_{SRS}^{cs,max}$$

式中，$n_{SRS}^{cs} \in \{0,1,\cdots,n_{SRS}^{cs,max} - 1\}$ 由参数 transmissionComb 中的子参数 cyclicShift 定义，当 $K_{TC} = 4$ 时，cyclicShift-n4 最大取值为 12，即 $n_{SRS}^{cs,max} = 12$，当 $K_{TC} = 2$ 时，cyclicShift-n2 最大取值为 8，即 $n_{SRS}^{cs,max} = 8$。

SRS 参考信号序列支持组间跳频或者序列跳频，具体采取的跳频形式取决于参数 groupOrSequenceHopping 配置，如果该参数值配置为 'neither'，这意味着既不采取组间跳频，也不采取组内序列跳频，如果参数值配置为 'groupHopping'，那么意味着仅仅采取组间跳频，而不启用序列跳频，如果参数配置为 'sequenceHopping'，那么意味着仅仅启用序列跳频，而不启用组间跳频（具体跳频系数计算参见 TS 38.211 6.4.1.4.2）。

SRS 资源不仅定义了 SRS 参考信号的时频域资源，同时也定义了与 SRS 上行发射功控相关的若干参数，因此针对每个天线端口，在 OFDM 符号 l' 上，以 β_{SRS} 作为幅值量化因子（对应 SRS 传输功率）的 SRS 参考信号定义如下。

$$a_{K_{TC}k' + k^{(p_i)}_0 r + l_0}^{(p_i)} = \begin{cases} \dfrac{1}{\sqrt{N_{ap}}} \beta_{SRS} r^{(p_i)}(k',l'), & k' = 0,1,\cdots,M_{sc,b}^{RS} - 1 \quad l' = 0,1,\cdots,N_{symb}^{SRS} - 1 \\ 0, & \text{其他} \end{cases}$$

频域起始位置 $k_0^{(p_i)}$ 由式 $k_0^{(p_i)} = \bar{k}_0^{(p_i)} + \sum_{b=0}^{B_{SRS}} K_{TC} M_{sc,b}^{SRS} n_b$ 进行定义，式中，$\bar{k}_0^{(p_i)} = n_{shift} N_{sc}^{RB} + k_{TC}^{(p_i)}$；

$$k_{TC}^{(p_i)} = \begin{cases} (\bar{k}_{TC} + K_{TC}/2) \bmod K_{TC}, & n_{SRS}^{cs} \in \{n_{SRS}^{cs,\max}/2, \cdots, n_{SRS}^{cs,\max}-1\} \text{ 且 } N_{ap}^{SRS} = 4, p_i \in \{1001, 1003\}, \\ \bar{k}_{TC}, & \text{其他} \end{cases}$$

如果 $N_{BWP}^{start} \leqslant n_{shift}$，那么 $k_0^{(p_i)} = 0$ 的参考点就是公共资源块 0（CRB 0）的子载波 0，否则参考点是 BWP 的子载波 0。n_{shift} 是基于公共资源块调整 SRS 频域分配的偏置，由高层参数 freqDomainShift 进行配置，而 $\bar{k}_{TC} \in \{0, 1, \cdots, K_{TC}-1\}$ 由参数 transmissionComb 中的子参数 combOffset 进行定义，n_b 是频域位置索引。SRS 参考信号同样支持跳频模式，跳频系数 $b_{hop} \in \{0, 1, 2, 3\}$ 由高层参数 freqHopping 中的子参数 b-hop 予以定义。如果 $b_{hop} \geqslant B_{SRS}$，跳频机制被禁用，同时对于 SRS 资源下所配置的所有（N_{symb}^{SRS} 个）OFDM 符号中的 SRS，频域位置索引 n_b 保持不变（除非 RRC 重配置），定义为 $n_b = \lfloor 4n_{RRC}/m_{SRS,b} \rfloor \bmod N_b$，其中 n_{RRC} 由高层参数 freqDomainPosition 进行定义；如果 $b_{hop} < B_{SRS}$，跳频机制启用，频域位置索引 n_b 定义为：

$$n_b = \begin{cases} \lfloor 4n_{RRC}/m_{SRS,b} \rfloor \bmod N_b, & b \leqslant b_{hop} \\ \{F_b(n_{SRS}) + \lfloor 4n_{RRC}/m_{SRS,b} \rfloor\} \bmod N_b, & \text{其他} \end{cases}$$

其中 N_b 由表 3-16 定义，并且

$$F_b(n_{SRS}) = \begin{cases} (N_b/2) \left\lfloor \dfrac{n_{SRS} \bmod \Pi_{b'=b_{hop}}^{b} N_{b'}}{\Pi_{b'=b_{hop}}^{b-1} N_{b'}} \right\rfloor + \left\lfloor \dfrac{n_{SRS} \bmod \Pi_{b'=b_{hop}}^{b} N_{b'}}{2\Pi_{b'=b_{hop}}^{b-1} N_{b'}} \right\rfloor, & N_b \text{ 为偶数} \\ \lfloor N_b/2 \rfloor \lfloor n_{SRS}/\Pi_{b'=b_{hop}}^{b-1} N_{b'} \rfloor, & N_b \text{ 为奇数} \end{cases}$$

上式中 $N_{b_{hop}} = 1$。对于非周期传输的 SRS，$n_{SRS} = \lfloor l'/R \rfloor$，意味着 SRS 资源传输时隙中 SRS 传输计数，而对于周期或者半持续传输的 SRS 时隙中 SRS 传输计数定义如下。

$$n_{SRS} = \left\lfloor \frac{N_{slot}^{frame,\mu} n_f + n_{s,f}^{\mu} - T_{offset}}{T_{SRS}} \right\rfloor \cdot \frac{N_{symb}^{SRS}}{R} + \left\lfloor \frac{l'}{R} \right\rfloor$$

式中，$R \leqslant N_{symb}^{SRS}$ 是重复因子，由高层参数 repetitionFactor 配置。SRS 传输计数 n_{SRS} 是决定了跳频启用后 SRS 参考信号在频域差异分布的关键计算系数，其中在其他参数配置不变的前提下，重复因子 R 决定了同一个时隙内不同符号上频域差异性分布以及不同跳频时隙上频域的分布程度，R 取值越小频域分布越离散，如果 $R = N_{symb}^{SRS}$ 意味着每个时隙内部不存在符号之间的跳频（注：不同符号上的频域样式全部重复，跳频发生在不同时隙上），此时每一个天线端口映射为所有符号上的 SRS 传输子载波，如果 $R = 1$ 意味着每个时隙内部存在符号之间的跳频，即符号上的频域样式各不重复，此时每一个天线端口映射为时隙内每一个 SRS 传输符号上的不同传输子载波，如果 $R = 2 \& N_{symb}^{SRS} = 4$，则意味着每个时隙内既存在符号之间的跳频样式，也存在符号之间频域重复样式，此时每一个天线端口映射为相邻 R 个 SRS 传输符号上相同的传输子载波，如图 3-40 所示。周期或者半持续传输的 SRS 时隙定义如下。

$$(N_{slot}^{frame,\mu} n_f + n_{n,f}^{\mu} - T_{offset}) \bmod T_{SRS} = 0$$

其中周期 T_{SRS}（单位为时隙个数）以及偏置 T_{offset} 分别由高层参数 periodicityAndOffset 配置，涉及 SRS 参考信号的时频域资源配置参数众多，关于参数意义说明请参见图 3-41，图 3-42。

表 3-16　SRS 频域配置

C_{SRS}	$B_{SRS}=0$		$B_{SRS}=1$		$B_{SRS}=2$		$B_{SRS}=3$	
	$m_{SRS,0}$	N_0	$m_{SRS,1}$	N_1	$m_{SRS,2}$	N_2	$m_{SRS,3}$	N_3
0	4	1	4	1	4	1	4	1
1	8	1	4	2	4	1	4	1
2	12	1	4	3	4	1	4	1
3	16	1	4	4	4	1	4	1
4	16	1	8	2	4	2	4	1
5	20	1	4	5	4	1	4	1
6	24	1	4	6	4	1	4	1
7	24	1	12	2	4	3	4	1
8	28	1	4	7	4	1	4	1
9	32	1	16	2	8	2	4	2
10	36	1	12	3	4	3	4	1
11	40	1	20	2	4	5	4	1
12	48	1	16	3	8	2	4	2
13	48	1	24	2	12	2	4	3
14	52	1	4	13	4	1	4	1
15	56	1	28	2	4	7	4	1
16	60	1	20	3	4	5	4	1
17	64	1	32	2	16	2	4	4
18	72	1	24	3	12	2	4	3
19	72	1	36	2	12	3	4	3
20	76	1	4	19	4	1	4	1
21	80	1	40	2	20	2	4	5
22	88	1	44	2	4	11	4	1
23	96	1	32	3	16	2	4	4
24	96	1	48	2	24	2	4	6
25	104	1	52	2	4	13	4	1
26	112	1	56	2	28	2	4	7
27	120	1	60	2	20	3	4	5
28	120	1	40	3	8	5	4	2
29	120	1	24	5	12	2	4	3

（续）

C_{SRS}	$B_{SRS}=0$		$B_{SRS}=1$		$B_{SRS}=2$		$B_{SRS}=3$	
	$m_{SRS,0}$	N_0	$m_{SRS,1}$	N_1	$m_{SRS,2}$	N_2	$m_{SRS,3}$	N_3
30	128	1	64	2	32	2	4	8
31	128	1	64	2	16	4	4	4
32	128	1	16	8	8	2	4	2
33	132	1	44	3	4	11	4	1
34	136	1	68	2	4	17	4	1
35	144	1	72	2	36	2	4	9
36	144	1	48	3	24	2	12	2
37	144	1	48	3	16	3	4	4
38	144	1	16	9	8	2	4	2
39	152	1	76	2	4	19	4	1
40	160	1	80	2	40	2	4	10
41	160	1	80	2	20	4	4	5
42	160	1	32	5	16	2	4	4
43	168	1	84	2	28	3	4	7
44	176	1	88	2	44	2	4	11
45	184	1	92	2	4	23	4	1
46	192	1	96	2	48	2	4	12
47	192	1	96	2	24	4	4	6
48	192	1	64	3	16	4	4	4
49	192	1	24	8	8	3	4	2
50	208	1	104	2	52	2	4	13
51	216	1	108	2	36	3	4	9
52	224	1	112	2	56	2	4	14
53	240	1	120	2	60	2	4	15
54	240	1	80	3	20	4	4	5
55	240	1	48	5	16	3	8	2
56	240	1	24	10	12	2	4	3
57	256	1	128	2	64	2	4	16
58	256	1	128	2	32	4	4	8
59	256	1	16	16	8	2	4	2
60	264	1	132	2	44	3	4	11
61	272	1	136	2	68	2	4	17
62	272	1	68	4	4	17	4	1
63	272	1	16	17	8	2	4	2

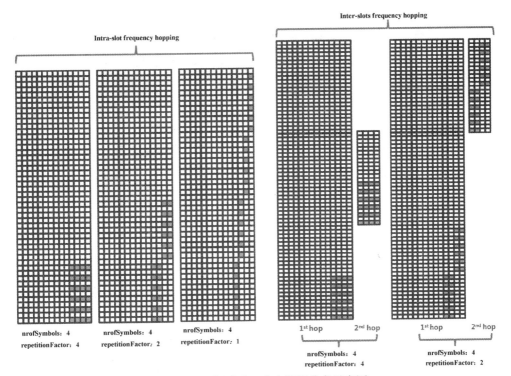

图 3-40　重复因子 R 决定跳频分布示意图

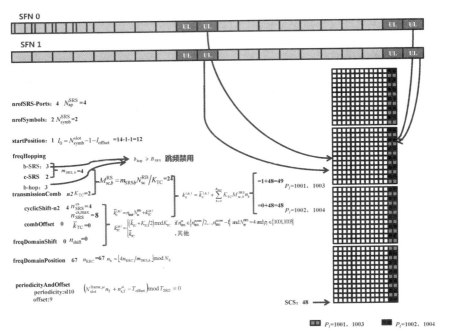

图 3-41　SRS 参考信号跳频禁用相关参数设置与时频域位置关系示意图

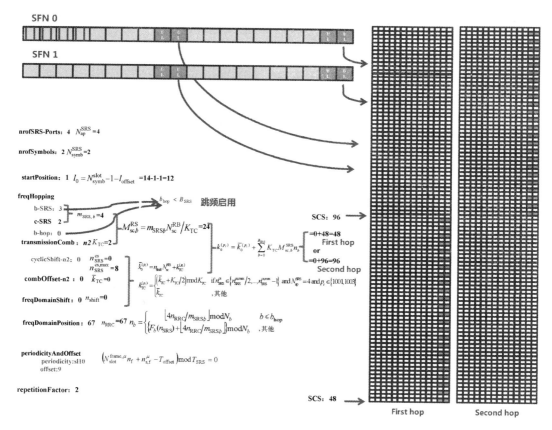

图 3-42　SRS 参考信号跳频启用相关参数设置与时频域位置关系示意图

　　SRS 参考信号还可以通过高层参数 spatialRelationInfo 与其他参考信号配置空域传输关系，例如，可以包括服务小区（注：服务小区由参数 servingCellId 配置，如果该参数不配置，默认采取与 SRS 传输相同的服务小区，以下同）SSB 波束或 CSI-RS 参考信号等，或者也可以与服务小区其他 BWP 的 SRS 参考信号配置。该参数主要用于高频多天线 UE 的波束管理，UE 发射机单元和接收机单元的互易性使接收 SSB 波束或者 CSI-RS 的天线滤波单元同样作为发射滤波单元，这样可以通过 SRS 波束定向发射提升 SRS 参考信号的上行边缘覆盖能力。另外，目标 SRS 还可以与另外一个周期传输 SRS 配置成空域关系（更通俗形象的说法可以称之为"绑定"），这个有点类似于上行的近似定位关系（QCL），UE 应该使用相同的传输滤波单元发射目标 SRS 和参考 SRS 序列，UE 不期望同一个 SRS 资源集的 SRS 资源配置了不同的时域行为（注：SRS 时域行为意味着 SRS 以周期、半持续或非周期方式传输），同样，也不期望目标 SRS 与其配置空域关系的 SRS 时域行为不同。另外，如果 SRS 资源集的使用目的配置为 non-codebook 传输时，网络侧可以配置一个（注：最多仅可配置 1 个）与该 SRS 资源集相关的 NZP CSI-RS 资源，这样配置的目的主要便于 UE 借助上下行传输互易性机制通过测量 NZP CSI-RS 形成上行 SRS 传输预编码（注：该预编码非空口传输的码本方式，主要通过 UE 天线通道数字权值实现高频多天线 UE 的波束赋形，类似于应用于终端侧的天线阵列技术）。

SRS 传输除了周期方式，还存在半持续和非周期的方式，如果采取半持续的方式传输（注：通过配置参数 resourceType 为'semi-persistent'实现），当 UE 接收到关于某一个 SRS 资源的激活指令后，并且对应承载 MAC CE 激活指令后的 PDSCH 的反馈（HARQ-ACK）消息在时隙 n 传输，那么对应的 SRS 应该从时隙 $n+3N_{\text{slot}}^{\text{subframe},\mu}+1$ 起始传输。同样，如果收到针对某一 SRS 资源集的 MAC CE 去激活指令后，对应承载 MAC CE 激活指令后的 PDSCH 反馈（HARQ-ACK）消息在时隙 n 传输，那么对应采取半持续方式传输的 SRS 资源集应该在 $n+3N_{\text{slot}}^{\text{subframe},\mu}+1$ 后终止。激活指令包含了配置成为空域关系参考信号（SSB/NZP-CSI-RS/SRS）的列表以及服务小区和参考 BWP ID（详见 TS 38.321 6.1.3.17），如果 ID 字段不出现，那么默认采取与目标 SRS 资源集相同的服务小区和 BWP。如果之前通过 RRC 专属信令配置了高层参数 spatialRelationInfo，UE 在接收到 MAC CE 激活指令携带的空域参考关系后将高层参数配置关系进行覆盖。

如果 SRS 参考信号配置为非周期方式传输（注：通过配置参数 resourceType 为'aperiodic'实现），首先需要通过高层信令配置一系列 SRS 资源集，网络侧下发 DCI 触发其中一个或者多个 SRS 资源集传输。如果 SRS 资源集的使用类型设置为'codebook'或'antennaSwitching'，那么携带触发非周期传输 DCI 的 PDCCH 最后一个符号与 SRS 传输的首个符号之间的最小时间间隔为 N_2（注：该值取决于 UE 的能力），否则对于其他使用类型，这个对应的最小时间间隔为 N_2+14，最小时间间隔以 OFDM 符号作为单位，通过 PDCCH 和非周期 SRS 彼此之间最小的子载波间隔予以确定。如果 UE 在时隙 n 接收到了触发非周期 SRS 传输的 DCI，那么 UE 在时隙 $\left\lfloor n\cdot\dfrac{2^{\mu_{\text{SRS}}}}{2^{\mu_{\text{PDCCH}}}}\right\rfloor+k$ 上传输 SRS，其中 k 由高层参数 slotOffset 进行配置，μ_{SRS} 和 μ_{PDCCH} 分别为触发的非周期 SRS 和携带触发指令 PDCCH 的子载波间隔。

网络侧通过下发 DCI 格式 0_1、1_1 或者 2_3 中的 SRS request 字段触发并选择非周期传输 SRS 资源集。DCI 格式 0_1 或 1_1 中该字段如果包含 2bit 意味着没有配置上行辅载波 SRS 传输（supplementaryUplink），3bit 意味着配置了上行辅助载波 SRS 传输（首比特 0 对应了非 SUL，首比特 1 对应了 SUL），SRS request 通过指示上层参数 AperiodicSRS-ResourceTrigger 配置的值来明确非周期 SRS 传输资源集，AperiodicSRS-ResourceTrigger 是一种为了非周期 SRS 触发所配置的关联标志，其表征了 SRS 触发状态和 SRS 资源集的关系。DCI 格式 2_3 触发了无 PUSCH 传输的辅载波中非周期 SRS 传输，根据高层参数 srs-TPC-PDCCH-Group 配置为 typeA 或 typeB，字段 SRS request 明确触发相应的 SRS 资源集，见表 3-17。

表 3-17　DCI 格式中携带 SRS request 字段含义

Value of SRS request field	Triggered aperiodic SRS resource set(s) for DCI format 0_1, 1_1, and 2_3 configured with higher layer parameter *srs-TPC-PDCCH-Group* set to 'typeB'	Triggered aperiodic SRS resource set(s) for DCI format 2_3 configured with higher layer parameter *srs-TPC-PDCCH-Group* set to 'typeA'
00	No aperiodic SRS resource set triggered	No aperiodic SRS resource set triggered
01	SRS resource set(s) configured with higher layer parameter *aperiodicSRS-ResourceTrigger* set to 1	SRS resource set(s) configured with higher layer parameter *usage* in *SRS-ResourceSet* set to 'antenna Switching' and *resourceType* in *SRS-ResourceSet* set to 'aperiodic' for a 1st set of serving cells configured by higher layers
10	SRS resource set(s) configured with higher layer parameter *aperiodicSRS-ResourceTrigger* set to 2	SRS resource set(s) configured with higher layer parameter *usage* in *SRS-ResourceSet* set to 'antenna Switching' and *resourceType* in *SRS-ResourceSet* set to 'aperiodic' for a 2nd set of serving cells configured by higher layers
11	SRS resource set(s) configured with higher layer parameter *aperiodicSRS-ResourceTrigger* set to 3	SRS resource set(s) configured with higher layer parameter *usage* in *SRS-ResourceSet* set to 'antennaSwitching' and *resourceType* in *SRS-ResourceSet* set to 'aperiodic' for a 3rd set of serving cells configured by higher layers

在 SRS 实际传输中，可能会存在与其他的 SRS 或上行物理信道/信号发射传输碰撞的可能性。如果非周期 SRS、半持续 SRS 或周期 SRS 存在符号级别的碰撞，原则上传输优先级是非周期 SRS>半持续 SRS>周期 SRS，这意味着非周期 SRS 如果与其他两类 SRS 发生碰撞，优先传输非周期 SRS，其他两类 SRS 不传输，而如果半持续 SRS 与周期 SRS 发生碰撞时，优先传输半持续 SRS，而不传输周期 SRS。另外，当 PUSCH 和 SRS 在同一个时隙传输时，UE 仅仅在传输 PUSCH 和相应的 DMRS 之后才能传输，如果 PUCCH 与 SRS 配置在同一个载波上传输，当仅承载 CSI 报告或者（与波束管理相关）L1-RSRP 报告的 PUCCH 与周期/半持续 SRS 发生符号级重合，那么 SRS 与 PUCCH 重合部分的符号会被丢弃，不做传输。如果 PUCCH 承载的是 HARQ-ACK 和/或 SR，那么与发生传输重合的周期/半持续/非周期 SRS 都不做传输。另外，如果所触发的非周期 SRS 与仅承载半持续/周期传输的 CSI 报告或者半持续/周期传输的 L1-RSRP 报告的 PUCCH 发生传输符号重合，那么对应的 PUCCH 不做传输。

对于带内载波聚合场景，如果一个载波传输 PUSCH/UL DMRS/UL PT-RS/PUCCH，那么另一个聚合的载波上就不应该在相同的 OFDM 符号位置上传输 SRS 参考信号。同样的，PRACH 和 SRS 也不能够同时在同一个符号位置上传输，即使其各自分属于载波聚合的两个不同的载波上。对于带外载波聚合场景，除非 UE 支持不同载波上的并发传输能力，否则 UE 也遵循上述原则，关于载波聚合中涉及 SRS 传输一些更详细的限制条件请参阅 TS 38.214 6.2.1.3。

第4章 5G 物理信道

4.1 5G 下行物理信道

5G 下行物理信道包括物理广播信道 PBCH，下行物理控制信道 PDCCH 以及下行物理共享信道 PDSCH，本节进行分别介绍。

4.1.1 5G 物理广播信道——PBCH

5G 物理广播信道（Physical Broadcast Channel，PBCH）包含了重要的系统消息块（Master Information Block，MIB）。MIB 消息以 80 ms 为周期封装成一个传输块在 BCH（Broadcast Channel）上进行传输，80 ms 之内可以重复传输。BCH 至 PBCH 的映射包括如下处理流程，如图 4-1 所示。

1）高层数据传递至物理层（或从物理层接收）。

2）CRC 加载以及传输块错误指示。

3）以极化编码（Polar Coding）的方式实现 FEC 信道编码和速率匹配。

4）数据调制。

5）物理资源映射。

6）多天线映射。

UE 假定广播传输信道（BCH）块包含 $b(0),\cdots,b(M_{bit}-1)$ 共计 M_{bit} 个比特，在调制之前需要先通过公式 $\tilde{b}(i)=[b(i)+c(i+vM_{bit})]\bmod 2$ 实现加扰处理，其中加扰序列 $c(i)$ 是基于高德序列的伪随机序列，在每一个 SS/PBCH 块传输起始通过 $c_{init}=N_{ID}^{cell}$ 进行加扰序列初始化，而对于 SS/PBCH 块配置为 4 波束进行小区扫描时（$L_{max}=4$），v 对应了 SS/PBCH 块索引的最右 2 bit 换算的十进制值（least significant bits），对于 SS/PBCH 块配置为 8 或 64 波束进行小区扫描时（$L_{max}=8$ 或 $L_{max}=64$），v 对应了 SS/PBCH 块索引的最右 3 比特换算十进制值（least significant bits）。PBCH 采取 QPSK 调制方式，对于加扰之后的比特形成一系列复值调制符号 $d_{PBCH}(0),\cdots,d_{PBCH}(M_{symb}-1)$。关于 PBCH 的物理资源映射请参见本书第 2 章 2.1.1 小节。

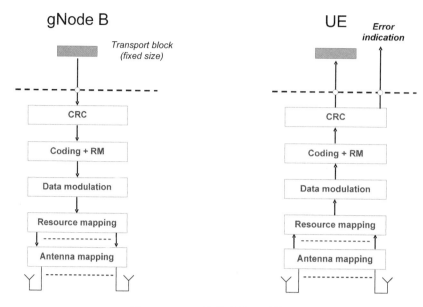

图 4-1　BCH 传输的物理层模型

4.1.2　5G 下行物理控制信道——PDCCH

在 4/5G 移动通信系统中，物理层公共控制信道是全新的系统框架设计理念，主要肩负了物理层控制消息的交互传输，是基站与终端高效交互控制信息的重要手段。5G 下行公共物理控制信道，与 LTE 相比得以大大简化，只保留了 PDCCH（Physical Downlink Control Channel）信道，功能也更加丰富和集中。

相比 4G 中下行公共控制信道固定占用每个子帧中小区载频全带宽的前 1~4 个 OFDM 符号，5G NR 中的 PDCCH 在时频域的资源配置引入了一个 Control-Resource Set（CORE-SET）的概念，这意味着 PDCCH 在频域和时域所占用资源可以分别灵活进行配置，CORESET 时域所占符号 $N_{\text{symb}}^{\text{CORESET}} \in \{1,2,3\}$ 由高层参数 duration 配置，频域所占 RB 资源 $N_{\text{RB}}^{\text{CORESET}}$ 由高层参数 frequencyDomainResources 配置，frequencyDomainResources 取值为 45 bit 字符串（见图 4-2），其中每比特对应了 6 个连续 RB 资源的分配情况，取值为 1 表示该 6 个 RB 属于该 COESET 的频域资源配置，最左比特对应了 BWP 中起始 6 个 RB，频域起始 6 个 PRB 的首个 CRB（Common RB）索引为 $6 \cdot \lceil N_{\text{BWP}}^{\text{start}}/6 \rceil$，其中 $N_{\text{BWP}}^{\text{start}}$ 为下行 BWP 的起始 CRB 位置。如果某比特表征的频域资源超出了 BWP 的范围，那么 CORESET 对应残留在 BWP 内的频域部分不作为使用。

```
-- ASN1START

-- TAG-CONTROLRESOURCESET-START


ControlResourceSet ::=              SEQUENCE {

    controlResourceSetId            ControlResourceSetId,


    frequencyDomainResources        BIT STRING (SIZE (45)),

    duration                        INTEGER (1..maxCoReSetDuration),

    cce-REG-MappingType             CHOICE {

        interleaved                 SEQUENCE {

            reg-BundleSize              ENUMERATED {n2, n3, n6},

            interleaverSize            ENUMERATED {n2, n3, n6},

            shiftIndex
INTEGER(0..maxNrofPhysicalResourceBlocks-1)       OPTIONAL -- Need S

        },

        nonInterleaved              NULL

    },

    precoderGranularity             ENUMERATED {sameAsREG-bundle,

allContiguousRBs},

    tci-StatesPDCCH-ToAddList       SEQUENCE(SIZE (1..maxNrofTCI-StatesPDCCH)) OF

TCI-StateId OPTIONAL, -- Cond NotSIB1-initialBWP

    tci-StatesPDCCH-ToReleaseList   SEQUENCE(SIZE (1..maxNrofTCI-StatesPDCCH)) OF

TCI-StateId OPTIONAL, -- Cond NotSIB1-initialBWP
```

图 4-2 CORESET 相关参数配置消息体（非 CORESET 0）

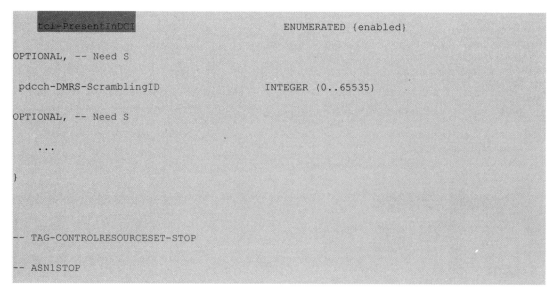

```
    tci-PresentInDCI                          ENUMERATED {enabled}

OPTIONAL, -- Need S

 pdcch-DMRS-ScramblingID                      INTEGER (0..65535)

OPTIONAL, -- Need S

    ...

}



-- TAG-CONTROLRESOURCESET-STOP

-- ASN1STOP
```

图 4-2　CORESET 相关参数配置消息体（非 CORESET 0）（续）

PDCCH 信道由不同聚合等级的 CCEs（Control-Channel Elements）构成（参见 TS 38.211 7.3.2.1），一个 CCE 包含了 6 个 REGs（Resource-Element Groups），一个 REG 对应了一个 OFDM 符号中的一个 RB 资源宽度，并且依照先时域映射，后频域映射的原则映射满整个 CORESET 资源。CORESET 规定了 PDCCH 信道所占用的物理资源空间，一个 UE 可以被配置多个控制资源集 CORESETs，而每一个控制资源集有且只有一种 CCE 与 REG 的映射关系，所谓的映射关系可以分为交织（interleaved）或非交织（non-interleaved）两种方式，交织的目的主要是提升控制信道的鲁棒性，这两种映射方式都是围绕着 REG bundle 这个基本单元进行处理。一个 REG bundle 含有 L 个 REG，而一个含有 $N_{REG}^{CORESET}$（$N_{REG}^{CORESET} = N_{RB}^{CORESET} N_{symb}^{CORESET}$）个 REG 的 CORESET，包含了 $N_{REG}^{CORESET}/L$ 个 REG bundle。针对非交织的方式，$L=6$，意味着一个 CCE 对应了一个 REG bundle；而针对交织方式，CORESET 时域长度为 1 个符号时，$L \in \{2,6\}$，时域长度为 2 或 3 个符号时，$L \in \{N_{symb}^{CORESET},6\}$，REG bundle 作为交织最小颗粒度根据交织大小 R（R 根据高层参数 interleaverSize 进行定义，如图 4-2 所示）拼接成交织处理的基本单元，即一个交织基本单元包含 R 个 REG bundle，如图 4-3 所示。交织（非交织）映射方式可以通过高层参数 cce-REG-MappingType 设定，对于这两种映射方式，网络侧还可以基于 REG bundle 颗粒度配置预编码方式，一种是将预编码配置参数 precoderGranularity 设置为 sameAsREG-bundle，使得基于 REG bundle 颗粒度内部的 REG 预编码保持一致，这种配置意味着网络可以支持 UE 级别的窄波束控制信道预编码，另外一种是预编码配置参数 precoderGranularity 设置为 allContiguousRBs，使得 CORESET 内部除了与 SSB 或 LTE 的 RE 重合部分之外的所有 REG 预编码保持一致，这种预编码方式是类似 SSB 波束形态的小区级别的宽波束控制信道预编码，参数配置如图 4-2 所示。交织是以处理复杂度和时间成本为代价的，并且交织的增益也是随着交织的深度增加而提升的，因此在实际参数配置中，要权衡控制信道的增益与处理时延的关系，一般来说，$N_{\mathrm{REG}}^{\mathrm{CORESET}}$ 越大，交织的增益越明显，另外，REG bundle size 颗粒度设置越小，同时 interleaverSize 颗粒度设置也越小，交织增益会有所提升。

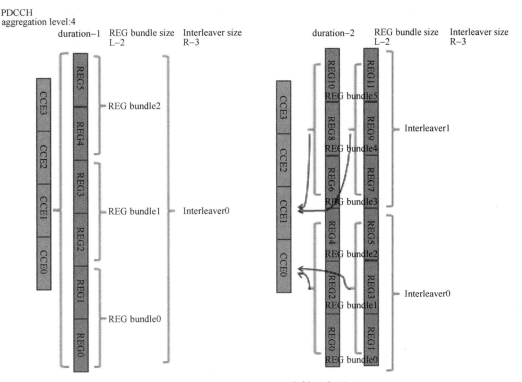

图 4-3　CCE-REG 交织映射示意图

CORESET 可以根据索引取值分为两大类型，一类是特殊索引取值 CORESET 0。CORESET 0 主要用来承载解码 SIB1 所需的 Type0-PDCCH CSS 集合（注：也可以配置承载其他系统消息或寻呼消息等，取决于具体配置实现），可由 MIB 中的 pdcch-ConfigSIB1 进行时频域资源配置，也可由 PDCCH-ConfigCommon 消息体（见图 4-4）进行时频资源配置（注：CORESET 0 不能由图 4-2 的消息体进行配置）。协议根据 CORESET 与 SSB 在时频域上的复用关系定义了三种格式 {pattern1/2/3}，这三种格式 UE 可以通过解码 pdcch-ConfigSIB1 消息体里面的参数 controlResourceSetZero（RMSI-PDCCH-Config 高位 4 bit）获取，针对不同的子载波组合所关联的复用格式明确了 RB 个数 $N_{\mathrm{RB}}^{\mathrm{CORESET}}$ 以及符号个数 $N_{\mathrm{symb}}^{\mathrm{CORESET}}$，详见 TS 38.213 表 13-1～表 13-10。针对 SSB 与 PDCCH 复用格式 1，UE 在以 n_0 作为起始时隙的连续两个时隙中侦听 CORESET 0，而 n_0 由 SSB 索引 i 决定，$n_0 = (O \cdot 2^{\mu} + \lfloor i \cdot M \rfloor) \bmod N_{\mathrm{slot}}^{\mathrm{frame}\mu}$，所在的无线帧应满足 $\mathrm{SFN_c} \bmod 2 = 0$（当 $\lfloor (O \cdot 2^{\mu} + \lfloor i \cdot M \rfloor)/N_{\mathrm{slot}}^{\mathrm{frame}\mu} \rfloor \bmod 2 = 0$）或者 $\mathrm{SFN_c} \bmod 2 = 1$（当 $\lfloor (O \cdot 2^{\mu} + \lfloor i \cdot M \rfloor)/N_{\mathrm{slot}}^{\mathrm{frame}\mu} \rfloor \bmod 2 = 1$），其中 $\mu \in \{0,1,2,$

3）定义为 CORESET 0 子载波间隔，计算系数 M 和 O 可通过解码 pdcch-ConfigSIB1 消息体里面参数 searchSpaceZero（RMSI－PDCCH－Config 低位 4 bit）获取，详见 TS 38.213 表 13-11 和表 13-12，复用格式 1 举例参见图 4-5。SSB 与 PDCCH 复用格式 1 既可以用在 FR1 频段，也可以用在 FR2 频段，而复用格式 2/3 只能用于 FR2 频段，复用格式 2/3 所涉及的 CORESET 周期与 SSB 的周期一致，配置时隙 n_C 和无线帧 SFN_C 原则满足 TS 38.213 表 13-13～表 13-15。

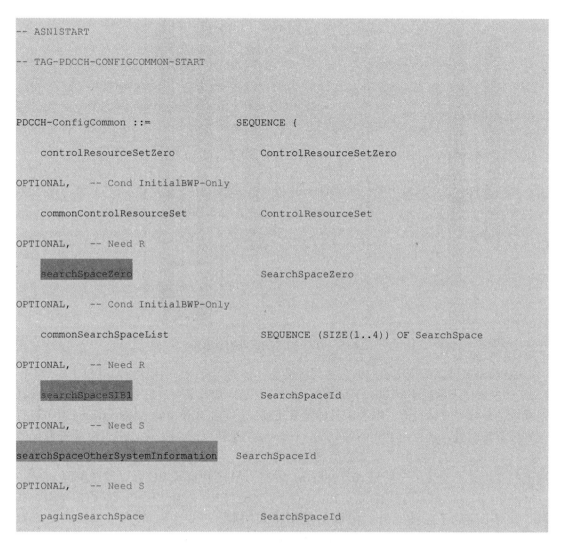

图 4-4　基于 PDCCH-ConfigCommon 消息体的小区级搜索空间等相关参数配置
（由 SIB 消息或者专属信令提供）

```
OPTIONAL,    -- Need S

    ra-SearchSpace                      SearchSpaceId

OPTIONAL,    -- Need S

    ...,

    [[

    firstPDCCH-MonitoringOccasionOfPO   CHOICE {

        sCS15KHZoneT

SEQUENCE (SIZE (1..maxPO-perPF)) OF INTEGER (0..139),

        sCS30KHZoneT-SCS15KHZhalfT

SEQUENCE (SIZE (1..maxPO-perPF)) OF INTEGER (0..279),

        sCS60KHZoneT-SCS30KHZhalfT-SCS15KHZquarterT

SEQUENCE (SIZE (1..maxPO-perPF)) OF INTEGER (0..559),

        sCS120KHZoneT-SCS60KHZhalfT-SCS30KHZquarterT-SCS15KHZoneEighthT

SEQUENCE (SIZE (1..maxPO-perPF)) OF INTEGER (0..1119),

        sCS120KHZhalfT-SCS60KHZquarterT-SCS30KHZoneEighthT-SCS15KHZoneSixteenthT

SEQUENCE (SIZE (1..maxPO-perPF)) OF INTEGER (0..2239),

        sCS120KHZquarterT-SCS60KHZoneEighthT-SCS30KHZoneSixteenthT

SEQUENCE (SIZE (1..maxPO-perPF)) OF INTEGER (0..4479),

        sCS120KHZoneEighthT-SCS60KHZoneSixteenthT

SEQUENCE (SIZE (1..maxPO-perPF)) OF INTEGER (0..8959),

        sCS120KHZoneSixteenthT

SEQUENCE (SIZE (1..maxPO-perPF)) OF INTEGER (0..17919)

    }
```

图 4-4　基于 PDCCH-ConfigCommon 消息体的小区级搜索空间等相关参数配置
（由 SIB 消息或者专属信令提供）（续）

```
OPTIONAL        -- Cond OtherBWP

    ]]

}
```

图 4-4　基于 PDCCH-ConfigCommon 消息体的小区级搜索空间等相关参数配置
（由 SIB 消息或者专属信令提供）（续）

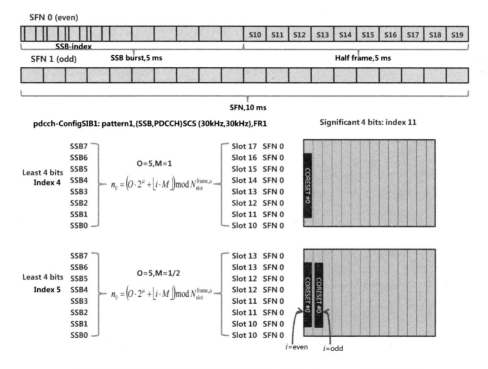

图 4-5　SSB 与 CORESET 复用格式 1（multiplexing pattern1）示意图

除了基本时频域资源参数配置之外，UE 可以假定 CORESET 0 的 CCE-to-REG 映射采取交织映射方式，其中交织参数 $L=6$，$R=2$，并且交织偏置 $n_{shift}=N_{ID}^{cell}$，同时，UE 假定 OFDM 调制采取普通循环前缀，预编码方式基于 REG bundle 颗粒度。PDCCH 传输端口为单端口 2000，采取 QPSK 调制方式。

5G NR 独立组网模式下 UE 在小区选择过程中首先需要通过搜网锁频 SSB 解码 MIB，并根据 MIB 配置确定该 SSB 是否配置相关 SIB1，成功解码 SIB1 是小区成功驻留的标志。UE 通过 SI-RNTI 解码 CORESET 0 资源空间中的 Type0-PDCCH CSS 集从而进一步解码对应 PDSCH 资源获取 SIB1 内容，因此检测是否配置了 Type0-PDCCH CSS 集则是获取 SIB1

的前提。如果 UE 解码 MIB 消息中 ssb-SubcarrierOffset 参数字段并结合 PBCH 额外载荷比特确定包含 Type0-PDCCH CSS 集的 CORESET 0 存在，UE 需进一步解码 MIB 消息体中的参数 pdcch-ConfigSIB1 从而进行相应的 PDCCH 侦听。如果解码第一个 SSB 发现 SIB1 不存在（FR1：$24 \leqslant k_{SSB} \leqslant 29$；FR2：$12 \leqslant k_{SSB} \leqslant 13$），那么 UE 可以通过联合解码 k_{SSB} 与 pdcch-ConfigSIB1 共同确定下一个可能配置了 CORESET 0 的 SSB 的频域位置（GSCN），如果第二个 SSB 仍然没有配置相关的 CORESET 0，那么在接下来的小区选择过程，UE 可以忽略网络侧提供的 SSB 的 GSCN 相关信息。如果 UE 解码 SSB 没有配置相关的 CORESET 0，同时获取 k_{SSB} 配置为特定值（FR1：$k_{SSB} = 31$；FR2：$k_{SSB} = 15$），则可进一步压缩筛选第二个 SSB 的 GSCN 搜频范围，甚至可以自主全频搜索下一个可能配置 CORESET 0 的 SSB。如果 SSB 和 Type0-PDCCH CSS 集在资源配置中出现重叠（例如，二者至少存在一个 RE 的资源重叠），UE 可以灵活根据是否已经检测 Type0-PDCCH CSS 集执行后续侦听流程，如果还没有检测，可放弃 Type0-PDCCH CSS 集候选位置的侦听，如果已经侦听 Type0-PDCCH CSS 集，则可忽略重叠资源配置的 SSB 检测，另外，如果与 LTE 系统同频共存时，该 PDCCH 候选位置的 RE 与 LTE 系统中 CRS 存在重叠，那么 UE 此时则放弃该 PDCCH 候选位置的侦听。

除了 CORESET 0 之外的 CORESET 可以归为另一大类（这些 CORESET 可以以系统消息的方式进行配置，也可以通过 UE 专属信令实现配置），以 CORESET 1~11 进行标识。这些 CORESET 与工作 BWP 紧密关联，每个 UE 最多能配置 3 个 CORESET（计数统计范围涵盖小区级 CORESET 0、其他小区级公共 CORESET 和 UE 级 CORESET），每个 CORESET 均可以采取独立的一套参数配置方案，如图 4-2 所示。

CORESET 定义了 PDCCH 所占用时频域的资源空间，协议还定义了"搜索空间集"的概念（Search Space Set），大致来说搜索资源空间定义了 PDCCH 候选所在无线帧、时隙以及时频域起始位置等，提升 UE 搜索效率，根据承载内容的不同，PDCCH 搜索空间集从逻辑上可划分为 CSS（Common Search Space）集和 USS（UE Specific Search Space）集，每个 BWP 最多能配置 10 个搜索空间（含 CSS 和 USS），其中 CSS 集又包括如下集合类型。

（1）Type0-PDCCH CSS 集

通过 SI-RNTI 实现 CRC 加扰的 DCI 格式承载，SA 模式主小区下该搜索集合配置在初始 BWP 中，可以通过解码 MIB 中的 pdcch-ConfigSIB1 字段获取，也可以通过 PDCCH-ConfigCommon 消息体（见图 4-4）中的 searchSpaceSIB1 字段（针对 SA 模式中下行初始 BWP 应将该字段 ID 配置为 0；如果该字段不出现，UE 不在该 BWP 接收 SIB1 消息，例如，针对 NSA 模式下 NR 辅载波小区可不配置）或者 PDCCH-ConfigCommon 消息体中的 searchSpaceZero 字段获取（尽管该字段仅能配置在初始 BWP 中，对于一种非初始 BWP 的特例，例如，某工作 BWP 包含了 CORESET 的带宽，并且该工作 BWP 与初始 BWP 的子载波间隔和循环前缀完全一致，则可以使用 searchSpaceZero 配置的搜索空间解码 Type0-PDCCH CSS 集）。

（2）Type0A-PDCCH CSS 集

通过 SI-RNTI 实现 CRC 加扰的 DCI 格式承载，搜索空间由 PDCCH-ConfigCommon 消息体中的 searchSpaceOtherSystemInformation 字段进行配置，主要用来解码非 SIB1 的其他系统消息，如 SIB2 等，如果 searchSpaceOtherSystemInformation 字段不出现，UE 不在该 BWP 下接收非 SIB1 的系统消息。

（3）Type1-PDCCH CSS 集

通过 RA-RNTI 实现 CRC 加扰的 DCI 格式承载，搜索空间由 PDCCH-ConfigCommon 消息体中的 ra-SearchSpace 字段进行配置，主要用来解码随机接入响应消息 RAR，如果 ra-SearchSpace 字段不出现，UE 不在对应 BWP 下接收 RAR，由于 UE 需要在初始 BWP 中发起随机接入，针对初始 BWP 的随机接入，RAR 该字段是必须配置的，另外如果需要在新的 BWP 发起随机接入，并且新的 BWP 的 PRACH 时机参数也进行了配置，那么对应的 ra-SearchSpace 字段也必须出现。

（4）Type2-PDCCH CSS 集

通过 P-RNTI 实现 CRC 加扰的 DCI 格式承载，搜索空间由 PDCCH-ConfigCommon 消息体中的 pagingSearchSpace 字段进行配置，主要用来解码寻呼消息，如果 pagingSearchSpace 字段不出现，UE 不在对应 BWP 下接收寻呼消息。

（5）Type3-PDCCH CSS 集

通过 INT-RNTI、SFI-RNTI、TPC-PUSCH-RNTI、TPC-PUCCH-RNTI、TPC-SRS-RNTI，以及仅适用于主小区的 C-RNTI、MCS-C-RNTI 或 CS-RNTI（s）等加扰标识实现 CRC 加扰的 DCI 格式承载，搜索空间由 UE 专属的 PDCCH-Config 消息体中的 Search-Space 提供，此时应将 searchSpaceType 设置为 common，意味着该搜索空间仍然是公共搜索空间（CSS），可以用于解码诸如功率控制、时隙类型指示消息等。

USS 集通过 C-RNTI、MCS-C-RNTI、SP-CSI-RNTI 或 CS-RNTI（s）实现 CRC 加扰的 DCI 格式承载，搜索空间由 UE 专属的 PDCCH-Config 消息体中的 SearchSpace 提供，此时应将 searchSpaceType 设置为 ue-Specific，意味着该搜索空间是 UE 专属搜索空间（USS），可用于解码 UE 专属业务信道内容。

对于服务小区配置给 UE 的每个下行 BWP，UE 最多能够由高层配置 10 个搜索空间，而搜索空间 ID（searchSpaceId）可取值范围为 0~39（取值为 0 等同于 controlResourceSetZero），配置的每一个搜索空间 s 需要与某一 CORESET P（controlResourceSetId）进行一对一关联配置，如果 controlResourceSetId 取值非 0，则需与其绑定关联的搜索空间 s 配置于相同的下行 BWP 中，适用于不同消息体中 controlResourceSetId 与 searchSpaceId 关联配置可参见图 4-6。除此之外，为了配置某一搜索空间，还需要配置如下相关参数。

1）monitoringSlotPeriodicityAndOffset：提供了 PDCCH 侦听周期 k_s 个时隙和 PDCCH 侦听偏置 o_s 个时隙。

2）monitoringSymbolsWithinSlot：指明了在一个时隙中 CORESET 的起始侦听符号，以

14 bit 字符串出现，比特置 1 对应着起始侦听符号，对于扩展 CP，UE 忽略最后两个比特位。

3）duration：连续的侦听时隙个数 $T_s < k_s$，除了在 DCI 格式 2，该参数不配置 UE 默认为 1 个时隙，在 DCI 格式 2 下，UE 会忽略该字段。

4）nrofCandidates：配置了不同 CCE 聚合度下 PDCCH 候选的个数 $M_s^{(L)}$。

5）searchSpaceType：指明搜索空间集的类型是 CSS 或者 USS，如果是 CSS 集，会通过 DCI 格式字段指明侦听的 DCI 具体格式。例如，dci-Format0-0-AndFormat1-0 表征 DCI 格式 0_0 和 DCI 格式 1_0，dci-Format2-0 表征 DCI 格式 2_0 以及所支持的聚合等级和对应侦听的 PDCCH 候选个数，dci-Format2_2 表征 DCI 格式 2_1，dci-Format2_2 表征 DCI 格式 2_2，dci-Format2_3 表征 DCI 格式 2_3。如果搜索空间类型是 USS 集，对应支持的 DCI 格式可以配置为 formats0-0-And-1-0 或 formats0-1-And-1-1。

UE 根据以上参数配置，例如 PDCCH 侦听周期 k_s，PDCCH 侦听偏置 o_s 和 PDCCH 侦听起始位置等，可以确定某个时隙内下行工作 BWP 的 PDCCH 侦听时刻，该时隙 $n_{s,f}^{\mu}$ 可由公式 $(n_f \cdot N_{slot}^{frame,\mu} + n_{s,f}^{\mu} - o_s) \bmod k_s = 0$ 确定，其中 n_f 是具体无线帧号。UE 基于时隙 $n_{s,f}^{\mu}$ 起始可以基于 T_s 连续个时隙确定 PDCCH 候选，图 4-7 示例说明了 PDCCH 侦听候选与侦听周期、侦听偏置、侦听起始子帧等配置参数的关系。

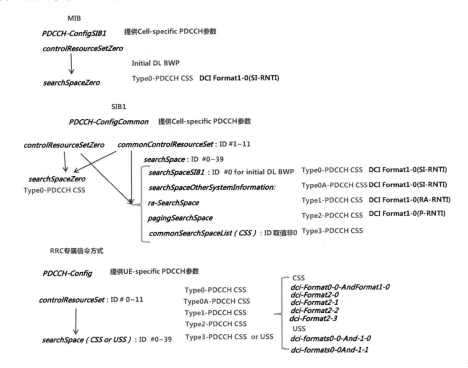

图 4-6　不同消息体中 controlResourceSetId 与 searchSpaceId 关联配置说明

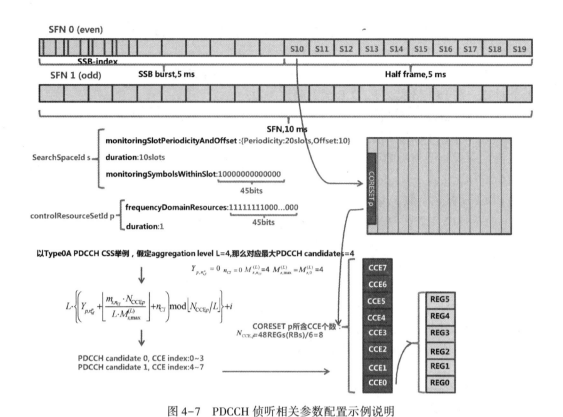

图 4-7　PDCCH 侦听相关参数配置示例说明

　　针对 Type0-PDCCH CSS/Type0A-PDCCH CSS/Type2-PDCCH CSS 集，所支持的 CCE 聚合等级和每个 CCE 聚合等级包含的最大 PDCCH 候选数量如表 4-1 所示。如果 PDCCH-ConfigCommon 消息体中针对这三种 CSS 类型的 searchSpaceID 配置为 0，UE 可以根据前述 RMSI-PDCCH-Config 低位 4 bit 的方式确定 PDCCH 候选的侦听时机。假如 UE 被提供了 C-RNTI，UE 会进一步收敛 PDCCH 候选的侦听时机，仅仅在与特定 SSB 波束相关的侦听时刻，如图 4-5 所示，这些所谓特定 SSB 波束是基于以下条件之一的最近的 SSB 波束。

　　条件一：网络下发 MAC CE 激活指令指示工作 BWP（包含 CORESET 0）的 TCI 状态所包含的 CSI-RS 信道状态与对应的 SSB 波束近似一致（Quasi Co-located），具体流程参见 TS 38.214。

　　条件二：除了由 PDCCH order 触发的非竞争解决随机接入的其他随机接入流程。

　　如果以上三种 CSS 类型相关的 searchSpaceID 配置非 0，那么这三种 CSS 集合的搜索空间根据各自 searchSpaceID 所对应的配置参数确定，如图 4-8 所示。

　　Type0-PDCCH CSS/Type0A-PDCCH CSS/Type1-PDCCH CSS/Type2-PDCCH CSS 可以由 DCI 格式 0_0 或格式 1_0 承载，如果分配了 C-RNTI、MCS-C-RNTI 或 CS-RNTI，UE 可以基于 DCI 格式 0_0 和格式 1_0 侦听 PDCCH 候选。针对 CSS 集，UE 不期望在每个时隙基于某 RNTI 加扰 CRC 的多个 DCI 格式解码处理同一类型的 PDCCH，换言之，就是每

个时隙中一种类型的 PDCCH CSS 集不会承载在多个 DCI 格式中。

表 4-1　Type0/0A/2-PDCCH CSS 集中所支持的 CCE 聚合等级以及
CCE 聚合等级所包含的最大 PDCCH 候选数量

CCE Aggregation Level	Number of Candidates
4	4
8	2
16	1

```
-- ASN1START

-- TAG-SEARCHSPACE-START



SearchSpace ::=                         SEQUENCE {

    searchSpaceId                           SearchSpaceId,

    controlResourceSetId                    ControlResourceSetId

OPTIONAL,    -- Cond SetupOnly

    monitoringSlotPeriodicityAndOffset      CHOICE {

        sl1                                     NULL,

        sl2                                     INTEGER (0..1),

        sl4                                     INTEGER (0..3),

        sl5                                     INTEGER (0..4),

        sl8                                     INTEGER (0..7),

        sl10                                    INTEGER (0..9),

        sl16                                    INTEGER (0..15),

        sl20                                    INTEGER (0..19),

        sl40                                    INTEGER (0..39),
```

图 4-8　搜索空间配置参数（一般适用于 searchSpaceId 非 0 的配置）

```
        sl80                                INTEGER (0..79),

        sl160                               INTEGER (0..159),

        sl320                               INTEGER (0..319),

        sl640                               INTEGER (0..639),

        sl1280                              INTEGER (0..1279),

        sl2560                              INTEGER (0..2559)

    }

OPTIONAL,    -- Cond Setup

    duration                            INTEGER (2..2559)

OPTIONAL,    -- Need R

    monitoringSymbolsWithinSlot         BIT STRING (SIZE (14))

OPTIONAL,    -- Cond Setup

    nrofCandidates                      SEQUENCE {

        aggregationLevel1                   ENUMERATED {n0, n1, n2, n3, n4, n5, n6,
n8},

        aggregationLevel2                   ENUMERATED {n0, n1, n2, n3, n4, n5, n6,
n8},

        aggregationLevel4                   ENUMERATED {n0, n1, n2, n3, n4, n5, n6,
n8},

        aggregationLevel8                   ENUMERATED {n0, n1, n2, n3, n4, n5, n6,
n8},

        aggregationLevel16                  ENUMERATED {n0, n1, n2, n3, n4, n5, n6,
```

图 4-8　搜索空间配置参数（一般适用于 searchSpaceId 非 0 的配置）（续）

```
n8}

                }

OPTIONAL,    -- Cond Setup

      searchSpaceType                      CHOICE {

         common                           SEQUENCE {

dci-Format0-0-AndFormat1-0           SEQUENCE {

            ...

            }

OPTIONAL,    -- Need R

            dci-Format2-0                          SEQUENCE {

               nrofCandidates-SFI                     SEQUENCE {

                  aggregationLevel1                       ENUMERATED {n1, n2}

OPTIONAL,    -- Need R

                  aggregationLevel2                       ENUMERATED {n1, n2}

OPTIONAL,    -- Need R

                  aggregationLevel4                       ENUMERATED {n1, n2}

OPTIONAL,    -- Need R

                  aggregationLevel8                       ENUMERATED {n1, n2}

OPTIONAL,    -- Need R

                  aggregationLevel16                      ENUMERATED {n1, n2}

OPTIONAL    -- Need R

               },

            ...
```

图 4-8　搜索空间配置参数（一般适用于 searchSpaceId 非 0 的配置）（续）

```
                }

OPTIONAL,     -- Need R

         dci-Format2-1                              SEQUENCE {

              ...

          }

OPTIONAL,     -- Need R

         dci-Format2-2                              SEQUENCE {

              ...

          }

OPTIONAL,     -- Need R

         dci-Format2-3                              SEQUENCE {

  dummy1                    ENUMERATED {sl1, sl2, sl4, sl5, sl8, sl10, sl16, sl20}

OPTIONAL,     -- Cond Setup

              dummy2                   ENUMERATED {n1, n2},

              ...

          }

OPTIONAL      -- Need R

       },

       ue-Specific                               SEQUENCE {

         dci-Formats                                ENUMERATED {formats0-0-And-1-0,

formats0-1-And-1-1},

           ...
```

图 4-8　搜索空间配置参数（一般适用于 searchSpaceId 非 0 的配置）（续）

关于 PDCCH 中的 DMRS，参考序列的产生方式与 PBCH/PDSCH 没有区别，都是基于以高德序列（Gold Sequence）的伪随机序列所产生，如果高层参数 pdcch-DMRS-ScramblingID 得以配置，DMRS 扰码序列初始化值按照配置值设置，否则可以按照小区 ID 设置（PCI）。如果 CORESET 预编码颗粒度参数 precoderGranularity 设置为 sameAsREG-bundle，那么 DMRS 存在于包含待解码 PDCCH 的 REGs 中，如果颗粒度参数取值为 allContiguousRBs，那么 DMRS 存在于 CORESET 包含的所有连续 RB 的 REGs 中。

对于非 CORESET 0 的 CORESET，如果 ControlResourceSet 消息体中 tci-StatesPDCCH-ToAddList 和 tci-StatesPDCCH-ToReleaseList 这两个参数没有提供 TCI 状态配置或者提供了多个 TCI 状态，但是 UE 还未收到 MAC CE 激活指令，UE 假定与 PDCCH 接收相关的 DMRS 天线端口与初始接入中相关的 SSB 波束信道条件近似一致，如果 UE 被提供了一个 TCI 状态或者收到 MAC CE 激活指令携带某 TCI 状态，UE 假定与 PDCCH 接收相关的 DMRS 天线端口与配置了某 TCI 状态的一个或者多个下行参考信号的信道条件近似一致。而同样对于 CORESET 0，如果 UE 被提供了一个 TCI 状态或者收到 MAC CE 激活指令携带某 TCI 状态，UE 假定与 PDCCH 接收相关的 DMRS 天线端口与配置了某 TCI 状态的一个或者多个下行参考信号的信道条件近似一致，如果 UE 没有收到 MAC CE 激活指令所指明的 TCI 状态，UE 假定 DMRS 天线端口与最近一次随机接入（不含 PDCCH order 触发的非竞争解决随机接入）相关联的 SSB 波束信道条件近似一致。

4.1.3　5G 下行物理共享信道——PDSCH

5G 下行物理共享信道（Physical Downlink Shared Channel，PDSCH）承载了接入网协议栈中各个层级包含控制面和用户面的综合消息内容，如系统消息、寻呼消息、一般 RRC 信令消息、MAC 层消息、下行数据业务等。根据协议栈垂直维度观察，PDSCH 主要用来承载上层传输信道 PCH 以及 DL-SCH 的消息，如图 4-9 所示。为了实现上层传输信道到 PDSCH 的映射，下行物理层包括如下步骤处理。

1）传输块 CRC 加载。

2）码块分割和码块 CRC 加载。

3）以 LDPC 编码方式实现信道编码。

4）物理层混合重传（Hybrid-ARQ）处理。

5）速率匹配。

6）数据加扰。

7）调制：含 QPSK、16QAM、64QAM 和 256QAM。

8）层映射。

9）物理资源映射和天线端口映射。

DL-SCH 以及 PCH 的物理层处理过程分别如图 4-10 和图 4-11 所示，蓝色部分的物理层过程由 MAC 进行配置。

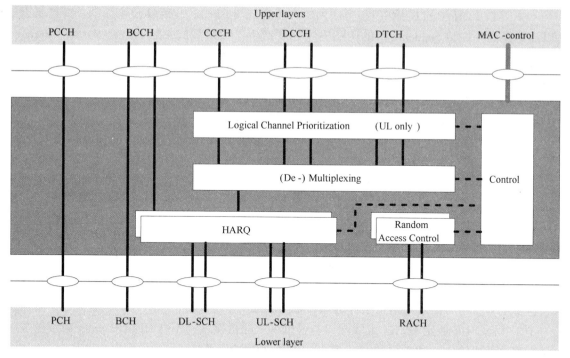

图 4-9　MAC 层实体中传输信道

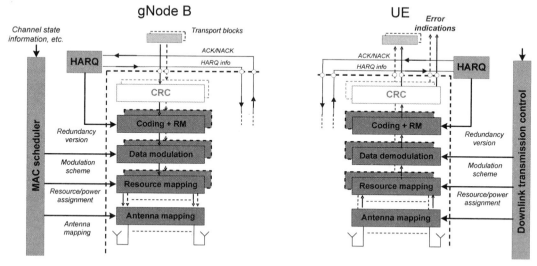

图 4-10　DL-SCH 传输的物理层模型

　　PDSCH 最多支持双码字 $q \in \{0,1\}$ 传输，如果是单码字传输时，$q=0$。对于每个传输码字，UE 应假定传输块包含的传输比特 $b^{(q)}(0)$，$\cdots$，$b^{(q)}(M_{\mathrm{bit}}^{(q)}-1)$ 应该在调制之前先进行如公式 $\tilde{b}^{(q)}(i)=[b^{(q)}(i)+c^{(q)}(i)]\bmod 2$ 定义的加扰处理，因此针对码字 q 产生 $M_{\mathrm{bit}}^{(q)}$ 个比特

的加扰比特序列 $\tilde{b}^{(q)}(0),\cdots,\tilde{b}^{(q)}(M_{\text{bit}}^{(q)}-1)$，其中扰码序列由伪随机序列产生，并由公式 $c_{\text{init}}=n_{\text{RNTI}}\cdot 2^{15}+q\cdot 2^{14}+n_{\text{ID}}$ 进行初始化，其中如果 RNTI 等于 C–RNTI、MCS–RNTI 或 CS–RN–TI，同时传输不由 DCI 格式 1_0 在公共搜索空间调度，$n_{\text{ID}}\in\{0,1,\cdots,1023\}$ 可以由高层参数 dataScramblingIdentityPDSCH 配置，否则针对诸如承载系统消息或者寻呼消息的 PDSCH，$n_{\text{ID}}=N_{\text{ID}}^{\text{cell}}$。

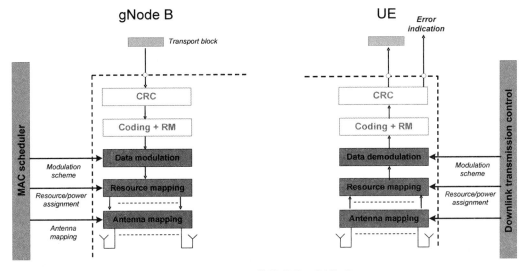

图 4–11　PCH 传输的物理层模型

加扰处理之后的物理层流程是复值信号调制，5G PDSCH 可以支持 QPSK，16QAM，64QAM，256QAM 的调制方式，对应的调制阶数 Q_{m} 分别是 2、4、6、8，产生的复值调制符号为 $d^{(q)}(0),\cdots,d^{(q)}(M_{\text{symb}}^{(q)}-1)$。调制之后的处理阶段是层映射，UE 应该假定每个码字所对应产生的复值调制符号按照表 4–2 所示的关系进行 1 层或者多层的映射，因此每一层映射之后产生的序列矩阵为 $x(i)=\left[\,x^{(0)}(i)\quad\cdots\quad x^{(v-1)}(i)\,\right]^{\text{T}}$，其中 $i=0,1,\cdots,M_{\text{symb}}^{\text{layer}}-1$ 定义为该层的符号索引，而 v 代表了层的个数。

表 4–2　PDSCH 空分复用模式下码字–层映射关系

Number of layers	Number of codewords	Codeword–to–layer mapping $i=0,1,\cdots,M_{\text{symb}}^{\text{layer}}-1$	
1	1	$x^{(0)}(i)=d^{(0)}(i)$	$M_{\text{symb}}^{\text{layer}}=M_{\text{symb}}^{(0)}$
2	1	$x^{(0)}(i)=d^{(0)}(2i)$ $x^{(1)}(i)=d^{(0)}(2i+1)$	$M_{\text{symb}}^{\text{layer}}=M_{\text{symb}}^{(0)}/2$
3	1	$x^{(0)}(i)=d^{(0)}(3i)$ $x^{(1)}(i)=d^{(0)}(3i+1)$ $x^{(2)}(i)=d^{(0)}(3i+2)$	$M_{\text{symb}}^{\text{layer}}=M_{\text{symb}}^{(0)}/3$

（续）

Number of layers	Number of codewords	Codeword-to-layer mapping $i=0,1,\cdots,M_{\text{symb}}^{\text{layer}}-1$	
4	1	$x^{(0)}(i)=d^{(0)}(4i)$ $x^{(1)}(i)=d^{(0)}(4i+1)$ $x^{(2)}(i)=d^{(0)}(4i+2)$ $x^{(3)}(i)=d^{(0)}(4i+3)$	$M_{\text{symb}}^{\text{layer}}=M_{\text{symb}}^{(0)}/4$
5	2	$x^{(0)}(i)=d^{(0)}(2i)$ $x^{(1)}(i)=d^{(0)}(2i+1)$ $x^{(2)}(i)=d^{(0)}(3i)$ $x^{(3)}(i)=d^{(1)}(3i+1)$ $x^{(4)}(i)=d^{(1)}(3i+2)$	$M_{\text{symb}}^{\text{layer}}=M_{\text{symb}}^{(0)}/2=M_{\text{symb}}^{(1)}/3$
6	2	$x^{(0)}(i)=d^{(0)}(3i)$ $x^{(1)}(i)=d^{(0)}(3i+1)$ $x^{(2)}(i)=d^{(0)}(3i+2)$ $x^{(3)}(i)=d^{(1)}(3i)$ $x^{(4)}(i)=d^{(1)}(3i+1)$ $x^{(5)}(i)=d^{(1)}(3i+2)$	$M_{\text{symb}}^{\text{layer}}=M_{\text{symb}}^{(0)}/3=M_{\text{symb}}^{(1)}/3$
7	2	$x^{(0)}(i)=d^{(0)}(3i)$ $x^{(1)}(i)=d^{(0)}(3i+1)$ $x^{(2)}(i)=d^{(0)}(3i+2)$ $x^{(3)}(i)=d^{(1)}(4i)$ $x^{(4)}(i)=d^{(1)}(4i+1)$ $x^{(5)}(i)=d^{(1)}(4i+2)$ $x^{(6)}(i)=d^{(1)}(4i+3)$	$M_{\text{symb}}^{\text{layer}}=M_{\text{symb}}^{(0)}/3=M_{\text{symb}}^{(1)}/4$
8	2	$x^{(0)}(i)=d^{(0)}(4i)$ $x^{(1)}(i)=d^{(0)}(4i+1)$ $x^{(2)}(i)=d^{(0)}(4i+2)$ $x^{(3)}(i)=d^{(0)}(4i+3)$ $x^{(4)}(i)=d^{(1)}(4i)$ $x^{(5)}(i)=d^{(1)}(4i+1)$ $x^{(6)}(i)=d^{(1)}(4i+2)$ $x^{(7)}(i)=d^{(1)}(4i+3)$	$M_{\text{symb}}^{\text{layer}}=M_{\text{symb}}^{(0)}/4=M_{\text{symb}}^{(1)}/4$

　　层映射之后的传输符号需要进行天线端口映射，5G 中 PDSCH 信道没有采用基于预编码技术的"软"空分复用，而采取基于天线通道加权（注：本质上也是一种预编码实现，软空分针对逻辑概念的"层"进行预编码，硬空分针对物理概念的"通道"进行预编码）进行波束赋形，从而实现"硬"空分复用，层-天线端口之间的符号映射根据如下定义公式实现。

$$\begin{bmatrix} y^{p_0}(i) \\ \vdots \\ y^{(p_{v-1})}(i) \end{bmatrix} = \begin{bmatrix} x^{(0)}(i) \\ \vdots \\ x^{(v-1)}(i) \end{bmatrix}$$

与 4G 系统中 PDSCH 功率分配原理类似，5G 系统中同样没有直接定义 PDSCH 的传输功率，通过高层参数 powerControlOffset 定义了 PDSCH 与 CSI-RS 相对传输功率关系，而通过高层参数 powerControlOffsetSS 定义了 CSI-RS 与 SSB 块中辅同步信号 SSS 相对传输功率关系，这样 UE 可以依此推断出 PDSCH 信道的传输功率。除此之外，协议还定义了 PDSCH 信道与 DMRS 或者 PT-RS 参考信号的相对传输功率关系，UE 应假定每个天线端口上对应传输块所传输的一系列复值符号 $y^{(p)}(0),\cdots,y^{(p)}(M_{\mathrm{symb}}^{\mathrm{ap}}-1)$ 符合相关定义的下行功率分配原则。针对 PDSCH 传输，UE 可以假定针对每一层传输，至少一个 OFDM 符号具有 DMRS 参考信号以供解调，而至多可以配置 3 个额外的 DMRS 参考信号。PT-RS 参考信号可以占用额外的 OFDM 符号传输以辅助进行高频相位追踪。PDSCH 根据分配的虚拟资源块（Virtual Resource Blocks，VRB）以复值符号 $y^{(p)}(0)$ 起始进行一系列资源单位 $(k',l)_{p,\mu}$（Resource Elements，RE）的映射。这些 VRB 中参与 PDSCH 映射的 RE 资源不能用作 DMRS 传输，也不用作 PT-RS 传输，另外，除了为移动性测量所配置的非零功率 CSI-RS 以及非周期传输的非零功率 CSI-RS 之外，对应的 RE 资源也不能用作其他非零功率 CSI-RS 传输，同时也不能用作避免与 LTE CRS 碰撞的打孔 RE 位置或者为了进行速率匹配传输的零功率 CSI-RS 所占用的 RE 位置。RE 资源 $(k',l)_{p,\mu}$ 映射采取先基于频域位置 k'，后基于时域位置 l 映射的原则，以传输起始 VRB 的第一个子载波作为 $k'=0$ 的起始位置，依序避开那些不用作 PDSCH 传输的 RE 资源实现映射。

虚拟资源块（VRB）到物理资源块（PRB）的映射可以根据上层参数指示配置为非交织或者交织两种类型，如果没有指示，UE 假定为非交织类型映射。针对非交织的 VRB-PRB 映射类型，如果 PDSCH 由 DCI 格式 1_0 在公共搜索空间中调度，那么 VRB n 被映射至 PRB $n+N_{\mathrm{start}}^{\mathrm{CORESET}}$，其中 $N_{\mathrm{start}}^{\mathrm{CORESET}}$ 是接收相关 DCI 的 CORESET 的起始 PRB 位置，否则，VRB n 映射为 PRB n。针对交织的 VRB-PRB 映射类型，根据资源块束（Resource Block Bundles）颗粒度实现交织。根据 PDSCH 承载内容不同，资源块束定义如下。

1）针对承载 SIB1 消息的 PDSCH，可以被划分为 $N_{\mathrm{bundle}}=\lceil N_{\mathrm{BWP,init}}^{\mathrm{size}}/L \rceil$ 个资源块束，其中 $N_{\mathrm{BWP,init}}^{\mathrm{size}}$ 是初始下行 BWP 中所包含的 RB 个数，$L=2$ 是资源块束的大小，即包含 2 个 RB。如果 $N_{\mathrm{BWP,init}}^{\mathrm{size}}$ 无法被 2 整除，那么编号为 $N_{\mathrm{bundle}}-1$ 的最后一个资源块束包含 1 个 RB，其他每个资源块束均包含 2 个 RB。

2）针对在 BWP i 中非 Type0-PDCCH 的其他公共搜索空间中 DCI 格式 1_0 所调度的 PDSCH（例如：承载非 SIB1 的其他系统消息，承载 PCH，承载随机接入响应 MAC CE 消息），包含了 $N_{\mathrm{BWP,init}}^{\mathrm{size}}$ 个 VRB 集合中的元素 $\{0,1,\cdots,N_{\mathrm{BWP,init}}^{\mathrm{size}}-1\}$ 这 $N_{\mathrm{BWP,init}}^{\mathrm{size}}$ 个 VRB 元素与 PRB 集合 $\{N_{\mathrm{start}}^{\mathrm{CORESET}},N_{\mathrm{start}}^{\mathrm{CORESET}}+1,\cdots,N_{\mathrm{start}}^{\mathrm{CORESET}}+N_{\mathrm{BWP,init}}^{\mathrm{size}}-1\}$ 中的元素一一对应，其中 $N_{\mathrm{start}}^{\mathrm{CORESET}}$ 是 BWP i 中包含相应 DCI 的 CORESET 的起始 RB 位置，这些 VRB 可以划分为 N_{bundle} 个资源块束，$N_{\mathrm{bundle}}=\lceil (N_{\mathrm{BWP,init}}^{\mathrm{size}}+(N_{\mathrm{BWP},i}^{\mathrm{start}}+N_{\mathrm{start}}^{\mathrm{CORESET}})\bmod L)/L \rceil$，$L=2$ 是资源块束的大小，即包含 2 个 RB。起始资源块束 0 包含了 $L-((N_{\mathrm{BWP},i}^{\mathrm{start}}+N_{\mathrm{start}}^{\mathrm{CORESET}})\bmod L)$ 个资源块，如果 $(N_{\mathrm{BWP,init}}^{\mathrm{size}}+N_{\mathrm{BWP},i}^{\mathrm{start}}+N_{\mathrm{start}}^{\mathrm{CORESET}})\bmod L>0$，编号为 $N_{\mathrm{bundle}}-1$ 的最后一个资源块束包含 1 个 RB，否则包含 2

个 RB。除此之外，其他的资源块束均包含 2 个 RB。

3）针对其他 PDSCH 传输，以 $N_{\text{BWP},i}^{\text{start}}$ 作为起始位置的 BWP i 包含了 $N_{\text{BWP},i}^{\text{size}}$ 个 RB 资源，可以划分为 $N_{\text{bundle}} = \lceil (N_{\text{BWP},i}^{\text{size}} + (N_{\text{BWP},i}^{\text{start}} \bmod L_i)) / L_i \rceil$ 个资源块束，其中 L_i 是资源块束大小，由高层参数 vrb-ToPRB-Interleaver 决定。起始资源块束 0 包含 $L_i - (N_{\text{BWP},i}^{\text{start}} \bmod L_i)$ 个 RB，如果 $(N_{\text{BWP},i}^{\text{start}} + N_{\text{BWP},i}^{\text{size}}) \bmod L_i > 0$，编号为 $N_{\text{bundle}} - 1$ 的最后一个资源块束包含 $(N_{\text{BWP},i}^{\text{start}} + N_{\text{BWP},i}^{\text{size}}) \bmod L_i$ 个 RB，否则包含 L_i 个 RB。除此之外，其他资源块束包含 L_i 个 RB。编号为 $N_{\text{bundil}} - 1$ 的虚拟资源块束（VRB Bundle）映射为编号 $N_{\text{bundle}} - 1$ 的物理资源块束（PRB Bundle），其他虚拟资源块束编号 $j \in \{0, 1, \cdots, N_{\text{bundle}} - 2\}$ 按照如下伪代码计算流程映射为物理资源块束 $f(j)$。

$$f(j) = rC + c$$
$$j = cR + r$$
$$r = 0, 1, \cdots, R-1$$
$$c = 0, 1, \cdots, C-1$$
$$R = 2$$
$$C = \lfloor N_{\text{bundle}} / R \rfloor$$

协议定义物理资源块束是虚拟资源块束映射的基准，同时也是预编码实现的基本颗粒度。UE 可以假定预编码颗粒度为 $P'_{\text{BWP},i}$ 个连续的 RB，$P'_{\text{BWP},i}$ 可选取值为 $\{2, 4, \text{wideband}\}$，如果取值为 "wideband"，那么 UE 在频域上被分配一系列连续的 PRB 资源，并且可以假定这些 PRB 资源的预编码实现方式是相同的（注：这里的预编码不是指传统基于码本的预编码矩阵实现，而是用来实现波束赋形的预编码技术）。如果 $P'_{\text{BWP},i}$ 取值为 $\{2, 4\}$，预编码资源组（Precoding Resource Block Group, PRGs）使用 $P'_{\text{BWP},i}$ 个连续 PRBs 划分整个 BWP i，由于 BWP 实际所包含的 PRB 个数不一定是 2 或 4 的整倍数，因此在 BWP 频域两端 PRG 中所包含的连续 PRB 个数有可能为 1 或者多个 PRB。工作 BWP 中频域首个 PRG 大小为 $P'_{\text{BWP},i} - N_{\text{BWP},i}^{\text{start}} \bmod P'_{\text{BWP},i}$，同时最后一个 PRG 大小由 $(N_{\text{BWP},i}^{\text{start}} + N_{\text{BWP},i}^{\text{size}}) \bmod P'_{\text{BWP},i}$ 取值而定，如果 $(N_{\text{BWP},i}^{\text{start}} + N_{\text{BWP},i}^{\text{size}}) \bmod P'_{\text{BWP},i} \neq 0$，对应 PRG 大小为 $(N_{\text{BWP},i}^{\text{start}} + N_{\text{BWP},i}^{\text{size}}) \bmod P'_{\text{BWP},i}$，如果 $(N_{\text{BWP},i}^{\text{start}} + N_{\text{BWP},i}^{\text{size}}) \bmod P'_{\text{BWP},i} = 0$，对应 PRG 大小为 $P'_{\text{BWP},i}$。PRG 是预编码实现的基本单位，在 PRG 内部连续的 PRB 预编码是相同的。对于承载 SIB1 的 PDSCH，PRG 划分的起始参考位置是 CORESET 0 对应最低的 RB 位置，否则，PRG 划分的起始参考位置为公共资源块 0（CRB0）。如果 PDSCH 由 DCI 格式 1_0 调度，UE 可以假定 $P'_{\text{BWP},i}$ 为 2 个连续 PRBs，如果 PDSCH 由 DCI 格式 1_1 调度且高层消息体 PDSCH-Config 中参数 prb-BundlingType 不配置，UE 就可以默认 $P'_{\text{BWP},i}$ 为 2 个连续 PRBs。高层参数 prb-BundlingType 决定了 DCI 格式 1_1 调度 PDSCH 的 PRG 大小，该参数可以配置为静态类型值，也可以配置为动态类型值，动态类型值包括两组取值集合，第一组 bundleSizeSet1 可以从 $\{2, 4, \text{wideband}\}$ 中配置 1 或 2 个值，第二组 bundleSizeSet2 可以从 $\{2, 4, \text{wideband}\}$ 中配置 1 个

值。适配高层参数 prb-BundlingType 配置为动态类型，DCI 格式 1_1 中的字段 PRB bundling size indicator（1 bit）取值决定了 PRG 的大小（注：当 prb-BundlingType 配置为静态类型时，DCI 字段为 0 bit，$P'_{\mathrm{BWP},i}$ 依据高层参数 bundleSize 取值），当该 1 bit 字段取值为 0 时，UE 使用第二组动态取值，当该 1 bit 字段取值为 1 时，UE 使用第一组动态取值，对于第一组动态取值配置 2 个值的情况，PRG 的大小根据连续调度 PRB 个数和 BWP 带宽共同决定，如果连续调度 PRB 个数大于 $N^{\mathrm{size}}_{\mathrm{BWP},i}/2$ 时，$P'_{\mathrm{BWP},i}$ 即为调度 PRB 个数（Wideband），否则依据第一组动态类型取值可配置为 2 或 4。在进行 VRB bundle 到 PRB bundle 映射时，应将 VRB bundle 与 PRG（PRB bundle）大小设置匹配，如果 Precoding Resource Block Group（PRG）大小为 4，那么 L_i 不能配置为 2。如果资源块束大小不配置（注：PRG 设置为"Wideband"），UE 假定 VRB bundle 大小 $L_i=2$。

　　UE 最大可以支持 16 个 HARQ 进程，网络侧还可以通过消息体 PDSCH-ServingCell-Config（见图 4-12）中高层参数 nrofHARQ-ProcessesForPDSCH 配置小区下某 UE 最大可支持的 HARQ 进程个数，如果该参数不配置，UE 采取默认支持 8 个 HARQ 进程。该消息体配置了 UE 专属 PDSCH 参数，针对该服务小区内 UE 所有 BWP 均生效。

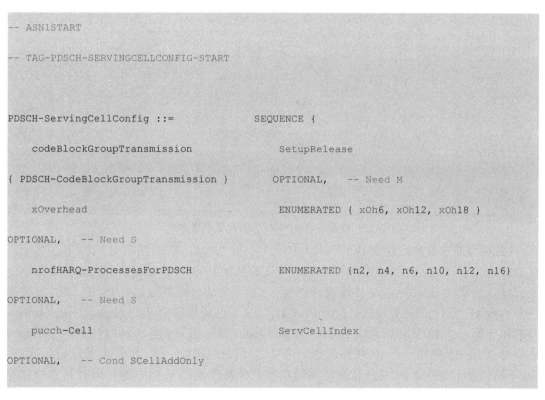

```
-- ASN1START

-- TAG-PDSCH-SERVINGCELLCONFIG-START


PDSCH-ServingCellConfig ::=              SEQUENCE {

    codeBlockGroupTransmission           SetupRelease

{ PDSCH-CodeBlockGroupTransmission }     OPTIONAL,    -- Need M

    xOverhead                            ENUMERATED { xOh6, xOh12, xOh18 }

OPTIONAL,    -- Need S

    nrofHARQ-ProcessesForPDSCH           ENUMERATED {n2, n4, n6, n10, n12, n16}

OPTIONAL,    -- Need S

    pucch-Cell                           ServCellIndex

OPTIONAL,    -- Cond SCellAddOnly
```

图 4-12　服务小区 PDSCH 参数配置消息体

```
    ...,

    [[

    maxMIMO-Layers                        INTEGER (1..8)

OPTIONAL,  -- Need M

    processingType2Enabled                BOOLEAN

OPTIONAL   -- Need M

    ]]

}


PDSCH-CodeBlockGroupTransmission ::=     SEQUENCE {

    maxCodeBlockGroupsPerTransportBlock    ENUMERATED {n2, n4, n6, n8},

    codeBlockGroupFlushIndicator           BOOLEAN,

    ...

}


-- TAG-PDSCH-SERVINGCELLCONFIG-STOP

-- ASN1STOP
```

图 4-12　服务小区 PDSCH 参数配置消息体（续）

UE 可以通过检测配置为 DCI 格式 1_0 或 1_1 的 PDCCH 解码相应的 PDSCH，对于任意 HARQ 进程 ID，UE 并不期望接收的 PDSCH 有其他 PDSCH 在传输资源上重叠。在某一个 HARQ 进程的 HARQ-ACK 传输完成之前，UE 不期望接收其他的 PDSCH。当 UE 接收一个 PDSCH 之后，紧接着接收另一个 PDSCH，UE 不期望第二个 PDSCH 所对应的 HARQ-ACK 早于第一个 PDSCH 所对应 HARQ-ACK 传输。对于当前服务小区内任意两个 HARQ 进程 ID，如果接收第一个 PDSCH 起始于符号 j，而对应接收 PDCCH 结束于符号 i，那么 UE 不期望早于第一个 PDSCH 传输结束的位置开始接收第二个 PDSCH，同时与之相关的 PDCCH 传输结束位置晚于符号 i。对于承载系统消息的 PDSCH，UE 不期望重传的 PDSCH 的起始符号位置早于前一个 PDSCH 传输最后一个符号之后的 N 个符号，当 $\mu=0$ 时，$N=13$；当 $\mu=1$ 时，$N=13$，当 $\mu=2$ 时，$N=20$；当 $\mu=3$ 时，$N=24$。

当 PDSCH 由 SI-RNTI 或者 P-RNTI 调度时，UE 可以假定 PDSCH 的 DMRS 天线端口与相关 SSB 波束在多普勒频移、多普勒扩展、平均时延、时延扩展以及（高频 UE）空域接收参数等方面存在近似定位关系。当 PDSCH 由 RA-RNTI 调度时，UE 可以假定 PDSCH 的 DMRS 天线端口与触发随机接入相关的 SSB 波束或 CSI-RS 资源在多普勒频移、多普勒扩展、平均时延、时延扩展以及（高频 UE）空域接收参数等方面存在近似定位关系。当随机接入流程是由 PDCCH order 触发的非竞争解决随机接入，UE 可以假定接收到的 PD-CCH order 的 DMRS 天线端口和 PDSCH 的 DMRS 天线端口与触发随机接入相关的 SSB 波束或 CSI-RS 资源在多普勒频移、多普勒扩展、平均时延、时延扩展以及（高频 UE）空域接收参数等方面存在近似定位关系。当接收（Msg4）PDSCH 作为 RAR 上行授权调度 PUSCH 或该 PUSCH 重传的下一步响应，UE 可以假定 PDSCH 的 DMRS 天线端口与相关 SSB 波束在多普勒频移、多普勒扩展、平均时延、时延扩展以及（高频 UE）空域接收参数等方面存在近似定位关系。

PDSCH 传输资源分配分为时域资源和频域资源分配两个维度。通过 DCI 中携带 4 比特 Time domain resource assignment 字段可以确定时隙偏置 K_0 以及起始和长度指示 SLIV，SLIV 通过定义的计算公式（参见 TS 38.214 5.1.2.1）可以反推出 PDSCH 的起始符号位置以及持续占用符号长度，UE 可通过公式 $\left\lfloor n \cdot \dfrac{2^{\mu_{PDSCH}}}{2^{\mu_{PDCCH}}} \right\rfloor + K_0$ 决定 PDSCH 与相应 PDCCH 的时隙之间的实际偏置，其中 n 是调度 DCI 所在时隙，而 μ_{PDSCH} 与 μ_{PDCCH} 分别代表了 PDSCH 与 PDCCH 的子载波间隔。时隙偏置 K_0 以及起始和长度指示 SLIV 可以通过消息体 PDSCH-TimeDomainResourceAllocationList（参见图 4-13）中与时域资源相关的高层参数进行配置，并由 DCI 中 4 比特 Time domain resource assignment 字段进行动态选择，如果该高层消息体不配置，那么 UE 可以根据默认设置 DCI 中 4 比特 Time domain resource assignment 字段确定时隙偏置 K_0，同时直接确定起始符号 S 以及时域分配符号长度 L，具体的默认设置可参见 TS 38.214 5.1.2.1 节所定义的一系列表组合。值得注意的是，$S+L \leqslant 14$，这意味着调度 PDSCH 在时域内所占用的资源不超过 1 个时隙。另外，5G 中还支持 PDSCH 多时隙捆绑传输，如果当高层参数 pdsch-AggregationFactor 进行配置，那么传输块 TB 数据按照参数取值 $\{n2, n4, n8\}$ 在对应连续时隙内进行重复传输，每个时隙内所分配的 PDSCH 符号位置保持一致。PDSCH 按照映射的资源类型分为 PDSCH 映射类型 A 和映射类型 B，其中映射类型 B 属于占用符号个数相对较少的短传输格式，适用于对交互时延较为敏感的网络类型。

UE 在解码 PDSCH 获取资源配置时，除了获取时域资源配置，还需要获取频域资源配置。5G PDSCH 频域资源分配支持类型 0 和类型 1 两种类型，如果 UE 通过 DCI 格式 1_0 接收到下行调度授权，那么 UE 可以假定 PDSCH 传输使用下行资源配置类型 1，对于任意公共搜索空间中 DCI 格式 1_0 调度的 PDSCH，不论当前工作 BWP 的带宽如何，分配的频域资源 RB 以接收到 DCI 的 CORESET 所对应最低的 RB 作为起始位置，否则（对于非公共搜索空间接收到的 DCI），分配的频域资源 RB 以下行工作 BWP 最低的 RB 作为起始位置。高层消息体 pdsch-Config 中的参数 resourceAllocation 决定了频域资源分配类型，如果该参数配置为'dynamicswitch'，UE 可以根据 DCI 格式 1_1 中的 Frequency domain resource assignment 字段动态确定下行资源配置采用格式 0 或者格式 1，此时该字段包含长度为 max $(\lceil \log_2(N_{RB}^{DL,BWP}(N_{RB}^{DL,BWP}+1)/2) \rceil, N_{RBG})+1$ 的比特串，最左（MSB）比特指示 PDSCH 频域资源类型，取值 0 意味着类型 0，取值 1 意味着类型 1。如果在 DCI 格式 1_1 中 bandwidth part indicator 字段不出现或者 UE 不支持基于 DCI 调度方式改变 BWP，那么 UE 基于工作 BWP 带宽计算下行类型 0 或类型 1 的资源分配。如果在 DCI 格式 1_1 中配置了 bandwidth part indicator 字段且 UE 支持基于 DCI 调度方式改变 BWP，UE 基于指示 BWP 带宽计算下行类型 0 或类型 1 的资源分配，UE 通过检测 PDCCH 首先确定需变更的下行载波 BWP，然后依此计算频域资源分配。

```
-- ASN1START

-- TAG-PDSCH-TIMEDOMAINRESOURCEALLOCATIONLIST-START


PDSCH-TimeDomainResourceAllocationList ::=   SEQUENCE (SIZE(1..maxNrofDL-Allocations)) OF

PDSCH-TimeDomainResourceAllocation


PDSCH-TimeDomainResourceAllocation ::=   SEQUENCE {

   k0                                   INTEGER(0..32)

OPTIONAL,    -- Need S

   mappingType                          ENUMERATED {typeA, typeB},

   startSymbolAndLength                 INTEGER (0..127)

}



-- TAG-PDSCH-TIMEDOMAINRESOURCEALLOCATIONLIST-STOP

-- ASN1STOP
```

图 4-13　PDSCH 时域资源相关参数配置

在下行资源分配类型 0 中，资源分配信息（Frequency Domain Resource Assignment）包含了指示资源块组（Resource Block Groups，RBGs）的比特串，该比特串包含 N_{RBG} 个比特，其中每一个比特对应指示一个 RBG，比特串从左（MSB）到右（LSB）依次对应了 BWP 频域由低到高的 RBG。RBG 是 P 个连续虚拟资源块的集合，RBG 所包含的虚拟资源块大小 P 由高层消息体 PDSCH-Config 中参数 rbg-Size{config1，config2}结合 BWP 的带宽所定义，如表 4-3 所示，值得注意的是，当 $P=2$ 时，决定 VRB-PRB bundle 以交织方式映射的高层参数 vrb-ToPRB-Interleaver 也应该对应设置为 2。分配类型 0 是一种松散式的频域资源分配类型，可以实现不连续频域分配。

表 4-3　RBG 大小 P 所对应的虚拟资源块个数

Bandwidth Part Size	Configuration 1	Configuration 2
1~36	2	4
37~72	4	8
73~144	8	16
145~275	16	16

下行资源分配类型 1 是一种连续式的频域资源分配类型，可以实现连续的非交织或者交织 VRB 的分配。DCI 中的下行频域资源分配字段表征了资源指示值（Resource Indication Value，RIV），使用 RIV 通过特定的计算公式可以分别确定虚拟资源块的起始位置 RB_{start} 以及所分配的连续资源块个数 L_{RBs}，计算公式中所需要借助的一个参数信息就是 BWP 的大小。针对公共搜索空间（CSS）中解码的 DCI 格式 1_0，如果配置了 CORESET 0，计算公式中的 BWP 大小采取 CORESET 0 所包含的 RB 个数，如果没有配置 CORSET 0，则选用初始下行 BWP 所对应带宽，除公共搜索空间之外所接收到的 DCI 格式 1_0，在确定频域计算公式中的 BWP 大小则采用下行工作 BWP 的带宽 N_{BWP}^{size}。如果用户搜索空间集（USS）中 DCI 格式 1_0 的大小由公共搜索空间 DCI 格式 1_0 确定，同时 USS 中的 DCI 格式 1_0 所对应的工作 BWP 带宽为 N_{BWP}^{active}，那么在利用公式计算频域资源分配时需要将 RB_{start} 和 L_{RBs} 以系数 K 进行缩小，K 是工作 BWP 与初始 BWP 的一个系数，如果 $N_{BWP}^{active} > N_{BWP}^{initial}$，$K$ 是集合{1，2，4，8}中的最大值且满足 $K \leqslant \lfloor N_{BWP}^{active} / N_{BWP}^{initial} \rfloor$，否则 $K=1$，关于下行频域资源分配类型 1 计算公式详情可参阅 TS 38.214 5.1.2.2.2。

如果 5G PDSCH 以半持续（Semi-Persisitent Scheduling，SPS）方式进行时频域资源调度，当 UE 由高层参数配置 CS-RNTI 并且通过 CS-RNTI 实现 CRC 加扰 PDCCH 的解码，从而触发 PDSCH SPS 方式接收，UE 不需要使用 PDCCH 动态调度方式，而是使用预先配置的相关高层参数实现 PDSCH 半持续接收。

PDSCH 在实际数据调度中采取基于传输块大小（Transport Block Size，TBS）作为基本调度颗粒度的方式，TBS 定义为以一个 PRB 内所能调度的数据比特。UE 根据调度的调制阶数（Modulation Order），一个 PRB 内可用 RE 个数，目标码率、传输层数共同确定

TBS。相比 4G 系统，新增的 MCS-C-RNTI 标识可以用来动态指示 PUSCH 传输所使用的调制和编码策略索引表（MCS 表），详见 TS 38. 214 5. 1. 3. 1。对于以 SI-RNTI、P-RNTI、RA-RNTI 调度的 PDSCH，调制阶数为 2，即只能以 QPSK 调制，其中 SI-RNTI 调度的 PDSCH 的 TBS 不超过 2976 bit。

由 SI-RNTI 调度的 PDSCH，并且 DCI 中 1 bit 字段 system information indicator 设置为 0 时（意味着 PDSCH 承载 SIB1 消息），UE 假定 SSB 不与 PDSCH 的 RE 发生交叠。如果该字段设置为 1 时（意味着 PDSCH 承载非 SIB1 的其他系统消息），或者 PDSCH 由 RA-RN-TI、P-RNTI、TC-RNTI 调度时，UE 可根据高层参数 ssb-PositionsInBurst 判断 SSB 的传输位置，如果可能与这些类型的 PDSCH 发生交叠，那么 UE 会放弃掉 PDSCH 与 SSB 交叠的那些 PRB 接收，从而优先确保 SSB 接收。如果 PDSCH 由 C-RNTI、MCS-C-RNTI、CS-RNTI 调度或由半持续（SPS）方式调度传输，且 SSB 传输位置可能与 PDSCH 发生交叠，那么 UE 就会放弃掉 PDSCH 与 SSB 交叠的那些 PRB 接收，优先确保 SSB 接收。

为了实现 PDSCH 传输限速或者干扰规避等目的，5G 中定义了灵活的 PDSCH 打孔机制以实现传输速率匹配。这种速率匹配打孔机制可以基于"RB-符号"级颗粒度实现，也可以基于 RE 级颗粒度实现。当基于 RB-符号级颗粒度实现时，每个 BWP 最多能够通过高层消息体 PDSCH-Config 中参数 RateMatchPattern 配置 4 种速率匹配样式，同时每个服务小区也最多能够通过高层消息体 ServingCellConfigCommon 中的参数 RateMatchPattern 配置 4 种速率匹配样式，UE 可以通过高层参数配置实现 RB-符号级的速率打孔，也可以通过 DCI 格式 1_1 中的字段 Rate matching indicator 动态实现 RB-符号级的速率打孔。除了"RB-符号"级别的速率打孔机制，协议还定义了更精细颗粒度的 RE 级别速率打孔机制，主要包含通过高层参数 lte-CRS-ToMatchAround 实现与 LTE CRS 参考信号的碰撞规避和零功率 CSI-RS 传输两种 RE 颗粒度速率打孔方式，关于速率匹配实现更详细的说明请参见 TS 38. 214 5. 1. 4 节。

PDSCH 传输块可以基于高层消息体 PDSCH-ServingCellConfig 中的参数 codeBlock-GroupTransmission 启用将传输块分割为多个码块组传输（Code Block Group，CBG），引入码块组的概念可以将传输块进一步细分颗粒度，如需要重传时只需要重传对应的码块组而不需要重传整个传输块，提高了 PDSCH 信道的使用效率。UE 根据公式 $M+\min(N,C)$ 决定 PDSCH 传输包含 CBG 的数量，其中 N 是每传输块所分割最大 CBG 的数量，由高层消息体 PDSCH-ServingCellConfig 中的参数 maxCodeBlockGroupsPerTransportBlock 确定，取值范围为 $\{n2, n4, n6, n8\}$，C 是 PDSCH 传输块所分割的码块（详见 TS 38. 212 7. 2. 3），定义 $M_1=\mod(C,M)$，$K_1=\left\lceil\dfrac{C}{M}\right\rceil$ 和 $K_2=\left\lceil\dfrac{C}{M}\right\rceil$，如果 $M_1>0$，CBG m，$m=0,1,\cdots,M_1-1$ 包含了一系列的码块，以码块索引 $m\cdot K_1+k,k=0,1,\cdots,K_1-1$ 编号；CBG m，$m=M_1,M_1+1,\cdots,M-1$ 包含一系列的码块，以码块索引 $M_1\cdot K_1+(m-M_1)\cdot K_2+k,k=0,1,\cdots,K_2-1$。如果 UE 启用码块组传输机制，DCI 格式 1_1 中的字段 CBG transmission information（CBGTI）包含的比

特序列长度为 $N_{TB} \cdot N$，其中 N_{TB} 由高层参数 maxNrofCodeWordsScheduledByDCI 确定，代表 DCI 中可以调度的下行码字个数，如果 $N_{TB} = 2$ 意味着从 CBGTI 比特序列最左（MSB）起始前 N 个比特对应第一个传输块，而后 N 个比特对应了第二个传输块，其中第一个 N 比特序列中的前 M 个比特一一对应了第一个传输块分割的 M 个 CBGs，而第二个 N 比特序列中的前 M 个比特一一对应了第二个传输块分割的 M 个 CBGs。对于 DCI 调度的初始 PDSCH 传输（由字段 New Data Indicator 指示），UE 会将传输块（TB）分割的所有码块组（CBG）进行传输（UE 期望网络侧配置 DCI 中字段 CBG transmission information（CBGTI）指示 TB 内所有的 CBG），对于 DCI 调度的重复 PDSCH 传输（由字段 New Data Indicator 指示），UE 仅需要重传字段 CBGTI 中所指示的 CBG，CBGTI 中所包含比特如果置为 0 意味着对应 CBG 不传输，如果置为 1 则意味着对应 CBG 传输，比特序列中的最左比特（MSB）对应了起始码块组 CBG#0。如果 DCI 中包含字段 CBG flushing out information（CBGFI）设置为 0，表明之前收到相同的 CBGs 实例可能损坏，如果该字段设置为 1，表明当前收到的 CBGs 应该与之前收到相同的 CBGs 合并接收，一个重传 CBG 应该包含与初始传输块中对应的 CBG 相同的码块（CBs）。

根据 UE 芯片处理能力差异性，在 PDSCH 传输之后到 PUCCH 携带对应的 HARQ-ACK 应答信息之间会存在一个 PDSCH 处理过程时间。这个时间定义为 $T_{proc,1} = (N_1 + d_{1,1})$ $(2048 + 144) \cdot \kappa 2^{-\mu} \cdot T_c$，从 PDSCH 传输的最后一个符号结束位置一直到上行符号 L_1 的循环前缀起始时刻计算，如果携带 HARQ-ACK 的 PUCCH 第一个上行符号（由该 HARQ-ACK 传输时刻 K_1 确定）不早于该上行符号 L_1，那么 UE 可以通过 PUCCH 发送 HARQ-ACK 消息，否则 UE 可以不反馈有效的 HARQ-ACK 信息，其中：

1）N_1 基于 UE 处理能力 1（表 4-4）和 UE 处理能力 2（表 4-5）中子载波间隔 μ 定义，其中 μ 对应了组合（μ_{PDCCH}，μ_{PDSCH}，μ_{UL}）中能够产生最大准备时间 $T_{proc,1}$ 的子载波间隔，μ_{PDCCH} 是承载 DCI 的 PDCCH 子载波间隔，μ_{PDSCH} 是对应被调度 PDSCH 的子载波间隔，μ_{UL} 是承载 HARQ-ACK 的上行信道 PUCCH 的子载波间隔，$\kappa = T_s / T_c = 64$。

2）如果 PDSCH DMRS 的额外符号位置（Additional DMRS）$l_1 = 12$，则 $N_{1,0} = 14$（表 4-4），否则 $N_{1,0} = 13$。

3）如果 UE 被配置了多个工作载波，PUSCH 准备时间还需要额外考虑跨载波之间的时间差异，详见 TS 38.133 7.5.4。

4）关于 PDSCH 映射类型 A，如果 PDSCH 传输的最后一个符号是时隙中第 i 个符号且 $i < 7$，则 $d_{1,1} = 7 - i$，否则 $d_{1,1} = 0$。

5）关于 UE 处理能力 1：如果 PDSCH 映射类型 B 所分配的 OFDM 符号个数为 7，则 $d_{1,1} = 0$；如果所分配的 OFDM 符号个数为 4，则 $d_{1,1} = 3$；如果所分配的 OFDM 个数为 2，则 $d_{1,1} = 3 + d$，其中 d 是 PDCCH 与相应被调度的 PDSCH 之间交叠的符号个数。

6）关于 UE 处理能力 2：如果 PDSCH 映射类型 B 所分配的 OFDM 符号个数为 7，则 $d_{1,1} = 0$；如果所分配的 OFDM 符号个数为 4，则 $d_{1,1}$ 等于 PDCCH 与相应被调度的 PDSCH

之间交叠的符号个数；如果所分配的 OFDM 个数为 2，且 PDCCH 所在的 CORESET（CORESET 符号长度为 3）与相应的 PDSCH 具有相同的起始符号，则 $d_{1,1}=3$，否则 $d_{1,1}$ 等于 PDCCH 与相应被调度的 PDSCH 之间交叠的符号个数。

7）对于上报了支持处理能力 2 的 UE，只有当网络侧通过高层消息体 PDSCH-ServingCellConfig 中参数 processingType2Enabled 设置为 enable 时，UE 才使用处理能力 2 计算相应的处理时间。应用 UE 处理能力 2 存在一些受限条件，当 $\mu=1$ 时，如果调度的 PUSCH RB 个数超过 136 RBs，UE 默认使用处理能力 1 所定义的处理时间，如果 UE 采取默认处理能力 1，需确保对应 PDSCH 的最后一个符号的时域位置早于其他遵循处理能力 2 的 PDSCH 起始符号之前的 10 个符号，否则 UE 会放弃解码这些按照受限条件默认使用处理能力 1 的 PDSCH（分配 RB 个数超过 136 RBs & SCS＝30 kHz）。

8）如果 PUCCH 资源与其他 PUCCH 资源或者 PUSCH 在时域上出现交叠，UE 在满足特定条件下可以将 HARQ-ACK 复用在 PUCCH 中传输（详见 TS 38.213 9.2.5），否则在 PUCCH 中传输。

9）准备时间 $T_{proc,1}$ 可以用于时隙中普通循环前缀的 OFDM 符号结构，也可用于扩展循环前缀的 OFDM 符号结构。

表 4-4 基于 UE PDSCH 处理能力 1 的 PDSCH 处理时间

μ	PDSCH decoding time N_1 [symbols]	
	dmrs-AdditionalPosition = pos0 in *DMRS-DownlinkConfig* in both of *dmrs-DownlinkForPDSCH-MappingTypeA*, *dmrs-DownlinkForPDSCH-MappingTypeB*	*dmrs-AdditionalPosition* ≠ pos0 in *DMRS-DownlinkConfig* in either of *dmrs-DownlinkForPDSCH-MappingTypeA*, *dmrs-DownlinkForPDSCH-MappingTypeB or if the higher layer parameter is not configured*
0	8	$N_{1,0}$
1	10	13
2	17	20
3	20	24

表 4-5 基于 UE PDSCH 处理能力 2 的 PDSCH 处理时间

μ	PDSCH decoding time N_1 [symbols]
	dmrs-AdditionalPosition = pos0 in *DMRS-DownlinkConfig* in both of *dmrs-DownlinkForPDSCH-MappingTypeA*, *dmrs-DownlinkForPDSCH-MappingTypeB*
0	3
1	4.5
2	9 for frequency range 1

4.2　5G 上行物理信道

5G 上行物理信道包括上行物理控制信道 PUCCH、上行物理共享信道 PUSCH 以及随机接入物理信道 PRACH，本节主要介绍 PUCCH 和 PUSCH 信道，PRACH 信道结合随机接入流程在第 5 章进行详细介绍。

4.2.1　5G 上行物理控制信道——PUCCH

上行物理控制信道（Physical Uplink Control Channel，PUCCH）承载了 UE 向基站传输的上行控制信息（Uplink Control Information，UCI），UCI 主要包含 CSI、ACK/NACK、调度请求（Scheduling Request，SR）等，尽管这些 UCI 一般所含原始信息比特较少，但作为重要的控制信息传输，一般为了保证传输的可靠性，会采取较为冗余的方式进行传输，这样的冗余可以通过扩频实现，也可以通过编码实现。根据 PUCCH 占用时长以及 UCI 载荷大小定义了 5 种 PUCCH 格式，如表 4-6 所示。

1）PUCCH 格式 0：PUCCH 短格式，包含 1 或 2 个符号，UCI 轻载荷最多包含 2 bit，最多支持 6 个用户在相同 PRB 中实现复用。

2）PUCCH 格式 1：PUCCH 长格式，包含 4~14 个符号，UCI 轻载荷最多包含 2 bit，最多支持相同 PRB 内无跳频方式 84 个用户的复用或者有跳频方式 36 个用户的复用。

3）PUCCH 格式 2：PUCCH 短格式，包含 1 或 2 个符号，UCI 大载荷包含多于 2 bit，不支持相同 PRB 内多用户复用能力。

4）PUCCH 格式 3：PUCCH 长格式，包含 4~14 个符号，UCI 大载荷，不支持相同 PRB 内多用户复用能力。

5）PUCCH 格式 4：PUCCH 长格式，包含 4~14 个符号，UCI 载荷适中，支持相同 PRB 内最多 4 个用户复用。

表 4-6　PUCCH 格式说明

PUCCH format	Length in OFDM symbols $N_{\text{symb}}^{\text{PUCCH}}$	Number of bits
0	1~2	≤2
1	4~14	≤2
2	1~2	>2
3	4~14	>2
4	4~14	>2

PUCCH 长格式将 UCI 与 DMRS 进行时分复用。PUCCH 长格式和 PUCCH（时长为 2 符号）短格式支持跳频机制，对于 PUCCH 格式 1、3 或 4，如果启用跳频格式，第一跳所占用的符号个数为 $\lfloor N_{\text{sybm}}^{\text{PUCCH}}/2 \rfloor$，其中 $N_{\text{symb}}^{\text{PUCCH}}$ 是 PUCCH 所占用的 OFDM 符号时长。PUCCH

长格式可以在多个时隙中进行重复传输。包含多于 2 个信息比特的 PUCCH 长格式（PUCCH 格式 3 和 4）可以采取 QPSK 或 π/2 BPSK 调制，包含多于 2 个信息比特的 PUCCH 短格式（PUCCH 格式 2）可以采取 QPSK 调制，而最多包含 2 个信息比特的 PUCCH 长格式（PUCCH 格式 1）可以采取 BPSK 或 QPSK 调制。

除 PUCCH 格式 2 外，PUCCH 格式 0、1、3、4 都可以将低 PAPR 序列 $r_{u,v}^{(\alpha,\delta)}(n)$ 作为基序列，并通过高层参数配置基序列组间跳变、序列跳变或相位跳变以对抗信道衰落或干扰。PUCCH 一个时隙内的时频域资源配置有两种方式，一种方式是通过高层参数 pucch-ResourceCommon 以索引的方式配置初始 UL BWP 中的 PUCCH，每一个索引配置了一组小区级的 PUCCH 资源参数，包括对应 PUCCH 传输的初始符号、PUCCH 时长、PRB 频域偏置 $RB_{\text{BWP}}^{\text{offset}}$ 以及 PAPR 基序列循环移位索引集，这组小区级 PUCCH 配置资源参数只用于由 SIB1 配置的初始上行 BWP 中，一旦 UE 被配置了专属 PUCCH-Config（注：例如在初始接入阶段通过 RRC 重配），这组小区级 PUCCH 配置资源参数终止使用，见表 4-7。如果 UE 针对 DCI 格式 1_0 或 DCI 格式 1_1 所调度的 PDSCH 进行 HARQ-ACK 反馈时，UE 可以根据公式 $r_{\text{PUCCH}} = \left\lfloor \dfrac{2 \cdot n_{\text{CCE},0}}{N_{\text{CCE}}} \right\rfloor + 2 \cdot \Delta_{\text{PRI}}$ 确定 PUCCH 资源索引 r_{PUCCH}（$0 \leqslant r_{\text{PUCCH}} \leqslant 15$，如表 4-7 所示），其中 N_{CCE} 是在 CORESET 中接收相应 PDCCH 所包含的 CCE 总个数，$n_{\text{CCE},0}$ 是接收 PDCCH 所对应起始 CCE 的索引，Δ_{PRI} 由 DCI 格式 1_0 或 DCI 格式 1_1 中的字段 PUCCH resource indicator field（3 bit）决定取值。r_{PUCCH} 可以用来确定跳频的频域位置以及初始相位循环偏移索引，对于由 pucch-ResourceCommon 配置的 PUCCH 资源集需要启用跳频方式传输，如果 $\lfloor r_{\text{PUCCH}}/8 \rfloor = 0$，第一跳频域 PRB 索引为 $RB_{\text{BWP}}^{\text{offset}} + \lfloor r_{\text{PUCCH}}/N_{\text{CS}} \rfloor$，第二跳频域 PRB 索引为 $RB_{\text{BWP}}^{\text{offset}} + \lfloor r_{\text{PUCCH}}/N_{\text{CS}} \rfloor$，其中 N_{CS} 是初始相位循环偏移索引集合里面元素的个数（对应表 4-7 中最右列的集合），同时，UE 通过公式 $r_{\text{PUCCH}} \bmod N_{\text{CS}}$ 决定将初始相位循环偏移索引集合中的元素作为初始相位循环偏移；如果 $\lfloor r_{\text{PUCCH}}/8 \rfloor = 1$，可以在第一跳频域 PRB 索引为 $N_{\text{BWP}}^{\text{size}} - 1 - RB_{\text{BWP}}^{\text{offset}} - \lfloor (r_{\text{PUCCH}} - 8)/N_{\text{CS}} \rfloor$，第二跳频域 PRB 索引为 $RB_{\text{BWP}}^{\text{offset}} + \lfloor (r_{\text{PUCCH}} - 8)/N_{\text{CS}} \rfloor$，同时，UE 通过公式 $(r_{\text{PUCCH}} - 8) \bmod N_{\text{CS}}$ 决定将初始相位循环偏移索引集合中的元素作为初始相位循环偏移。

表 4-7　初始 BWP 公共配置 PUCCH 资源集

Index	PUCCH format	First symbol	Number of symbols	PRB offset $RB_{\text{BWP}}^{\text{offset}}$	Set of initial CS indexes
0	0	12	2	0	{0, 3}
1	0	12	2	0	{0, 4, 8}
2	0	12	2	3	{0, 4, 8}
3	1	10	4	0	{0, 6}
4	1	10	4	0	{0, 3, 6, 9}

（续）

Index	PUCCH format	First symbol	Number of symbols	PRB offset RB_{BWP}^{offset}	Set of initial CS indexes
5	1	10	4	2	{0, 3, 6, 9}
6	1	10	4	4	{0, 3, 6, 9}
7	1	4	10	0	{0, 6}
8	1	4	10	0	{0, 3, 6, 9}
9	1	4	10	2	{0, 3, 6, 9}
10	1	4	10	4	{0, 3, 6, 9}
11	1	0	14	0	{0, 6}
12	1	0	14	0	{0, 3, 6, 9}
13	1	0	14	2	{0, 3, 6, 9}
14	1	0	14	4	{0, 3, 6, 9}
15	1	0	14	$\lfloor N_{BWP}^{size}/4 \rfloor$	{0, 3, 6, 9}

　　UE 初始接入之后，另一种 PUCCH 资源配置的方式可以通过 PUCCH 专属资源参数 PUCCH-ResourceSet 配置，一旦 UE 被配置了关于初始 BWP 的 PUCCH 专属资源参数，可以替换掉公共参数 pucch-ResourceCommon 的相关配置。可配置的 PUCCH 资源包括 PUCCH 资源索引 pucch-ResourceId，启用跳频前的初始 PRB 索引或者不启用跳频的初始 PRB 索引 startingPRB，第二跳的起始 PRB 索引 secondHopPRB，时隙内跳频指示 intraSlot-FrequencyHopping，PUCCH 格式 format，对于每个配置的 PUCCH 格式，还会额外包括 PUCCH 传输占用符号个数 nrofSymbols、起始符号指示 startingSymbolIndex、初始相位循环 initialCyclicShift，以及 PRB 分配个数 nrofPRBs、正交码 timeDomainOCC 等与 PUCCH 特定格式相关的信息，详见图 4-14 关于消息体 PUCCH-Config 所含参数配置。一个 UE 可以最多被配置 4 个 PUCCH 资源集，每个 PUCCH 资源集可以配置若干 PUCCH 资源，其中第一个 PUCCH 资源集最多可以由参数 maxNrofPUCCH-ResourcesPerSet 配置 32 个 PUCCH 资源，而其他 3 个 PUCCH 资源集最多可以分别配置 8 个 PUCCH 资源。UE 根据传输 UCI 的信息比特大小 l_0 来选择 PUCCH 资源集，同时结合 UCI 传输所占用符号选择具体 PUCCH 传输格式。UE 可以根据 DCI 格式 1_0 或 DCI 格式 1_1 中的字段 PUCCH resource indicator（3 bit）来确定 PUCCH 配置资源列表中（由高层参数 resourceList 指示）具体用来传输 HARQ-ACK 的 PUCCH 的资源（见表 4-8），对于第一个可配置大于 8 个 PUCCH 资源的 PUCCH 资源集（PUCCH-ResourceId = 0），UE 可以根据如下公式进行计算。

$$r_{PUCCH} = \begin{cases} \left\lfloor \dfrac{n_{CCE,p} \cdot \lceil R_{PUCCH}/8 \rceil}{N_{CCE,p}} \right\rfloor + \Delta_{PRI} \cdot \left\lceil \dfrac{R_{PUCCH}}{8} \right\rceil, & \Delta_{PRI} < R_{PUCCH} \bmod 8 \\ \left\lfloor \dfrac{n_{CCE,p} \cdot \lceil R_{PUCCH}/8 \rceil}{N_{CCE,p}} \right\rfloor + \Delta_{PRI} \cdot \left\lceil \dfrac{R_{PUCCH}}{8} \right\rceil + R_{PUCCH} \bmod 8, & \Delta_{PRI} \geqslant R_{PUCCH} \bmod 8 \end{cases}$$

式中，R_{PUCCH} 是 PUCCH 资源集 0 所配置的 PUCCH 资源个数；$N_{CCE,p}$ 是 DCI 格式 1_0 或 DCI 格式 1_1 所在的 CORESET p 中的 CCE 个数；$n_{CCE,p}$ 是相应 PDCCH 接收的起始 CCE 索引；Δ_{PRI} 由字段 PUCCH resource indicator 确定，这样可以确定 PUCCH 资源索引 r_{PUCCH} 传输 HARQ-ACK 的信息比特，其中 $0 \leqslant r_{PUCCH} \leqslant R_{PUCCH} - 1$。

```
-- ASN1START

-- TAG-PUCCH-CONFIG-START


PUCCH-Config ::=                        SEQUENCE {

    resourceSetToAddModList                 SEQUENCE (SIZE

(1..maxNrofPUCCH-ResourceSets)) OF PUCCH-ResourceSet    OPTIONAL, -- Need N

    resourceSetToReleaseList                SEQUENCE (SIZE

(1..maxNrofPUCCH-ResourceSets)) OF PUCCH-ResourceSetId OPTIONAL, -- Need N

    resourceToAddModList                    SEQUENCE (SIZE (1..maxNrofPUCCH-Resources))

OF PUCCH-Resource         OPTIONAL, -- Need N

    resourceToReleaseList                   SEQUENCE (SIZE (1..maxNrofPUCCH-Resources))

OF PUCCH-ResourceId       OPTIONAL, -- Need N

 format1                                    SetupRelease { PUCCH-FormatConfig }

OPTIONAL, -- Need M

    format2                                 SetupRelease { PUCCH-FormatConfig }

OPTIONAL, -- Need M

    format3                                 SetupRelease { PUCCH-FormatConfig }

OPTIONAL, -- Need M

    format4                                 SetupRelease { PUCCH-FormatConfig }
```

图 4-14　PUCCH-Config 消息体说明

```
OPTIONAL, -- Need M


    schedulingRequestResourceToAddModList       SEQUENCE (SIZE (1..maxNrofSR-Resources)) OF
SchedulingRequestResourceConfig


OPTIONAL, -- Need N

    schedulingRequestResourceToReleaseList SEQUENCE (SIZE (1..maxNrofSR-Resources)) OF
SchedulingRequestResourceId


OPTIONAL, -- Need N

    multi-CSI-PUCCH-ResourceList             SEQUENCE (SIZE (1..2)) OF PUCCH-ResourceId

OPTIONAL, -- Need M

    dl-DataToUL-ACK                          SEQUENCE (SIZE (1..8)) OF INTEGER (0..15)

OPTIONAL, -- Need M


    spatialRelationInfoToAddModList          SEQUENCE (SIZE
(1..maxNrofSpatialRelationInfos)) OF PUCCH-SpatialRelationInfo


OPTIONAL, -- Need N

    spatialRelationInfoToReleaseList         SEQUENCE (SIZE
(1..maxNrofSpatialRelationInfos)) OF PUCCH-SpatialRelationInfoId


OPTIONAL, -- Need N
```

图 4-14　PUCCH-Config 消息体说明（续）

```
pucch-PowerControl                         PUCCH-PowerControl
OPTIONAL, -- Need M
    ...
}


PUCCH-FormatConfig ::=                      SEQUENCE {
    interslotFrequencyHopping               ENUMERATED {enabled}
OPTIONAL, -- Need R
    additionalDMRS                          ENUMERATED {true}
OPTIONAL, -- Need R
    maxCodeRate                             PUCCH-MaxCodeRate
OPTIONAL, -- Need R
    nrofSlots                               ENUMERATED {n2,n4,n8}
OPTIONAL, -- Need S
    pi2BPSK                                 ENUMERATED {enabled}
OPTIONAL, -- Need R
    simultaneousHARQ-ACK-CSI                ENUMERATED {true}
OPTIONAL  -- Need R
}


PUCCH-MaxCodeRate ::=                       ENUMERATED {zeroDot08, zeroDot15, zeroDot25,
zeroDot35, zeroDot45, zeroDot60, zeroDot80}
```

图 4-14 PUCCH-Config 消息体说明（续）

```
-- A set with one or more PUCCH resources

PUCCH-ResourceSet ::=                    SEQUENCE {

    pucch-ResourceSetId                  PUCCH-ResourceSetId,

    resourceList                         SEQUENCE (SIZE

(1..maxNrofPUCCH-ResourcesPerSet)) OF PUCCH-ResourceId,

    maxPayloadSize                       INTEGER (4..256)

OPTIONAL  -- Need R

}


PUCCH-ResourceSetId ::=                  INTEGER (0..maxNrofPUCCH-ResourceSets-1)


PUCCH-Resource ::=                       SEQUENCE {

    pucch-ResourceId                     PUCCH-ResourceId,

    startingPRB                          PRB-Id,

    intraSlotFrequencyHopping            ENUMERATED { enabled }

OPTIONAL, -- Need R

    secondHopPRB                         PRB-Id

OPTIONAL, -- Need R

    format                               CHOICE {

        format0                              PUCCH-format0,

        format1                              PUCCH-format1,

        format2                              PUCCH-format2,
```

图 4-14 PUCCH-Config 消息体说明（续）

```
        format3                         PUCCH-format3,

        format4                         PUCCH-format4

    }

}


PUCCH-ResourceId ::=                    INTEGER (0..maxNrofPUCCH-Resources-1)


PUCCH-format0 ::=                       SEQUENCE {

    initialCyclicShift                      INTEGER(0..11),

    nrofSymbols                             INTEGER (1..2),

    startingSymbolIndex                     INTEGER(0..13)

}


PUCCH-format1 ::=                       SEQUENCE {

initialCyclicShift                      INTEGER(0..11),

    nrofSymbols                             INTEGER (4..14),

    startingSymbolIndex                     INTEGER(0..10),

    timeDomainOCC                           INTEGER(0..6)

}


PUCCH-format2 ::=                       SEQUENCE {
```

图 4-14　PUCCH-Config 消息体说明（续）

```
    nrofPRBs                                    INTEGER (1..16),

    nrofSymbols                                 INTEGER (1..2),

    startingSymbolIndex                         INTEGER(0..13)

}


PUCCH-format3 ::=                               SEQUENCE {

    nrofPRBs                                    INTEGER (1..16),

    nrofSymbols                                 INTEGER (4..14),

    startingSymbolIndex                         INTEGER(0..10)

}


PUCCH-format4 ::=                               SEQUENCE {

    nrofSymbols                                 INTEGER (4..14),

    occ-Length                                  ENUMERATED {n2,n4},

    occ-Index                                   ENUMERATED {n0,n1,n2,n3},

    startingSymbolIndex                         INTEGER(0..10)

}



-- TAG-PUCCH-CONFIG-STOP

-- ASN1STOP
```

图 4-14　PUCCH-Config 消息体说明（续）

表 4-8　PUCCH 资源指示与 PUCCH 资源集中配置 PUCCH 资源的映射（最大配置 8 个）

PUCCH resource indicator	PUCCH resource
'000'	1st PUCCH resource provided by *pucch-ResourceId* obtained from the 1st value of *resourceList*
'001'	2nd PUCCH resource provided by *pucch-ResourceId* obtained from the 2nd value of *resourceList*

（续）

PUCCH resource indicator	PUCCH resource
'010'	3rd PUCCH resource provided by *pucch−ResourceId* obtained from the 3rd value of *resourceList*
'011'	4th PUCCH resource provided by *pucch−ResourceId* obtained from the 4th value of *resourceList*
'100'	5th PUCCH resource provided by *pucch−ResourceId* obtained from the 5th value of *resourceList*
'101'	6th PUCCH resource provided by *pucch−ResourceId* obtained from the 6th value of *resourceList*
'110'	7th PUCCH resource provided by *pucch−ResourceId* obtained from the 7th value of *resourceList*
'111'	8th PUCCH resource provided by *pucch−ResourceId* obtained from the 8th value of *resourceList*

如果使用 PUCCH 传输 HARQ-ACK，如果假定以 DCI 格式 1_0 或 DCI 格式 1_1 调度的 PDSCH 在时隙 n 进行接收，或者，在时隙 n 通过侦听 PDCCH 获知 DCI 格式 1_0 指示 SPS PDSCH 传输释放，那么 UE 会在时隙 $n+k$ 上以 PUCCH 信道反馈 HARQ-ACK。UE 可以通过 DCI 格式 1_0 或 DCI 格式 1_1 中的字段 PDSCH-to-HARQ_feedback timing indicator（3 比特）来确定 k，对于 DCI 格式 1_0 而言，该字段指示含义可以映射为集合 $\{1, 2, 3, 4, 5, 6, 7, 8\}$，对于 DCI 格式 1_1 而言，该字段指示含义映射为高层参数 *dl−DataToUL−ACK* 所配置时隙个数，如表 4-9 所示。如果该字段在 DCI 格式 1_1 中没有出现，UE 根据高层参数 *dl−DataToUL−ACK* 配置 k。如果使用 PUCCH 格式 0 或者格式 1 传输 HARQ-ACK，频域分配空间为以高层参数 *startingPRB* 为起始频域索引的 1 个或 2 个 PRB，如果使用 PUCCH 格式 2 或者格式 3 传输，所频域分配空间以 *startingPRB* 为起始频域索引，同时满足一定频域最小集条件所分配的 PRB 资源，关于 PUCCH 格式 2 或格式 3 分配频域最小集成立的条件详见 TS 38.213 9.2.3。

表 4-9　PDSCH-to-HARQ_feedback timing indicator 字段与时隙个数的映射关系

PDSCH-to-HARQ_feedback timing indicator			Number of slots$k$
1 bit	2 bits	3 bits	
'0'	'00'	'000'	1st value provided by *dl−DataToUL−ACK*
'1'	'01'	'001'	2nd value provided by *dl−DataToUL−ACK*
	'10'	'010'	3rd value provided by *dl−DataToUL−ACK*
	'11'	'011'	4th value provided by *dl−DataToUL−ACK*
		'100'	5th value provided by *dl−DataToUL−ACK*
		'101'	6th value provided by *dl−DataToUL−ACK*
		'110'	7th value provided by *dl−DataToUL−ACK*
		'111'	8th value provided by *dl−DataToUL−ACK*

UE 可以根据高层参数 SchedulingRequestResourceConfig 配置使用 PUCCH 格式 0 或格式 1 传输调度请求（Scheduling Request，SR），除此之外其他 PUCCH 格式不支持单独传输 SR（注：其他 PUCCH 格式可以支持 SR 复用传输的方式）。UE 可以通过高

层调度资源配置参数 SchedulingRequestResourceConfig 实现 PUCCH 格式 0 或格式 1 的传输格式选择以及相应的资源配置（如图 4-15 所示），一个时隙中一个 PUCCH 资源对应可以传输一个 SR，UE 的 MAC 层最多可以支持 8 个 SR 请求实例的同时传输。UE 可以通过该消息体中周期参数 periodicityAndOffset 以 OFDM 符号或者时隙为单位配置 SR 传输周期 $SR_{\mathrm{PERIODICITY}}$，同时配置偏置 SR_{OFFSET}，基于不同 SCS（注：SCS 可以基于 PDCCH SCS 与 PUCCH SCS 最小值确定）所配置的周期取值有所不同，同时对应的偏置 SR_{OFFSET} 取值也有所区别，具体原则详见 TS 38.213 9.2.4 & TS 38.331。由于调度请求 SR 需要在时隙中上行符号或者不用于 SSB 传输的灵活符号中传输，因此 SR 的周期参数配置应该与时隙 & 符号资源配置保持匹配，另外，如果 UE 发现某传输时隙内传输 SR 的 PUCCH 可用符号数小于预先配置值 nrofSymbols，那么 UE 在时隙内不传输该 PUCCH。

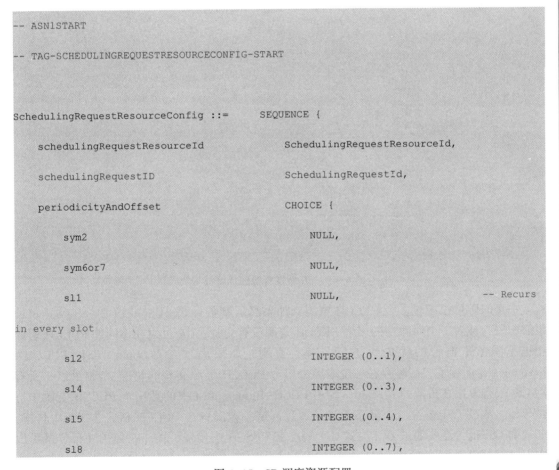

```
-- ASN1START

-- TAG-SCHEDULINGREQUESTRESOURCECONFIG-START


SchedulingRequestResourceConfig ::=        SEQUENCE {

    schedulingRequestResourceId            SchedulingRequestResourceId,

    schedulingRequestID                    SchedulingRequestId,

    periodicityAndOffset                   CHOICE {

        sym2                               NULL,

        sym6or7                            NULL,

        sl1                                NULL,           -- Recurs
in every slot

        sl2                                INTEGER (0..1),

        sl4                                INTEGER (0..3),

        sl5                                INTEGER (0..4),

        sl8                                INTEGER (0..7),
```

图 4-15　SR 调度资源配置

```
        sl10                              INTEGER (0..9),

        sl16                              INTEGER (0..15),

        sl20                              INTEGER (0..19),

        sl40                              INTEGER (0..39),

        sl80                              INTEGER (0..79),

        sl160                             INTEGER (0..159),

        sl320                             INTEGER (0..319),

        sl640                             INTEGER (0..639)

    }

OPTIONAL,    -- Need M

    resource                          PUCCH-ResourceId

OPTIONAL     -- Need M

}


-- TAG-SCHEDULINGREQUESTRESOURCECONFIG-STOP

-- ASN1STOP
```

图 4-15　SR 调度资源配置（续）

一个时隙可以配置多个 PUCCH 资源，如果高层参数 multi-CSI-PUCCH-ResourceList 没有配置，或者一个时隙中的多个 PUCCH 资源没有交叠，UE 可以在不同的 PUCCH 资源根据不同 CSI 报告的优先级进行传输，否则，如果高层参数 multi-CSI-PUCCH-ResourceList 配置了，同时存在一个时隙中多个 PUCCH 资源交叠的情况，UE 可以将所有的 CSI 报告复用在资源列表 multi-CSI-PUCCH-ResourceList 中的某一个 PUCCH 资源中进行传输。周期 CSI 报告以半静态的方式通过高层参数配置在 PUCCH 格式 2/3/4 中传输，非周期 CSI 报告需要通过 DCI 格式 0_1 调度在 PUSCH 中传输，而半持续 CSI 报告既可以由 DCI 格式 0_1 调度在 PUSCH 传输，也可以由 PDSCH 携带相应的 MAC CE 选择指令指示在 PUSCH 中进行传输。如果网络侧配置了高层参数 simultaneousHARQ-ACK-CSI，这意味着 UE 可以在一个 PUCCH 资源中将 HARQ-ACK 和 CSI 报告以及 SR（如果 SR 需要在该时隙的 PUCCH 传输）进行复用传输，否则，UE 会丢弃掉 CSI 报告，仅传输 HARQ-ACK 以及 SR（如果 SR 需要在该时隙的 PUCCH 传输）。如果 UE 期望在时隙多个 PUCCH 资源都采取 HARQ-ACK 与 CSI 报告复用传输的方式，那么对于时隙中所包含的每一个 PUCCH 格式 2、3 和 4 都需要配置 simultaneousHARQ-ACK-CSI。实际上，PUCCH 中 UCI 复用传输主要包含两种类型，一种是 HARQ-ACK 或者 CSI 与 SR 复用传输，另外一种是 HARQ-ACK/CSI/SR 复用传输。对于后者，UE 可以通过高层参数 maxCodeRate 限定 PUCCH 格式 2、3 或 4 中 HARQ-ACK/CSI/SR 复用传输的最高码率。5G 系统中同样支持 UE 在一个时隙内并发传输 PUSCH 和 PUCCH，如果出现 PUCCH 与 PUSCH 在一或多个时隙中传输交叠，且 PUSCH 所承载的 UCI 满足与 PUCCH 承载的 UCI 复用传输的相关条件，那么 UE 可以在 PUCCH 中传输复用 UCI 信息，也可以通过 PUSCH 打孔或者速率匹配等机制实现 UCI 与 PUSCH 在频域上复用传输，详细流程描述参见 TS 38. 214 9.2.5。

  PUCCH 格式 1/3/4 可以通过高层参数 nrofSlots 分别配置多个时隙 $N_{\text{PUCCH}}^{\text{repeat}}$，实现 PUCCH 的重复传输，从而实现 PUCCH 信道时间分集增益。如果 $N_{\text{PUCCH}}^{\text{repeat}}>1$，UE 在 $N_{\text{PUCCH}}^{\text{repeat}}$ 个时隙中的 PUCCH 信道重复传输相同的 UCI 信息，在每个重传时隙中 PUCCH 信道所占用符号个数以及起始符号相同，分别由高层参数 nrofSymbols 和 startingSymbolIndex 进行配置。另外，网络侧可以通过配置高层参数 interslotFrequencyHopping 决定重复传输的 PUCCH 是否启用时隙间跳频，如果启用时隙间跳频，那么在偶数时隙中执行第一跳，起始 PRB 位置由参数 startingPRB 定义，在奇数时隙中执行第二跳，起始 PRB 位置由参数 secondHopPRB 定义，所谓的偶数时隙与奇数时隙定义以首个传输 PUCCH 的时隙作为 0 号时隙，无论之后的时隙是否传输 PUCCH 都被作为计入偶数时隙或者奇数时隙评估，直到 $N_{\text{PUCCH}}^{\text{repeat}}$ 个重复 PUCCH 传输时隙完成。当网络侧在重传 PUCCH 中配置了时隙间跳频，UE 不期望在任何时隙内执行跳频，如果网络侧没有在重传 PUCCH 中配置时隙间跳频，而配置了时隙内跳频，那么在每个重传时隙内的跳频样式都是一样的。如果 UE 发现某传输时隙内 PUCCH 可用符号数小于预先配置值 nrofSymbols，那么 UE 在时隙内不传输该 PUCCH。针对非成对频谱（TDD-NR），PUCCH 重复传输的起始位置由高层参数 startingSymbolIndex 进行配置，位于时隙内上行符号或者不用于 SSB 传输的灵活符号位置上，并且这些可用符号应该大于或等于 PUCCH 预先配置符号个数 nrofSymbols。针对成对频域（FDD-NR），PUCCH 重复传输时隙应该是 $N_{\text{PUCCH}}^{\text{repeat}}$ 个连续时隙。在 PUCCH 以 $N_{\text{PUCCH}}^{\text{repeat}}$ 个时隙重复传输中，如果出现 PUCCH 与 PUSCH 在一或多个时隙中传输交叠，且 PUSCH 所承载的 UCI 满足与 PUCCH 承载的 UCI 复用传输的相关条件（详见 TS 38. 213 9.2.5），那么 UE 可以在 PUCCH 中传输复用 UCI 信息，同时在交叠时隙中不传输 PUSCH。除此之外，UE 不期望在 PUCCH 重复传输的 $N_{\text{PUCCH}}^{\text{repeat}}$ 个时隙中复用传输不同类型的 UCI。

1. PUCCH 格式 0

PUCCH 格式 0 的传输序列 $x(n)$ 由如下公式产生。

$$n(l \cdot N_{sc}^{RB} + n) = r_{u,v}^{(\alpha,\delta)}(n)$$

$$n = 0, 1, \cdots, N_{sc}^{RB} - 1$$

$$l = \begin{cases} 0 & \text{for single-symbol PUCCH transmission} \\ 0, 1 & \text{for single-symbol PUCCH transmission} \end{cases}$$

PUCCH 格式 0 可以在 1 或 2 个 OFDM 符号上进行传输，PUCCH 格式 0 传输内容可以包含与 SR 请求复用的 1 个 HARQ-ACK 信息比特（针对一个传输块反馈），也可以包含与 SR 请求复用的 2 个 HARQ-ACK 信息比特（针对两个传输块的反馈），不同传输内容对应的相位跳变计算系数 m_{cs} 有所不同，具体参见 TS 38.211 6.3.2.2.2 & TS 38.213 9.25.1。传输序列 $x(n)$ 需要按照 PUCCH 格式 0 对应的上行发射功率按照幅度缩放因子 $\beta_{PUCCH,0}$ 进行幅度匹配，同时在资源映射中采取先频域后时域的原则，传输天线端口 $p = 2000$。

2. PUCCH 格式 1

PUCCH 格式 1 的传输原始信息比特序列为 $b(0), \cdots, b(M_{bit} - 1)$，当 $M_{bit} = 1$ 时，采取 BPSK 调制；当 $M_{bit} = 2$ 时，比特序列采取 QPSK 调制，两种调制方式最终生成复值符号 $d(0)$。复值符号 $d(0)$ 与低 PAPR 序列 $r_{u,v}^{(\alpha,\delta)}(n)$ 相乘生成复值序列 $y(0), \cdots, y(N_{sc}^{RB} - 1)$，计算过程如下。

$$y(n) = d(0) \cdot r_{u,v}^{(\alpha,\delta)}(n)$$

$$n = 0, 1, \cdots, N_{sc}^{RB} - 1$$

复值序列 $y(0), \cdots, y(N_{sc}^{RB} - 1)$ 通过正交序列 $w_i(m)$ 进行扩展，根据如下公式生成 PUCCH 传输序列。

$$z(m' N_{sc}^{RB} N_{SF,0}^{PUCCH,1} + m N_{sc}^{rb} + n) = w_i(m) \cdot y(n)$$

$$n = 0, 1, \cdots, N_{sc}^{RB} - 1$$

$$m = 0, 1, \cdots, N_{SF,m'}^{PUCCH,1} - 1$$

$$m' = \begin{cases} 0 & \text{no intra-slot frequencyhopping} \\ 0, 1 & \text{no intra-slot frequencyhopping} \end{cases}$$

其中 $N_{SF,m'}^{PUCCH,1}$ 由表 4-10 定义取值，UE 通过高层参数 intraSlotFrequencyHopping 配置是否启用时隙内跳频机制（注：即使跳频距离为 0，如果 intraSlotFrequencyHopping 配置了，也意味着跳频启用）。正交扩展序列 $w_i(m)$ 由表 4-11 定义取值。i 是表 4-11 中正交序列的索引，由高层参数 timeDomainOCC 进行定义，如果 PUCCH 格式 1 需要配置多时隙的重复传输，复值符号 $d(0)$ 也在多时隙进行重复传输。传输序列 $z(n)$ 需要按照 PUCCH 格式 1 对应的上行发射功率按照幅度缩放因子 $\beta_{PUCCH,1}$ 进行幅值匹配，PUCCH 格式 1 根据高层参数 pucch-ResourceCommon 和 PUCCH-Config 配置进行资源映射，在时频域资源匹配时应该采取先频域后时域的原则，同时规避 DMRS 符号的位置，PUCCH 格式 1 的天线端口 p = 2000。

表 4-10 PUCCH 符号个数与相应 $N_{\text{SF},m'}^{\text{PUCCH},1}$ 取值

PUCCH length, $N_{\text{symb}}^{\text{PUCCH},1}$	$N_{\text{SF},m'}^{\text{PUCCH},1}$		
	No intra-slot hopping	Intra-slot hopping	
	$m'=0$	$m'=0$	$m'=1$
4	2	1	1
5	2	1	1
6	3	1	2
7	3	1	2
8	4	2	2
9	4	2	2
10	5	2	3
11	5	2	3
12	6	3	3
13	6	3	3
14	7	3	4

表 4-11 PUCCH 格式 1 的正交扩展序列 $w_i(m)=\text{e}^{\text{j}2\pi\phi(m)/N_{\text{SF},m'}^{\text{PUCCH},1}}$

$N_{\text{SF},m'}^{\text{PUCCH},1}$	φ						
	$i=0$	$i=1$	$i=2$	$i=3$	$i=4$	$i=5$	$i=6$
1	[0]	–	–	–	–	–	–
2	[0 0]	[0 1]	–	–	–	–	–
3	[0 0 0]	[0 1 2]	[0 2 1]	–	–	–	–
4	[0 0 0 0]	[0 2 0 2]	[0 0 2 2]	[0 2 2 0]	–	–	–
5	[0 0 0 0 0]	[0 1 2 3 4]	[0 2 4 1 3]	[0 3 1 4 2]	[0 4 3 2 1]	–	–
6	[0 0 0 0 0 0]	[0 1 2 3 4 5]	[0 2 4 0 2 4]	[0 3 0 3 0 3]	[0 4 2 0 4 2]	[0 5 4 3 2 1]	–
7	[0 0 0 0 0 0 0]	[0 1 2 3 4 5 6]	[0 2 4 6 1 3 5]	[0 3 6 2 5 1 4]	[0 4 1 5 2 6 3]	[0 5 3 1 6 4 2]	[0 6 5 4 3 2 1]

3. PUCCH 格式 2

PUCCH 格式 2 的传输原始信息比特序列为 $b(0),\cdots,b(M_{\text{bit}}-1)$，该传输比特序列需要根据如下公式进行加扰处理。

$$\widetilde{b}(i)=[b(i)+c(i)]\bmod 2c^{(q)}(i)$$

其中加扰序列 $c^{(q)}(i)$ 为高德序列，加扰序列由公式 $c_{\text{init}}=n_{\text{RNTI}}\cdot 2^{15}+n_{\text{ID}}$ 进行初始化，$n_{\text{ID}}\in\{0,1,\cdots,1023\}$ 由高层参数 dataScramblingIdentityPUSCH 进行配置，否则 $n_{\text{ID}}=N_{\text{ID}}^{\text{cell}}$，$n_{\text{RNTI}}$ 由 C-RNTI 定义取值。

加扰后的序列比特 $\widetilde{b}(0),\cdots,\widetilde{b}(M_{\text{bit}}-1)$ 使用 QPSK 方式进行调制，产生一系列复值调

制符号 $d(0),\cdots,d(M_{symb}-1)$，其中 $M_{symb}=M_{bit}/2$。调制后的复值符号需要按照 PUCCH 格式 2 对应的上行发射功率按照幅度缩放因子 $\beta_{PUCCH,2}$ 进行幅值匹配，PUCCH 格式 2 根据高层参数 PUCCH-Config 配置进行资源映射，在时频域资源匹配时应该采取先频域后时域的原则，同时规避 DMRS 符号的位置，PUCCH 格式 2 的天线端口 p = 2000。

4. PUCCH 格式 3 和 4

PUCCH 格式 3 和 4 的传输原始信息比特序列为 $b(0),\cdots,b(M_{bit}-1)$，该传输比特序列需要根据如下公式进行加扰处理。

$$\tilde{b}(i)=\left[b(i)+c(i)\right]\bmod 2c^{(q)}(i)$$

其中加扰序列 $c(i)$ 为高德序列，加扰序列由公式 $c_{init}=n_{RNTI}\cdot 2^{15}+n_{ID}$ 进行初始化，$n_{ID}\in\{0,1,\cdots,1023\}$ 由高层参数 dataScramblingIdentityPUSCH 进行配置，否则 $n_{ID}=N_{ID}^{cell}$，n_{RNTI} 由 C-RNTI 定义取值。

如果高层不配置 π/2-BPSK 调制方式，那么加扰后的序列比特 $\tilde{b}(0),\cdots,\tilde{b}(M_{bit}-1)$ 默认使用 QPSK 方式进行调制，产生一系列复值调制符号 $d(0),\cdots,d(M_{symb}-1)$，其中 $M_{symb}=M_{bit}/2$，如果采用 π/2-BPSK 调制方式，$M_{symb}=M_{bit}$。

对于 PUCCH 格式 3 和 4，定义频域占用 RE 资源为 $M_{sc}^{PUCCH,s}=M_{RB}^{PUCCH,s}N_{sc}^{RB}$，其中 $M_{RB}^{PUCCH,s}$ 是 PUCCH 格式 3 或 4 频域占用 PRB 的个数。针对 PUCCH 格式 3，高层参数 nrof-PRBs 设置了频域 PRB 个数的上限，UE 应根据 PUCCH 格式 3 实际传输内容大小确定最小可用的 PRB 个数，同时，针对 PUCCH 格式 3 和格式 4 还应该满足如下条件。

$$M_{RB}^{PUCCH,s}=\begin{cases}2^{\alpha_2}\times 3^{\alpha_3}\times 5^{\alpha_5} & \text{for PUCCH format 3}\\ 1 & \text{for PUCCH format 4}\end{cases}$$

其中 α_2、α_3、α_5 是非负整数，同时 $s\in\{3,4\}$。

对于 PUCCH 格式 3，不需要针对调整后复值序列进行扩展，由如下公式可得：

$$y(lM_{sc}^{PUCCH,3}+k)=d(lM_{sc}^{PUCCH,3}+k)$$

$$k=0,1,\cdots,M_{sc}^{PUCCH,3}-1$$

$$l=0,1,\cdots,(M_{symb}/M_{sc}^{PUCCH,3})-1$$

式中，$M_{RB}^{PUCCH,3}\geq 1$ 为 PUCCH 格式 3 频域传输分配 PRB 的个数，由上述原则确定，同时扩展因子 $N_{SF}^{PUCCH,3}=1$。

对于 PUCCH 格式 4，需要根据如下公式进行序列扩展。

$$y(lM_{sc}^{PUCCH,4}+k)=w_n(k)\cdot d\left(l\frac{M_{sc}^{PUCCH,4}}{N_{SF}^{PUCCH,4}}+k\bmod\frac{M_{sc}^{PUCCH,4}}{N_{SF}^{PUCCH,4}}\right)$$

$$k=0,1,\cdots,M_{sc}^{PUCCH,4}-1$$

$$l=0,1,\cdots,(N_{SF}^{PUCCH,4}M_{symb}/M_{sc}^{PUCCH,4})-1$$

式中，$M_{RB}^{PUCCH,4}=1$，扩展因子 $N_{SF}^{PUCCH,4}\in\{2,4\}$，正交扩展序列 w_n 针对不同扩展因子根据

表 4-12、表 4-13 进行定义，n 是正交序列索引，由高层参数 occ-Index 进行配置。

表 4-12　PUCCH 格式 4 的正交扩展序列（扩展因子 $N_{\mathrm{SF}}^{\mathrm{PUCCH},4}=2$）

n	w_n
0	$[+1 \quad +1 \quad +1 \quad +1 \quad +1 \quad +1 \quad +1 \quad +1 \quad +1 \quad +1 \quad +1 \quad +1]$
1	$[+1 \quad +1 \quad +1 \quad +1 \quad +1 \quad +1 \quad -1 \quad -1 \quad -1 \quad -1 \quad -1 \quad -1]$

表 4-13　PUCCH 格式 4 的正交扩展序列（扩展因子 $N_{\mathrm{SF}}^{\mathrm{PUCCH},4}=4$）

n	w_n
0	$[+1 \quad +1 \quad +1 \quad +1 \quad +1 \quad +1 \quad +1 \quad +1 \quad +1 \quad +1 \quad +1 \quad +1]$
1	$[+1 \quad +1 \quad +1 \quad -j \quad -j \quad -j \quad -1 \quad -1 \quad -1 \quad +j \quad +j \quad +j]$
2	$[+1 \quad +1 \quad +1 \quad -1 \quad -1 \quad -1 \quad +1 \quad +1 \quad +1 \quad -1 \quad -1 \quad -1]$
3	$[+1 \quad +1 \quad +1 \quad +j \quad +j \quad +j \quad -1 \quad -1 \quad -1 \quad -j \quad -j \quad -j]$

PUCCH 格式 3 和 PUCCH 格式 4 传输的一系列复值符号 $y(0),\cdots,y(N_{\mathrm{SF}}^{\mathrm{PUCCH},s}M_{\mathrm{symb}}-1)$ 可以通过如下公式实现转换预编码。

$$z(l\cdot M_{\mathrm{sc}}^{\mathrm{PUCCH},s}+k)=\frac{1}{\sqrt{M_{\mathrm{sc}}^{\mathrm{PUCCH},s}}}\sum_{m=0}^{M_{\mathrm{sc}}^{\mathrm{PUCCH},s}-1}y(l\cdot M_{\mathrm{sc}}^{\mathrm{PUCCH},s}+m)\mathrm{e}^{-\mathrm{j}\frac{2\pi nk}{M_{\mathrm{sc}}^{\mathrm{PUCCH},s}}}$$

$$k=0,\cdots,M_{\mathrm{sc}}^{\mathrm{PUCCH},s}-1$$

$$l=0,\cdots,(N_{\mathrm{SF}}^{\mathrm{PUCCH},s}M_{\mathrm{symb}}/M_{\mathrm{sc}}^{\mathrm{PUCCH},s})-1$$

生成一系列复值符号 $z(0),\cdots,z(N_{\mathrm{SF}}^{\mathrm{PUCCH},s}M_{\mathrm{symb}}-1)$，按照 PUCCH 格式 3 或格式 4 对应的上行发射功率按照幅度缩放因子 $\beta_{\mathrm{PUCCH},s}$ 进行幅值匹配，PUCCH 格式 3 和 4 根据高层参数 PUCCH-Config 配置进行资源映射，在时频域资源匹配时应该采取先频域后时域的原则，同时规避 DMRS 符号的位置，PUCCH 格式 3 和格式 4 的天线端口 p=2000。针对启用时隙内跳频模式，第一跳占用 $\lfloor N_{\mathrm{symb}}^{\mathrm{PUCCH},s}/2\rfloor$ 个符号，第二跳占用 $N_{\mathrm{symb}}^{\mathrm{PUCCH},s}-\lfloor N_{\mathrm{symb}}^{\mathrm{PUCCH},s}/2\rfloor$ 个符号，$N_{\mathrm{symb}}^{\mathrm{PUCCH},s}$ 是一个 PUCCH 时隙内所配置的传输符号个数。

4.2.2　5G 上行物理共享信道——PUSCH

上行物理共享信道承载了上行共享信道（Uplink Shared Channel，UL-SCH）传输信息，涉及的物理层处理流程包含如下。

1）传输块 CRC 附着加载。

2）码块分割以及码块 CRC 附着加载。

3）LDPC 信道编码。

4）物理层混合自适应重传（Hybrid-ARQ）处理。

5）FEC 和速率匹配。

6）加扰处理。

7）数据调制：支持 π/2 BPSK（仅支持转换预编码方式）、QPSK、16QAM、64QAM 和 256QAM。

8）层映射，转换预编码（可选）以及预编码。

9）配置资源以及天线端口映射。

UE 在 PUSCH 传输过程中，针对每一频域跳频的每一层都至少需要配置占用一个 OFDM 符号位置的上行 DMRS 符号，可以通过高层参数至多配置 3 个额外的 DMRS 符号。上行 PT-RS 可以传输在额外的符号位置以辅助进行相位追踪。UL-SCH 的物理传输层模型如图 4-16 所示。

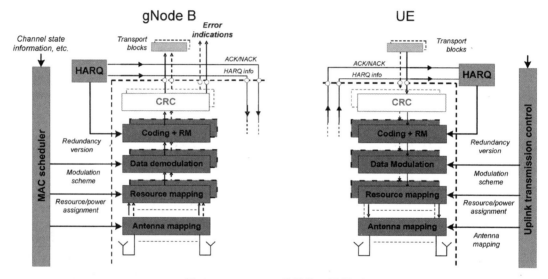

图 4-16　UL-SCH 传输物理层模型

PUSCH 以单码字进行传输，针对单码字 $q=0$，传输块比特序列为 $b^{(q)}(0), \cdots, b^{(q)}(M_{\text{bit}}^{(q)}-1)$，其中 $M_{\text{bit}}^{(q)}$ 是码字 q 所包含传输比特大小。传输块比特序列应该先基于传输比特代表含义根据 TS 38.211 6.3.1.1 进行加扰，加扰序列由公式 $c_{\text{init}} = n_{\text{RNTI}} \cdot 2^{15} + n_{\text{ID}}$ 进行初始化，$n_{\text{ID}} \in \{0, 1, \cdots, 1023\}$ 由高层参数 dataScramblingIdentityPUSCH 进行配置，n_{RNTI} 等于 C-RNTI、MCS-C-RNTI 或 CS-RNTI 并且相应 PUSCH 传输在公共搜索空间（CSS）中不由 DCI 格式 0_0 调度，否则 $n_{\text{ID}} = N_{\text{ID}}^{\text{cell}}$、$n_{\text{RNTI}}$ 由 PUSCH 相应的传输内容决定。

对于单码字 $q=0$，加扰比特序列 $\tilde{b}^{(q)}(0), \cdots, \tilde{b}^{(q)}(M_{\text{bit}}^{(q)}-1)$ 基于调制阶数进行调制，产生复值调制符号序列 $d^{(q)}(0), \cdots, d^{(q)}(M_{\text{symb}}^{(q)}-1)$，5G PUSCH 传输支持的调制阶数参见表 4-14。

表 4-14　5G PUSCH 传输支持调制阶数

Transform precoding disabled		Transform precoding enabled	
Modulation scheme	Modulation order Q_m	Modulation scheme	Modulation order Q_m
		$\pi/2$-BPSK	1
QPSK	2	QPSK	2
16QAM	4	16QAM	4
64QAM	6	64QAM	6
256QAM	8	256QAM	8

单码字传输序列经过调制产生的复值调制符号序列最大可以实现 4 层映射。复值调制符号 $d^{(q)}(0),\cdots,d^{(q)}(M^{(q)}_{symb}-1)$ 可以通过公式 $x(i)=[\,x^{(0)}(i)\quad\cdots\quad x^{(v-1)}(i)\,]^{\mathrm{T}}$ 进行层映射，其中 $i=0,1,\cdots,M^{layer}_{symb}-1$，$v$ 是映射层个数，M^{layer}_{symb} 是每层传输调制符号个数。

PUSCH 传输可以选择配置是否以转换预编码（Transform Precoding）的方式进行传输从而抑制终端发射的 PAPR 效应。如果进行高层参数 msg3-transformPrecoder 配置，UE 根据该参数配置决定 Msg3 PUSCH 传输是否启用转换预编码；对于采取 DCI 格式 0_0 动态调度方式传输的 PUSCH，由高层参数 msg3-transformPrecoder 决定是否启用转换预编码，如果采取非 DCI 格式 0_0 动态调度方式传输的 PUSCH，可由高层消息体 pusch-Config 中的参数 transformPrecoder 决定是否启用转换预编码，如果该参数未配置 UE，可根据 msg3-transformPrecoder 决定是否启用转换预编码；对于采取 RRC 配置授权方式传输的 PUSCH，UE 可以根据消息体 configuredGrantConfig 中的 transformPrecoder 决定是否启用转换预编码，如果该参数未配置 UE，可根据 msg3-transformPrecoder 决定是否启用转换预编码。针对未启用转换预编码传输的 PUSCH，每一层的序列映射为 $y^{(\lambda)}(i)=x^{(\lambda)}(i)$（$\lambda=0,1,\cdots,v-1$），而针对启用转换预编码传输的 PUSCH，其中层数 $v=1$，同时 $\tilde{x}^{(0)}(i)[\,\tilde{x}^{(0)}(i)=x^{(0)}(i)\,]$ 传输取决于 PT-RS。

1）如果 PUSCH 传输不启用 PT-RS，针对单层传输的复值符号序列 $x^{(0)}(0),\cdots,x^{(0)}(M^{layer}_{symb}-1)$ 应该划分 $M^{layer}_{symb}/M^{PUSCH}_{sc}$ 集合，每一个集合对应一个 OFDM 符号，M^{PUSCH}_{sc} 是频域分配子载波个数。

2）如果 PUSCH 传输启用 PT-RS，针对单层传输的复值符号序列 $x^{(0)}(0),\cdots,x^{(0)}(M^{layer}_{symb}-1)$ 可以剔除 PT-RS 频域所占 RE 位置之后进行映射，每一个 OFDM 符号上可以映射 $M^{PUSCH}_{sc}-\varepsilon_l N^{group}_{samp} N^{PTRS}_{group}$ 个复值符号，进行转换预编码之前对应 OFDM 符号 l 上的复值符号映射为 $\tilde{x}^{(0)}(lM^{PUSCH}_{sc}+i')$，其中 $i'\in\{0,1,\cdots,M^{PUSCH}_{sc}-1\}$ 同时 $i'\neq m$，m 为 OFDM 符号 l 上的 PT-RS 采样频域索引位置，当 OFDM 符号 l 上包含 1 或多个 PT-RS 采样时，$\varepsilon_l=1$，否则 $\varepsilon_l=0$。

单层复值序列 $\tilde{x}^{(0)}(i)$ 根据如下公式进行转换预编码，生成一系列复值序列 $y^{(0)}(0),\cdots,y^{(0)}(M^{layer}_{symb}-1)$。

$$y^{(0)}\left(l \cdot M_{\text{sc}}^{\text{PUSCH}} + k\right) = \frac{1}{\sqrt{M_{\text{sc}}^{\text{PUSCH},s}}} \sum_{i=0}^{M_{\text{sc}}^{\text{PUSCH}-1}} \widetilde{x}^{(0)} y\left(l \cdot M_{\text{sc}}^{\text{PUSCH}} + i\right) e^{-j\frac{2\pi ik}{M_{\text{sc}}^{\text{PUSCH}}}}$$

$$k = 0, \cdots, M_{\text{sc}}^{\text{PUSCH}} - 1$$

$$l = 0, \cdots, \left(N_{\text{symb}}^{\text{layer}} / M_{\text{sc}}^{\text{PUSCH}} - 1\right)$$

式中，$M_{\text{sc}}^{\text{PUSCH}} = M_{\text{RB}}^{\text{PUSCH}} \cdot N_{\text{sc}}^{\text{RB}}$，$M_{\text{RB}}^{\text{PUSCH}}$ 是 PUSCH 频域带宽所包含的资源块个数，需要满足如下条件 $M_{\text{RB}}^{\text{PUSCH}} = 2^{\alpha_2} \cdot 3^{\alpha_3} \cdot 5^{\alpha_5}$，其中 $\alpha_2, \alpha_3, \alpha_5$ 为非负整数。

经过转换预编码（或未启用转换预编码）之后所产生的复值符号序列 $\left[y^{(0)}(i) \quad \cdots \quad y^{(v-1)}(i)\right]^{\text{T}}$ 需要根据预编码矩阵 $\boldsymbol{W}$ 进行预编码处理，如下公式所示。

$$\begin{bmatrix} z^{(p_0)}(i) \\ \vdots \\ z^{p_{\rho-1}}(i) \end{bmatrix} = \boldsymbol{W} \begin{bmatrix} y^{(0)}(i) \\ \vdots \\ y^{v-1}(i) \end{bmatrix}$$

式中，$i = 0, 1, \cdots, M_{\text{symb}}^{\text{layer}} - 1$，PUSCH 天线端口集合 $\{p_0, \cdots, p_{\rho-1}\}$ 与所使用 SRS 资源中包含的 SRS 天线端口相同。

5G 上行 PUSCH 可以采取非码本预编码传输方式，这种方式类似基站侧通过波束赋形的方式实现空分复用，UE 侧通过在通道侧加权结合多天线阵列方式实现，此种传输模式下预编码矩阵 $\boldsymbol{W}$ 为单位矩阵。UE 非码本 PUSCH 传输可以由 DCI 格式 0_0 或 DCI 格式 0_1 动态调度，也可以由高层配置授权半静态调度。UE 可以根据 DCI 格式 0_1 所含 SRI（所对应指示 SRS 资源）确定通道加权预编码与传输的秩（RI），也可以根据高层参数 srs-ResourceIndicator 指示的 SRI 确定通道加权预编码与传输的秩。最多仅一个 SRS 资源集 SRS-ResourceSet 可以配置用作 PUSCH 以非码本方式传输的参考（usage 参数配置为'nonCodebook'），一个 SRS 资源集可以配置包含一个或多个相应的 SRS 资源，UE 可以在一个符号上同时传输多个 SRS 资源（最多可以配置 4 个非码本 SRS 传输资源），每一个 SRS 资源对应一个 SRS 天线端口，UE 可以测量与该 SRS 资源集相关的 NZP-CSI-RS 实现 SRS 传输的初始通道加权预编码（粗颗粒度的上行波束赋形），网络侧后续通过 SRI 指示提供 UE 参考以实现 PUSCH 传输的最终通道加权预编码（细颗粒度的上行波束赋形），PUSCH 的天线端口与 SRI 所指示的 SRS 资源（ID：$i+1$）对应的天线端口一致，以 $p_i = 1000 + i$ 进行标识。

除此之外，也可以采取类似 4G 系统中通过码本预编码传输方式实现空分复用，此种传输模式下，对于单层单天线端口传输，预编码矩阵 $\boldsymbol{W} = 1$，否则，预编码矩阵 $\boldsymbol{W}$ 由解码 DCI 中的 TPMI 索引动态调度确定，UE 根据 DCI 所含 TPMI、SRI 和 RI 进行码本选择，也可以根据高层参数 srs-ResourceIndicator 和 precodingAndNumberOfLayers 进行码本选择，其中 PUSCH 传输的天线端口使用与 SRI 指示的 SRS 资源相同的天线端口。传输层、天线端口和 TPMI 索引与预编码矩阵的对应关系参见表 4-15~表 4-21。值得一提的是，采取非码本预编码传输方式还是码本预编码传输方式取决于高层参数 txConfig 的设置，如果该参数不配置，预编码矩阵 $\boldsymbol{W} = 1$。

表 4-15 单层双天线端口预编码矩阵

TPMI index	W (ordered from left to right in increasing order of TPMI index)							
0~5	$\frac{1}{\sqrt{2}}\begin{bmatrix}1\\0\end{bmatrix}$	$\frac{1}{\sqrt{2}}\begin{bmatrix}0\\1\end{bmatrix}$	$\frac{1}{\sqrt{2}}\begin{bmatrix}1\\1\end{bmatrix}$	$\frac{1}{\sqrt{2}}\begin{bmatrix}1\\-1\end{bmatrix}$	$\frac{1}{\sqrt{2}}\begin{bmatrix}1\\j\end{bmatrix}$	$\frac{1}{\sqrt{2}}\begin{bmatrix}1\\-j\end{bmatrix}$	–	–

表 4-16 单层 4 天线端口预编码矩阵（启用转换预编码）

TPMI index	W (ordered from left to right in increasing order of TPMI index)							
0~7	$\frac{1}{2}\begin{bmatrix}1\\0\\0\\0\end{bmatrix}$	$\frac{1}{2}\begin{bmatrix}0\\1\\0\\0\end{bmatrix}$	$\frac{1}{2}\begin{bmatrix}0\\0\\1\\0\end{bmatrix}$	$\frac{1}{2}\begin{bmatrix}0\\0\\0\\1\end{bmatrix}$	$\frac{1}{2}\begin{bmatrix}1\\0\\1\\0\end{bmatrix}$	$\frac{1}{2}\begin{bmatrix}1\\0\\-1\\0\end{bmatrix}$	$\frac{1}{2}\begin{bmatrix}1\\0\\j\\0\end{bmatrix}$	$\frac{1}{2}\begin{bmatrix}1\\0\\-j\\0\end{bmatrix}$
8~15	$\frac{1}{2}\begin{bmatrix}0\\1\\0\\1\end{bmatrix}$	$\frac{1}{2}\begin{bmatrix}0\\1\\0\\-1\end{bmatrix}$	$\frac{1}{2}\begin{bmatrix}0\\1\\0\\j\end{bmatrix}$	$\frac{1}{2}\begin{bmatrix}0\\1\\0\\-j\end{bmatrix}$	$\frac{1}{2}\begin{bmatrix}1\\1\\1\\-1\end{bmatrix}$	$\frac{1}{2}\begin{bmatrix}1\\1\\j\\j\end{bmatrix}$	$\frac{1}{2}\begin{bmatrix}1\\1\\-1\\1\end{bmatrix}$	$\frac{1}{2}\begin{bmatrix}1\\1\\-j\\-j\end{bmatrix}$
16~23	$\frac{1}{2}\begin{bmatrix}1\\j\\1\\j\end{bmatrix}$	$\frac{1}{2}\begin{bmatrix}1\\j\\j\\1\end{bmatrix}$	$\frac{1}{2}\begin{bmatrix}1\\j\\-1\\-j\end{bmatrix}$	$\frac{1}{2}\begin{bmatrix}1\\j\\-j\\-1\end{bmatrix}$	$\frac{1}{2}\begin{bmatrix}1\\-1\\1\\1\end{bmatrix}$	$\frac{1}{2}\begin{bmatrix}1\\-1\\j\\-j\end{bmatrix}$	$\frac{1}{2}\begin{bmatrix}1\\-1\\-1\\1\end{bmatrix}$	$\frac{1}{2}\begin{bmatrix}1\\-1\\-j\\j\end{bmatrix}$
24~27	$\frac{1}{2}\begin{bmatrix}1\\-j\\1\\-j\end{bmatrix}$	$\frac{1}{2}\begin{bmatrix}1\\-j\\j\\1\end{bmatrix}$	$\frac{1}{2}\begin{bmatrix}1\\-j\\-1\\j\end{bmatrix}$	$\frac{1}{2}\begin{bmatrix}1\\-j\\-j\\1\end{bmatrix}$	–	–	–	–

表 4-17 单层 4 天线端口预编码矩阵（不启用转换预编码）

TPMI index	W (ordered from left to right in increasing order of TPMI index)							
0~7	$\frac{1}{2}\begin{bmatrix}1\\0\\0\\0\end{bmatrix}$	$\frac{1}{2}\begin{bmatrix}0\\1\\0\\0\end{bmatrix}$	$\frac{1}{2}\begin{bmatrix}0\\0\\1\\0\end{bmatrix}$	$\frac{1}{2}\begin{bmatrix}0\\0\\0\\1\end{bmatrix}$	$\frac{1}{2}\begin{bmatrix}1\\0\\1\\0\end{bmatrix}$	$\frac{1}{2}\begin{bmatrix}1\\0\\-1\\0\end{bmatrix}$	$\frac{1}{2}\begin{bmatrix}1\\0\\j\\0\end{bmatrix}$	$\frac{1}{2}\begin{bmatrix}1\\0\\-j\\0\end{bmatrix}$
8~15	$\frac{1}{2}\begin{bmatrix}0\\1\\0\\1\end{bmatrix}$	$\frac{1}{2}\begin{bmatrix}0\\1\\0\\-1\end{bmatrix}$	$\frac{1}{2}\begin{bmatrix}0\\1\\0\\j\end{bmatrix}$	$\frac{1}{2}\begin{bmatrix}0\\1\\0\\-j\end{bmatrix}$	$\frac{1}{2}\begin{bmatrix}1\\1\\1\\-1\end{bmatrix}$	$\frac{1}{2}\begin{bmatrix}1\\1\\j\\j\end{bmatrix}$	$\frac{1}{2}\begin{bmatrix}1\\1\\-1\\1\end{bmatrix}$	$\frac{1}{2}\begin{bmatrix}1\\1\\-j\\-j\end{bmatrix}$
16~23	$\frac{1}{2}\begin{bmatrix}1\\j\\1\\j\end{bmatrix}$	$\frac{1}{2}\begin{bmatrix}1\\j\\j\\-1\end{bmatrix}$	$\frac{1}{2}\begin{bmatrix}1\\j\\-1\\-j\end{bmatrix}$	$\frac{1}{2}\begin{bmatrix}1\\j\\-j\\1\end{bmatrix}$	$\frac{1}{2}\begin{bmatrix}1\\-1\\1\\-1\end{bmatrix}$	$\frac{1}{2}\begin{bmatrix}1\\-1\\j\\-j\end{bmatrix}$	$\frac{1}{2}\begin{bmatrix}1\\-1\\-1\\1\end{bmatrix}$	$\frac{1}{2}\begin{bmatrix}1\\-1\\-j\\j\end{bmatrix}$
24~27	$\frac{1}{2}\begin{bmatrix}1\\-j\\1\\-j\end{bmatrix}$	$\frac{1}{2}\begin{bmatrix}1\\-j\\j\\1\end{bmatrix}$	$\frac{1}{2}\begin{bmatrix}1\\-j\\-1\\j\end{bmatrix}$	$\frac{1}{2}\begin{bmatrix}1\\-j\\-j\\-1\end{bmatrix}$	–	–	–	–

表 4-18　2 层 2 天线端口预编码矩阵（不启用转换预编码）

TPMI index	W (ordered from left to right in increasing order of TPMI index)		
0~2	$\dfrac{1}{\sqrt{2}}\begin{bmatrix} 1 & 0 \\ 0 & 1 \end{bmatrix}$	$\dfrac{1}{\sqrt{2}}\begin{bmatrix} 1 & 1 \\ 1 & -1 \end{bmatrix}$	$\dfrac{1}{\sqrt{2}}\begin{bmatrix} 1 & 1 \\ j & -j \end{bmatrix}$	

表 4-19　2 层 4 天线端口预编码矩阵（不启用转换预编码）

TPMI index	W (ordered from left to right in increasing order of TPMI index)			
0~3	$\dfrac{1}{2}\begin{bmatrix} 1 & 0 \\ 0 & 1 \\ 0 & 0 \\ 0 & 0 \end{bmatrix}$	$\dfrac{1}{2}\begin{bmatrix} 1 & 0 \\ 0 & 0 \\ 0 & 1 \\ 0 & 0 \end{bmatrix}$	$\dfrac{1}{2}\begin{bmatrix} 1 & 0 \\ 0 & 0 \\ 0 & 0 \\ 0 & 1 \end{bmatrix}$	$\dfrac{1}{2}\begin{bmatrix} 0 & 0 \\ 1 & 0 \\ 0 & 1 \\ 0 & 0 \end{bmatrix}$
4~7	$\dfrac{1}{2}\begin{bmatrix} 0 & 0 \\ 1 & 0 \\ 0 & 0 \\ 0 & 1 \end{bmatrix}$	$\dfrac{1}{2}\begin{bmatrix} 0 & 0 \\ 0 & 0 \\ 1 & 0 \\ 0 & 1 \end{bmatrix}$	$\dfrac{1}{2}\begin{bmatrix} 1 & 0 \\ 0 & 1 \\ 1 & 0 \\ 0 & -j \end{bmatrix}$	$\dfrac{1}{2}\begin{bmatrix} 1 & 0 \\ 0 & 1 \\ 1 & 0 \\ 0 & j \end{bmatrix}$
8~11	$\dfrac{1}{2}\begin{bmatrix} 1 & 0 \\ 0 & 1 \\ -j & 0 \\ 0 & 1 \end{bmatrix}$	$\dfrac{1}{2}\begin{bmatrix} 1 & 0 \\ 0 & 1 \\ -j & 0 \\ 0 & -1 \end{bmatrix}$	$\dfrac{1}{2}\begin{bmatrix} 1 & 0 \\ 0 & 1 \\ -1 & 0 \\ 0 & -j \end{bmatrix}$	$\dfrac{1}{2}\begin{bmatrix} 1 & 0 \\ 0 & 1 \\ -1 & 0 \\ 0 & j \end{bmatrix}$
12~15	$\dfrac{1}{2}\begin{bmatrix} 1 & 0 \\ 0 & 1 \\ j & 0 \\ 0 & 1 \end{bmatrix}$	$\dfrac{1}{2}\begin{bmatrix} 1 & 0 \\ 0 & 1 \\ j & 0 \\ 0 & -1 \end{bmatrix}$	$\dfrac{1}{2\sqrt{2}}\begin{bmatrix} 1 & 1 \\ 1 & 1 \\ 1 & -1 \\ 1 & -1 \end{bmatrix}$	$\dfrac{1}{2\sqrt{2}}\begin{bmatrix} 1 & 1 \\ 1 & 1 \\ j & -j \\ j & -j \end{bmatrix}$
16~19	$\dfrac{1}{2\sqrt{2}}\begin{bmatrix} 1 & 1 \\ j & j \\ 1 & -1 \\ j & -j \end{bmatrix}$	$\dfrac{1}{2\sqrt{2}}\begin{bmatrix} 1 & 1 \\ j & j \\ j & -j \\ -1 & 1 \end{bmatrix}$	$\dfrac{1}{2\sqrt{2}}\begin{bmatrix} 1 & 1 \\ -1 & -1 \\ 1 & -1 \\ -1 & 1 \end{bmatrix}$	$\dfrac{1}{2\sqrt{2}}\begin{bmatrix} 1 & 1 \\ -1 & -1 \\ j & -j \\ -j & j \end{bmatrix}$
20~21	$\dfrac{1}{2\sqrt{2}}\begin{bmatrix} 1 & 1 \\ -j & -j \\ 1 & -1 \\ -j & j \end{bmatrix}$	$\dfrac{1}{2\sqrt{2}}\begin{bmatrix} 1 & 1 \\ -j & -j \\ j & -j \\ 1 & -1 \end{bmatrix}$	—	—

表 4-20　3 层 4 天线端口预编码矩阵（不启用转换预编码）

TPMI index	W (ordered from left to right in increasing order of TPMI index)			
0~3	$\dfrac{1}{2}\begin{bmatrix} 1 & 0 & 0 \\ 0 & 1 & 0 \\ 0 & 0 & 1 \\ 0 & 0 & 0 \end{bmatrix}$	$\dfrac{1}{2}\begin{bmatrix} 1 & 0 & 0 \\ 0 & 1 & 0 \\ 1 & 0 & 0 \\ 0 & 0 & 1 \end{bmatrix}$	$\dfrac{1}{2}\begin{bmatrix} 1 & 0 & 0 \\ 0 & 1 & 0 \\ -1 & 0 & 0 \\ 0 & 0 & 1 \end{bmatrix}$	$\dfrac{1}{2\sqrt{3}}\begin{bmatrix} 1 & 1 & 1 \\ 1 & -1 & 1 \\ 1 & 1 & -1 \\ 1 & -1 & -1 \end{bmatrix}$

（续）

TPMI index	W（ordered from left to right in increasing order of TPMI index）			
4~6	$\dfrac{1}{2\sqrt{3}}\begin{bmatrix}1&1&1\\1&-1&1\\j&j&-j\\j&-j&-j\end{bmatrix}$	$\dfrac{1}{2\sqrt{3}}\begin{bmatrix}1&1&1\\-1&1&-1\\1&1&-1\\-1&1&1\end{bmatrix}$	$\dfrac{1}{2\sqrt{3}}\begin{bmatrix}1&1&1\\-1&1&-1\\j&j&-j\\-j&j&j\end{bmatrix}$	—

表 4-21　4 层 4 天线端口预编码矩阵（不启用转换预编码）

TPMI index	W（ordered from left to right in increasing order of TPMI index）			
0~3	$\dfrac{1}{2}\begin{bmatrix}1&0&0&0\\0&1&0&0\\0&0&1&0\\0&0&0&1\end{bmatrix}$	$\dfrac{1}{2\sqrt{2}}\begin{bmatrix}1&1&0&0\\0&0&1&1\\1&-1&0&0\\0&0&1&-1\end{bmatrix}$	$\dfrac{1}{2\sqrt{2}}\begin{bmatrix}1&1&0&0\\0&0&1&1\\j&-j&0&0\\0&0&j&-j\end{bmatrix}$	$\dfrac{1}{4}\begin{bmatrix}1&1&1&1\\1&-1&1&-1\\1&1&-1&-1\\1&-1&-1&1\end{bmatrix}$
4	$\dfrac{1}{4}\begin{bmatrix}1&1&1&1\\1&-1&1&-1\\j&j&-j&-j\\j&-j&-j&j\end{bmatrix}$	—	—	—

对于每一个传输 PUSCH 的天线端口，经过预编码处理后复值符号序列 $z^{(p)}(0),\cdots,$ $z^{(p)}(M_{\text{symb}}^{\text{ap}}-1)$ 需要按照对应的上行发射功率对幅度缩放因子 β_{PUSCH} 进行幅度匹配，同时根据所分配的虚拟资源块（Virtual Resource Blocks，VRB）进行时频域资源映射，在时频域 RE 资源映射中采取先频域后时域的原则在 VRB 内部依序进行，同时需要避开 DMRS、PT-RS 以及其他联合调度 UE 所使用 DMRS 的占位。

虚拟资源块（VRB）以非交织的方式与物理资源块（Physical Resource Blocks，PRB）进行映射。如果 PUSCH 由 RAR 所携带的上行授权（UL Grant）或者由 TC-RNTI 加扰的 DCI 格式 0_0 进行调度，同时，上行工作 BWP i 包含了全部初始上行 BWP 的资源块，并且二者具有相同的子载波间隔以及循环前缀，那么 VRB n 可映射为 PRB $n+N_{\text{BWP},0}^{\text{start}}-N_{\text{BWP},i}^{\text{start}}$，其中 $N_{\text{BWP},i}^{\text{start}}$ 与 $N_{\text{BWP},0}^{\text{start}}$ 分别为上行工作 BWP 与初始上行 BWP 的起始频域位置。除此之外，VRB n 与 PRB n 进行一一映射。

PUSCH 传输的资源调度存在两种方式，一种是通过 DCI 中的上行授权动态调度，另外一种可以通过高层参数的配置授权（含 Type 1 和 Type 2 两种配置类型）半静态调度，其中配置授权 Type 1 由高层参数 configuredGrantConfig 中的子参数 rrc-ConfiguredUplink Grant 提供，对应的 PUSCH 传输方式不需要 DCI 动态调度，根据接收到高层参数半静态调度，而配置授权 Type 2 在接收高层参数 configuredGrantConfig（不含 rrc-ConfiguredUplinkGrant）后可由有效 DCI 中的上行授权半持续性调度。

DCI 格式 0_0 和 DCI 格式 0_1 可以用来调度传输 PUSCH。当调度 PUSCH 的 DCI 格式 0_1 包含的字段 UL-SCH indicator 设置为 1，PUSCH 传输可以承载 UL-SCH 内容，如果该

字段设置为 0，且字段 CSI request 设置非 0 值，那么 PUSCH 不承载传输信道 UL-SCH 内容，但可以承载非周期 CSI 报告，UE 不期望这两个字段全设置为 0 值。如果 CSI request 设置非 0 值，且与之相关的高层消息体 CSI-ReportConfig 中的参数 reportQuantity 设置值为 "none"，同时 DCI 中字段 UL-SCH indicator 设置为 0，UE 除了字段 CSI request 之外会忽略掉 DCI 中其他所有字段，同时不传输相应 PUSCH。

对于上行 PUSCH 传输，UE 可以最多支持每小区下 16 个 HARQ 并发进程，对于调度小区中任何 HARQ 进程，UE 不期望 PUSCH 传输与其他 PUSCH 产生交叠。对于同一个调度小区中的任何两个 HARQ 进程，如果第一个 PUSCH 传输起始于符号 j，且相应调度 PDCCH 终止于符号 i，那么 UE 不期望第二个 PUSCH 的起始位置早于第一个 PUSCH 传输结束位置，同时相应调度 PDCCH 结束位置晚于符号 i。另外 UE 不期望同一个 HARQ 进程中 PUSCH 传输结束之前另一个 PUSCH 由 C-RNTI 或 MCS-C-RNTI 加扰的 DCI 格式 0_0 或 0_1 进行调度。

PUSCH 传输资源分配分为时域资源和频域资源分配两个维度。当 UE 通过 DCI 调度在 PUSCH 发送传输块且不发送 CSI 报告或者发送传输块同时也发送 CSI 报告时，通过 DCI 中携带 4 比特 Time domain resource assignment 字段值 m 可以确定时隙偏置 K_2 以及起始和长度指示 SLIV，SLIV 通过定义的计算公式（参见 TS 38.214 6.1.2.1）可以反推出 PUSCH 的起始符号位置以及持续占用符号长度，UE 可通过公式 $\left\lfloor n \cdot \dfrac{2^{\mu_{PUSCH}}}{2^{\mu_{PDCCH}}} \right\rfloor + K_2$ 决定了 PUSCH 与相应 PDCCH 的时隙之间的实际偏置，其中 n 是调度 DCI 所在时隙，而 μ_{PUSCH} 与 μ_{PDCCH} 分别代表了 PUSCH 与 PDCCH 的子载波间隔。时隙偏置 K_2 以及起始和长度指示 SLIV 可以通过消息体 PUSCH-TimeDomainResourceAllocationList（见图 4-17）中与时域资源相关的高层参数进行配置，并由 DCI 中 4 比特 Time domain resource assignment 字段进行动态选择，如果该高层消息体不配置，那么 UE 可以根据默认设置 DCI 中 4 比特 Time domain resource assignment 字段确定时隙偏置 K_2，同时直接确定起始符号 S 以及时域分配符号长度 L，具体的默认设置可参见 TS 38.214 6.1.2.1 节所定义的一系列表组合。值得注意的是，$S+L \leq 14$，这意味着调度 PUSCH 在时域内所占用的资源不超过 1 个时隙。另外，5G 中还支持 PDSCH 多时隙捆绑传输，如果当对高层参数 pusch-AggregationFactor 进行配置时，那么 PUSCH 被限定为单层传输，传输块 TB 数据按照参数取值 $\{n2, n4, n8\}$ 在对应连续时隙内进行重复传输，每个时隙内所分配的 PUSCH 符号位置保持一致，对于由高层授权 configuredGrantConfig 调度的 PUSCH 传输也支持重复传输，可以通过参数 repK 配置重复传输次数，repK-RV 配置重复传输的起始时机。PUSCH 按照映射的资源类型分为 PUSCH 映射类型 A 和映射类型 B，其中映射类型 B 属于占用符号个数相对较少的短传输格式，适用于对交互时延较为敏感的网络类型。当 UE 通过 DCI 所含字段 CSI request 调度 PUSCH 仅发送 CSI 报告（不发送传输块），UE 仍然使用 DCI 中字段 Time-domain resource assignment 确定时隙偏置 K_2 以及起始和长度指示 SLIV，$K_2 = \max_j Y_j(m+1)$，其中 $Y_j, j = 0, \cdots,$

$N_{\mathrm{Rep}}-1$对应了 N_{Rep} 个触发的 CSI 报告中每一个时隙偏置列表（由消息体 CSI-ReportConfig 中参数 reportSlotOffsetList 配置），$Y_j(m+1)$ 表示 Y_j 中第（$m+1$）个配置值。

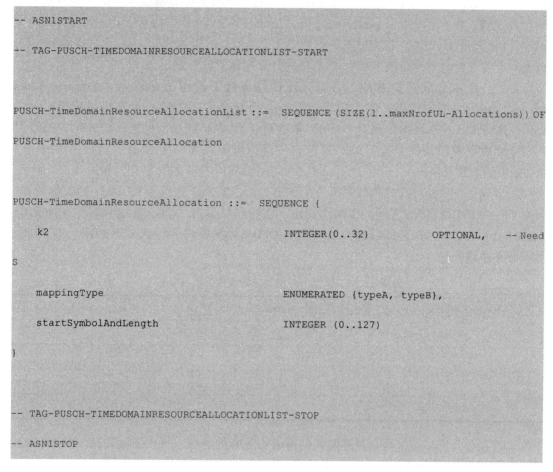

```
-- ASN1START

-- TAG-PUSCH-TIMEDOMAINRESOURCEALLOCATIONLIST-START


PUSCH-TimeDomainResourceAllocationList ::=  SEQUENCE (SIZE(1..maxNrofUL-Allocations)) OF

PUSCH-TimeDomainResourceAllocation


PUSCH-TimeDomainResourceAllocation ::=  SEQUENCE {

    k2                               INTEGER(0..32)         OPTIONAL,   -- Need
S

    mappingType                      ENUMERATED {typeA, typeB},

    startSymbolAndLength             INTEGER (0..127)

}


-- TAG-PUSCH-TIMEDOMAINRESOURCEALLOCATIONLIST-STOP

-- ASN1STOP
```

图 4-17　PUSCH 时域资源相关参数配置

　　UE 在解码 PUSCH 获取资源配置时，除了获取时域资源配置，还需要获取频域资源配置。除了由 RAR 上行授权调度的 PUSCH 传输之外（详见第 5 章 5.2.3 节），5G PUSCH 频域资源调度支持类型 0 和类型 1 两种类型，频域资源分配类型 0 仅仅在转换预编码（Transform Precoding）禁用时使用，而频域资源分配类型 1 不论转换预编码是否启用都可以使用。如果 UE 通过 DCI 格式 0_0 接收到上行调度授权，那么 UE 可以假定 PUSCH 传输使用频域资源配置类型 1。高层消息体 pusch-Config 中的参数 resource Allocation 决定了频域资源分配类型，如果该参数配置为'dynamicswitch'，UE 可以根据 DCI 格式 0_1 中的 Frequency domain resource assignment 字段动态确定下行资源配置采用格式 0 或者格式 1，此时该字段包含长度为 $\max(\lceil \log_2(N_{\mathrm{RB}}^{\mathrm{DL,BWP}}+1)/2 \rceil, N_{\mathrm{RBG}})+1$ 的比特串，最左（MSB）比特指示 PDSCH 频域资源类型，取值 0 意味着类型 0，取值 1 意味着类型 1。如果在 DCI 格式 0_1 中 bandwidth part indicator 字段不出现或者 UE 不支持基于 DCI 调度方式改变 BWP，那么 UE 基于工作 BWP 带宽计算下行类型 0 或类型 1 的资源分配。如果在 DCI 格式 0_1 中配置了 bandwidth part indicator 字段且 UE 支持基于 DCI 调度方式改变 BWP，UE 基于指示 BWP 带宽计算下行类型 0 或类型 1 的资源分配，UE 通过检测 PDCCH 首先确定需变更的下行载波 BWP，然后依此计算频域资源分配。

在下行资源分配类型 0 中，资源分配信息包含了指示资源块组（Resource Block Groups，RBGs）的比特串，该比特串包含 N_{RBG} 个比特，其中每一个比特对应指示一个 RBG，比特串从左（MSB）到右（LSB）依次对应了 BWP 频域由低到高的 RBG。RBG 是 P 个连续虚拟资源块的集合，RBG 所包含的虚拟资源块大小 P 由高层消息体 PDSCH-Config 中的参数 rbg-Size {config1，config2} 结合 BWP 的带宽所定义，如表 4-22 所示。分配类型 0 是一种松散式的频域资源分配类型，可以实现不连续频域分配。FR1 频段内，针对 CP-OFDM 调制模式下的 PUSCH 传输，支持频域资源"近乎连续分配"（详见 TS 38.101-1 6.2.2），而 FR2 频段内，针对 CP-OFDM 调制模式下的 PUSCH 传输，不支持频域资源不连续分配。

表 4-22 RBG 大小 P 所对应的虚拟资源块个数

Bandwidth Part Size	Configuration 1	Configuration 2
1~36	2	4
37~72	4	8
73~144	8	16
145~275	16	16

上行资源分配类型 1 是一种连续式的频域资源分配类型，可以实现在某一 BWP 内连续的非交织 VRB 的分配。DCI 中的上行频域资源分配字段表征了资源指示值（Resource Indication Value，RIV），使用 RIV 通过特定的计算公式可以分别确定虚拟资源块的起始位置 RB_{start} 以及所分配的连续资源块个数 L_{RBs}，计算公式中所需要借助的一个参数信息就是 BWP 的大小。如果用户搜索空间集（USS）中 DCI 格式 0_0 的大小由初始 BWP 获取，但用于另一个工作 BWP，且带宽为 N_{BWP}^{active}，那么在利用公式计算频域资源分配时需要将 RB_{start} 和 L_{RBs} 以系数 K 进行缩小，K 是工作 BWP 与初始 BWP 的一个系数，如果 $N_{BWP}^{active} > N_{BWP}^{initial}$，$K$ 是集合 {1, 2, 4, 8} 中的最大值且满足 $K \leq \lfloor N_{BWP}^{active}/N_{BWP}^{initial} \rfloor$，否则 $K=1$，关于下行频域资源分配类型 1 的计算公式详情可参阅 TS 38.214 6.1.2.2.2。

PUSCH 在实际数据调度中依然采取基于传输块大小（Transport Block Size，TBS）作为基本调度颗粒度的方式，TBS 定义为一个 PRB 内所能调度的数据比特。UE 根据调度的调制阶数（Modulation Order）、一个 PRB 内可用的 RE 个数、目标码率、传输层数共同确定 TBS。相比 4G 系统，新增的 MCS-C-RNTI 标识可以用来动态指示 PUSCH 传输所使用的调制和编码策略索引表（MCS 表），详见 TS 38.214 6.1.4.1。

PUSCH 传输块可以基于高层消息体 PUSCH-ServingCellConfig 中的参数 codeBlock-GroupTransmission 启用将传输块分割为多个码块组传输（Code Block Group，CBG），引入码块组的概念可以将传输块进一步细分颗粒度，如需要重传时只需要重传对应的码块组而不需要重传整个传输块，提高了 PUSCH 信道的使用效率。UE 根据公式 $M = \min(N, C)$ 决定 PUSCH 传输包含 CBG 的数量，其中 N 是每传输块所分割最大 CBG 的数量，由高层消息体 PUSCH-ServingCellConfig 中的参数 maxCodeBlockGroupsPerTransportBlock 确定，取值范围为 $\{n2, n4, n6, n8\}$，C 是 PUSCH 传输块所分割的码块（详见 TS 38.212 6.2.3），定义 $M_1 = \text{mod}(C, M)$，$K_1 = \left\lceil \dfrac{C}{M} \right\rceil$ 和 $K_2 = \left\lfloor \dfrac{C}{M} \right\rfloor$，如果 $M_1 > 0$，CBG m，$m = 0, 1, \cdots, M_1 - 1$ 包含了一系列的码块，以码块索引 $m \cdot K_1 + k, k = 0, 1, \cdots, K_1 - 1$ 编号；CBG m，$m = M_1, M_1 + 1, \cdots, M - 1$ 包含一系列的码块，以码块索引 $M_1 \cdot K_1 + (m - M_1) \cdot K_2 + k, k = 0, 1, \cdots, K_2 - 1$。如果 UE 启用码块组传输机制，对于 DCI 调度的初始 PUSCH 传输（由字段 New Data Indicator 指示），UE 会将传输块（TB）分割的所有码块组（CBG）进行传输（UE 期望网络侧配置 DCI 中字段 CBG transmission information（CBGTI）指示 TB 内所有的 CBG），对于 DCI 调度的重复 PUSCH 传输（由字段 New Data Indicator 指示），UE 仅需要重传字段 CBGTI 中所指示的 CBG，CBGTI 中所包含比特如果置为 0 意味着对应 CBG 不传输，如果置为 1 则意味着对应 CBG 传输，比特序列中的最左比特（MSB）对应了起始码块组 CBG#0。

PUSCH 传输可以采取跳频机制。针对 DCI 调度 PUSCH 传输可以通过高层消息体 pusch-Config 中的跳频参数 frequencyHopping 设置，而对于 RRC 配置 PUSCH 传输可以通过高层消息体 configuredGrantConfig 中的跳频参数 frequencyHopping 设置。PUSCH 传输跳频主要分为时隙内跳频和时隙间跳频两种模式，对于 PUSCH 频域资源分配类型 1，不论 PUSCH 是否启用转换预编码，如果 DCI 中的字段 frequency hopping 或 RAR 中携带的上行授权或 RRC 配置授权中参数 frequencyHoppingOffset 出现，UE 都可配置 PUSCH 传输跳频，否则 PUSCH 传输无跳频。当 PUSCH 传输跳频和转换预编码同时启用时，RE 映射应该遵循首先进行调制符号映射到子载波，然后进行跳频内转换预编码符号映射，最终实现不同 PRB 的跳频映射。对于由 DCI 格式 0_0/0_1 调度的 PUSCH 或者基于 Type2 类型（CS-RNTI 调度上行授权）配置授权传输的 PUSCH，同时频域资源分配采取类型 1，跳频偏置由消息体 pusch-Config 中的高层参数 frequencyHoppingOffsetLists 进行配置，如果工作 BWP 带宽小于 50PRBs，上行授权可指示该高层参数配置 2 个偏置的其中之一；如果工作 BWP 带宽大于或等于 50PRBs，上行授权可指示该高层参数配置 4 个偏置的其中之一。对于 Type1 类型（仅 RRC 配置上行授权）配置授权传输的 PUSCH，跳频偏置由消息体 rrc-ConfiguredUplinkGrant 中的高层参数 frequencyHoppingOffset 进行配置。每一跳的频域起始位置由如下公式定义。

$$\text{RB}_{\text{start}} = \begin{cases} \text{RB}_{\text{start}} & i=0 \\ (\text{RB}_{\text{start}}+\text{RB}_{\text{offset}}) \bmod N_{\text{BWP}}^{\text{size}} & i=1 \end{cases}$$

其中 $i=0$ 对应第一跳，$i=1$ 对应第二跳，RB_{start} 是上行工作 BWP 中的 PUSCH 传输的起始位置，根据资源分配类型 1 对应的频域分配算法进行确定（详见 TS 38.214 6.1.2.2.2），$\text{RB}_{\text{offset}}$ 是两次跳频的起始 RB 位置之间的偏置。对于时隙内跳频模式，第一跳所占时隙内符号个数为 $\lfloor N_{\text{symb}}^{\text{PUSCH},s}/2 \rfloor$，第二跳所占时隙内符号个数为 $N_{\text{symb}}^{\text{PUSCH},s} - \lfloor N_{\text{symb}}^{\text{PUSCH},s}/2 \rfloor$，其中 $N_{\text{symb}}^{\text{PUSCH},s}$ 是一个时隙内 PUSCH 传输所占 OFDM 符号个数。对于时隙间跳频，一个无线帧中时隙 n_s^{μ} 的 PUSCH 传输起始 RB 位置由如下公式进行定义。

$$\text{RB}_{\text{start}}(n_s^{\mu}) = \begin{cases} \text{RB}_{\text{start}}, & n_s^{\mu} \bmod 2 = 0 \\ (\text{RB}_{\text{start}}+\text{RB}_{\text{offset}}) \bmod N_{\text{BWP}}^{\text{size}}, & n_s^{\mu} \bmod 2 = 1 \end{cases}$$

PUSCH 时隙内跳频可以用于单时隙内传输，也可以用于多时隙传输，而 PUSCH 时隙间跳频只适用于多时隙传输。

根据 UE 芯片处理能力差异性，在 PDCCH DCI 调度之后到 PUSCH 实际传输会存在一个 PUSCH 准备过程时间。这个准备时间 $T_{\text{proc},2} = \max[(N_2+d_{2,1})(2048+144) \cdot \kappa 2^{-\mu} \cdot T_c, d_{2,2}]$ 从 PDCCH 传输的最后一个符号结束位置一直到上行符号 L_2 的循环前缀起始时刻计算，如果分配给传输块的 PUSCH 第一个包含 DMRS 上行符号（由该 PUSCH 传输时隙偏置 K_2 以及起始和长度指示 SLIV 确定）不早于该上行符号 L_2，那么 UE 可以通过 PUSCH 发送传输块，否则 UE 会忽略相应的调度 DCI 内容，其中：

1）N_2 基于 UE 处理能力 1（表 4-23）和 UE 处理能力 2（表 4-24）中子载波间隔 μ 定义，其中 μ 对应了组合 $(\mu_{\text{DL}}, \mu_{\text{UL}})$ 中能够产生最大准备时间 $T_{\text{proc},2}$ 的子载波间隔，μ_{DL} 是承载 DCI 的 PDCCH 子载波间隔，μ_{UL} 是对应被调度 PUSCH 的子载波间隔，$\kappa = T_s/T_c = 64$。

2）如果 PUSCH 传输分配的第一个符号仅包含 DMRS，$d_{2,1}=0$，否则 $d_{2,1}=1$。

3）如果 UE 被配置了多个工作载波，PUSCH 准备时间还需要额外考虑跨载波之间的时间差异，详见 TS 38.133 7.5.4。

4）如果调度 DCI 触发了 BWP 改变，$d_{2,2}$ 等于 BWP 转换时延，详见 TS 38.133 8.6 定义，否则 $d_{2,2}=0$。

5）对于上报了支持处理能力 2 的 UE，只有当网络侧通过将高层消息体 PUSCH-ServingCellConfig 中的参数 processingType2Enabled 设置为 enable，UE 才使用处理能力 2 计算相应的准备时间。

6）如果由 DCI 调度传输的 PUSCH 与一个或者多个 PUCCH 在传输时隙中重合，UE 在满足特定条件下可以将传输的 UCI 复用在 PUCCH 中传输（详见 TS 38.213 9.2.5），否则在 PUSCH 中传输。

7）准备时间 $T_{\text{proc},2}$ 可以用于时隙中普通循环前缀的 OFDM 符号结构，也可用于扩展循环前缀的 OFDM 符号结构。

表 4-23　基于 UE PUSCH 时间能力 1 的 PUSCH 准备时间

μ	PUSCH preparation time N_2 [symbols]
0	10
1	12
2	23
3	36

表 4-24　基于 UE PUSCH 时间能力 2 的 PUSCH 准备时间

μ	PUSCH preparation time N_2 [symbols]
0	5
1	5.5
2	11 for frequency range 1

第 5 章　4G/5G 随机接入

在蜂窝移动通信系统中，终端与网络进行互动都需要首先经历随机接入过程这一环节。随机接入过程是一个涉及协议栈多个层面的复杂流程，同时也是基于蜂窝网络调度的通信技术中最关键的一环。为了对通信技术设计有更深入的认知，同时也能够更好地从多个维度理解 5G 随机接入过程，本章将结合网络规划优化的实际需求，从 4G LTE 和 5G NR 两个网络技术的随机接入过程对比进行说明。

5.1　LTE 随机接入

LTE 物理层流程中最重要且最复杂的一个流程就是 UE 的随机接入，UE 通过该流程实现与网络侧的上行同步。UE 不仅需要按照网络侧预先配置的参数发起随机接入，同时还涉及了对多层协议栈流程的互动响应处理。

5.1.1　LTE 随机接入参数规划

在网络大规模建设初期或是在网络日常运维迭代优化期间，LTE 随机接入参数规划和优化都是极其重要的一环，随机接入信道相关的参数配置取决于网络的实际场景，既要考虑上行覆盖，也要考虑接入容量。

每个小区有 64 个前导序列（Preamble Sequence），前导码有 5 种格式，分别对应着不同的小区覆盖场景，见表 5-1。

表 5-1　随机接入前导参数

Preamble format	T_{CP}	T_{SEQ}
0	$3168T_{\mathrm{s}}$	$24576T_{\mathrm{s}}$
1	$21024T_{\mathrm{s}}$	$24576T_{\mathrm{s}}$
2	$6240T_{\mathrm{s}}$	$2\times24576T_{\mathrm{s}}$
3	$21024T_{\mathrm{s}}$	$2\times24576T_{\mathrm{s}}$
4（see Note）	$448T_{\mathrm{s}}$	$4096T_{\mathrm{s}}$

NOTE：Frame structure type 2 and special subframe configurations with UpPTS lengths $4384 \cdot T_{\mathrm{s}}$ and $5120 \cdot T_{\mathrm{s}}$ only assuming that the number of additional SC-FDMA symbols in UpPTS X in Table 4.2-1 is 0

针对不同覆盖场景的小区，要正确地配置随机接入前导码的相关参数，应该至少解决如下三个问题。

1)　如何通过根序列生成随机接入前导序列？

2)　前导序列在物理层子帧中的配置情况是什么样？

3)　不同的前导序列格式对应什么样的场景？

1. 如何通过根序列生成随机接入前导序列

随机接入前导序列是一些具有 0 相关性的 Zadoff-Chu（ZC）序列，而这些序列源自一个或者多个 ZC 根序列。网络侧可以通过配置根序列来配置随机接入前导序列。

一个小区包含 64 个随机接入前导序列，这 64 个随机接入前导序列的产生规则是通过系统消息里配置的 RACH_ROOT_SEQUENCE 的所有循环移位产生的，如果单个根序列的所有循环移位无法填满 64 个随机接入前导序列，那么依次按照索引的循环移位产生随机接入前导序列，直到满足 64 个前导序列为止。逻辑根序列从 0~837 进行循环。实际的根序列叫作物理根序列，随机接入前导序列的生成取决于物理根序列的循环移位，逻辑根序列是物理根序列的索引映射。

第 u 个物理根序列定义如下。

$$x_u(n) = e^{-j\frac{\pi u n(n+1)}{N_{ZC}}}, 0 \leqslant n \leqslant N_{ZC} - 1$$

这是一个长度为 $N_{ZC} = 839$（格式 0~3）或者 139（格式 4）的 ZC 序列。而随机接入前导序列是根据该原始根序列循环移位得到的。循环移位后序列的计算公式如下。

$$x_{u,v}(n) = x_u\big[(n+C_v) \bmod N_{ZC}\big]$$

循环位定义如下。

$$C_v = \begin{cases} vN_{CS} & v = 0,1,\cdots,\lfloor N_{ZS}/N_{CS}\rfloor - 1, N_{CS} \neq 0 & \text{for unrestricted sets} \\ 0 & N_{CS} = 0 & \text{for unrestricted sets} \\ d_{start}\lfloor v/n^{RA}_{shift}\rfloor + (v \bmod n^{RA}_{shift})N_{CS} & v = 0,1,\cdots,n^{RA}_{shift}n^{RA}_{group} + \overline{n}^{RA}_{shift} - 1 & \text{for unrestricted sets} \end{cases}$$

值得一提的是，所谓限制集循环位和非限制集循环位是由高层参数 High-speed-flag 决定的，限制集循环位的选取是 LTE 系统中专门为了在高速移动性场景下，对抗多普勒频移进行相应的频偏纠正，这里暂且不考虑限制集的情况。

按照非限制集中 N_{CS} 的取值（见表 5-2、表 5-3），计算相应的循环移位。

表 5-2　前导格式 0~3 的 N_{CS} 取值

zeroCorrelationZoneConfig	N_{CS} value	
	Unrestricted set	Restricted set
0	0	15
1	13	18
2	15	22
3	18	26
4	22	32

（续）

zeroCorrelationZoneConfig	N_{CS} value	
	Unrestricted set	Restricted set
5	26	38
6	32	46
7	38	55
8	46	68
9	59	82
10	76	100
11	93	128
12	119	158
13	167	202
14	279	237
15	419	–

按照 N_{CS} 的取值，分别对应的循环位个数为 $\{1,64,55,46,38,32,22,18,14,11,9,7,5,3,2\}$，这也是一个根序列可以产生的随机接入前导序列个数。

表 5-3　前导格式 4

zeroCorrelationZoneConfig	N_{CS} value
0	2
1	4
2	6
3	8
4	10
5	12
6	15
7	N/A
8	N/A
9	N/A
10	N/A
11	N/A
12	N/A

（续）

zeroCorrelationZoneConfig	N_{CS} value
13	N/A
14	N/A
15	N/A

同样，针对前导格式 4，按照 N_{CS} 的取值，分别对应的循环位个数为 $\{69, 34, 23, 17, 13, 11, 9\}$，这是前导格式 4 下，一个根序列可以产生的随机接入前导序列个数。

根据这样的计算可知，通过高层配置参数 zeroCorrelationZoneConfig 以及选择随机接入前导格式，可以确定每个小区需要配置的根序列的数量。例如，zeroCorrelationZoneConfig = 10，采用随机接入前导格式 0~3，那么每个根序列可以通过循环移位产生 11 个随机接入序列，那么 64/11 通过向上取整，得到 6 个根序列。

2. 前导序列在物理层子帧中的配置情况

首先需要注意的是，随机接入前导序列与随机接入前导码这两种说法经常被混用，为了说明方便，有必要特别明确一下。

随机接入前导序列是 Zadoff-Chu 序列。不同的前导序列格式的长度不同，见表 5-4。

表 5-4 随机接入前导序列长度

Preamble format	N_{ZC}
0~3	839
4	139

这是基带调制之前的原始序列，映射在上行的资源网格中，资源网格定义如图 5-1 所示。

而随机接入前导码可以认为是随机接入序列经过基带调制，头部加循环前缀后在空口的传输形式，一般认为是时域的采样形式，如图 5-2 所示。

这里虽然不建议混用，但是协议在英文中并没有特别的区分，而很多文献也没有明确这一点。

随机接入前导码与随机接入前导序列遵从如下关系。

$$s(t) = \beta_{PRACH} \sum_{k=0}^{N_{ZC}-1} \sum_{n=0}^{N_{ZC}-1} x_{u,v}(n) \cdot e^{-j\frac{2\pi nk}{N_{ZC}}} \cdot e^{j2\pi[k+\varphi+K(k_0+1/2)]\Delta f_{RA}(t-T_{CP})}$$

承载随机接入前导序列的资源根据 PRACH 资源标识（PRACH Resource Index）严格映射在特定的时频资源上。LTE FDD 系统中，由于上行子帧较多，规定在一个子帧上最多只有一个随机接入资源。LTE FDD 系统中通过高层配置的参数 prach-ConfigurationIndex 确定了前导码的传输格式以及随机接入信道配置的子帧，帧格式类型 1（FDD）的随机接入资源配置见表 5-5。

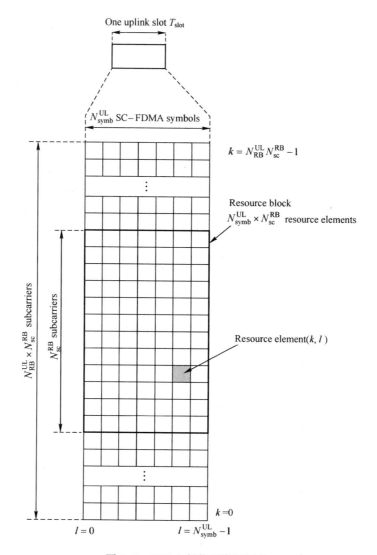

图 5-1　LTE 上行物理资源网格

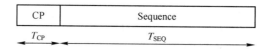

图 5-2　随机接入前导码格式

表 5-5　帧格式类型 1（FDD）的随机接入资源配置（随机接入格式 0~3）

PRACH Configuration Index	Preamble Format	System frame number	Subframe number	PRACH Configuration Index	Preamble Format	System frame number	Subframe number
0	0	Even	1	32	2	Even	1
1	0	Even	4	33	2	Even	4
2	0	Even	7	34	2	Even	7
3	0	Any	1	35	2	Any	1
4	0	Any	4	36	2	Any	4
5	0	Any	7	37	2	Any	7
6	0	Any	1, 6	38	2	Any	1, 6
7	0	Any	2, 7	39	2	Any	2, 7
8	0	Any	3, 8	40	2	Any	3, 8
9	0	Any	1, 4, 7	41	2	Any	1, 4, 7
10	0	Any	2, 5, 8	42	2	Any	2, 5, 8
11	0	Any	3, 6, 9	43	2	Any	3, 6, 9
12	0	Any	0, 2, 4, 6, 8	44	2	Any	0, 2, 4, 6, 8
13	0	Any	1, 3, 5, 7, 9	45	2	Any	1, 3, 5, 7, 9
14	0	Any	0, 1, 2, 3, 4, 5, 6, 7, 8, 9	46	N/A	N/A	N/A
15	0	Even	9	47	2	Even	9
16	1	Even	1	48	3	Even	1
17	1	Even	4	49	3	Even	4
18	1	Even	7	50	3	Even	7
19	1	Any	1	51	3	Any	1
20	1	Any	4	52	3	Any	4
21	1	Any	7	53	3	Any	7
22	1	Any	1, 6	54	3	Any	1, 6
23	1	Any	2, 7	55	3	Any	2, 7
24	1	Any	3, 8	56	3	Any	3, 8
25	1	Any	1, 4, 7	57	3	Any	1, 4, 7
26	1	Any	2, 5, 8	58	3	Any	2, 5, 8
27	1	Any	3, 6, 9	59	3	Any	3, 6, 9
28	1	Any	0, 2, 4, 6, 8	60	N/A	N/A	N/A
29	1	Any	1, 3, 5, 7, 9	61	N/A	N/A	N/A
30	N/A	N/A	N/A	62	N/A	N/A	N/A
31	1	Even	9	63	3	Even	9

当 PRACH Resource Index 配置为 0，1，2，15，16，17，18，31，32，33，34，47，48，49，50，63 时，在跨小区切换中，UE 假设邻小区与本小区的绝对时延差小于 5 ms（$153600 \cdot T_s$）。

LTE FDD 系统内长度为 839 的前导序列（随机接入前导格式 0~3）的频域起始位置取决于参数 prach-FrequencyOffset，占整个频域的 6 个 PRB。

　　TD-LTE 的随机信道时频资源配置要相对复杂一点，由于 TDD 系统中一个无线帧包含的上行子帧数量较少，有可能存在一个上行子帧包含多个随机接入资源的情况。在 TD-LTE 系统中，通过高层配置的 prach-ConfigurationIndex 表征了资源配置三元组（前导码格式、PRACH 密度 D_{RA}、版本索引 r_{RA}）。同样，当 PRACHConfiguration Index 配置为 0，1，2，20，21，22，30，31，32，40，41，42，48，49，50 时，在跨小区切换中，UE 假设邻小区与本小区的绝对时延差小于 5ms（$153600 \cdot T_s$），帧格式类型 2（TDD）的随机接入资源配置见表 5-6。

表 5-6　帧格式类型 2 的随机接入资源配置（随机接入格式 0~4）

PRACH configuration Index	Preamble Format	Density Per 10 ms D_{RA}	Version r_{RA}	PRACH configuration Index	Preamble Format	Density Per 10 ms D_{RA}	Version r_{RA}
0	0	0.5	0	32	2	0.5	2
1	0	0.5	1	33	2	1	0
2	0	0.5	2	34	2	1	1
3	0	1	0	35	2	2	0
4	0	1	1	36	2	3	0
5	0	1	2	37	2	4	0
6	0	2	0	38	2	5	0
7	0	2	1	39	2	6	0
8	0	2	2	40	3	0.5	0
9	0	3	0	41	3	0.5	1
10	0	3	1	42	3	0.5	2
11	0	3	2	43	3	1	0
12	0	4	0	44	3	1	1
13	0	4	1	45	3	2	0
14	0	4	2	46	3	3	0
15	0	5	0	47	3	4	0
16	0	5	1	48	4	0.5	0
17	0	5	2	49	4	0.5	1
18	0	6	0	50	4	0.5	2
19	0	6	1	51	4	1	0
20	1	0.5	0	52	4	1	1
21	1	0.5	1	53	4	2	0
22	1	0.5	2	54	4	3	0
23	1	1	0	55	4	4	0
24	1	1	1	56	4	5	0
25	1	2	0	57	4	6	0
26	1	3	0	58	N/A	N/A	N/A
27	1	4	0	59	N/A	N/A	N/A
28	1	5	0	60	N/A	N/A	N/A
29	1	6	0	61	N/A	N/A	N/A
30	2	0.5	0	62	N/A	N/A	N/A
31	2	0.5	1	63	N/A	N/A	N/A

另外，PRACH Configuration Index 唯一确定了一个四元组$(f_{RA}, t_{RA}^{(0)}, t_{RA}^{(1)}, t_{RA}^{(2)})$，见表 5-7。

表 5-7 帧格式类型 2 随机接入前导时频资源映射

PRACH configuration Index	UL/DL configuration						
	0	1	2	3	4	5	6
0	(0,1,0,2)	(0,1,0,1)	(0,1,0,0)	(0,1,0,2)	(0,1,0,1)	(0,1,0,0)	(0,1,0,2)
1	(0,2,0,2)	(0,2,0,1)	(0,2,0,0)	(0,2,0,2)	(0,2,0,1)	(0,2,0,0)	(0,2,0,2)
2	(0,1,1,2)	(0,1,1,1)	(0,1,1,0)	(0,1,0,1)	(0,1,0,0)	N/A	(0,1,1,1)
3	(0,0,0,2)	(0,0,0,1)	(0,0,0,0)	(0,0,0,2)	(0,0,0,1)	(0,0,0,0)	(0,0,0,2)
4	(0,0,1,2)	(0,0,1,1)	(0,0,1,0)	(0,0,1,1)	(0,0,0,0)	N/A	(0,0,1,1)
5	(0,0,0,1)	(0,0,0,0)	N/A	(0,0,0,0)	N/A	N/A	(0,0,0,1)
6	(0,0,0,2) (0,0,1,2)	(0,0,0,1) (0,0,1,1)	(0,0,0,0) (0,0,1,0)	(0,0,0,1) (0,0,0,2)	(0,0,0,0) (0,0,0,1)	(0,0,0,0) (1,0,0,0)	(0,0,0,2) (0,0,1,1)
7	(0,0,0,1) (0,0,1,1)	(0,0,0,0) (0,0,1,0)	N/A	(0,0,0,0) (0,0,0,2)	N/A	N/A	(0,0,0,1) (0,0,1,0)
8	(0,0,0,0) (0,0,1,0)	N/A	N/A	(0,0,0,0) (0,0,0,1)	N/A	N/A	(0,0,0,0) (0,0,1,1)
9	(0,0,0,1) (0,0,0,2) (0,0,1,2)	(0,0,0,0) (0,0,0,1) (0,0,1,1)	(0,0,0,0) (0,0,1,0) (1,0,0,0)	(0,0,0,0) (0,0,0,1) (0,0,0,2)	(0,0,0,0) (0,0,0,1) (1,0,0,1)	(0,0,0,0) (1,0,0,0) (2,0,0,0)	(0,0,0,1) (0,0,0,2) (0,0,1,1)
10	(0,0,0,0) (0,0,1,0) (0,0,1,1)	(0,0,0,1) (0,0,1,0) (0,0,1,1)	(0,0,0,0) (0,0,1,0) (1,0,1,0)	N/A	(0,0,0,0) (0,0,0,1) (1,0,0,0)	N/A	(0,0,0,0) (0,0,0,2) (0,0,1,0)
11	N/A	(0,0,0,0) (0,0,0,1) (0,0,1,0)	N/A	N/A	N/A	N/A	(0,0,0,1) (0,0,1,0) (0,0,1,1)
12	(0,0,0,1) (0,0,0,2) (0,0,1,1) (0,0,1,2)	(0,0,0,0) (0,0,0,1) (0,0,1,0) (0,0,1,1)	(0,0,0,0) (0,0,1,0) (1,0,0,0) (1,0,1,0)	(0,0,0,0) (0,0,0,1) (0,0,0,2) (1,0,0,2)	(0,0,0,0) (0,0,0,1) (1,0,0,0) (1,0,0,1)	(0,0,0,0) (1,0,0,0) (2,0,0,0) (3,0,0,0)	(0,0,0,2) (0,0,1,0) (0,0,1,1)
13	(0,0,0,0) (0,0,0,2) (0,0,1,0) (0,0,1,2)	N/A	N/A	(0,0,0,0) (0,0,0,1) (0,0,0,2) (1,0,0,1)	N/A	N/A	(0,0,0,0) (0,0,0,1) (0,0,0,2) (0,0,1,1)
14	(0,0,0,0) (0,0,0,1) (0,0,1,0) (0,0,1,1)	N/A	N/A	(0,0,0,0) (0,0,0,1) (0,0,0,2) (1,0,0,0)	N/A	N/A	(0,0,0,0) (0,0,0,2) (0,0,1,0) (0,0,1,1)

（续）

PRACH configuration Index	UL/DL configuration						
	0	1	2	3	4	5	6
15	(0,0,0,0) (0,0,0,1) (0,0,0,2) (0,0,1,1) (0,0,1,2)	(0,0,0,0) (0,0,0,1) (0,0,1,0) (0,0,1,1) (1,0,0,1)	(0,0,0,0) (0,0,1,0) (1,0,0,0) (1,0,1,0) (2,0,0,0)	(0,0,0,0) (0,0,0,1) (0,0,0,2) (1,0,0,1) (1,0,0,2)	(0,0,0,0) (0,0,0,1) (1,0,0,0) (1,0,0,1) (2,0,0,1)	(0,0,0,0) (1,0,0,0) (2,0,0,0) (3,0,0,0) (4,0,0,0)	(0,0,0,0) (0,0,0,1) (0,0,0,2) (0,0,1,0) (0,0,1,1)
16	(0,0,0,1) (0,0,0,2) (0,0,1,0) (0,0,1,1) (0,0,1,2)	(0,0,0,0) (0,0,0,1) (0,0,1,0) (0,0,1,1) (1,0,1,1)	(0,0,0,0) (0,0,1,0) (1,0,0,0) (1,0,1,0) (2,0,1,0)	(0,0,0,0) (0,0,0,1) (0,0,0,2) (1,0,0,0) (1,0,0,2)	(0,0,0,0) (0,0,0,1) (1,0,0,0) (1,0,0,1) (2,0,0,0)	N/A	N/A
17	(0,0,0,0) (0,0,0,1) (0,0,0,2) (0,0,1,0) (0,0,1,2)	(0,0,0,0) (0,0,0,1) (0,0,1,0) (0,0,1,1) (1,0,0,0)	N/A	(0,0,0,0) (0,0,0,1) (0,0,0,2) (1,0,0,0) (1,0,0,1)	N/A	N/A	N/A
18	(0,0,0,0) (0,0,0,1) (0,0,0,2) (0,0,1,0) (0,0,1,1) (0,0,1,2)	(0,0,0,0) (0,0,0,1) (0,0,1,0) (0,0,1,1) (1,0,0,1) (1,0,1,1)	(0,0,0,0) (0,0,1,0) (1,0,0,0) (1,0,1,0) (2,0,0,0) (2,0,1,0)	(0,0,0,0) (0,0,0,1) (0,0,0,2) (1,0,0,0) (1,0,0,1) (1,0,0,2)	(0,0,0,0) (0,0,0,1) (1,0,0,0) (1,0,0,1) (2,0,0,0) (2,0,0,1)	(0,0,0,0) (1,0,0,0) (2,0,0,0) (3,0,0,0) (4,0,0,0) (5,0,0,0)	(0,0,0,0) (0,0,0,1) (0,0,0,2) (0,0,1,0) (0,0,1,1) (1,0,0,2)
19	N/A	(0,0,0,0) (0,0,0,1) (0,0,1,0) (0,0,1,1) (1,0,0,0) (1,0,1,0)	N/A	N/A	N/A	N/A	(0,0,0,0) (0,0,0,1) (0,0,0,2) (0,0,1,0) (0,0,1,1) (1,0,1,1)
20 / 30	(0,1,0,1)	(0,1,0,0)	N/A	(0,1,0,1)	(0,1,0,0)	N/A	(0,1,0,1)
21 / 31	(0,2,0,1)	(0,2,0,0)	N/A	(0,2,0,1)	(0,2,0,0)	N/A	(0,2,0,1)
22 / 32	(0,1,1,1)	(0,1,1,0)	N/A	N/A	N/A	N/A	(0,1,1,0)
23 / 33	(0,0,0,1)	(0,0,0,0)	N/A	(0,0,0,1)	(0,0,0,0)	N/A	(0,0,0,1)
24 / 34	(0,0,1,1)	(0,0,1,0)	N/A	N/A	N/A	N/A	(0,0,1,0)
25 / 35	(0,0,0,1) (0,0,1,1)	(0,0,0,0) (0,0,1,0)	N/A	(0,0,0,1) (1,0,0,1)	(0,0,0,0) (1,0,0,0)	N/A	(0,0,0,1) (0,0,1,0)
26 / 36	(0,0,0,1) (0,0,1,1) (1,0,0,1)	(0,0,0,0) (0,0,1,0) (1,0,0,0)	N/A	(0,0,0,1) (1,0,0,1) (2,0,0,1)	(0,0,0,0) (1,0,0,0) (2,0,0,0)	N/A	(0,0,0,1) (0,0,1,0) (1,0,0,1)
27 / 37	(0,0,0,1) (0,0,1,1) (1,0,0,1) (1,0,1,1)	(0,0,0,0) (0,0,1,0) (1,0,0,0) (1,0,1,0)	N/A	(0,0,0,1) (1,0,0,1) (2,0,0,1) (3,0,0,1)	(0,0,0,0) (1,0,0,0) (2,0,0,0) (3,0,0,0)	N/A	(0,0,0,1) (0,0,1,0) (1,0,0,1) (1,0,1,0)

（续）

PRACH configuration Index	UL/DL configuration						
	0	1	2	3	4	5	6
28 / 38	(0,0,0,1) (0,0,1,1) (1,0,0,1) (1,0,1,1) (2,0,0,1)	(0,0,0,0) (0,0,1,0) (1,0,0,0) (1,0,1,0) (2,0,0,0)	N/A	(0,0,0,1) (1,0,0,1) (2,0,0,1) (3,0,0,1) (4,0,0,1)	(0,0,0,0) (1,0,0,0) (2,0,0,0) (3,0,0,0) (4,0,0,0)	N/A	(0,0,0,1) (0,0,1,0) (1,0,0,1) (1,0,1,0) (2,0,0,1)
29 /39	(0,0,0,1) (0,0,1,1) (1,0,0,1) (1,0,1,1) (2,0,0,1) (2,0,1,1)	(0,0,0,0) (0,0,1,0) (1,0,0,0) (1,0,1,0) (2,0,0,0) (2,0,1,0)	N/A	(0,0,0,1) (1,0,0,1) (2,0,0,1) (3,0,0,1) (4,0,0,1) (5,0,0,1)	(0,0,0,0) (1,0,0,0) (2,0,0,0) (3,0,0,0) (4,0,0,0) (5,0,0,0)	N/A	(0,0,0,1) (0,0,1,0) (1,0,0,1) (1,0,1,0) (2,0,0,1) (2,0,1,0)
40	(0,1,0,0)	N/A	N/A	(0,1,0,0)	N/A	N/A	(0,1,0,0)
41	(0,2,0,0)	N/A	N/A	(0,2,0,0)	N/A	N/A	(0,2,0,0)
42	(0,1,1,0)	N/A	N/A	N/A	N/A	N/A	N/A
43	(0,0,0,0)	N/A	N/A	(0,0,0,0)	N/A	N/A	(0,0,0,0)
44	(0,0,1,0)	N/A	N/A	N/A	N/A	N/A	N/A
45	(0,0,0,0) (0,0,1,0)	N/A	N/A	(0,0,0,0) (1,0,0,0)	N/A	N/A	(0,0,0,0) (1,0,0,0)
46	(0,0,0,0) (0,0,1,0) (1,0,0,0)	N/A	N/A	(0,0,0,0) (1,0,0,0) (2,0,0,0)	N/A	N/A	(0,0,0,0) (1,0,0,0) (2,0,0,0)
47	(0,0,0,0) (0,0,1,0) (1,0,0,0) (1,0,1,0)	N/A	N/A	(0,0,0,0) (1,0,0,0) (2,0,0,0) (3,0,0,0)	N/A	N/A	(0,0,0,0) (1,0,0,0) (2,0,0,0) (3,0,0,0)
48	(0,1,0,*)	(0,1,0,*)	(0,1,0,*)	(0,1,0,*)	(0,1,0,*)	(0,1,0,*)	(0,1,0,*)
49	(0,2,0,*)	(0,2,0,*)	(0,2,0,*)	(0,2,0,*)	(0,2,0,*)	(0,2,0,*)	(0,2,0,*)
50	(0,1,1,*)	(0,1,1,*)	(0,1,1,*)	N/A	N/A	N/A	(0,1,1,*)
51	(0,0,0,*)	(0,0,0,*)	(0,0,0,*)	(0,0,0,*)	(0,0,0,*)	(0,0,0,*)	(0,0,0,*)
52	(0,0,1,*)	(0,0,1,*)	(0,0,1,*)	N/A	N/A	N/A	(0,0,1,*)
53	(0,0,0,*) (0,0,1,*)	(0,0,0,*) (0,0,1,*)	(0,0,0,*) (0,0,1,*)	(0,0,0,*) (1,0,0,*)	(0,0,0,*) (1,0,0,*)	(0,0,0,*) (1,0,0,*)	(0,0,0,*) (0,0,1,*)
54	(0,0,0,*) (0,0,1,*) (1,0,0,*)	(0,0,0,*) (0,0,1,*) (1,0,0,*)	(0,0,0,*) (0,0,1,*) (1,0,0,*)	(0,0,0,*) (1,0,0,*) (2,0,0,*)	(0,0,0,*) (1,0,0,*) (2,0,0,*)	(0,0,0,*) (1,0,0,*) (2,0,0,*)	(0,0,0,*) (0,0,1,*) (1,0,0,*)
55	(0,0,0,*) (0,0,1,*) (1,0,0,*) (1,0,1,*)	(0,0,0,*) (0,0,1,*) (1,0,0,*) (1,0,1,*)	(0,0,0,*) (0,0,1,*) (1,0,0,*) (1,0,1,*)	(0,0,0,*) (1,0,0,*) (2,0,0,*) (3,0,0,*)	(0,0,0,*) (1,0,0,*) (2,0,0,*) (3,0,0,*)	(0,0,0,*) (1,0,0,*) (2,0,0,*) (3,0,0,*)	(0,0,0,*) (0,0,1,*) (1,0,0,*) (1,0,1,*)

（续）

PRACH configuration Index	UL/DL configuration						
	0	1	2	3	4	5	6
56	(0,0,0,*) (0,0,1,*) (1,0,0,*) (1,0,1,*) (2,0,0,*)	(0,0,0,*) (0,0,1,*) (1,0,0,*) (1,0,1,*) (2,0,0,*)	(0,0,0,*) (0,0,1,*) (1,0,0,*) (1,0,1,*) (2,0,0,*)	(0,0,0,*) (1,0,0,*) (2,0,0,*) (3,0,0,*) (4,0,0,*)	(0,0,0,*) (1,0,0,*) (2,0,0,*) (3,0,0,*) (4,0,0,*)	(0,0,0,*) (1,0,0,*) (2,0,0,*) (3,0,0,*) (4,0,0,*)	(0,0,0,*) (0,0,1,*) (1,0,0,*) (1,0,1,*) (2,0,0,*)
57	(0,0,0,*) (0,0,1,*) (1,0,0,*) (1,0,1,*) (2,0,0,*) (2,0,1,*)	(0,0,0,*) (0,0,1,*) (1,0,0,*) (1,0,1,*) (2,0,0,*) (2,0,1,*)	(0,0,0,*) (0,0,1,*) (1,0,0,*) (1,0,1,*) (2,0,0,*) (2,0,1,*)	(0,0,0,*) (1,0,0,*) (2,0,0,*) (3,0,0,*) (4,0,0,*) (5,0,0,*)	(0,0,0,*) (1,0,0,*) (2,0,0,*) (3,0,0,*) (4,0,0,*) (5,0,0,*)	(0,0,0,*) (1,0,0,*) (2,0,0,*) (3,0,0,*) (4,0,0,*) (5,0,0,*)	(0,0,0,*) (0,0,1,*) (1,0,0,*) (1,0,1,*) (2,0,0,*) (2,0,1,*)
58	N/A	N/A	N/A	N/A	N/A	N/A	N/A
59	N/A	N/A	N/A	N/A	N/A	N/A	N/A
60	N/A	N/A	N/A	N/A	N/A	N/A	N/A
61	N/A	N/A	N/A	N/A	N/A	N/A	N/A
62	N/A	N/A	N/A	N/A	N/A	N/A	N/A
63	N/A	N/A	N/A	N/A	N/A	N/A	N/A

NOTE：* UpPTS

f_{RA} 是子帧内的频域索引。

$t_{RA}^{(0)} = 0,1,2$ 指明随机接入资源是否重复出现在所有的无线帧、偶数无线帧或者奇数无线帧。

$t_{RA}^{(1)} = 0,1$ 指明随机接入资源在前半帧还是后半帧。

$t_{RA}^{(2)}$ 是随机接入前导在上行两个连续的 DL-UL 转换点内的上行起始时隙号，而两个连续 DL-UL 转换点内的上行起始时隙以 0 标识。* 对应随机前导格式 4，代表特殊子帧中的 UpPTS 位置，TD-LTE 上下行子帧配置见表 5-8。

表 5-8 TD-LTE 上下行子帧配置

Uplink-downlink configuration	Downlink-to-Uplink Switch-point periodicity	Subframe number									
		0	1	2	3	4	5	6	7	8	9
0	5 ms	D	S	U	U	U	D	S	U	U	U
1	5 ms	D	S	U	U	D	D	S	U	U	D
2	5 ms	D	S	U	D	D	D	S	U	D	D
3	10 ms	D	S	U	U	U	D	D	D	D	D
4	10 ms	D	S	U	U	D	D	D	D	D	D
5	10 ms	D	S	U	D	D	D	D	D	D	D
6	5 ms	D	S	U	U	U	D	S	U	U	D

以 PRACH Configuration Index = 15 为例，Preamble Format = 0，Density Per 10 ms D_{RA} = 5，Version r_{RA} = 0，对应了 5 个四元组 (0,0,0,0)(0,0,0,1)(0,0,0,2)(0,0,1,1)(0,0,1,2)，这意味着对应 TDD Uplink-Downlink 配置 0 时，每 10 ms 的无线帧周期中，分别在子帧 2、3、4、8、9 中可以配置随机接入资源。对于前导码格式 0~3，参数 prach-FrequencyOffset 和 f_{RA} 决定了频域随机接入起始位置，计算公式如下。

$$n_{PRB}^{RA} = \begin{cases} n_{PRB\,offset}^{RA} + 6 \left\lfloor \dfrac{f_{RA}}{2} \right\rfloor, & f_{RA} \bmod 2 = 0 \\[4mm] N_{RB}^{UL} - 6 - n_{PRB\,offset}^{RA} - 6 \left\lfloor \dfrac{f_{RA}}{2} \right\rfloor, & 其他 \end{cases}$$

而对于前导序列格式 4，参数 f_{RA} 唯一确定了随机接入起始位置，计算公式如下。

$$n_{PRB}^{RA} = \begin{cases} 6f_{RA}, & \left[(n_f \bmod 2) \times (2 - N_{SP}) + t_{RA}^{(1)} \right] \bmod 2 = 0 \\[2mm] N_{RB}^{UL} - 6(f_{RA} + 1), & 其他 \end{cases}$$

与 LTE FDD 系统一样，TD-LTE 为每个随机接入前导序列也分配连续 6 个 PRB。

3. 不同的前导序列格式对应什么样的场景

随机前导格式一共有 4 种，不同的随机接入前导格式对应了不同的覆盖场景，如图 5-3 所示。

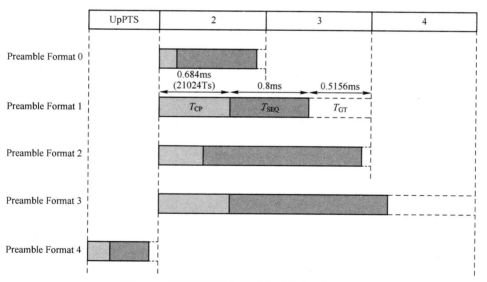

图 5-3　不同随机接入格式在时域位置的呈现

由于 UE 在上行随机接入同步时，并不确定所在子帧的位置，故前导格式剩下的保护时间 GT 被用来设计防止与下一个子帧碰撞。假设 TD-LTE 系统小区覆盖导致的基站到 UE 的传输延时 nT_s，那么针对随机接入前导格式 0 而言，nT_s =

$$\frac{30720\times3-30720\times2-3168-24576}{2}T_s = 1488T_s，那么小区覆盖距离 = 3\times10^8\ m/s\times1488T_s =$$

14.531 km，其中，T_s 是时间采样单位，$T_s = 1/(15000\times2048)$ s。对于 LTE FDD 系统，上下行子帧也需要在基站侧进行同步，只不过同步精度不需要像 TDD 系统那么要求严格，因此计算方法与 TD-LTE 是一样的，对应前导格式 0 而言，小区覆盖距离依然是 14.531 km。同理依次计算出不同随机前导格式对应的小区覆盖距离分别如下。

1）随机前导格式 1：77.34 km。

2）随机前导格式 2：29.53 km。

3）随机前导格式 3：107.34 km。

4）随机前导格式 4：1.41 km。

由于不同的前导格式对应小区的覆盖距离不一样，故下一步需要确定不同覆盖小区与循环移位 N_{CS} 之间的关系。为什么不同小区的覆盖还要考虑 N_{CS} 个循环移位呢，这里和基站侧对 ZC 序列的处理有关，简单来说，由于不同 UE 与基站之间的位置不同，随机接入前导序列到达基站的位置也不同，不考虑上行功率的情况下，基站为了保证每次在随机接入配置子帧中能够对最大 64 个随机接入序列分别进行正确解码，需要满足小区边缘 UE 随机接入前导序列到基站侧延时不超过 N_{CS}，如图 5-4 所示。

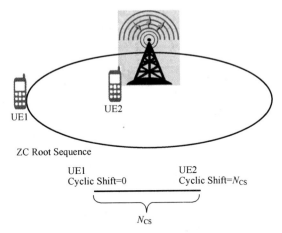

图 5-4　不同随机接入前导格式导致小区规划接入半径不同

归纳出如下公式：

$$N_{CS}\times\frac{T_{SEQ}}{N_{ZC}}\geqslant RTD + Delay\ Spread$$

$$N_{CS}\times\frac{T_{SEQ}}{839}\geqslant GT + Delay\ Spread$$

$$N_{CS}\geqslant(GT + Delay\ Spread)\times\frac{839}{T_{SEQ}}$$

RTD（Round Trip Delay）代表上下行传输信号往返延迟，那么这里分别对格式 0~3 对应的最小 N_{CS} 进行计算，可得如下结果。

1）随机前导格式 0：小区覆盖距离为 14.531 km；$N_{CS} = 119$（>107.89）。

2）随机前导格式 1：小区覆盖距离为 77.34 km；$N_{CS} = 0$（循环移位 839>547.054）。

3）随机前导格式 2：小区覆盖距离为 29.53 km；$N_{CS} = 119$（>106.382）。

4）随机前导格式 3：小区覆盖距离为 107.34 km；$N_{CS} = 419$（>378.4）。

同理，可以根据 $N_{ZS} = 139$ 计算格式 4，结果如下。

随机前导格式 4：小区覆盖距离为 1.41 km；$N_{CS} = 10$（>9.77，忽略 Delay Spread）。

以前导格式 0 为例，由于每个小区含有 64 个随机接入前导序列，根据 $N_{CS} = 119$ 可知，一个根序列可以通过循环移位产生 7 个随机接入前导序列，那么该小区至少需要配置 $\lfloor 64/7 \rfloor + 1 = 10$ 个根序列。

值得一提的是，不论是 FDD 还是 TDD 系统，针对前导格式 0~3，长度为 839 的 ZC 序列均按照频域子载波间隔为 1.25 kHz 进行放置，这样预留两端共计 25 个子载波作为频域保护带，如图 5-5 所示。

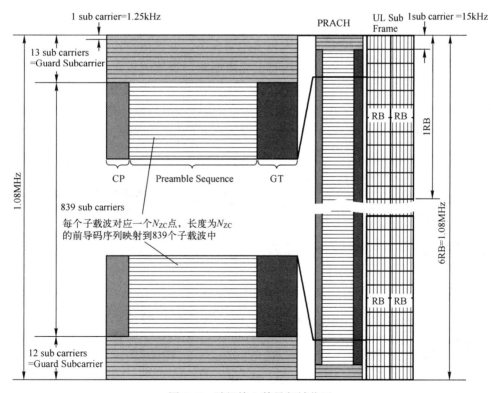

图 5-5　随机接入前导频域位置

经过以上分析，可以了解到不同的随机接入前导格式对应的 N_{CS} 不同，例如，随机接入前导格式 0 的 N_{CS} 其实可以配置为 119、167、279、419，该值越大，一个根序列循环移位产生的随机接入前导序列就越少，而一个小区需要的根序列就越多，由于根序列总数是有限的，这样会造成根序列的复用度受限，因此对于 N_{CS} 的选取应该在小区覆盖距离和根序列的复用度两个因素之间进行平衡，采取够用即可的原则。

另外一个问题是针对小区覆盖距离对随机前导格式的选取。以 TD-LTE 系统举例，一般密集城区站间距都为 200~300 m，那么采取最小的小区覆盖距离对应的随机接入格式 4 是否合适？答案是否定的。假定 UE 随机接入发射功率可以覆盖周边 1 km 范围且 N_{CS} = 10，那么每个根序列可以产生 13 个循环移位的随机接入前导序列，一个小区最少需要配置 5 个根序列，格式 4 总共可用 136 个根序列，小区复用度为 136/5（取整）= 27，而 1 km 范围小区数量大致 100 个左右，很容易造成周边小区不同用户之间的碰撞。

针对核心城区的平均站间距情况，不管是从随机接入所占时频资源，还是从小区覆盖综合情况来看，随机接入格式 0 是比较恰当的，但是 N_{CS} 设置得越大越好吗？ N_{CS} 太高会导致每小区所需根序列太多，周边小区复用度受限，更容易造成干扰。因此，根据实际的小区平均站间距选择合适的 N_{CS} 比较适宜。

另外，针对小区的用户数量以及业务模型，可以确定一个无线帧当中随机接入的资源配置情况，例如，在 VoLTE 用户越来越多的情况下，通过用户接入业务模型可以大致计算所需要配置的资源数量。本章只针对了非限制集的根序列设置原则进行讨论，对于限制集中 N_{CS} 对应循环移位规则产生的随机接入前导序列则另做他述。

LTE 系统随机接入规划需要重点关注配置如下的四元组参数，如图 5-6 所示。

{rooSequenceIndex，prach-ConfigIndex，zeroCorrelationZoneConfig，prach-FreqOffset}

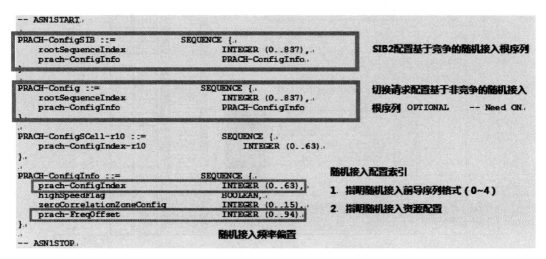

图 5-6　随机接入前导规划涉及的重要参数配置

5.1.2　LTE 随机接入过程分析

随机接入过程总体上分为两个主要阶段：第一个阶段称作随机接入，粗放式地解决了哪些用户准许接入的问题；第二个阶段称作竞争解决（或者非竞争解决）流程，精细化地解决了哪个用户准许接入的问题。

第一阶段：随机接入过程

随机接入可以分别由 PDCCH order、MAC Sublayer 或者 RRC Sublayer 三种机制触发，如图 5-7 所示。

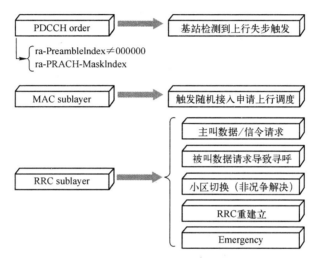

图 5-7　LTE 随机接入的三种触发机制以及对应的事件

在 UE 发起随机接入之前，需要确认如下参数配置。

1）prach-ConfigIndex：表明了 PRACH 的配置资源。

2）{numberOfRA-Preambles ,sizeOfRA-PreamblesGroupA}：表明了随机接入的分组情况（A/B 组以及各自每组的随机接入前导数量），这两个参数关系如图 5-8 所示。

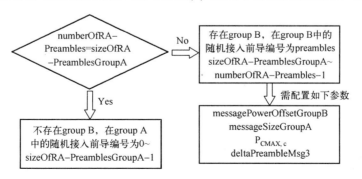

图 5-8　LTE 随机接入前导分组参数配置

3）ra-ResponseWindowSize：随机接入响应窗大小。

4）powerRampingStep：随机接入功率抬升步长。

5）preambleTransMax：最大前导传输次数。

6）preambleInitialReceivedTargetPower：初始接收目标功率。

7）DELTA_PREAMBLE：基于不同前导格式的偏置，见表 5-9。

表 5-9　DELTA-PREAMBLE 取值

Preamble Format	DELTA_PREAMBLE value
0	0 dB
1	0 dB
2	-3 dB
3	-3 dB
4	8 dB

8）maxHARQ-Msg3TX：Msg3 的最大 HARQ 传输次数。

9）mac-ContentionResolutionTimer：竞争解决定时器。

在每次随机接入过程被触发前，以上这些参数都可能被 UE 上层进行更新。在发起随机接入前，需要首先清空 Msg3 的缓存，将 PREAMBLE_TRANSMISSION_COUNTER 设置为 1，将 Backoff Timer 设置为 0 ms。对于一个 MAC 实体而言，在任何时候只可能有一个正在进行的随机接入过程。而对于正在进行的随机接入过程，如果又收到了发起新的随机接入过程的请求，后续的行为取决于 UE 的实现，到底是丢弃已有的进程，重新发起新的随机接入过程还是继续正在进行的随机接入过程。

步骤一：随机接入前导传输（Msg1 传输）

在随机接入发起过程之前，首先需要进行随机接入资源选择。这里的资源选择不是针对时频资源的选择（时频资源通过系统消息获取），而是针对选择哪些随机接入前导以及如何进行选择而言的。UE 根据如下条件分别进行随机接入资源选择。

1）非竞争解决的随机接入过程。例如网络侧检测到 UE 上行失步，通过 PDCCH order 明确下发 ra-PreambleIndex（非 000000）和 ra-PRACH-MaskIndex，那么就可以用那些为了"非竞争解决"预留的随机接入前导发起随机接入过程。

2）竞争解决的随机接入过程（有后续的竞争解决流程）。随机接入前导从 group A 或者 group B 中选择，为什么会区分两组设置？采取这两组设置可以使得基站进行一些资源接入优化，例如采取 group B 发送的业务，大体是覆盖不受限情况下的一些大包业务或者所占字节比较多的信令请求。由于在随机接入过程中基站是无法区分信令或者具体业务形态的，根据 group A / group B 的划分，基站可以采用合理的资源调配机制，以确保优先级较高的业务请求能够被优先接入。选择 group A 或者 group B 作为随机接入组的具体规则以及流程如图 5-9 所示。

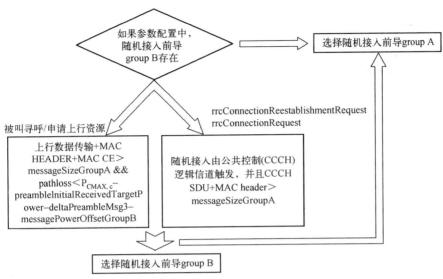

图 5-9　LTE 随机接入前导分组选择

对于重传的 Msg3，MAC 实体会选择第一次 Msg3 传输的组进行传输。选定了随机接入传输组后，至于选择哪一个具体的随机接入前导，就采取等概率随机抽取的方式在组内进行选择。当然，如果 group B 不配置，那么 group A 就是默认选项，随机接入前导就随机在 group A 中选择。同时将 PRACH Mask Index 设置为 0，PRACH Mask Index 取值含义见表 5-10。

表 5-10　PRACH Mask Index 取值含义

PRACH Mask Index	Allowed PRACH（FDD）	Allowed PRACH（TDD）
0	All	All
1	PRACH Resource Index 0	PRACH Resource Index 0
2	PRACH Resource Index 1	PRACH Resource Index 1
3	PRACH Resource Index 2	PRACH Resource Index 2
4	PRACH Resource Index 3	PRACH Resource Index 3
5	PRACH Resource Index 4	PRACH Resource Index 4
6	PRACH Resource Index 5	PRACH Resource Index 5
7	PRACH Resource Index 6	Reserved
8	PRACH Resource Index 7	Reserved
9	PRACH Resource Index 8	Reserved
10	PRACH Resource Index 9	Reserved
11	Every, in the time domain, even PRACH opportunity 1st PRACH Resource Index in subframe	Every, in the time domain, even PRACH opportunity 1st PRACH Resource Index in subframe

（续）

PRACH Mask Index	Allowed PRACH（FDD）	Allowed PRACH（TDD）
12	Every, in the time domain, odd PRACH opportunity 1st PRACH Resource Index in subframe	Every, in the time domain, odd PRACH opportunity 1st PRACH Resource Index in subframe
13	Reserved	1st PRACH Resource Index in subframe
14	Reserved	2nd PRACH Resource Index in subframe
15	Reserved	3rd PRACH Resource Index in subframe

说明：PRACH Mask Index 所对应的 PRACH Resource Index 是每个无线帧内按时频资源升序进行的 PRACH 基本资源配置索引。

3）一旦选定了（通过"竞争"或者"非竞争"随机接入资源选择）待传输的随机接入前导，下一步就是通过 prach-ConfigIndex、PRACH Mask Index、物理层时间提前量（对于 UE 连接态 MAC 实体还要考虑 measurement gap）来决定传输 PRACH 的子帧资源，如图 5-10 所示。

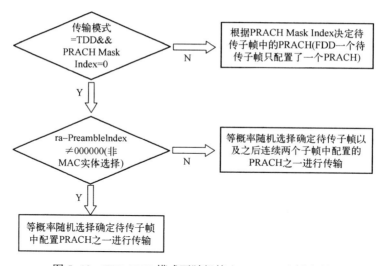

图 5-10　TDD/FDD 模式下随机接入 PRACH 选择流程

除了配置的时频资源，另一种随机接入涉及的资源是发射功率资源，其中随机接入前导传输 Msg1 的每次传输功率计算公式如下。

PREAMBLE _ RECEIVED _ TARGET _ POWER = preambleInitialReceivedTargetPower + DELTA_PREAMBLE+（PREAMBLE_TRANSMISSION_COUNTER−1）×powerRampingStep

随机接入 Msg1 每一次重传都以固定的功率步长进行抬升，直到功率达到 UE 最大发射功率 $P_{CMAX,c}$，之后一直以 UE 最大发射功率进行发射。如果前导传输次数 PREAMBLE_ TRANSMISSION_COUNTER 达到了随机接入最大传输次数，则向高层上报随机接入失败，如图 5-11 所示。

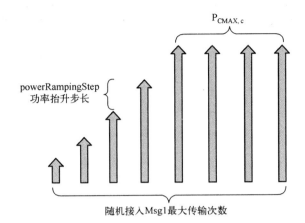

图 5-11　随机接入 Msg1 开环功率控制示意图

步骤二：随机接入响应接收（Msg2 接收）

一旦随机接入前导被发送，除了连接态的测量空档（Measurement Gap），MAC 实体需要在以最近发送随机接入前导的那个子帧+3 的子帧作为起始点，以 ra-ResponseWindowSize 作为接收窗长，在这个接收窗内监测以 RA-RNTI 加扰的 PDCCH，从而获取随机接入响应（Random Access Response，RAR）。RA-RNTI 计算如下。

$$RA\text{-}RNTI = 1+t\_id+10 * f\_id,$$

其中，t_id 是配置在无线帧中的第一个发送 PRACH 的子帧（0≤t_id<10），f_id 是 PRACH 待发子帧中 PRACH 的升序标识，FDD 系统这个值就为 0，TDD 系统中这个值是 f_{AR}（0≤f_id<6）。

一旦解码出包含对应了已发送的随机前导（随机接入前导）标识的 RAR 消息，UE 的 MAC 实体就可以停止继续监测 RAR 了。在这个 TTI 中，如果这个 PDCCH 中通过 RA-RNTI 加扰的下行指派（Downlink Assignment）被成功接收，并且接收到的 TB 被成功解码（这意味着在这个 TTI 的下行数据被成功接收），那么 MAC 实体可以不管可能出现的测量空档，这种状态大致是一种上行失步、下行数据可达的状态，那么 UE 后续流程可以不用考虑连接态下可能存在的测量空档。

收到的随机接入响应中可能携带 Backoff 指示的子标题（或者不携带）。一旦携带子标题，则将 Backoff 参数值按表 5-11 进行设置；若不携带，则将 Backoff 设置为 0，见表 5-11。

表 5-11　Backoff 参数值

Index	Backoff Parameter value（ms）
0	0
1	10

（续）

Index	Backoff Parameter value（ms）
2	20
3	30
4	40
5	60
6	80
7	120
8	160
9	240
10	320
11	480
12	960
13	Reserved
14	Reserved
15	Reserved

一旦 RAR 里面携带的随机接入标识与已发送的随机接入前导标识相匹配（MAC 在随机接入传输阶段会将随机接入前导的标识通知物理层，TS 36. 321 5. 1. 3），UE 认为 RAR 接收成功，根据时间提前量命令以一定提前量发起后续的信令或者业务，如图 5-12 所示。

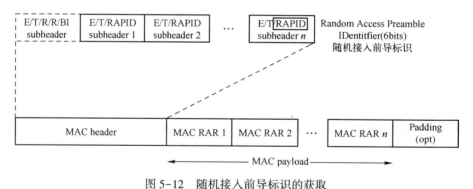

图 5-12 随机接入前导标识的获取

同时，UE 将 preambleInitialReceivedTargetPower 与（PREAMBLE_TRANSM ISSION_COUNTER-1）×powerRampingStep 通知底层。同时处理接收到的 UL grant 并将其通知底层，为后续上行 Msg3 信令或者数据传输所用。这里如果前期 ra-PreambleIndex 由 PDCCH order 或者 RRC 重配明确指示并且非 000000（非 MAC 选择），那么随机接入过程就成功了。另外一种情况，如果前期随机接入前导由 UE 的 MAC 实体选择，当收到 RAR 携带的临时

C-RNTI 时（见图 5-13），不晚于之后第一次按照 UL grant 传输设置临时 C-RNTI。

　　如果这是随机接入过程中第一次成功接收 RAR，若传输不由 CCCH 逻辑信道发起，则指示复用和集合（Multiplexing and Assembly）实体在后续的上行传输中包含 C-RNTI MAC 控制单元（Control Element），如图 5-14 所示。

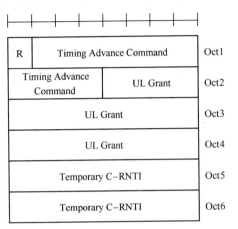

图 5-13　MAC 层随机接入
响应（RAR）

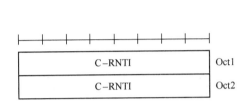

图 5-14　C-RNTI MAC 控制单元

　　从 "Multiplexing and assembly" 实体获取 MAC PDU 进行传输并将其存放在 Msg3 缓存里。这里说明了两层意思：如果是非竞争解决随机接入过程（上行失步或者切换），则在后续的传输中加上 C-RNTI 这样的标识；另一层意思说明了后续上行传输 MAC PDU 的一个准备过程。

　　注：3GPP 36.321 对于后续的上行传输有如下一行文字作为注脚。

　　NOTE：When an uplink transmission is required, e.g., for contention resolution, the eNB should not provide a grant smaller than 56 bits in the Random Access Response。

　　这里 56 bit 指的是竞争解决 Msg3 传输的传输块（TBS）大小，那么对于竞争解决为什么传输块指示需要 56 bit 呢？这是因为如果需要传输 Msg3，至少需要一个 4 个标识域的 MAC subheader（8 bit）和 UE 竞争解决标识 MAC CE（48 bit），如图 5-15、图 5-16 所示。

　　这样，恰好至少需要 56 bit。再看一下竞争解决标识 MAC CE 承载的 CCCH SDU 是什么？以 RRC 建立请求（RRCConnectionRequest）举例（见图 5-17）。

　　可见 UE 竞争解决标识 MAC CE 的 48 bit 完全可以承载 CCCH SDU 的 RRCConnection-Request 消息。

　　如果在随机接入响应窗内没有收到 RAR，或者 RAR 中携带随机接入前导标识与 Msg1 携带的随机接入前导不匹配，本次 RAR 接收认为不成功，UE 会将 PREAMBLE_TRANS-MISSION_COUNTER+1；如果 Msg1 的重传超过最大规定随机接入次数，即 PREAMBLE_ TRANSMISSION_COUNTER = preambleTrans Max+1，那么 UE 将向上层上报随机接入问题。

如果在这次随机接入过程中，随机接入前导由 MAC 选择，那么按照前述规则产生随机接入前导在 0~Backoff 参数值之间随机产生的延迟之后进行传输。

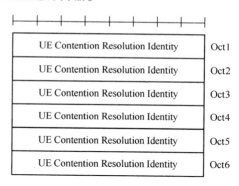

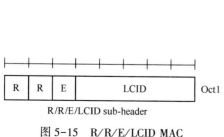

图 5-15　R/R/E/LCID MAC
子层数据头（sub-header）

图 5-16　UE 竞争解决标识
（MAC 控制单元）

```
2015 Mar 20  07:01:00.417  [15]  0xB0C0  LTE RRC OTA Packet  --  UL_CCCH / RRCConnectionRequest
Pkt Version = 8
RRC Release Number.Major.minor = 10.7.2
Radio Bearer ID = 0. Physical Cell ID = 145
Freq = 37900
SysFrameNum = N/A. SubFrameNum = 0
PDU Number = UL_CCCH Message.    Msg Length = 6
SIB Mask in SI =  0x00

Interpreted PDU:

value UL-CCCH-Message ::=
{
  message c1 : rrcConnectionRequest :
    {
      criticalExtensions rrcConnectionRequest-r8 :
        {
          ue-Identity randomValue : '01101110 00010100 00010000 10001101 10100111'B,  40 bits
          establishmentCause highPriorityAccess,    3 bits
          spare '0'B         1 bit
        }
    }
}
```

图 5-17　RRCConnectionRequest 信令截图

第二阶段：竞争解决

当随机接入成功之后，下一阶段就是竞争解决阶段。竞争解决与非竞争解决是两种不同机制，TS 36.321 只定义了竞争解决的概念，TS 36.300 对非竞争解决的概念有所提及。这两种机制的区别实质是获取资源并且与基站交互进行上行同步的方式不同。其本身并不依赖于上层的业务形态，例如，上行失步不一定非要采取非竞争解决，但是目前主流设备厂商普遍都是以非竞争解决实现的。PDCCH 中是否明确携带 ra-PreambleIndex 以及 ra-PRACH-MaskIndex，才是判定竞争解决还是非竞争解决机制的唯一标准。不过按照协议 TS 36.321 的定义，竞争解决的类型（这里没有提及非竞争解决的概念）可以基于 PDCCH 中携带的 C-RNTI 或者下行共享信道 DL-SCH 分配的 UE Contention Resolution Identity 区分判定。

竞争解决的开始基于 Msg3 消息的发送，同时 UE 根据不同情况进行处理，如

图 5-18、图 5-19 所示。

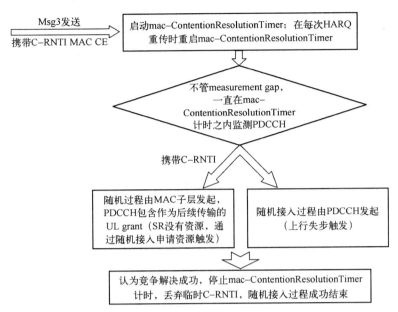

图 5-18　C-RNTI 的 MAC 控制单元作为 Msg3 传输

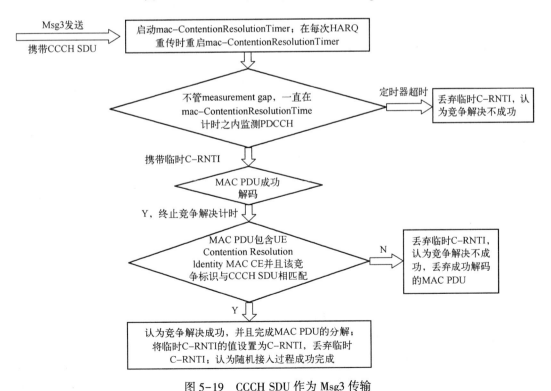

图 5-19　CCCH SDU 作为 Msg3 传输

如果 mac-ContentionResolutionTimer 超时，丢弃临时 C-RNTI，则认为竞争解决不成功。如果竞争解决被认为不成功，UE 将会清空用来传输承载 Msg3 的 MAC PDU 的 HARQ 缓存。同时增加随机前导计数次数 PREAMBLE_TRANSMISSION_COUNTER+1，这意味着虽然竞争解决不成功，但是可以重新再来随机接入过程，当然重新来过的随机接入依然按照前述流程，例如每次延迟 Backoff 时间和重新选择资源。当然，如果 PREAMBLE_TRANSMISSION_COUNTER = preambleTransMax+1，则向上层指示上报随机接入问题。

当成功完成随机接入过程后，UE 会丢弃接收到的 ra-PreambleIndex 以及 ra-PRACH-MaskIndex，并且清空相应的 HARQ 缓存。

关于 LTE 随机接入过程还需要针对如下几个问题进行进一步讨论。

1）非竞争解决与竞争解决定义澄清。TS 36.321 中并没有基于非竞争解决的任何定义，关于 Msg3 传输的方式只对竞争解决机制进行了定义说明。"非竞争解决"与"竞争解决"概念本质上的不同不在于 Msg3 内容传输的不同，而取决于网络侧是否为 Msg3 传输预留了特定的随机接入资源配置。Msg3 的传输内容在 MAC 层角度看来只有两种分类方式，一种是传输 C-RNTI MAC CE，另外一种是传输 CCCH SDU。根据一般性的分类，例如切换采取非竞争解决，RRC 连接建立采取竞争解决这一系列的说法其实并不严谨，这是主流设备厂商根据不同事件流程进行特定机制研发约定俗成的说法。从物理层的角度来看，二者主要的区别在于 Msg1 选择前导码的方式。从 group A（+group B）中随机选择前导码传输的方式可以认为是竞争解决，而从网络侧获取明确的前导码传输的方式可以认为是非竞争解决。

2）非竞争解决的随机接入前导可以任意选择吗？否，非竞争解决的目的是通过基站合理调配资源，避免与其他 UE 随机接入过程产生冲突，因此非竞争解决的随机接入前导一定是基站通过某种方式明确通知 UE 的，例如，可以通过解码 PDCCH order 或者 RRC 重配消息通知。非竞争解决与竞争解决的根本区别是流程机制的不同，而不单纯是表象上随机前导参数设置的不同，当然实际上也没有专门对 UE 下发区分竞争解决与非竞争解决的参数，不过网络侧是可以分两组进行配置的，这往往都是各个主流设备厂商的私有参数设置。在系统设计中，一般将上面定义的"竞争解决"——随机选择特定组内前导码+传输 CCCH SDU 的 Msg3 进行相应的流程匹配，而将"非竞争解决"——网络侧明确指示前导码+C-RNTI MAC CE 的 Msg3 进行相应的流程匹配。因此，约定俗成的竞争解决与非竞争解决的说法也来源于此。当然，如果非要将"竞争解决"与 C-RNTI MAC CE 的 Msg3 进行流程混搭，原则上这种系统设计也不是不可以，只不过这是一种十分低效的方式，UE 通过随机接入进行上行 UL-SCH 资源申请理论上就可以采取这种混搭机制。

3）什么情况 MAC 子层会发起随机接入过程？当 UE 申请上行资源调度发出 SR（Scheduling Request）时，UE 没有有效的 PUCCH 资源，那么可以取而代之发起随机接入过程并取消所有等待 SR。如果 SR 一直发送（有合适的 PUCCH 资源承载发送），直到发送计数达到最大次数 SR_COUNTER<dsr-TransMax，并且此时 sr-ProhibitTimerSR 的保护时

间也不再运行, 那么 UE 发起随机接入申请资源。这种随机接入情况由 MAC 子层发起, 一般会携带 C-RNTI, 采取的流程是竞争解决方案。

4) 竞争解决的标识是什么? 竞争解决的标识不是 C-RNTI, 竞争解决的标识 (UE Contention Resolution Identity MAC CE) 承载了 CCCH SDU, 另外也不是临时 C-RNTI。它就是 MAC 为了竞争解决的判定分配的一种标识。不过, 它可能会与 40 bit 随机数或者 32 bit 的 S-TMSI 相关。

5) 随机接入前导的标识是什么? RAPID (Random Access Preamble IDentitfier)。UE 在选定随机接入前导通过 Msg1 发送的时候, 会将通过计算的标识通知物理层, 而在 RAR 接收的时候, 会将接收到 MAC subheader 中的 RAPID 拿来与存储的标识进行比对, 从而决定后续的流程。RAPID 占用 6 bit, 恰好映射了一个小区中的 64 个随机接入前导, 详见图 5-20。

6) 上报随机接入问题之后 UE 的行为是怎样的? TS 36.331 规定, 在 UE 上报随机接入问题后, 如果此时 T300、T301、T304 以及 T311 都不在计时, 那么 UE 认为无线链路失败 (Radio Link Fail-

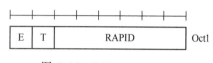

图 5-20　E/T/RAPID MAC 子层数据头

ure), 例如上行失步导致的随机接入连续失败, 如果此时 AS 安全没有激活, 则 UE 侧隐式地释放连接以及相关资源, 离开 RRC-connected 状态。如果 AS 安全已经激活, 那么 UE 发起 RRC 重建流程。如果 UE 在上报随机接入问题时, 恰好以上定时器任意一个在计时过程中会怎样? 协议并没有明确规定, 这取决于终端的实现。在实际网络测试遇到过一种情况, 在切换的时候 UE 达到 Msg1 最大重复发送次数, 此时上报高层随机接入问题, 并且一直仍以最大功率发射, 直到 T304 超时判定为切换失败。

7) PRACH Mask Index 起到了什么作用? PRACH mask 规定了随机接入的资源配置。如果由 PDCCH order 解码获取, 则按照解码指示的资源进行发起。如果随机接入由 MAC 子层发起, 则将 PRACH Mask Index 设置为 0, 即任意配置的 PRACH 资源都可以发起随机接入流程。

LTE 终端随机接入过程中涉及的参数配置整理如图 5-21 所示。

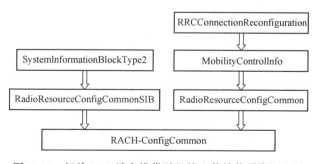

图 5-21　相关 RRC 消息携带随机接入传输信道资源配置

RRC 重配消息里面含有 RACH-ConfigCommon 信息（见图 5-22）可以说明，"竞争解决"——随机选择特定组内前导码+C-RNTI MAC CE 的 Msg3 的流程混搭在协议中是允许的，例如，UE 通过随机接入进行上行 UL-SCH 资源申请、切换均可以采取这样的机制，只不过效率较低，如图 5-23 所示。

```
-- ASN1START

RACH-ConfigCommon ::=          SEQUENCE {
    preambleInfo                        SEQUENCE {
        numberOfRA-Preambles                ENUMERATED {
                                                n4, n8, n12, n16,n20, n24, n28,
                                                n32, n36, n40, n44, n48, n52, n56,
                                                n60, n64},

        preamblesGroupAConfig               SEQUENCE {
            sizeOfRA-PreamblesGroupA            ENUMERATED {
                                                n4, n8, n12, n16,n20, n24, n28,
                                                n32, n36, n40, n44, n48, n52, n56,
                                                n60},
            messageSizeGroupA                   ENUMERATED {b56, b144, b208, b256},
            messagePowerOffsetGroupB            ENUMERATED {
                                                minusinfinity, dB0, dB5, dB8, dB10,
dB12,
                                                dB15, dB18},
            ...
        }           OPTIONAL                                                 -- Need
OP
    },
    powerRampingParameters              PowerRampingParameters,
    ra-SupervisionInfo                  SEQUENCE {
        preambleTransMax                    PreambleTransMax,
        ra-ResponseWindowSize               ENUMERATED {
                                                sf2, sf3, sf4, sf5, sf6, sf7,
                                                sf8, sf10},
        mac-ContentionResolutionTimer       ENUMERATED {
```

图 5-22　随机接入传输信道相关参数配置一览

```
                                            sf8, sf16, sf24, sf32, sf40, sf48,
                                            sf56, sf64}
    },
    maxHARQ-Msg3Tx                    INTEGER (1..8),
    ...,
    [[ preambleTransMax-CE-r13        PreambleTransMax                    OPTIONAL,
-- Need OR
        rach-CE-LevelInfoList-r13     RACH-CE-LevelInfoList-r13           OPTIONAL
-- Need OR
    ]]
}

RACH-ConfigCommon-v1250 ::=     SEQUENCE {
    txFailParams-r12              SEQUENCE {
        connEstFailCount-r12              ENUMERATED {n1, n2, n3, n4},
        connEstFailOffsetValidity-r12     ENUMERATED {s30, s60, s120, s240,
                                                s300, s420, s600, s900},
        connEstFailOffset-r12             INTEGER (0..15)    OPTIONAL    -- Need
OP
    }
}

RACH-ConfigCommonSCell-r11 ::=     SEQUENCE {
    powerRampingParameters-r11          PowerRampingParameters,
    ra-SupervisionInfo-r11              SEQUENCE {
        preambleTransMax-r11               PreambleTransMax
    },
    ...
}

RACH-CE-LevelInfoList-r13 ::=     SEQUENCE (SIZE (1..maxCE-Level-r13)) OF
RACH-CE-LevelInfo-r13

RACH-CE-LevelInfo-r13 ::=     SEQUENCE {
    preambleMappingInfo-r13             SEQUENCE {
```

图 5-22　随机接入传输信道相关参数配置一览（续）

```
       firstPreamble-r13                    INTEGER(0..63),
       lastPreamble-r13                     INTEGER(0..63)
   },
   ra-ResponseWindowSize-r13               ENUMERATED {sf20, sf50, sf80, sf120, sf180,
                                                       sf240, sf320, sf400},

   mac-ContentionResolutionTimer-r13       ENUMERATED {sf80, sf100, sf120,
                                                       sf160, sf200, sf240, sf480, sf960},

   rar-HoppingConfig-r13                   ENUMERATED {on,off},
   ...
}


PowerRampingParameters ::=              SEQUENCE {
   powerRampingStep                     ENUMERATED {dB0, dB2,dB4, dB6},
   preambleInitialReceivedTargetPower   ENUMERATED {
                                           dBm-120, dBm-118, dBm-116, dBm-114, dBm-112,
                                           dBm-110, dBm-108, dBm-106, dBm-104, dBm-102,
                                           dBm-100, dBm-98, dBm-96, dBm-94,
                                           dBm-92, dBm-90}
}


PreambleTransMax ::=                    ENUMERATED {
                                           n3, n4, n5, n6, n7, n8, n10, n20, n50,
                                           n100, n200}

-- ASN1STOP
```

图 5-22　随机接入传输信道相关参数配置一览（续）

理论上，LTE 终端小区切换过程中也可以采取基于 PDCCH order 通知"非竞争"随机接入前导进行目标小区的上行同步，不过 TS 36.331 规定，在切换指令中如果 rach-ConfigDedicated 不出现，UE 就采取基于"竞争解决"（随机选择组内随机接入前导发送）的方式，因此为了保证切换的成功率，设备厂商对于这个可选参数（机制）一般是需要配置实现的，同时这里也隐式地规定了 LTE 小区切换并不采取 PDCCH order 指示的方式。

涉及随机接入过程三层协议栈的定时器关系整理如下。

整个随机接入过程牵涉了从层 1 到层 3 的相关处理，例如，Msg1 传输是物理层流程，Msg2 的接收涉及 MAC 的处理，Msg3 一般又承载了 RRC 层的消息。3GPP 规范中对于不同协议层的计时器也进行了分别的设计，图 5-24 以 RRC 连接请求进行示例。

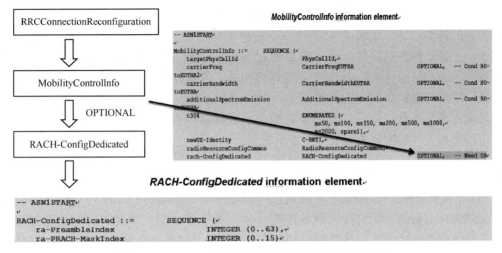

图 5-23　LTE UE 小区切换中随机接入资源获取方式

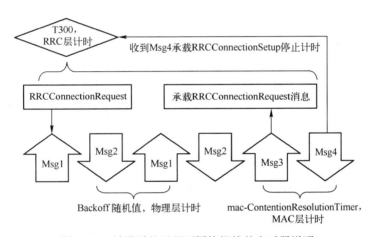

图 5-24　涉及随机过程不同协议栈的定时器说明

　　从主流厂商系统流程设计和参数设置的角度来看，LTE 终端的随机接入过程如果简单按照 Msg3 承载的高层内容基于"竞争解决"和"非竞争解决"进行分类是相对比较容易理解的。不过为了将复杂流程简化而进行的人为定义往往会带来对本质的误读。3GPP 作为全球通信产业联盟公认的准则规范，其最重要的核心意义是将系统设计中需要终端芯片和网络侧共同遵循的流程进行明确并进行最高级别的公平约定，最大化地避免个别企业、团体、组织进行个性化的解读。对于移动通信系统流程和原理的认知亦应从协议规范出发，客观中立地分析各种现象和问题。

5.2　NR 随机接入流程优化

　　随机接入过程是移动通信系统中实现终端与基站上行同步的一个重要流程，在 4G 系统中其主要功能涵盖如下五个方面：①终端通过上行初始接入实现 RRC 空闲状态向 RRC 连接状态的转变；②在终端 RRC 连接态下的移动性管理，如切换过程中与邻小区实现上行同步；③基站检测到终端上行失步后通过下行指令触发终端实现上行再同步；④终端检测到下行失步后通过上行随机接入实现再同步；⑤终端连接态下调度不及时，超过一定次数门限发起随机接入实现资源竞争，5G NR 随机接入过程的作用除了上述之外还包含按需获取系统消息（SI）以及波束失败之后的同步恢复这两个新特性，另外在资源效率利用以及相关参数配置方面有一些提升改进。

5.2.1　NR 随机接入参数规划

与 4G 系统一样，5G 中依然采取通过逻辑根序列（Zadoff-Chu 序列）循环移位的方式生成随机接入前导，随机接入前导序列（注：为便于说明，本文将调制前的随机接入原始序列统称为随机接入前导序列）的长度依然分为长序列 839 和短序列 139，长序列对应格式是 4 种，分别为格式 0/1/2/3（见图 5-25），对应随机接入子载波间隔为 1.25 kHz 和 5 kHz（其中格式 0/1/2 随机接入子载波间隔 1.25 kHz，格式 3 随机接入子载波间隔 5 kHz），详见表 5-12。

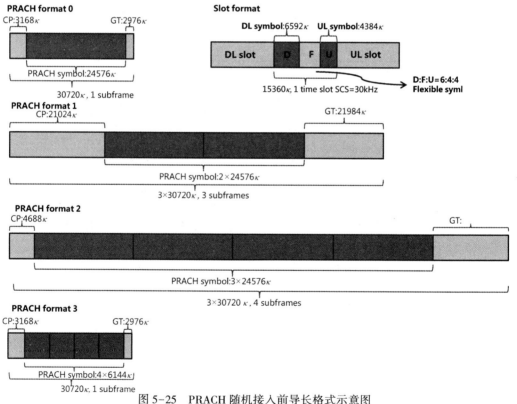

图 5-25　PRACH 随机接入前导长格式示意图

注：图中 $\kappa = T_s / T_c = 64$，详见 3GPP TS 38.211

表 5-12 PRACH 长序列前导格式

Format	L_{RA}	$\Delta f^{RA}/\text{kHz}$	N_u	N_{CP}^{RA}	Support for restricted sets
0	839	1.25	24576κ	3168κ	Type A, Type B
1	839	1.25	$2\times24576\kappa$	21024κ	Type A, Type B
2	839	1.25	$4\times24576\kappa$	4688κ	Type A, Type B
3	839	5	$4\times6144\kappa$	3168κ	Type A, Type B

5G 随机接入前导短序列对应的格式相比 4G 丰富很多，一共包括 9 种格式，分别为格式 A1/A2/A3/B1/B2/B3/B4/C0/C2，对应子载波间隔可以为 $\{15\,\text{kHz}, 30\,\text{kHz}, 60\,\text{kHz}, 120\,\text{kHz}\}$，详见表 5-13。

表 5-13 PRACH 短序列前导格式

Format	L_{RA}	$\Delta f^{RA}/\text{kHz}$	N_u	N_{CP}^{RA}	Support for restricted sets
A1	139	$15\times2^{\mu}$	$2\times2048\kappa\times2^{-\mu}$	$288\kappa\times2^{-\mu}$	−
A2	139	$15\times2^{\mu}$	$4\times2048\kappa\times2^{-\mu}$	$576\kappa\times2^{-\mu}$	−
A3	139	$15\times2^{\mu}$	$6\times2048\kappa\times2^{-\mu}$	$864\kappa\times2^{-\mu}$	−
B1	139	$15\times2^{\mu}$	$2\times2048\kappa\times2^{-\mu}$	$216\kappa\times2^{-\mu}$	−
B2	139	$15\times2^{\mu}$	$4\times2048\kappa\times2^{-\mu}$	$360\kappa\times2^{-\mu}$	−
B3	139	$15\times2^{\mu}$	$6\times2048\kappa\times2^{-\mu}$	$504\kappa\times2^{-\mu}$	−
B4	139	$15\times2^{\mu}$	$12\times2048\kappa\times2^{-\mu}$	$936\kappa\times2^{-\mu}$	−
C0	139	$15\times2^{\mu}$	$2048\kappa\times2^{-\mu}$	$288\kappa\times2^{-\mu}$	−
C2	139	$15\times2^{\mu}$	$4\times2048\kappa\times2^{-\mu}$	$2048\kappa\times2^{-\mu}$	−

随机接入前导长序列主要适用于 sub 6 GHz 频谱中的宏蜂窝以及室外远距离覆盖场景，而随机接入前导短序列除了适用于 sub 6 GHz 中微蜂窝，室分小站等场景，同时还适用于毫米波频谱覆盖。相比长序列，短序列占用时域资源较少，可以采取重复传输的方式提升随机接入的性能，丰富的长短序列划分主要对应了不同无线环境下的蜂窝覆盖场景。随机接入前导长序列还可以按照实际布网环境需求配置为非限制集序列或者限制集序列，非限制集序列涉及一般场景的随机接入，而限制集序列主要适用于高铁、高速公路沿线基站参数规划。限制集序列通过限制筛选出适当的随机接入前导码从而抵消高速移动场景下多普勒效应对于随机接入的影响，5G 中的随机接入限制集要比 4G 丰富许多，根据 SSB 类型 A(sub 6G) 或类型 B(beyond 6G) 都有不同的循环移位设置，值得注意的是，随机接入短序列不适用于限制集。这种限制筛选机制对于整体的随机接入前导码空间是有损的，因此在实际高速环境下也可以配置随机接入子载波间隔较大的非限制级序列以抵消多普勒频偏。例如，可以选择长格式 3 (5 kHz) 或者短格式序列（15 kHz/30 kHz/

60 kHz/120 kHz），同时也要注意这样的宽子载波间隔配置可能会额外增加频域资源的开销。有别于 4G 随机接入资源在服务小区中只能是唯一的小区级参数配置，5G 中随机接入资源配置可以根据不同子载波间隔以及每个子载波间隔对应的不同 BWP 进行相关配置，涉及随机接入频域起始位置等随机接入资源规划参数可以划分为常规随机接入以及波束失败恢复两种主要类别。涉及常规随机接入参数配置包含小区级公共竞争解决随机接入参数、UE 专属非竞争解决随机接入参数和请求系统消息相关随机接入参数（PDCCH order 触发的随机接入暂不涉及层 3 参数配置），其中，请求系统消息相关随机接入参数只能基于初始 BWP 进行配置，这意味着 UE 如果工作在活跃 BWP，则需要通过请求方式获取系统消息。

5G NR 随机接入传输时机所占用时域或者频域资源可以进行多样化的灵活配置，PRACH 传输频域资源起始位置由高层参数 msg1-FrequencyStart 决定，该参数配置了 PRACH 频域起始位置与初始上行 BWP 或者激活上行 BWP 频域起始位置的偏置。频域资源可以分别配置为 {1, 2, 4, 8} 种频域传输时机，在每个频域传输时机中可能占用 {2, 3, 6, 12, 24} 个连续 PRB（注：4G 中每个频域传输时机占用固定 6 个连续 PRB），至于具体采用哪种连续 PRB 配置则由逻辑根序列长度、随机接入子载波间隔与 PUSCH 子载波间隔共同决定，具体配置对应关系详见表 5-12。PRACH 的时域资源基本配置单位为子载波间隔为 15 kHz 时所对应的时隙即一个无线子帧（适用于随机接入子载波间隔为 1.25/5/15/30 kHz）或者子载波间隔为 60 kHz 时所对应的时隙（适用于随机接入子载波间隔为 60/120 kHz），时域资源基本配置单位决定了配置 PRACH 时域传输时刻的个数，例如对于随机接入长序列（839），一个子帧中只包含一个 PRACH 时隙（PRACH slot），而这个 PRACH 时隙中也只包含一个 PRACH 传输时刻（PRACH Transmission Occasion）；对于随机接入短序列（139），一个子帧或者一个 60 kHz 时隙可以包含 1 或 2 个 PRACH 时隙，而每一个 PRACH 时隙也可以包含 1 个或者多个 PRACH 连续传输时刻，具体时域传输时刻参数配置可以参阅 3GPP TS38.211 5.3.2 以及表 6.3.3.2-2~表 6.3.3.2-4，此处不做摘录。PRACH 的时域传输呈现周期性，PRACH 传输无线帧，无线子帧以及起始符号位置由 PRACH Configuration Index（取值范围 0~255，占用 8 bits）来指示，以 sub 6 GHz 非成对频谱（TDD 制式）举例，当高层参数 prach-ConfigurationIndex 取值为 20 时，PRACH 随机接入采用前导格式 0，周期性配置在每个无线帧中的 8、9 号子帧内各自的 0 号 OFDM 符号作为起始时刻，而传输持续时长为 $(24576\kappa + 3168\kappa)T_c$，其中 κ 为常数 64，T_c 是 5G 时域采样基本单位，定义为 $1/(480 \times 10^3 \text{Hz} \times 4096)$。

5G 系统中每小区可用随机接入前导资源大大增加，以 FR1（sub 6 GHz）非成对频谱举例，如果 prach-ConfigurationIndex 配置为 86、178、188、225，分别对应的随机接入格式为 A1、C0、C0、A1/B1 那么单个无线帧中随机接入时域传输时机可以达到最大的配置为 30，当 PUSCH 子载波间隔配置为 30 kHz，随机接入子载波间隔配置为 30 kHz 时，频域时机为 12，这样单个无线帧中随机接入时频域传输时机总共可达 360 个。

4G 系统中通过系统消息 SIB2 为每小区固定分配 64 个随机接入前导，尽管 5G 协议中规定每一个 PRACH 时频传输时机包含了 64 个随机接入前导，但实际上通过 SIB1 基于小区级颗粒度配置的与 BWP 相关的涉及随机接入的公共参数 RACH-ConfigCommon 中只定义了最大 64 个随机接入前导，这意味着基于小区级 BWP 颗粒度下最大随机接入前导数量依然是 64。尽管如此，5G 中可以根据不同的激活 BWP 进行独立的随机接入参数规划配置，基于不同的 BWP 可以使用不同的随机接入资源，进一步凸显了资源灵活配置的理念。

4G 系统中，UE 在上行随机接入同步时，并不确定所归属子帧内部的具体时刻位置，前导格式在设计时会留有一定的余量（即保护时间 GT，Guard Time），从而防止与下一个子帧碰撞。4G 与 5G 针对随机接入格式时长的选择都遵循这一准则，通常我们在理论计算 4G 小区覆盖距离时可以参考这个 GT，即根据公式 $(3 \times 10^8 \times \text{GT})/2$ 进行计算评估。在 5G 系统中，协议并没有明确定义 GT 的概念，主要是因为 5G 的时隙结构非常灵活，在一些特定时隙结构下才需要考虑通过保护时间规避碰撞的问题，另外，本质上 GT 也并非决定小区理论覆盖半径的唯一因素（注：为了说明方便，本章仍以 GT 表示保护时间），实际上在 TDD 系统中，决定小区理论规划半径需要考虑循环前缀（Cyclic Prefix，CP）、保护时间（Guard Time，GT）、上下行转换保护间隔（Guard Period，GP）以及随机接入前导码循环移位（N_{CS}）这四个因素，俗称小区理论规划半径"四元组"，在实际应用中，一般前三个因素属于与帧（时隙）结构相关的确定性因素（参见图 5-25 示意），因此一般小区理论规划半径为 $\min\left\{\dfrac{CP}{2}, \dfrac{GT}{2}, \dfrac{GP}{2}\right\} \times$ 光速，而随机接入前导码循环移位更多是适配理论规划半径适配调整的小区级规划参数。

5G NR 随机接入根序列规划与 4G 类似，通过逻辑根序列的循环移位 C_v 产生新的 PRACH 随机接入前导，一旦满足小区最大 64 个随机接入前导则停止产生，如果可产生的最大随机接入前导个数不满足 64 个，则依序更换下一个逻辑根序列继续增补产生随机接入前导，直到满足小区最大 64 个随机接入前导。5G 中根据小区覆盖半径计算循环移位的方法与 4G 没有区别，如图 5-26 所示，可以根据公式 $N_{CS} \times \dfrac{T_{SEQ}}{N_{CS}} \geqslant \text{RTD} + \text{DelaySpread}$ 计算最小 N_{CS}，其中 RTD 可以认为就是 $\min\{CP, GT, GP\}$。以随机接入前导长格式 0 举例，通过覆盖距离可以计算出所需最小 $N_{CS} = 119(>101.59)$，一个根序列大概可以产生 $\lfloor 839/119 \rfloor = 7$ 个随机接入前导序列，那么一个小区至少需要配置 $\lceil 64/7 \rceil = 10$ 个根序列。

尽管 5G 随机接入短序列所定义的小区覆盖半径差异并不是特别大，但由于随机接入时域可配置参数非常丰富，既可以对无线帧周期进行设置，同时在一个随机接入无线帧中还可以规定随机接入子帧，以及更细颗粒度的时隙和传输占用符号，通过灵活的重复传输可以确保随机接入的性能，同时多样灵活的参数配置可以适用于不同场景下的业务模型。

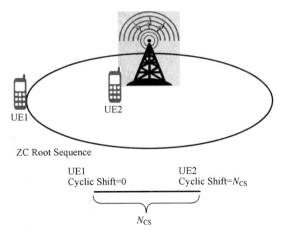

图 5-26　随机接入前导循环移位与小区规划半径关系示意图

5.2.2　NR 随机接入资源配置

随机接入过程是移动通信系统中实现终端与基站上行同步的一个重要流程，5G 系统设计中除了传统的时间、频率、前导码域资源，还引入了基于 SSB 波束资源的设计，因此在传统的小区级时频码域资源规划基础上，还需要着重考虑基于 SSB 波束资源的相关配置，这是一个全新的特性和机制。

1. 基于竞争解决的随机接入前导资源配置

在 5G NR 随机接入过程中新增了一个典型的技术特点，就是将随机接入前导资源与 SSB 波束进行关联，这样的设计可以使网络明确随机接入发起的位置，Msg2 的后续下行传输可以采取与 SSB 波束相关的波束选择，只有通过与 SSB 波束进行有效关联之后的 PRACH 随机接入前导才能够被用来发起随机接入。网络侧通过小区级公共消息体 RACH-ConfigCommon 中的高层参数 ssb-perRACH-OccasionAndCB-PreamblesPerSSB 将 N 个 SSB 块与 R 个连续的基于竞争的随机接入前导进行关联，如图 5-27 所示。

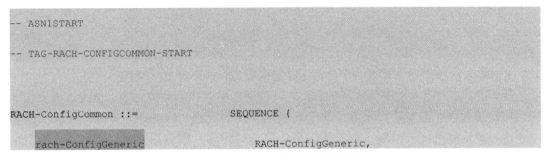

图 5-27　RACH 信道公共参数配置

```
    totalNumberOfRA-Preambles               INTEGER (1..63)

OPTIONAL,    -- Need S

    ssb-perRACH-OccasionAndCB-PreamblesPerSSB    CHOICE {

        oneEighth                           ENUMERATED

{n4,n8,n12,n16,n20,n24,n28,n32,n36,n40,n44,n48,n52,n56,n60,n64},

        oneFourth                           ENUMERATED

{n4,n8,n12,n16,n20,n24,n28,n32,n36,n40,n44,n48,n52,n56,n60,n64},

        oneHalf                             ENUMERATED

{n4,n8,n12,n16,n20,n24,n28,n32,n36,n40,n44,n48,n52,n56,n60,n64},

        one                                 ENUMERATED

{n4,n8,n12,n16,n20,n24,n28,n32,n36,n40,n44,n48,n52,n56,n60,n64},

        two                                 ENUMERATED

{n4,n8,n12,n16,n20,n24,n28,n32},

        four                                INTEGER (1..16),

        eight                               INTEGER (1..8),

        sixteen                             INTEGER (1..4)

    }

OPTIONAL,    -- Need M


    groupBconfigured                        SEQUENCE {

        ra-Msg3SizeGroupA                   ENUMERATED {b56, b144, b208, b256, b282,

b480, b640,

                                            b800, b1000, b72, spare6,
```

图 5-27　RACH 信道公共参数配置（续）

```
spare5,spare4, spare3, spare2, spare1},

      messagePowerOffsetGroupB          ENUMERATED { minusinfinity, dB0, dB5, dB8,
dB10, dB12, dB15, dB18},

      numberOfRA-PreamblesGroupA        INTEGER (1..64)

   }
OPTIONAL,    -- Need R

   ra-ContentionResolutionTimer         ENUMERATED { sf8, sf16, sf24, sf32, sf40,
sf48, sf56, sf64},

   rsrp-ThresholdSSB                    RSRP-Range
OPTIONAL,    -- Need R

   rsrp-ThresholdSSB-SUL                RSRP-Range
OPTIONAL,    -- Cond SUL

   prach-RootSequenceIndex              CHOICE {

     1839                                   INTEGER (0..837),

     1139                                   INTEGER (0..137)

   },

   msg1-SubcarrierSpacing               SubcarrierSpacing
OPTIONAL,    -- Cond L139

   restrictedSetConfig                  ENUMERATED {unrestrictedSet,
restrictedSetTypeA, restrictedSetTypeB},

   msg3-transformPrecoder               ENUMERATED {enabled}
OPTIONAL,    -- Need R

   ...

}
```

图 5-27 RACH 信道公共参数配置（续）

```
-- TAG-RACH-CONFIGCOMMON-STOP

-- ASN1STOP
```

图 5-27　RACH 信道公共参数配置（续）

如果 $N<1$，一个 SSB 块对应了 $1/N$ 个连续的 PRACH 时机，并且将每个 PRACH 时机中 R 个连续的基于竞争的随机接入前导与该 SSB 进行对应。如果 $N \geqslant 1$，每个 PRACH 时机中的 R 个连续的基于竞争的随机接入前导与 SSB 块 n 相对应，其中 $0 \leqslant n \leqslant N-1$，另外在每个 PRACH 时机中的 R 个连续竞争随机接入前导的索引起始位置对应了 $n \cdot N_{\text{preamble}}^{\text{total}}/N$，$N_{\text{preamble}}^{\text{total}}$ 由高层参数 totalNumberOfRA-Preambles 予以表征，意味着除开获取系统消息所配置随机接入索引外基于竞争与非竞争随机接入索引的总和，配置值为 N 的整数倍。

针对波束失败之后的链路恢复，SSB 块与 PRACH 时机之间的映射规则相对简化了一些，BeamFailureRecoveryConfig 消息体中的高层参数 ssb-perRACH-Occasion 将 N 个 SSB 波束与 PRACH 时机进行关联，如果 $N<1$，一个 SSB 映射了 $1/N$ 个连续的 PRACH 时机，而当 $N \geqslant 1$ 时，N 个连续的 SSB 都与一个 PRACH 时机相关联。

SSB 块的索引或者称之为 SSB 块波束配置可以由系统消息 SIB1（针对 SA 模式）或者 RRC 重配携带的消息块 ServingCellConfigCommon（针对 NSA 模式或者 SA 模式下 的载波聚合）中的 ssb-PositionsInBurst 获取，UE 需要按照如下顺序将 SSB 波束与对应的 PRACH 时机中的随机接入前导进行关联。

1）一个 PRACH 时机中的升序随机接入前导索引。

2）PRACH 频域时机升序索引。

3）PRACH 时域时机升序索引。

4）PRACH 时隙升序索引。

为了实现 SSB 波束与 PRACH 时机相关联，5G 中还新增了一个关联周期的概念，该关联周期从无线帧 0 起始，在关联周期内 $N_{\text{Tx}}^{\text{SSB}}$ 个 SSB 块波束至少需要与 PRACH 时机进行一轮关联，一个关联周期之内，如果经过整数轮的 SSB 块与 PRACH 时机映射后，仍然存留未映射到 $N_{\text{Tx}}^{\text{SSB}}$ 个 SSB 块波束的 PRACH 时机，那么这些 PRACH 时机将不再进行映射。关联周期则是 PRACH 配置周期对应集合可选项中满足以上映射的最小值，详见表 5-14。一个关联样式周期可以包含一个或者多个关联周期，最大可达 160 ms，如果在关联样式周期内，经过了整数关联周期后仍然有 PRACH 时机没与 SSB 块波束进行关联，那么这些 PRACH 时机不用作 PRACH 实际传输。另外，针对关联周期内 SSB 块波束的关联选择，协议规定如果在关联周期内出现了同一波束的多次测量结果（如包含了多个 SSB burst），则选取最近一次滤波前的 L1-RSRP 作为测量参考，只要该测量结果满足了预设的 RSRP 门限，UE 就可以将该 SSB 块波束与 PRACH 时机进行关联，如果所有的 SSB 块波束 L1–RSRP 测量结果都不满足预设门限，那么 UE 可以使用任何一个 SSB 块波束进行关联。

表 5–14　PRACH 配置周期与 SS/PBCH 块到 PRACH 关联周期的映射

PRACH configuration period（msec）	Association period（number of PRACH configuration periods）
10	{1, 2, 4, 8, 16}
20	{1, 2, 4, 8}
40	{1, 2, 4}
80	{1, 2}
160	{1}

为了便于说明，举例当 N 配置为 8，R 取值为 7，$N_{preamble}^{total} = 64$（需通过高层参数 total-NumberOfRA-Preambles 配置为 N 的整数倍，如果不配置，默认取值为 64），假定 SSB 块 8 波束传输，即 $N_{Tx}^{SSB} = 8$，那么第一个 PRACH 时机的基于竞争的随机接入前导 0~6 与 SSB 0 匹配映射，第一个 PRACH 时机的基于竞争的随机接入前导 8~14 与 SSB 1 匹配映射，以此类推，第一个 PRACH 时机的基于竞争的随机接入前导 56~62 与 SSB 7 匹配映射，这样总共配置了 56 个基于竞争的随机接入前导，同时其他 8 个为非竞争随机接入前导。由于选择合适的 PRACH 传输时机需要与特定的 SSB 波束进行关联匹配，假定在 SSB 波束个数确定的前提下，N 设置越小可能导致 UE 随机接入时延变大，而随着 N 设置值变大，UE 随机接入时延缩小的同时，可能会造成在同一 SSB 波束下可用随机接入前导受限，此时对于用户分布均匀密集的场景下，造成随机接入容量受限，因此，可以认为 N 是一个在随机接入时延和随机接入容量优化方面折中调节的参数。

在实际参数设置中，N 还需要考虑一些特殊场景，为了便于说明，依然假设 SSB 块 8 波束传输，当 $N=1$ 时，如图 5–28 所示，在 Frame 0 时 UE 测量到只有 SSB4 达到 RSRP 预设门限，那么 UE 会等待 PO4 传输 RACH，假定在 Frame2 测量时 SSB4 已经低于 RSRP 预设门限，且另外一个 SSB 达到预设门限，UE 可能选择与之匹配的后续 PO 进行 RACH 传输，在一些极端场景下可能造成随机接入延迟。为了规避类似的场景，可以考虑 N 设置时确保一个关联周期仅包含一个 SSB burst，按此原则，N 最小可以设置为 2。

2. 基于 PDCCH order 触发的随机接入前导资源配置

如果 UE 的随机接入传输由 PDCCH order 触发，PDCCH DCI 格式 0~1 中的随机接入前导索引字段非 0（Random Access Preamble index–6 bits），PRACH 掩码索引字段（PRACH Mask Index–4 bits）明确了与特定 SSB 波束索引（SS/PBCH index–6 bits）关联的 PRACH 时机，详见表 5–15。协议对于由 PDCCH order 触发的随机接入模式不做限定，意味着随机接入前导既可以选用竞争解决类型也可以选用非竞争解决类型，如果前导索引字段（ra-PreambleIndex）配置为 000000，则 PRACH 掩码索引和 SSB 波束索引均保留使

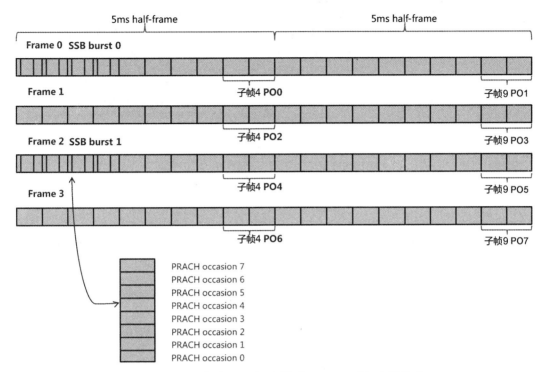

SSB PRACH configuration period=10ms,Association period=40ms, N_{Tx}^{SSB}=8,SSB periodicity=20ms, N=1

图 5-28 SSB 块 8 波束传输，关联周期内 PRACH 时机映射关系，N=1

用。本质上 PDCCH order 触发随机接入机制是一种在基于小区级公共随机接入参数配置（RACH-ConfigCommon）基础上的动态触发机制，因此 SSB 波束与 PRACH 时机的映射关系仍然沿用 ssb-perRACH-OccasionAndCB-PreamblesPerSSB 中的配置，UE 在一个关联周期中基于 PDCCH order 中指明的 SSB 波束索引所关联的 PRACH 时机发起随机接入，如果 SSB 波束索引关联了多个连续的 PRACH 时机，UE 应该等概率地随机选取其中之一发起随机接入。

表 5-15　PRACH Mask Index

PRACH Mask Index	Allowed PRACH occasion(s) of SSB
0	All
1	PRACH occasion index 1
2	PRACH occasion index 2
3	PRACH occasion index 3
4	PRACH occasion index 4

（续）

PRACH Mask Index	Allowed PRACH occasion(s) of SSB
5	PRACH occasion index 5
6	PRACH occasion index 6
7	PRACH occasion index 7
8	PRACH occasion index 8
9	Every even PRACH occasion
10	Every odd PRACH occasion
11	Reserved
12	Reserved
13	Reserved
14	Reserved
15	Reserved

3. 基于 RRC 专属信令触发的非竞争解决随机接入前导配置

除了以上两种触发随机接入的资源配置, 5G 还可以通过 RRC 专属信令进行非竞争解决随机接入的资源配置, 如图 5-29 所示。

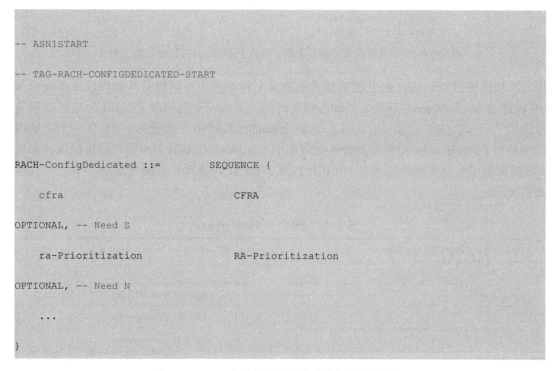

```
-- ASN1START

-- TAG-RACH-CONFIGDEDICATED-START




RACH-ConfigDedicated ::=        SEQUENCE {

    cfra                        CFRA

OPTIONAL, -- Need S

    ra-Prioritization           RA-Prioritization

OPTIONAL, -- Need N

    ...

}
```

图 5-29　RRC 专属信令触发非竞争解决随机接入

```
CFRA ::=                      SEQUENCE {

    occasions                     SEQUENCE {

        rach-ConfigGeneric            RACH-ConfigGeneric,

        ssb-perRACH-Occasion          ENUMERATED {oneEighth, oneFourth, oneHalf, one,

two, four, eight, sixteen}


OPTIONAL  -- Cond SSB-CFRA

    }

OPTIONAL, -- Need S

    resources                     CHOICE {

        ssb                           SEQUENCE {

            ssb-ResourceList              SEQUENCE (SIZE(1..maxRA-SSB-Resources)) OF

CFRA-SSB-Resource,

            ra-ssb-OccasionMaskIndex      INTEGER (0..15)

        },

        csirs                         SEQUENCE {

            csirs-ResourceList            SEQUENCE (SIZE(1..maxRA-CSIRS-Resources))

OF CFRA-CSIRS-Resource,

            rsrp-ThresholdCSI-RS          RSRP-Range

        }

    },

    ...,

    [[
```

图 5-29 RRC 专属信令触发非竞争解决随机接入（续）

```
    totalNumberOfRA-Preambles-v1530 INTEGER (1..63)

OPTIONAL -- Cond Occasions

    ]]

}



CFRA-SSB-Resource ::=           SEQUENCE {

    ssb                         SSB-Index,

    ra-PreambleIndex            INTEGER (0..63),

    ...

}



CFRA-CSIRS-Resource ::=         SEQUENCE {

    csi-RS                      CSI-RS-Index,

    ra-OccasionList             SEQUENCE (SIZE(1..maxRA-OccasionsPerCSIRS)) OF

INTEGER (0..maxRA-Occasions-1),

    ra-PreambleIndex            INTEGER (0..63),

    ...

}



-- TAG-RACH-CONFIGDEDICATED-STOP

-- ASN1STOP
```

图 5-29 RRC 专属信令触发非竞争解决随机接入（续）

在 RACH-ConfigDedicated 消息体中，参数 cfra 标识该消息体采取非竞争解决随机接入流程，如果该参数不出现，UE 可以采取竞争解决随机接入流程，同时 cfra 的下一级参数 occasions 定义了一种与基于竞争解决的随机接入过程中 SSB 波束与 PRACH 时机略有不同的新关联映射关系，如果该参数不出现，UE 可以采取首次活跃 UL BWP 中 RACH-Con-figCommon 消息体中所定义的 SSB 波束与 PRACH 时机映射关系。参数 occasions 中的下一级子参数 ssb-perRACH-Occasion 表征了每 PRACH 时机所对应的 SSB 波束个数，以 N 作为取值标识，取值范围为 $\{1/8, 1/4, 1/2, 1, 2, 4, 8, 16\}$，映射关系如图 5-30 所示。

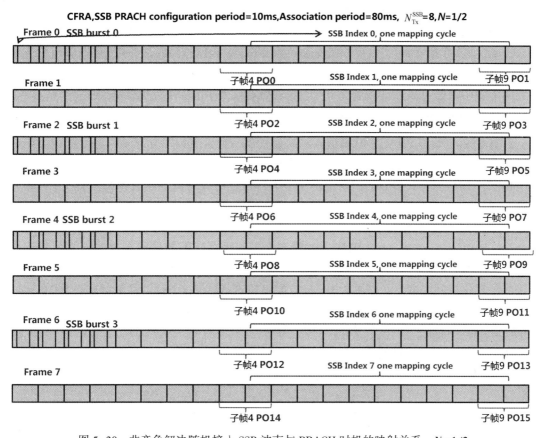

图 5-30   非竞争解决随机接入 SSB 波束与 PRACH 时机的映射关系，$N=1/2$

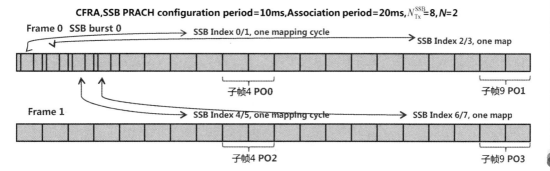

图 5-31   非竞争解决随机接入 SSB 波束与 PRACH 时机的映射关系，$N=2$

RRC 触发的非竞争解决随机接入过程中，网络侧还需要通过 ra-ssb-OccasionMaskIndex 明确在一个映射循环（见图 5-30 中 mapping cycle）中发起随机接入的时机，这个参数设置含义等同于 PDCCH order 触发的随机接入过程中通过 DCI 格式 0~1 所携带的字段 PRACH Mask Index 的含义（见表 5-15），有效取值 0~10，如果可选取值为 1~8，则意味着 N 的配置值可以设置为 1/8（恰好是 N 的协议最小可选值），对于主设备厂家后台的配置原则是，当 $N<1$ 时，如果 ra-ssb-OccasionMaskIndex/PRACH Mask Index 可选取值 1~X，那么 $X \leqslant 1/N$；如果 $X \geqslant 1$，ra-ssb-OccasionMaskIndex/PRACH Mask Index 可选取值只能为 0、1 或者 10，意味着在一个映射循环中只能配置为单 PRACH 时机。通常为了保险起见，在现网配置中该值可以默认设置为 0，意味着所有有效 PRACH 时机皆可用。

4. 关于 PRACH 有效时机的进一步说明

针对 SSB 波束与 PRACH 时机这样的映射机制，协议细化规定了 UE 可以选择哪些时机作为有效 PRACH 时机发起随机接入的准则。

1）针对成对频谱（FDD）NR，由于上下行信道物理分离，所有预配置的 PRACH 时机都是有效时机。

2）针对非成对频谱（TDD）NR，如果网络没有配置关于帧结构的参数 tdd-UL-DL-ConfigurationCommon，在一个 PRACH 时隙中，有效时机就不能设置在 SSB 块之前发起随机接入，同时，针对一些短格式随机接入，PRACH 时机的起始位置应该至少与 SSB 块时域接收位置保持间隔 N_{gap}，以便于 UE 的收发信机进行转换，N_{gap} 设置值参见表 5-16。

3）针对非成对频谱（TDD）NR，如果网络配置了关于帧结构的参数 tdd-UL-DL-ConfigurationCommon，在一个 PRACH 时隙中，有效时机可以设置在上行符号（UL symbols）的内部，或者同准则 2）。

4）针对随机接入短格式 B4，$N_{gap}=0$。

表 5-16　随机接入 SCS μ 与 N_{gap} 设置值的映射关系

Preamble SCS	N_{gap}
1.25 kHz or 5 kHz	0
15 kHz or 30 kHz or 60 kHz or 120 kHz	2

同时，协议还规定了由 PDCCH order 触发的随机接入的 PRACH 传输第一个符号与 PDCCH order 接收的最后一个符号间隔大于等于 $N_{T,2}+\Delta_{BWPSwitching}+\Delta_{Delay}$ ms，其中 $N_{T,2}$ 由 UE 处理能力类型 1 所决定，即 PUSCH 信道准备时间，可以由 N_2 个符号进行表征，N_2 的确定原则可参见 TS 38.214 第 6.4 节，随机接入长格式前导 $N_2=10$ 大约为 0.7 ms 左右，对于随机接入短格式，N_2 取值与上行和下行的 SCS 较小值决定；$\Delta_{BWPSwitching}$ 表征了随机接入在不同上行活跃 BWP 发起的转换时延，具体可参见 TS 38.133 表 8.6.2-1；另外，FR1 频段下 $\Delta_{Delay}=0.5$ ms，FR2 频段下 $\Delta_{Delay}=0.25$ ms。

另外，针对单小区或者同一频带内的载波聚合情况，协议规定 UE 不能在同一个时隙中同时传输 PRACH 和 PUSCH/PUCCH/SRS，或者在第一时隙中的 PRACH 的起始（最后）符号与第二时隙中 PUSCH/PUCCH/SRS 的最后（起始）符号应该大于 N 个符号，激活 UL BWP 子载波间隔为 15 kHz 或者 30kHz 时 $N=2$，其他 $N=4$。

5.2.3 NR 随机接入过程分析

随机接入过程可以通过 PDCCH order，MAC 实体本身或者 RRC 信令事件进行触发。每一个 MAC 实体中任何时刻都只能有一个正在进行的随机接入过程。辅小区的随机接入过程只能由 PDCCH order 予以触发，同时下发的随机接入前导索引 ra-PreambleIndex 不等于 0b000000。当 UE 在当前服务小区触发随机接入过程后，MAC 实体会将 Msg3 的缓存清空，同时将一系列 MAC 实体计数器和定时器设置为初始值，例如 Msg1 传输计数 PREAMBLE_TRANSMISSION_COUNTER = 1，随机接入前导功率抬升计数 PREAMBLE_POWER_RAMPING_COUNTER = 1，随机接入回退定时 PREAMBLE_BACKOFF 设置为 0 ms。如果 UE 的 MAC 实体正在处理一个正在进行的随机接入过程，此时又触发了另外一个随机接入过程，如获取系统消息请求（SI request），那么 UE 接下来的动作，即是否继续执行原有随机接入过程或者发起新的随机接入过程，则取决于 UE 自身实现。与 LTE 系统类似，除了以上提及的与随机接入时频域规划、前导码规划、与 SSB 波束/CSI-RS 相关的资源配置参数，5G 基于竞争解决模式的随机接入前导码也可以按照 GroupA 和 GroupB 来进行划分，这两种随机接入前导组的划分可以用来关联后续 Msg3 消息传输包的大小，如果高层参数 groupBconfigured 配置了，就意味着随机接入前导 GroupB 启用，在基于竞争的随机接入过程中，与 SSB 波束相关的前 numberOfRA-PreamblesGroupA 个随机接入前导属于 GroupA，剩下与 SSB 波束相关的属于 GroupB。如果该小区支持随机接入前导 GroupB，就意味着每一个 SSB 波束都支持 GroupB 的关联。高层参数 ra-Msg3SizeGroupA 是衡量 Msg3 传输包的门限参数，如果随机接入由公共控制逻辑信道（CCCH）触发并且 CCCH SDU 加上 MAC subheader 的比特个数大于该门限，或者潜在的 Msg3 比特个数（传输数据+MAC 子包头+MAC CE）大于该门限且上行传输路径损耗小于 PCMAX（发起随机接入的服务小区）-preambleReceivedTargetPower-msg3-DeltaPreamble-messagePowerOffsetGroupB，那么随机接入前导使用 GroupB 进行传输，这意味着由 CCCH 信道承载的 RRC 信令的大小如果大于预设门限，如 UL-CCCH1（rrcResumeRequest1）消息的传输，就可以直接采取 GroupB 发起随机接入，或者 Msg3 传输数据包较大（大于预设门限），并且与基站距离较近（通过路损偏置参数 messagePowerOffsetGroupB 进行衡量），也可以采用 GroupB 发起随机接入。除此之外，采用随机接入前导 GroupA 发起流程。

UE 通过 PRACH 传输发起随机接入请求之后，网络侧会通过 MAC CE 携带随机接入响应消息（Random Access Response）。UE 尝试在检测窗内侦听由 RA-RNTI 加扰 CRC 的 DCI 格式 1_0，检测窗起始位置为待侦测 CORESET（注：包含了 Type1-PDCCH CSS 集）的首个符号位置，检测窗长度根据高层参数 ra-ResponseWindow 可配置，是一系列的时隙个数，一个时隙所对应的时间长度由 Type1-PDCCH CSS 集的子载波间隔进行确定。如果 UE 在检测窗期间，检测到了由 RA-RNTI 加扰 CRC 的 DCI 格式 1_0 以及其相应 PDSCH 传输所携带的资源块，UE 将资源块传递至 MAC 层，MAC 层解析出与 PRACH 传输相关的随机接入牵动标识（Random Access Preamble Identity，RAPID），如果 UE MAC 层识别出 RAPID，会将对应的上行授权（UL Grant）下发至物理层，即为物理层的随机接入响应的上行授权，为后续 Msg3 传输提供了上行资源。如果 UE 在检测窗期间没有收到相应的以 RA-RNTI 加扰 CRC 的 DCI 格式 1_0 或者 UE 没有能够在检测窗期间正确接收相应 PDSCH 中的传输块，抑或 UE MAC 层实体没有能够识别 RAPID（与 PRACH 传输前导不一致），那么 UE MAC 层可以指示物理层再发送 PRACH。如果 UE MAC 层通知物理层进行 PRACH 的重传触发，那么 UE 应该在检测窗结束之后或者接收相应 PDSCH 最后一个符号之后的 $N_{T,1}$+0.75 ms 之内发出 PRACH，其中 $N_{T,1}$ 是时间延迟，以 N_1 个连续符号作为衡量，该值表征 PDSCH 处理时间，由 UE 芯片处理能力决定，当 $\mu=0$ 时，UE 假定 $N_{1,0}=14$。

一旦 UE 需要重新发起 PRACH（Msg1 重传），就会将 Msg1 传输计数器 PREAMBLE_TRANSMISSION_COUNTER 增加 1，如果此时没有收到来自底层挂起功率抬升计数器的指示，并且上一次 Msg1 传输过程中所选择关联的 SSB 波束或 CSI-RS 没有改变，那么计数器 PREAMBLE_POWER_RAMPING_COUNTER 也增加 1，这样可以使得重传 Msg1 的发射功率被调度抬升，具体发射功率根据公式 preambleReceivedTargetPower+DELTA_PRE-AMBLE+(PREAMBLE_POWER_RAMPING_COUNTER-1)×PREAMBLE_POWER_RAMPING_STEP 计算。除了波束失败恢复请求所触发的基于非竞争解决的随机接入过程，MAC 实体需要根据随机接入前导传输所在的 PRACH 时机来计算 RA-RNTI，后续会使用 RA-RNTI 进行一系列解扰处理。RA-RNTI = 1+s_id+14×t_id+14×80×f_id+14×80×8×ul_carrier_id，其中 s_id 是 PRACH 时机中第一个 OFDM 符号的索引（0≤s_id<14），t_id 是 PRACH 时机中第一个时隙位于系统帧内的时隙索引（0≤t_id<80），确定时隙索引所依据的系统子载波间隔是高层参数 scs-SpecificCarrierList 所配置的一系列系统子载波间隔中的最大值，f_id 是 PRACH 频域传输位置索引（0≤f_id<8），ul_carrier_id 是用来传输随机接入前导的上行载波索引，如果 PRACH 在普通上行载波内传输，则该值为 0，如果 PRACH 在上行增强载波（SUL）内传输，则该值为 1。UE 在接收 MAC RAR 时还可能同时接收包含回退指示（Backoff Indicator，BI）的 MAC 子 PDU，如图 5-32 所示。UE 根据 BI 所对应的回退时间（如表 5-17 所示）取值范围等概率随机选取一个值作为回退时长，在该回退时长内，如果发起 Msg1 重传所需要的随机接入资源符合条件，就立即发起随机接入，否则应该在回退时长之后发起随机接入。如果 BI 没有配置，则默认回退时间为 0 ms。

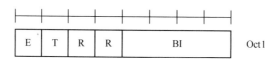

图 5-32 包含了 BI 的 MAC 子 PDU（对应一个 MAC 子 PDU）

表 5-17　回退索引对应回退时间取值

Index	Backoff Parameter value（ms）
0	5
1	10
2	20
3	30
4	40
5	60
6	80
7	120
8	160
9	240
10	320
11	480
12	960
13	1920
14	Reserved
15	Reserved

如果 UE 能够正确通过 DCI 格式 1_0 接收包含 RAR 的相应 PDSCH，不论网络侧是否为 CORESET 配置了 TCI 状态关系，UE 可以假定 PDCCH/PDSCH DMRS 天线端口与发起随机接入 PRACH 相关的 SSB 波束或者 CSI-RS 资源存在信道近似定位关系。如果 UE 由 PDCCH order 触发的在主小区的非竞争解决随机接入，那么随后在接收 RAR 的过程中，UE 假定接收到的 DCI 格式 1_0 与 PDCCH order 彼此之间的 DMRS 天线端口存在信道近似定位关系，如果 UE 是由主小区 PDCCH order 触发的在辅小区的非竞争解决随机接入，那么主小区用于解码 RAR 的 PDCCH（注：由与 Type1-PDCCH CSS 集相关的 CORESET 配置）的 DMRS 天线端口与传输 PDCCH order（注：PDCCH DCI 格式 1_0 承载）的 DMRS 天线端口之间存在近似定位关系。

RAR 上行授权调度了 PUSCH 传输资源，一共 27 bit，具体含义如表 5-18 所示，如果跳频指示（Frequency Hopping Flag）置为 0，那么承载 Msg3 的 PUSCH 不存在跳频，否则 PUSCH 存在跳频机制，承载 Msg3 的 PUSCH 的 MCS 由 4 bit 决定，这意味着只对应了前 16 种 MCS 索引（详见 TS 38. 214 表 6. 1. 4. 1-1&6. 1. 4. 2）。TPC 指令栏（TPC Command for PUSCH）是 PUSCH 的功控参数，CSI 请求栏（CSI Request）保留使用。另外，如果不对 UE 进行其他特别配置，后续接收的 PDSCH 的 SCS 与携带 RAR 的 PDSCH 的 SCS 保持一致。

表 5-18　RAR 上行授权内容解析

RAR grant field	Number of bits
Frequency hopping flag	1
PUSCH frequency resource allocation	14
PUSCH time resource allocation	4
MCS	4
TPC command for PUSCH	3
CSI request	1

在收到 RAR 上行授权之后，UE 需要在有效工作的上行 BWP 中进行 PUSCH 传输，如果该上行工作 BWP 与上行初始 BWP 保持相同的子载波间隔和 CP 长度，同时该上行工作 BWP 包含了上行初始 BWP 的全部 RB 资源，抑或该上行工作 BWP 就是上行初始 BWP，那么承载 Msg3 的 PUSCH 的频域资源就使用上行初始 BWP 的起始 RB 以及所含 RB 个数来计算，否则，针对 PUSCH 的频域资源分配，起始 RB 为上行工作 BWP 的第一个 BWP，而用于计算的最大 RB 个数是上行初始 BWP 的 RB 个数。承载 Msg3 的 PUSCH 采用资源分配类型 1 的方式进行频域分配（详见 TS 38.214 6.1.2.2.2），对于频域资源包含了 N_{BWP}^{size} 个 RB 的上行初始 BWP，如果 $N_{BWP}^{size} \leqslant 180$，则利用公式 $\lceil \log_2(N_{BWP}^{size} \cdot (N_{BWP}^{size}+1)/2) \rceil$ 计算频域资源分配所映射的比特个数（最大取值为 14），该计算方式得出的比特从（最右）低位进行映射，与 DCI 格式 0_0 中包含的频域资源分配栏（Frequency Resource Assignment Field）中比特串的意义一样，否则，从高位（最左）比特起始，在 $N_{UL,hop}$ 个跳频比特之后插入 $\lceil \log_2(N_{BWP}^{size} \cdot (N_{BWP}^{size}+1)/2) \rceil - 14$ 个零值比特，这些零值比特个数可以作为换算（相对 180RBs）分配额外扩展频域资源的依据。如果跳频标识（Frequency Hopping Flag）设置为 0，那么 $N_{UL,hop}$ 个跳频比特个数为 0，否则根据表 5-19 所示规则进行确定。另外，UE 根据网络侧高层参数 msg3-transformPrecoder 来决定是否启用转换预编码（Transform Precoding）进行 PUSCH 传输。

表 5-19　承载 Msg3 的 PUSCH 传输的跳频比特个数以及对应第二跳的频域偏置

Number of PRBs in initial UL BWP	Value of $N_{UL,hop}$ Hopping Bits	Frequency offset for 2nd hop
$N_{BWP}^{size} < 50$	0	$\lfloor N_{BWP}^{size}/2 \rfloor$
	1	$\lfloor N_{BWP}^{size}/4 \rfloor$
$N_{BWP}^{size} \geqslant 50$	00	$\lfloor N_{BWP}^{size}/2 \rfloor$
	01	$\lfloor N_{BWP}^{size}/4 \rfloor$
	10	$-\lfloor N_{BWP}^{size}/4 \rfloor$
	11	Reserved

承载 Msg3 的 PUSCH 信道子载波间隔由上行初始 BWP 或上行工作 BWP 相关的高层参数 BWP-UplinkCommon 进行配置。UE 应确保 PUSCH 与 PRACH 在相同服务小区的同一

个上行载波中进行传输。通过 RAR 上行授权调度的 PUSCH 传输块使用冗余版本 0（Redundancy Version）进行传输，如果临时 C-RNTI（Temporary C-RNTI，TC-RNTI）由 MAC 层提供，那么 PUSCH 的初始加扰由 TC-RNTI 实现，否则 PUSCH 的初始加扰由 C-RNTI 实现。如果 Msg3 需要重传，那么承载 Msg3 的 PUSCH 由 DCI 格式 0_0 实现调度，DCI 格式 0_0 的 CRC 由 TC-RNTI 实现加扰，而 TC-RNTI 由 RAR 消息提供，如图 5-33 所示，由 RAR 上行授权所调度的 PUSCH 没有自动重传机制。

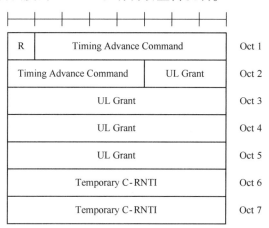

图 5-33　MAC 层 RAR 消息

由 RAR 上行授权调度的 PUSCH 传输时隙与接收到 RAR 的 PDSCH 传输时隙之间存在一定时延，如果假定包含 RAR 信息的 PDSCH 传输结束于时隙 n，那么相应的 UE 在时隙 $n+k_2+\Delta$ 进行 PUSCH 传输，k_2 是时隙偏置，由 DCI 中字段 *Time domain resource assignment* 决定，Δ 是基于 PUSCH 信道子载波间隔定义的额外偏置 μ_{PUSCH}，如表 5-20 所示。UE 可以假定在接收 PDSCH 最后一个符号和通过 RAR 上行授权调度传输 PUSCH 第一个符号之间的最小时间间隔应满足 $N_{T,1}+N_{T,2}+0.5$ ms，其中 $N_{T,1}$ 以 N_1 个符号对应的时间长度进行表征，当额外的 PDSCH DMRS 配置之后，该值是基于 UE 处理能力 1 的 PDSCH 处理时延，详见表 5-21 定义，$N_{T,2}$ 以 N_2 个符号对应的时间长度进行表征，该值是基于 UE 处理能力 1 的 PUSCH 准备时延，详见表 5-22 定义，UE 根据 PDSCH 和 PUSCH 两个传输信道中具有较小的子载波间隔来决定 N_1 和 N_2 的值，针对 $\mu=0$ 时，UE 假定 $N_{1,0}=14$，关于 PDSCH 处理能力 1 和 PUSCH 处理能力 1 定义详见 TS 38.214 5.3&6.4。

表 5-20　Δ 定义值

μ_{PUSCH}	Δ
0	2
1	3
2	4
3	6

表 5-21　基于 PDSCH 处理能力 1 所定义的 PDSCH 处理时间

μ	PDSCH decoding time N_1 [symbols]	
	dmrs−AdditionalPosition = pos0 in *DMRS−DownlinkConfig* in both of *dmrs−DownlinkForPDSCH−MappingTypeA*, *dmrs−DownlinkForPDSCH−MappingTypeB*	*dmrs−AdditionalPosition* ≠ pos0 in *DMRS−DownlinkConfig* in either of *dmrs−DownlinkForPDSCH−MappingTypeA*, *dmrs−DownlinkForPDSCH−MappingTypeB* *or if the higher layer parameter is not configured*
0	8	$N_{1,0}$
1	10	13
2	17	20
3	20	24

表 5-22　基于 PUSCH 处理能力 1 的 PUSCH 准备时间

μ	PUSCH preparation time N_2 [symbols]
0	10
1	12
2	23
3	36

在随机接入完整过程中，针对非竞争解决随机接入，一旦在接收 MAC RAR 的同时收到包含对应了 ra-PreambleIndex 的 RAPID 的 MAC 子包头（如图 5-34 所示），那么可以认为非竞争解决随机接入过程成功结束，不需要后续竞争解决阶段来进一步判定。

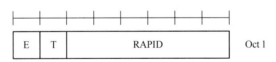

图 5-34　包含了 RAPID 的 MAC 子包头

针对竞争解决随机接入模式，由于在 MAC RAR 接收阶段还无法确认以竞争解决随机接入前导发起流程的 UE 是否接入成功，因此需要进一步的竞争解决过程予以判定。当携带 Msg3 的 PUSCH 传输完成之后就进入了竞争解决阶段，UE 会启动竞争解决定时器 ra-ContentionResolutionTimer（注：该定时器在每次 Msg3 的 HARQ 重传过程中会被重新启动），如果 UE 没有分配 C-RNTI（Msg3 为 CCCH SDU），UE 需要在接收 Msg4 步骤阶段尝试检测由 TC-RNTI 加扰 CRC 的 DCI 格式 1_0 以解码相应的 PDSCH，从而获取包含 UE 竞争解决标识的 MAC CE，如图 5-35 所示。当收到 PDSCH 并解码出包含 UE 竞争解决标识的 MAC CE 之后，可以认为竞争解决阶段成功完成，UE 需要终止竞争解决定时器，并将临时 C-RNTI 标识（TC-RNTI）设置为正式 C-RNTI 标识，同时丢弃掉 TC-RNTI，UE 的 MAC 实体此时可以认为随机接入完整过程结束。UE 仍需要在 PUCCH 信道中传输 HARQ-

ACK 消息以进行响应，这里 PUCCH 信道与之前传输 Msg3 消息的 PUSCH 信道位于相同的上行工作 BWP 中。承载 HARQ-ACK 的 PUCCH 信道第一个 OFDM 符号与承载 Msg4 消息的 PDSCH 最后一个 OFDM 符号之间的最小时间间隔等于 $N_{T,1}+0.5\,\mathrm{ms}$，其中 $N_{T,1}$ 以 N_1 个符号对应的时间长度进行表征，N_1 的定义如表 5-21 所示，针对 $\mu=0$ 时，UE 假定 $N_{1,0}=14$。竞争解决期间，即便 UE 被配置了相应的 TCI 状态，UE 仍然假定承载 DCI 格式 1_0 或格式 0_0（注：DCI 格式 0_0 主要为了调度重传承载 Msg3 的 PUSCH）的 PDCCH 与 PRACH 实现关联的 SSB 波束在信道传输中存在近似定位关系（QCL）。如果 Msg3 传输包含了 C-RNTI MAC CE，尽管之前解码 MAC RAR 过程可能获取了 TC-RNTI，如果在后续通过尝试使用 C-RNTI 检测 PDCCH 并获取用于新数据传输的上行授权，那么可以认为竞争解决阶段成功完成，UE 会终止竞争解决定时器并丢弃 TC-RNTI，此时随机接入完整过程结束。如果在竞争解决阶段，竞争解决定时器超时后，MAC 实体会丢弃临时 C-RNTI 标识，清空被用来传输 Msg3 MAC PDU 的 HARQ 缓存，并认为竞争解决阶段不成功，此时整个接入过程会回溯至重新传输随机接入前导阶段（触发 Msg1 重传）。如果 PREAMBLE_TRANSMISSION_COUNTER＝preambleTransMax+1，MAC 实体向高层上报随机接入问题。

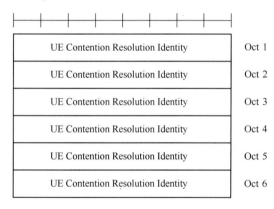

图 5-35　UE 竞争解决标识

5.2.4　BFR 与 SI-request

5G 中新增了两种随机接入应用场景，一种应用场景是波束失败检测和恢复流程，尽管协议针对该随机接入触发条件不做明确定义，但一般根据实际测试情况评估，该流程应用在高频波束（UE 也同样具备定向波束传输能力）失败检测场景更有效。另外一种应用场景是通过随机接入流程获取系统消息，这样的实现避免了占用大量公共信道的开销，实现了"随用随取"的系统消息获取理念。UE MAC 实体可以由 RRC 高层进行波束失败恢复过程的相关参数配置，用来指示当前服务小区下服务 SSB 波束或者 CSI-RS 失败后使用新 SSB 波束或者 CSI-RS 进行波束恢复同步。MAC 实体的波束失败检测依据来自底层的指示，如果在波束失败恢复触发的随机接入进行过程之中收到了来自高层关于波束失败恢复相关参数 beamFailureRecoveryConfig 的重新配置请求，MAC 层实体应该停止正在进行的随机接入过程，并且使用新的参数配置重新触发新的随机接入过程。RRC 使用 RadioLinkMonitoringConfig 消息体配置波束失败检测的相关参数，使用 BeamFailureRecoveryConfig 消息体配置波束失败恢复相关的随机接入参数，分别如图 5-36、图 5-37 所示。如果 MAC 实体接收来自底层的波束失败实例指示，就会启动或重启定时 beamFailureDetectionTimer，并且将内部计数器 BFI_ COUNTER 加 1（注：该计数器统计来自底层的波束失败实例，初始值置 0），一旦计数器超过预设门限，即 BFI_ COUNTER ≥ beamFailureInstanceMaxCount，就会在主小区（或者 NSA 模式下 NR 小区）上触发随机接入过程。如果 beamFailureDetectionTimer 超时，或者参数 beamFailureDetectionTimer、beamFailureInstanceMaxCount 任意被用来作为波束失败检测的参考信号通过高层信令进行了重配置，则 MAC 实体将内部计数器 BFI_COUNTER 清零。当波束失败恢复触发随机接入后，如果高层配置了定时器参数 beamFailureRecoveryTimer，则计时启动，该定时器超时，针对波束失败恢复需求，会禁用非竞争解决随机接入（可以采用竞争解决随机接入）。一旦波束失败恢复触发的随机接入过程完成，那么该计数器也会清零，同时终止定时器 beamFailureRecoveryTimer。

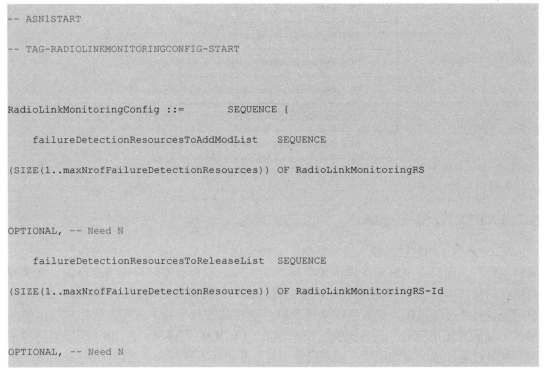

图 5-36　波束失败检测参数配置

```
    beamFailureInstanceMaxCount                ENUMERATED {n1, n2, n3, n4, n5, n6, n8, n10}

OPTIONAL, -- Need R

    beamFailureDetectionTimer                  ENUMERATED {pbfd1, pbfd2, pbfd3, pbfd4,

pbfd5, pbfd6, pbfd8, pbfd10}  OPTIONAL, -- Need R

    ...

}


RadioLinkMonitoringRS ::=           SEQUENCE {

    radioLinkMonitoringRS-Id             RadioLinkMonitoringRS-Id,

    purpose                              ENUMERATED {beamFailure, rlf, both},

    detectionResource                    CHOICE {

        ssb-Index                            SSB-Index,

        csi-RS-Index                         NZP-CSI-RS-ResourceId

    },

    ...

}

-- TAG-RADIOLINKMONITORINGCONFIG-STOP

-- ASN1STOP
```

图 5-36　波束失败检测参数配置（续）

```
-- ASN1START

-- TAG-BEAMFAILURERECOVERYCONFIG-START
```

图 5-37　波束失败恢复配置

```
BeamFailureRecoveryConfig ::=          SEQUENCE {

    rootSequenceIndex-BFR                   INTEGER (0..137)

OPTIONAL, -- Need M

    rach-ConfigBFR                          RACH-ConfigGeneric

OPTIONAL, -- Need M

    rsrp-ThresholdSSB                       RSRP-Range

OPTIONAL, -- Need M

    candidateBeamRSList                     SEQUENCE (SIZE(1..maxNrofCandidateBeams)) OF

PRACH-ResourceDedicatedBFR    OPTIONAL, -- Need M

    ssb-perRACH-Occasion                    ENUMERATED {oneEighth, oneFourth, oneHalf, one,

two,

                                            four, eight, sixteen}

OPTIONAL, -- Need M

    ra-ssb-OccasionMaskIndex                INTEGER (0..15)

OPTIONAL, -- Need M

    recoverySearchSpaceId                   SearchSpaceId

OPTIONAL, -- Need R

    ra-Prioritization                       RA-Prioritization

OPTIONAL, -- Need R

    beamFailureRecoveryTimer                ENUMERATED {ms10, ms20, ms40, ms60, ms80, ms100,

ms150, ms200}          OPTIONAL, -- Need M

    ...,

    [[

    msg1-SubcarrierSpacing-v1530            SubcarrierSpacing
```

图 5-37　波束失败恢复配置（续）

```
OPTIONAL  -- Need M

    ]]

}


PRACH-ResourceDedicatedBFR ::=        CHOICE {

    ssb                               BFR-SSB-Resource,

    csi-RS                            BFR-CSIRS-Resource

}


BFR-SSB-Resource ::=                  SEQUENCE {

    ssb                               SSB-Index,

    ra-PreambleIndex                  INTEGER (0..63),

    ...

}


BFR-CSIRS-Resource ::=                SEQUENCE {

    csi-RS                            NZP-CSI-RS-ResourceId,

    ra-OccasionList                   SEQUENCE (SIZE(1..maxRA-OccasionsPerCSIRS)) OF

INTEGER (0..maxRA-Occasions-1)  OPTIONAL,   -- Need R

    ra-PreambleIndex                  INTEGER (0..63)

OPTIONAL,   -- Need R

    ...

}
```

图 5-37　波束失败恢复配置（续）

```
-- TAG-BEAMFAILURERECOVERYCONFIG-STOP

-- ASN1STOP
```

图 5-37　波束失败恢复配置（续）

波束失败恢复触发的随机接入可以选用基于竞争解决的随机接入前导，也可以选用基于非竞争解决的随机接入前导（通过随机接入前导索引 ra-PreambleIndex 予以明确），如果通过 UE 专署 RRC 信令配置了波束失败恢复相关的非竞争解决随机接入资源（如图 5-37 所示，通过 BeamFailureRecoveryConfig 消息体配置），那么 UE 优先采用基于非竞争解决的随机接入前导触发随机接入过程。值得注意的是，尽管通过消息体 BeamFailure-RecoveryConfig 可以独立配置随机接入资源，但随机接入前导为短格式序列，并且在配置非竞争解决随机接入前导索引 ra-PreambleIndex 时应该确保与消息体 RACH-ConfigCommon 中关于公共随机接入前导资源个数 totalNumberOfRA-Preambles 相匹配，即公共随机接入前导个数（竞争解决和非竞争解决随机接入前导个数总和）+SI request 所配置随机接入前导个数+BFR 所配置非竞争解决随机接入前导个数=64。BFR 如果采取非竞争解决随机接入方式，如同 RACH-ConfigDedicated 所触发的非竞争解决随机接入一样，都可以通过消息体 RA-Prioritization 中的高优先级功率坡度步长参数 powerRamping Step-HighPriority 调整 Msg1 每次重传时的发射功率，从而实现较高的接入优先级，如果该高优先级功率坡度步长参数未配置，那么 Msg1 在每次重传时采取消息体 RACH-ConfigGeneric 中的功率坡度步长参数 powerRampingStep 进行发射功率调控。除此之外，消息体 RA-Prioritization 中另外一个回退缩放因子参数 scalingFactorBI 缩短回退时长 PREAMBLE_BACK-OFF，从而提升 Msg1 重复传输的接入优先级。

波束失败恢复触发随机接入后，如果定时器 beamFailureRecoveryTimer 正在运行当中，或者该定时器未配置，并且与波束失败恢复相关的非竞争解决随机接入资源与任一 SSB 波束和/或 CSI-RS 参考信号通过 RRC 信令明确了关联关系，同时如果这些预先配置关联关系的 SSB 波束/CSI-RS 中至少一个 SSB 波束电平 SS-RSRP 满足门限 rsrp-ThresholdSSB 或者至少一个 CSI-RS 参考信号电平 CSI-RSRP 满足门限 rsrp-ThresholdCSI-RS，那么选择满足门限 SSB 波束或者 CSI-RS 参考信号所预先配置对应的随机接入前导索引 ra-PreambleIndex 所指示前导码发起随机接入过程（注：如果某 CSI-RS 满足门限选择条件，但是 RRC 没有配置与之相关的 ra-PreambleIndex，那么 UE MAC 实体选择与该 CSI-RS 存在信道近似定位关系（QCL）的 SSB 波束所对应的 ra-PreambleIndex 发起随机接入过程）。

如果随机接入过程由配置的 BFR 非竞争解决随机接入前导触发，UE 在传输了 Msg1 后通过所配置的 Msg2 检测窗 ra-ResponseWindow 中尝试按照搜索空间 recoverySearchSpaceId 检测 PDCCH，一旦使用 C-RNTI 解码 PDCCH 成功，则 MAC 实体认为 BFR 触发的基于非竞争解决的随机接入过程成功，此时不需要后续的竞争解决阶段予以判定。另外，如果 MAC 实体采取基于竞争解决的随机接入前导触发 BFR 流程，那么仍然需要后续的竞争解决阶段以实现波束同步。值得关注的是，当 BFR 所触发的基于非竞争的随机接入过程完成之后，MAC 实体并不像常规非竞争解决随机接入过程那样会丢弃掉通过信令明确配置的非竞争解决随机接入资源，而是将消息体 BeamFailureRecoveryConfig 中所配置的非竞争解决随机接入资源予以保留，这样机制实现的优势在于提升资源利用的时效性，如果频繁出现波束失败能够快速触发随机接入过程从而实现波束同步。

除了波束失败恢复触发的随机接入过程之外，SA 组网模式下，UE 通过触发随机接入过程获取除 SIB1 之外的系统消息（SI-request）也是 5G 中随机接入的另一个特例应用。SI-request 所触发的随机接入流程只用来获取系统消息，并不用来实现从空闲态到连接态的转变。如果 SIB1 中所含 SI 调度信息消息体 SI-SchedulingInfo 中参数 si-RequestConfig 或 si-RequestConfigSUL 配置了相关的随机接入资源，同时参数 si-BroadcastStatus 配置为 notBroadcasting，那么 UE 启用 SI-request 触发的随机接入过程按需获取系统消息。当然除了利用 SI-request 触发的随机接入过程获取系统消息，UE 还可以通过 RRC 信令 RRCSystemInfoRequest 获取系统消息，这里不做过多介绍，更多流程细节可以参见 TS 38. 331 5. 2. 2. 3. 3&5. 2. 2. 3. 4。

如果随机接入过程由 SI-request 触发，首先需要确定信号电平 SS-RSRP 满足门限 rsrp-ThresholdSSB 的 SSB 波束（注：如果没有任何一个 SSB 波束信号电平满足条件，那么可以选取任一 SSB 波束），另外，如果随机接入关联周期索引参数 ra-AssociationPeriodIndex 和 SI 请求周期参数 si-RequestPeriod 都被配置，那么 UE 可以根据 SI 请求周期 si-RequestPeriod（注：该周期包含了若干关联周期）内的关联周期索引参数 ra-AssociationPeriodIndex 确定允许触发随机接入的关联周期，从而在关联周期中可根据随机接入掩码索引 ra-ssb-OccasionMaskIndex（注：随机接入掩码索引对应了上一节所介绍的 PRACH Mask Index）确定 PRACH 的传输时机。如果该掩码索引没有配置，或者配置在一个映射周期中包含了多个 PRACH 传输时机，MAC 实体依据等概率原则在可用 PRACH 传输时机中随机挑选发起随机接入。通过消息体 SI-RequestConfig 所配置的相关随机接入资源本质上也是非竞争解决模式所涉及的配置资源，因此随机接入前导 ra-PreambleStartIndex 也必须出现，当与一个 PRACH 传输时机关联的 SSB 个数（N，由参数 ssb-perRACH-Occasion 决定）大于等于 1 时，用于非竞争解决的随机接入前导索引 = ra-PreambleStartIndex + i，其中 i 对应了第 i 个 SSB($i=0$，$\cdots$，$N-1$)，而如果 $N<1$ 时，用于非竞争解决的随机接入前导索引固定为 ra-PreambleStartIndex。如果相关非竞争解决随机接入资源没有配置，MAC 实体也可以采取公共随机接入资源（竞争解决）用于 SI-request 所触发的随机接入过程。

如果 SI-request 采取非竞争解决随机接入资源触发流程，在 Msg2 阶段如果仅仅接收只含 RAPID 的 MAC 子 PDU（无 MAC RAR 载荷），并且 RAPID 对应了非竞争解决随机接入前导索引 ra-PreambleStartIndex，那么可以认为 SI-request 触发的随机接入过程成功完成，MAC 实体向高层传递 SI-request 随机接入过程完成的应答指示，后续通过在系统消息窗内的 si-WindowLength 获取系统消息。如果 SI-request 采取竞争解决随机接入资源触发流程，MAC 实体会通过后续竞争解决阶段完成随机接入过程。

第6章 5G无线网络优化实践

6.1 NSA组网模式下的优化实践

在网络建设初期，由于建设进度和投资等诸多因素可能在某些局部区域造成网络覆盖空洞或者弱覆盖，为了保证用户使用移动通信网络的用户感知，需要通过将新建通信基础网络与已有的通信基础网络建立系统间互操作机制，以保证用户终端的业务连续性，这称之为移动性管理。在4G开网之初需要建立与已有2G/3G网络的有效互操作管理机制，5G也依然存在类似的情况，由于5G NSA模式下的锚点频率是4G载波频率，情况相较SA模式下更加复杂一些，因此需要独立分析研究。

6.1.1 NSA组网模式下的测量机制

站在用户的角度，对于通信网络的首要感知来自于终端左上角的网络制式选择，对于是否处于5G网络同样凭借终端左上角的网络标识来判断。3GPP标准中对于NSA系统制式下终端如何显示5G标识没有进行规定，目前有两种主流的实现思路，一种是不论NSA终端处于何种RRC状态（空闲态/连接态），只要终端所驻留的锚点E-UTRA载波基站进行了升级，所下发的系统消息SIB2携带upperLayerIndication字段指示为true，那么表明UE进入了能够提供5G能力的覆盖区域，此时终端显示5G信号，简称为终端信号显示策略A。另外一种实现思路是NSA终端在空闲态下通过SIB2中的字段进行判别显示，通过锚点载波进行初始业务接入后，如果测量到NR载波满足一定电平门限，建立了EN-DC双连接实现数据传输，那么终端显示5G信号，否则仍可能显示4G信号，简称为终端信号显示策略A+D。为了更好地通过网络策略优化提升用户感知，需要对这两种实现思路进行针对性的分析。

针对终端策略A这一类型的NSA终端，一旦驻留到升级之后的4G锚点载波小区之后就会显示5G信号，由于开网初期需要针对NR辅载波与LTE锚点载波进行大量的成对配置工作，一定程度上受限于NR辅载波的建设进度，很有可能出现NR辅载波弱场覆盖环境下与LTE锚点载波强场环境下的匹配，此时终端测量上报NR辅载波信号较弱，网络侧无法有效配置EN-DC双连接，实际承载数据传输的是LTE的锚点主载波，但终端信号仍然会显示5G，这个现象就是俗称的"伪5G"。这种情况在初期网络建设过程中普遍存在，对用户感知的主要影响在于无法提供5G的大带宽速率，造成终端显示与实际使用感知的脱节，造成"伪 5G"现象的主要成因有如下两点。

1）存在锚点覆盖，但是 NR 无覆盖（终端策略 A）或者弱覆盖（终端策略 A+D），主要原因是因为锚点与 NR 辅小区"多对多"配置邻区关系，NR 站点不足。

2）存在锚点覆盖，添加 NR 辅小区参数设置过于激进，导致 NR 辅小区无法添加（终端策略 A）。

对于这种现象一个简易有效的测试判断方法是通过终端测速软件发现，如果终端的签约速率不受约束并且实测下行速率概率性地发生在 200 Mbit/s 以下，甚至忙时段低于 100 Mbit/s（概率性意味着有可能存在一部分的测试用例满足 5G 常规测速标准），可以初步判定"伪 5G"现象，此时需要精细梳理 LTE 锚点载波小区与 NR 辅载波小区的邻区配置关系。另外，这一类型 NSA 终端也可能出现"脱" 5G 网，显示 4G 网络覆盖的现象，产生这种情况的本质原因是终端在 LTE 升级后锚点载波小区（初期大部分是 FDD LTE 小区）与未升级的 LTE 小区之间（初期大部分是 TD-LTE 小区）的互操作，互操作参数设置策略可以按照空闲态和连接态分别设置，即空闲态利旧现网策略，例如可以适当将锚点载波相对优先级调整优化，当然这样对于纯 4G 终端（4G only）与 NSA 终端其实无差别，可能都会优先驻留锚点载波；目前大部分网络侧主设备均可基于 UE 上报能力差异化配置 UE 的连接态互操作参数，确保 NSA 终端优先驻留在锚点载波，这样可以根据终端的能力实现 NSA 终端与纯 4G 终端的分层驻留策略。

针对终端策略 A+D 这一类型的 NSA 终端，当驻留在 LTE 锚点载波小区时空闲状态会显示 5G 信号，信令初始接入会在锚点载波发起，进入锚点载波业务连接态后会根据网络预先配置的 NR 测量对象进行相应的测量，该过程一般通过 RRC 重配信令通知 UE 进行测量。一般配置的 NR 重要测量对象（见图 6-1）包括 NR 测量频点 carrierFreq-r15（SSB 的中心频率）、SSB 的测量位置（SSB 的测量周期和 SSB 在测量周期内的偏置 periodicityAndOffset 以及持续测量子帧 ssb-Duration，见图 6-2）和子载波间隔，以及包含触发测量上报门限列表。

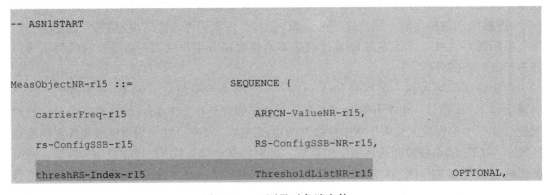

图 6-1 NR 测量对象消息体

```
-- Need OR

    maxRS-IndexCellQual-r15           MaxRS-IndexCellQualNR-r15         OPTIONAL,

-- Need OR

    offsetFreq-r15                    Q-OffsetRangeInterRAT             DEFAULT 0,

    blackCellsToRemoveList-r15        CellIndexList                    OPTIONAL,

-- Need ON

    blackCellsToAddModList-r15        CellsToAddModListNR-r15          OPTIONAL,

-- Need ON

    quantityConfigSet-r15             INTEGER (1.. maxQuantSetsNR-r15),

    cellsForWhichToReportSFTD-r15     SEQUENCE (SIZE (1..maxCellSFTD)) OF

PhysCellIdNR-r15     OPTIONAL,    -- Need OR

    ...,

    [[  cellForWhichToReportCGI-r15       PhysCellIdNR-r15             OPTIONAL,

-- Need ON

      deriveSSB-IndexFromCell-r15       BOOLEAN                       OPTIONAL,

-- Need ON

      ss-RSSI-Measurement-r15           SS-RSSI-Measurement-r15       OPTIONAL,

-- Need ON

      bandNR-r15                CHOICE {

        release                 NULL,

        setup                   FreqBandIndicatorNR-r15

      }                                                  OPTIONAL     --

Need ON
```

图 6-1　NR 测量对象消息体（续）

```
    ]]

}


RS-ConfigSSB-NR-r15 ::=            SEQUENCE {

    measTimingConfig-r15              MTC-SSB-NR-r15,


    subcarrierSpacingSSB-r15      ENUMERATED {kHz15, kHz30, kHz120, kHz240},

    ...,

    [[  ssb-ToMeasure-r15             CHOICE {

            release                     NULL,

            setup                       SSB-ToMeasure-r15

        }                                 OPTIONAL    -- Need ON

    ]]

}


CellsToAddModListNR-r15 ::=         SEQUENCE (SIZE (1..maxCellMeas)) OF

CellsToAddModNR-r15


CellsToAddModNR-r15 ::=            SEQUENCE {

    cellIndex-r15                     INTEGER (1..maxCellMeas),

    physCellId-r15                    PhysCellIdNR-r15

}


-- ASN1STOP
```

图 6-1　NR 测量对象消息体（续）

这里采取列表的目的主要为了使基于 SSB 波束（RS index）的物理层测量结果更加稳定，测量上报门限列表包括 nr-RSRP-r15、nr-RSRQ-r15、nr-SINR-r15 三个可选指标，其中 nr-RSRP 指 NR 辅同步参考信号接收功率（NR-SS-RSRP），定义为 NR 辅同步信号（SS）每个 RE 功率的线性平均，也可以结合 PBCH 中的 DMRS 参考信号功率比例进行计算（按照瓦特进行平均功率计算）；nr-RSRQ 指 NR 辅同步参考信号接收质量（NR-SS-RSRQ），定义为 $N \times$ NR-SS-RSRP/NR 载波 RSSI，其中 N 是 NR 载波 RSSI 测量带宽所包含的资源块（RB）个数，NR 载波 RSSI 全称为 NR 载波接收信号强度指示，在配置了 SMTC 测试时间窗口之内针对测量带宽内接收到的总功率按照 N 个资源块进行线性平均，其中分子分母的测量计算带宽应保持一致，当然 NR 载波 RSSI 也可以根据高层参数配置定制化的测量指定时隙中的某几个 OFDM 符号获得结果（详见 TS 36.214 R15），具体映射配置参见表 6-1，图 6-3 所示的 RRC 信令下发测量对象中包含的 SS-RSSI-Measurement 消息体中参数 endSymbol-r15 即为表 6-1 中 SS-RSSI-MeasurementSymbolConfig 字段含义；nr-SINR-r15 指测量辅同步信号获取的信噪（干扰）比，定义为在 SMTC 测试时间窗口之内相同频域带宽内 NR 辅同步信号每个 RE 上平均信号线性功率（单位为 W）与平均噪声和干扰线性功率（单位为 W）的比率，涉及 SMTC 测试时间窗口参数配置如图 6-2 所示。

表 6-1　NR 载波 RSSI 测量符号

OFDM signal indication SS-RSSI-MeasurementSymbolConfig	Symbol indexes
0	$\{0,1\}$
1	$\{0,1,2,\cdots,10,11\}$
2	$\{0,1,2,\cdots,5\}$
3	$\{0,1,2,\cdots,7\}$

UE 针对 NR 的测量可以基于 SSB 波束级测量，也可以基于小区级进行测量，这两种测量可分别独立配置不同的滤波因子，SSB 波束级测量根据 E-UTRA 中定义的层 3 滤波机制，而小区级测量方式则取决于高层参数配置情况 $\{$ maxRS-IndexCellQual，threshRS-Index $\}$，可能是超过门限列表 threshRS-Index 的 SSB 波束的线性平均，也可能是测量到 SSB 波束的最优值，详见 TS36.331 5.5.3.3。测量控制信息还包括频率级测量偏置（offsetFreq-r15，默认取值为 0）、小区黑名单列表管理（列表最大容量为 32）。另外，为了确保 NSA 模式下配对为 EN-DC 双连接的小区彼此之间无线帧同步，测量控制对象中还可能包含 LTE 锚点载波小区与 NR 辅载波小区无线时间差（SFN and Frame Timing Difference，SFTD）的测量控制参数，例如指定邻区列表（最大配置为 3 个测量邻区）进行与 E-UTRA 主小区的帧偏置测量（SFTD），以及一些其他辅助测量 SSB 波束的参数 $\{$ deriveSSB-IndexFromCell-r15，ss-RSSI-Measurement-r15 $\}$。

```
-- ASN1START


MTC-SSB-NR-r15 ::=   SEQUENCE {

    periodicityAndOffset-r15        CHOICE {

        sf5-r15                     INTEGER (0..4),

        sf10-r15                        INTEGER (0..9),

        sf20-r15                        INTEGER (0..19),

        sf40-r15                        INTEGER (0..39),

        sf80-r15                        INTEGER (0..79),

        sf160-r15                   INTEGER (0..159)

    },

    ssb-Duration-r15                    ENUMERATED {sf1, sf2, sf3, sf4, sf5 }

}


-- ASN1STOP
```

图 6-2　SMTC 测试时间窗口配置

```
-- ASN1START


SS-RSSI-Measurement-r15 ::=         SEQUENCE {

    measurementSlots-r15                BIT STRING (SIZE(1..80)),

    endSymbol-r15                       INTEGER(0..3)

}
```

图 6-3　基于 NR 辅同步信号（SS）RSSI 的测量时隙和测量符号配置

6.1.2　NSA 组网模式下的移动性管理

LTE 锚点载波针对 NSA 终端在无线空口添加 NR 辅载波大体上有两种方式，其一是通过下发测量对象和上报事件，UE 针对测量对象根据实际测量结果触发相应事件上报。目前，基站可以根据 UE 上报的能力（支持 NSA 与否）下发两套 A2 事件策略，一套针对纯 4G 终端，一套针对 NSA 终端，NSA 终端策略会针对 LTE 系统内以及 NR 系统分别配置两个 A2 事件。另外，根据目前协议标准规定，针对 LTE 异系统测量结果的上报触发事件可供选择的只有 B1 或者 B2 事件，B1 事件表征 NR 双连接辅载波小区测量高于一个预设的绝对门限值，而 B2 事件则表征 LTE 锚点小区测量低于一个预设的绝对门限值 1，同时 NR 双连接辅载波小区测量高于一个预设的绝对门限值 2，在实际信令流程策略开发时，使用 B1 事件更加符合实际组网场景需求。UE 触发 B1 事件后，LTE 锚点载波添加 NR 辅载波并通过 RRC 重配信令通知 UE，UE 通过随机接入一系列流程在 NR 辅载波建立连接后，可以进行数据传输，随之 LTE 锚点载波会删除与 B1 上报事件相关的测控对象，终端根据服务的 NR 辅载波进行测量，按照目前通用的实现方式，一旦 NR 测量电平低于预设 A2-nr 门限（注：该门限是指 NR 侧的 A2 事件触发门限，与 LTE 侧 A2 事件的触发门限是两个不同的概念），会在 LTE 锚点载波以字节封装的方式上报 A2-nr 事件（没有配置 SRB3），LTE 锚点载波会释放 NR 辅载波。

除了通过下发测量控制以及后续 UE 测量上报流程触发建立 NR 辅载波流程之外，对于特定的 E-RAB 配置，LTE 锚点载波还可以请求直接建立 NR 辅载波承载或者双连接承载（Split Bear），而不需要率先建立锚点载波承载，同样，也可以根据策略将所有的 E-RAB 配置成仅 NR 辅载波承载，即无锚点载波承载（参见 TS 37.340 10.2.1），针对这样的策略，在 RRC 空口流程中不需要下发测控对象，可以通过 RRC 重配信令流程直接添加 NR 辅载波，这种机制不通过 UE 进行测量上报，完全通过基站侧估计 NR 辅载波小区信号覆盖从而实现添加，俗称"NR 辅载波盲添加"，添加的 NR 辅载波小区的信号覆盖稳定性受限，如图 6-4 所示。

LTE 锚点载波与 NR 辅载波完成 QoS 参数协商之后，通过 RRC 重配信令通知 UE 接入 NR 辅载波，UE 在源锚点载波上报 RRC 重配完成并通过随机接入的方式在 NR 辅载波小区发起接入（二者发起的顺序不做约定）。如果数据传输仅由 NR 辅载波进行承载，锚点载波将用户业务数据迁转到 NR 辅载波后，需向核心网 EPC 发起承载路由更新。在业务连接态下，锚点载波或 NR 辅载波都可以发起 NR 辅载波的承载变更流程，一般锚点载波可以使用此流程发起 NR 辅载波承载的添加、修改或释放，也可以使用该流程实现 LTE/NR 承载转换，还可以利用该流程在保持 NR 辅载波承载不变的前提下发起锚点载波站内切换；在没有配置 SRB3 的情况下，NR 载波可以借助 LTE 载波小区作为逻辑主控使用此流程发起执行 NR 辅载波小区的配置变更，例如释放 NR 辅载波小区承载和双连接承载中 NR 辅载波 RLC 层以下承载部分（此种情况下 LTE 锚点载波可以选择将 NR 载波承载释放

```
RRCConnectionReconfiguration-v1510-IEs ::= SEQUENCE {

    nr-Config-r15                      CHOICE {

        release                        NULL,

        setup                          SEQUENCE {

            endc-ReleaseAndAdd-r15  BOOLEAN,

            nr-SecondaryCellGroupConfig-r15 OCTET STRING          OPTIONAL,    --
Need ON

            p-MaxEUTRA-r15                 P-Max                 OPTIONAL    --
Need ON

        }

    }                                                            OPTIONAL,    --
Need ON

    sk-Counter-r15                     INTEGER (0.. 65535)       OPTIONAL,    --
Need ON

    nr-RadioBearerConfig1-r15          OCTET STRING              OPTIONAL,    --
Need ON

    nr-RadioBearerConfig2-r15          OCTET STRING              OPTIONAL,    --
Need ON

    tdm-PatternConfig-r15              TDM-PatternConfig-r15     OPTIONAL,    -- Cond
FDD-PCell

    nonCriticalExtension               RRCConnectionReconfiguration-v1530-IEs

    OPTIONAL

}
```

图 6-4   RRC 重配实现 NR 辅载波添加

或保持现有承载类型或将承载类型重配为 LTE 锚点载波承载），同时可以触发 NR 辅载波小区组中的主小区（PScell）变更流程；在配置 SRB3 的情况下，当 NR 基站需要新增/变更/释放辅小区（Scell）或/和变更主小区时，可以直接通过 SRB3 向 UE 发起 RRC 重配流程实现。

　　在实际业务传输中，由于 LTE 锚定载波信号覆盖质量变差或者干扰造成的下行失步导致 UE 可能会发起重建流程，这一流程可能会触发锚定点载波向 NR 辅载波小区发起 UE 上下文释放流程，当然这一流程也可以由 NR 辅载波小区发起。随着 UE 在 LTE 锚地站内的移动性，LTE 锚点载波或 NR 辅载波都可能会发起 NR 辅载波小区变更流程。伴随着 UE 在 LTE 锚点站间的移动性也可能触发站间切换，如果目标 LTE 锚点载波小区所关联的目标 NR 辅载波小区与源 LTE 锚点载波小区所关联的源 NR 辅载波小区是同一个时，目标 LTE 锚点载波小区可以决定是否保持源 NR 辅载波小区或者将 NR 辅载波小区用户上下文释放，当然也可以在切换执行过程中将用户上下文迁转到新的目标 NR 辅载波小区。在 5G 布网初期，实际网络优化中也可能面临 UE 在 LTE 锚点载波站与非锚点载波站之间的相互切换，如果从 LTE 锚点载波站向非锚点载波站切换，NR 辅载波小区用户上下文会随之释放，反之，目标 LTE 锚点载波站也可能会在切换执行阶段将 NR 辅载波小区进行添加。目前协议版本并不支持 EN-DC 双连接中 NR 辅载波小区向 LTE 辅载波小区切换流程（即不支持 EN-DC→DC 切换），同时，也不支持 EN-DC 双连接中 LTE 锚点载波小区向 Ng-eNB 或 gNB 切换（即不支持 EN-DC→NGEN-DC 或 NR-DC 切换）。

　　针对 NSA 组网模式下 NR 辅载波小区的移动性管理，3GPP 规范没有明确定义测量或者判决事件策略，从这一点看，NSA 模式下 NR 辅载波的移动性管理没有单独从 4G 系统的设计框架中剥离，这主要受 4G 设计之初的目标没有更多地考虑前向兼容性的影响。因此，NSA 模式下对于运营商可管控的异系统测量/判决事件或者可配置的测量/判决参数门限仍然主要涉及 A2 和 B1（B2）事件，而 NR 辅载波的添加与改变也留给了设备实现侧更多的空间，也正是由于这样的开放机制，运营商有足够的灵活性推动主设备对涉及 NR 辅载波小区的移动性管理进行相应的策略以及参数标准化。

6.2　SA 组网模式下的协议栈分析

　　5G 接入网络中针对协议栈的划分与 4G 系统相同，秉持控制与业务分离的原则，分为控制平面和用户平面。其中控制平面包括接入网协议栈（Access-Stratum，AS）和非接入网协议栈（Non-Access-Stratum，NAS），接入网协议栈可以进一步细分为物理层、层 2（包含 MAC 子层、RLC 子层、PDCP 子层）、RRC 层（层 3）、NAS 层协议栈。RRC 层以及 NAS 层可以合称为高层协议栈，如图 6-5 所示。

　　5G 系统在设计时，为了契合端到端切片的理念，同时实现更加细化颗粒度的 QoS 管控，相比 4G 系统，在用户面协议栈中新增了 SDAP（Service Data Adaption Protocal）子

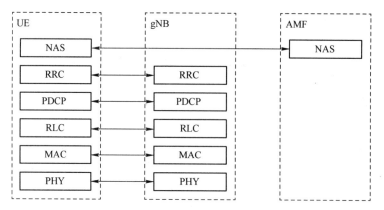

图 6-5　接入网控制面协议栈

层，与 PDCP 子层、RLC 子层和 MAC 子层共同构成了用户面的层 2 协议栈，如图 6-6 所示。本章结合 5G 系统接入网协议栈的新增特点进行介绍。

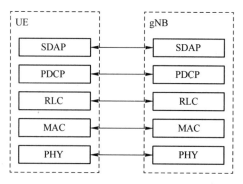

图 6-6　接入网用户面协议栈

6.2.1　SA 组网模式下用户面 SDAP 协议栈

5G 中针对 NAS 层端到端的资源单位取消了 4G 系统中原有的"EPS 承载"的概念，取而代之以"PDU 会话"（PDU Session）实现端到端基本传输资源的建立。每一个 UE 可以由 5G 核心网（5GC）建立一个或者多个 PDU 会话。5G 接入网（NG-RAN）为每个 PDU 会话至少对应建立一个无线数据承载（Data Radio Bearer，DRB）实现空中接口的数据传输，也可以建立额外的 DRB(s) 以备后续使用。分属于不同 PDU 会话的数据包也对应在不同 DRB 上进行空中接口的传输。NAS 层（针对上下行传输数据包）的包滤波机制基于 QoS 流颗粒度实现，AS 层映射规则将上下行 QoS 流颗粒度与 DRB 实现相关，如图 6-7 所示。5G 接入网和核心网通过将数据包映射为适当的 QoS 流和 DRB 以确保数据传输的服务质量（例如，可靠性和延迟等），因此存在两级步骤的 QoS 映射管控机制，第一级时将 IP 数据包映射为 NAS 层的 QoS 流，第二级是将 QoS 流映射为接入层的 DRB。

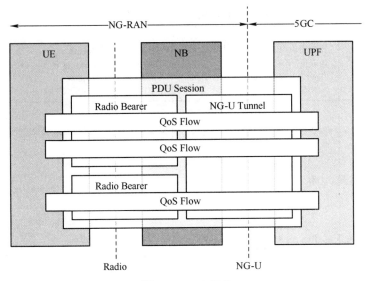

图 6-7　QoS 架构

　　站在 NAS 层角度，一个 QoS 流表征了从核心网 5GC 到接入网的一整套 QoS 配置参数，同时提供了核心网 5GC 到 UE 端到端的 QoS 规则。所谓的端到端 QoS 规则提供了上行用户面数据与 QoS 流的映射关系，而基于这样映射关系，接入网使用 QoS 配置参数调度无线信道资源。根据参数集配置，每个 QoS 流可以依据是否需要提供稳定的保障速率划分为 GBR（Guaranteed Bit Rate）QoS 流和 non-GBR QoS 流。每个 QoS 流的配置参数集包含 5G QoS 标识（5G QoS Identifier，5QI）和调度分配与保留优先级（Allocation and Retention Priority，ARP），5QI 类似 4G 系统中的 QCI，基站侧可以基于 5QI 所相关的 QoS 属性参数提供差异化的传输服务，QoS 属性参数包括调度优先级、包延迟预算、错包率、平均窗长、最大数据突发量等，这些 QoS 属性参数并不在下发信令中显式出现（需要通过5QI 确定，如表 6-2 所示），但仍然属于 QoS 配置参数集的一部分。另外对于 GBR 的 QoS流，还包含上下行保障流速率（Guaranteed Flow Bit Rate，GFBR）、上下行最大流速率（Maximum Flow Bit Rate，MFBR）（注：该参数仅提供用于语音业务）、上下行最大包损失率（Maximum Packet Loss Rate）、延迟关键资源类型（Delay Critical Resource Type）以及通知控制（Notification Control），对于 non-GBR 的 QoS 流，包含反向 QoS 属性（Reflective QoS Attribute，ROA）以及额外 QoS 流信息。

　　如果在空中接口无线资源调度中，一旦 GBR QoS 流的 GFBR 参数无法满足，基站侧启用 QoS 参数集中所配置的通知控制功能，将通知发送至核心网的 SMF（Session Management Function），除非无线链路失败或者接入网拥塞拒绝访问，QoS 流会一直保持。一旦无线资源可以重新提供 GFBR 的保障，基站侧会重新向 SMF 发送通知进行明确。

表 6-2　标准 5QI 与 QoS 属性的映射

5QI Value	Resource Type	Default Priority Level	Packet Delay Budget (NOTE 3)	Packet Error Rate	Default Maximum Data Burst Volume (NOTE 2)	Default Averaging Window	Example Services
1	GBR (NOTE 1)	20	100 ms (NOTE 11, NOTE 13)	10^{-2}	N/A	2000 ms	Conversational Voice
2		40	150 ms (NOTE 11, NOTE 13)	10^{-3}	N/A	2000 ms	Conversational Video (Live Streaming)
3 (NOTE 14)		30	50 ms (NOTE 11, NOTE 13)	10^{-3}	N/A	2000 ms	Real Time Gaming, V2X messages electricity distribution −medium voltage, Process auto-mation−monitoring
4		50	300 ms (NOTE 11, NOTE 13)	10^{-6}	N/A	2000 ms	Non − Conversational Video (Buffered Streaming)
65 (NOTE 9, NOTE 12)		7	75 ms (NOTE 7, NOTE 8)	10^{-2}	N/A	2000 ms	Mission Critical user plane Push To Talk voice (e.g., MCPTT)
66 (NOTE 12)		20	100 ms (NOTE 10, NOTE 13)	10^{-2}	N/A	2000 ms	Non − Mission − Critical user plane PushTo Talk voice
67 (NOTE 12)		15	100 ms (NOTE 10, NOTE 13)	10^{-3}	N/A	2000 ms	Mission Critical Video user plane
75 (NOTE 14)							
71		56	150 ms (NOTE 11, NOTE 13, NOTE 15)	10^{-6}	N/A	2000 ms	"Live" Uplink Streaming (e.g. TS 26.238 [76])
72		56	300 ms (NOTE 11, NOTE 13, NOTE 15)	10^{-4}	N/A	2000 ms	"Live" Uplink Streaming (e.g. TS 26.238 [76])
73		56	300 ms (NOTE 11, NOTE 13, NOTE 15)	10^{-8}	N/A	2000 ms	"Live" Uplink Streaming (e.g. TS 26.238 [76])

（续）

5QI Value	Resource Type	Default Priority Level	Packet Delay Budget (NOTE 3)	Packet Error Rate	Default Maximum Data Burst Volume (NOTE 2)	Default Averaging Window	Example Services
74	GBR (NOTE 1)	56	500 ms (NOTE 11, NOTE 15)	10^{-8}	N/A	2000 ms	" Live " Uplink Streaming (e. g. TS 26. 238 [76])
76		56	500 ms (NOTE 11, NOTE 13, NOTE 15)	10^{-4}	N/A	2000 ms	" Live " Uplink Streaming (e. g. TS 26. 238 [76])
5	Non-GBR (NOTE 1)	10	100 ms (NOTE 10, NOTE 13)	10^{-6}	N/A	N/A	IMS Signalling
6		60	300 ms (NOTE 10, NOTE 13)	10^{-6}	N/A	N/A	Video (Buffered Streaming) TCP - based (e. g. , www, e - mail, chat, ftp, p2p file sharing, progressive video, etc.)
7		70	100 ms (NOTE 10, NOTE 13)	10^{-3}	N/A	N/A	Voice, Video (Live Streaming) Interactive Gaming
8		80	300 ms (NOTE 13)	10^{-6}	N/A	N/A	Video (Buffered Streaming) TCP - based (e. g. , www, e - mail, chat, ftp, p2p file sharing, progressive video, etc.)
9		90					
69 (NOTE 9, NOTE 12)		5	60 ms (NOTE 7, NOTE 8)	10^{-6}	N/A	N/A	Mission Critical delay sensitive signalling (e. g. , MC-PTT signalling)
70 (NOTE 12)		55	200 ms (NOTE 7, NOTE 10)	10^{-6}	N/A	N/A	Mission Critical Data (e. g. example services are thesame as 5QI 6/8/9)
79		65	50 ms (NOTE 10, NOTE 13)	10^{-2}	N/A	N/A	V2X messages
80		68	10 ms (NOTE 5, NOTE 10)	10^{-6}	N/A	N/A	Low LatencyeMBB applications Augmented Reality

（续）

5QI Value	Resource Type	Default Priority Level	Packet Delay Budget (NOTE 3)	Packet Error Rate	Default Maximum Data Burst Volume (NOTE 2)	Default Averaging Window	Example Services
82		19	10 ms (NOTE 4)	10^{-4}	255 B	2000 ms	Discrete Automation (see TS 22. 261 [2])
83		22	10 ms (NOTE 4)	10^{-4}	1354 B (NOTE 3)	2000 ms	Discrete Automation (see TS 22. 261 [2]); V2X messages (UE - RSUPlatooning, Advanced Driving：Cooperative Lane Change with low LoA. See TS 22. 186 [111])
84	Delay Critical GBR	24	30 ms (NOTE 6)	10^{-5}	1354 B (NOTE 3)	2000 ms	Intelligent transport systems (see TS 22. 261 [2])
85		21	5 ms (NOTE 5)	10^{-5}	255 B	2000 ms	Electricity Distribution - high voltage (see TS 22. 261 [2]). V2X messages (Remote Driving. See TS 22. 186 [111], NOTE 16)
86		18	5 ms (NOTE 5)	10^{-4}	1354 B	2000 ms	V2X messages (Advanced Driving：Collision Avoidance, Platooning with high LoA. See TS 22. 186 [111])

NOTE 1：A packet which is delayed more than PDB is not counted as lost, thus not included in the PER.

NOTE 2：It is required that default MDBV is supported by a PLMN supporting the related 5QIs.

NOTE 3：The Maximum Transfer Unit (MTU) size considerations in clause 9. 3 and Annex C of TS 23. 060 [7] are also applicable. IP fragmentation may have impacts to CN PDB, and details are provided in clause 5. 6. 10.

NOTE 4：A static value for the CN PDB of 1 ms for the delay between a UPF terminating N6 and a 5G-AN should be subtracted from a given PDB to derive the packet delay budget that applies to the radio interface. When a dynamic CN PDB is used, see clause 5. 7. 3. 4.

NOTE 5：A static value for the CN PDB of 2 ms for the delay between a UPF terminating N6 and a 5G-AN should be subtracted from a given PDB to derive the packet delay budget that applies to the radio interface. When a dynamic CN PDB is used, see clause 5. 7. 3. 4.

NOTE 6：A static value for the CN PDB of 5 ms for the delay between a UPF terminating N6 and a 5G-AN should be subtracted from a given PDB to derive the packet delay budget that applies to the radio interface. When a dynamic CN PDB is used, see clause 5. 7. 3. 4.

NOTE 7：For Mission Critical services, it may be assumed that the UPF terminating N6 is located "close" to the 5G_AN (roughly 10 ms) and is not normally used in a long distance, home routed roaming situation. Hence a static value for the CN PDBof 10 ms for the delay between a UPF terminating N6 and a 5G_AN should be subtracted from this PDB to derive the packet delay budget that applies to the radio interface.

NOTE 8：In both RRC Idle and RRC Connected mode, the PDB requirement for these 5QIs can be relaxed (but not to a value greater than 320 ms) for the first packet (s) in a downlink data or signalling burst in order to permit reasonable battery saving (DRX) techniques.

（续）

NOTE 9：It is expected that 5QI-65 and 5QI-69 are used together to provide Mission Critical Push to Talk service (e. g., 5QI-5 is not used for signalling). It is expected that the amount of traffic per UE will be similar or less compared to the IMS signalling.

NOTE 10：In both RRC Idle and RRC Connected mode, the PDB requirement for these 5QIs can be relaxed for the first packet (s) in a downlink data or signalling burst in order to permit battery saving (DRX) techniques.

NOTE 11：In RRC Idle mode, the PDB requirement for these 5QIs can be relaxed for the first packet (s) in a downlink data or signalling burst in order to permit battery saving (DRX) techniques.

NOTE 12：This 5QI value can only be assigned upon request from the network side. The UE and any application running on the UE is not allowed to request this 5QI value.

NOTE 13：A static value for the CN PDB of 20 ms for the delay between a UPF terminating N6 and a 5G-AN should be subtracted from a given PDB to derive the packet delay budget that applies to the radio interface.

NOTE 14：This 5QI is not supported in this Release of the specification as it is only used for transmission of V2X messages over MBMS bearers as defined in TS 23. 285 [72] but the value is reserved for future use.

NOTE 15：For "live" uplink streaming (see TS 26. 238 [76]), guidelines for PDB values of the different 5QIs correspond to the latency configurations defined in TR 26. 939 [77]. In order to support higher latency reliable streaming services (above 500ms PDB), if different PDB and PER combinations are needed these configurations will have to use non-standardised 5QIs.

NOTE 16：These services are expected to need much larger MDBV values to be signalled to the RAN. Support for such larger MDBV values with low latency and high reliability is likely to require a suitable RAN configuration, for which, the simulation scenarios in TR 38. 824 [112] may contain some guidance.

除了 QoS 流级别的 QoS 参数，每个 PDU 会话也会被提供最大聚合速率（Session-AMBR，Aggregate Maximum Bit Rate），同时每个 UE 也会被提供 UE 级别的最大聚合速率（UE-AMBR）。其中 Session-AMBR 针对某一个特定 PDU 会话中所有的 non-GBR QoS 流的聚合速率而言，由 UPF（User Plane Function）提供保障，而 UE-AMBR 针对 UE 的所有 non-GBR QoS 流的聚合速率而言，由基站侧提供保障。

站在接入层角度，无线数据承载（Data Radio Bearer，DRB）定义了空中接口（Uu 接口）的数据包处理方式。基于 DRB 颗粒度上所传输的数据包的处理方式是一样的。QoS 流到 DRB 映射基于 QFI（QoS Flow ID）标识以及 QoS 参数集。不同的 DRB 可能映射不同的 QoS 流，并且可能需要不同的包处理机制，而属于同一个 PDU 会话的多个 QoS 流也可能复用于同一个 DRB 中。UE 根据映射规则将上行数据传输中 QoS 流与 DRB 实现关联映射，所谓的映射规则由两种方式下发，一种称之为反向映射（Reflective Mapping），对于每一个 DRB，UE 侦测下行传输数据包的 QFI 与 DRB 的映射关系，并将其反向应用在上行传输数据包映射中，为了达到这样的目的，接入网基站侧需要将下行空口传输数据包以 QFI 进行标识，UE 将相同的 QFI 和 PDU 会话与上行传输数据包进行关联。除此之外，还有一种方式就是通过显式 RRC 信令配置，将 QoS 流与 DRB 的映射关系配置下发。不管采取反向映射方式还是显式配置下发的映射方式，UE 需要根据最新获取的映射规则不断更新。当一个 QoS 流与 DRB 的映射规则更新了，UE 需要在旧有承载中发送带有结束标记（End-Marker）的控制 PDU。在下行传输中，为了实现反向 QoS 规则映射，QFI 可由基站侧下发，如果基站侧和核心网都不使用 QoS 流与 DRB 的反向映射机制，那么 QFI 不用下发。在上行传输中，基站侧可以配置 UE 将 QFI 进行上报。针对每一个 PDU 会话，可以配置一个默认 DRB 承载，如果一个上行传输数据包既没有通过反向映射规则也没有 RRC 下发映射规则明确与某一 DRB 的映射关系，UE 可以将上行传输数据包与默认 DRB 承载进行映射。对于一些 non-GBR QoS 流，核心网 5GC 可以发送给基站与这些 non-GBR QoS 流相关的额外 QoS 流信息参数，这些额外的 QoS 流信息参数说明数据业务更可能频繁在这些 non-GBR QoS 流上进行传输。对于每一个 PDU 会话，由基站侧具体实现如何将多个 QoS 流与某一个 DRB 进行映射，基站侧可能将一个 GBR QoS 流和一个 non-GBR QoS 或者多个 GBR QoS 流与一个 DRB 进行关联映射，协议不对如何实现以及流程优化进行限定。

QoS 流是 PDU Session 里面能够实现 QoS 差异化的最小颗粒度单元，在同一个 PDU Session 中 QoS 流通过 QoS 流标识（QoS Flow ID，QFI）进行标识区分。5G 系统中用户平面新增的 SDAP 协议栈主要提供的服务和功能包括将更细化颗粒度的 QoS 流与无线承载（Radio Bearer）进行关联映射，同时使用 QoS 流标识针对上下行传输包进行标记。SDAP 子层相关参数由 RRC 信令进行配置，其中包含若干 SDAP 实体，每一个独立的 SDAP 实体处理每一个独立的 PDU 会话，SDAP 子层实现了 QoS 流与 DRB 的映射，一个或者多个 QoS 流可以映射为一个 DRB，一个上行传输 QoS 流在某一时间只能与一个 DRB 进行关联映射，SDAP 子层协议栈结构如图 6-8 所示。

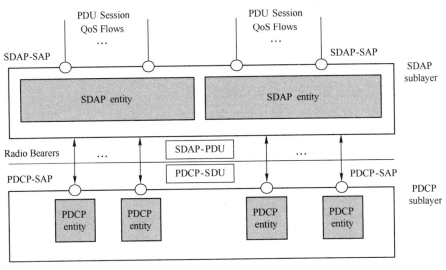

图 6-8 SDAP 子层协议栈结构

SDAP 实体负责从高层接收 SDAP SDU（或者向高层传递 SDAP SDU），同时负责通过以底层作为"桥梁"从对端 SDAP 实体接收 SDAP 数据 PDU（或者向对端 SDAP 实体发送 SDAP 数据 PDU）。从发射端角度观察，当 SDAP 实体从高层获取 SDAP SDU 时，会将其封装为 SDAP PDU，并将其继续传递到底层；从接收端角度观察，当 SDAP 实体从底层获取 SDAP PDU 时，会剥离包头实现解封装获得 SDAP SDU 并将其继续传递到高层。总体来说，SDAP 子层包含了用户面数据传输，将上下行的 QoS 流与 DRB 进行关联映射，对于上下行传输数据包进行 QoS 流 ID 标记，实现上行传输数据的 QoS 流到 DRB 的反向映射，图 6-9 说明了 SDAP 的相关功能。

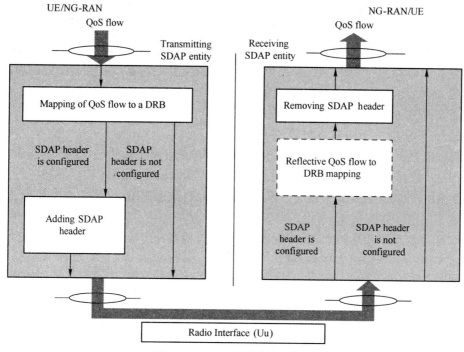

图 6-9　SDAP 子层功能示意图

为了实现上行数据传输，当 SDAP 实体从高层获取基于某一个 QoS 流的 SDAP SDU 时，如果没有预先存储的 QoS 流到 DRB 的映射规则，那么传输 SDAP 实体会将 SDAP SDU 与默认 DRB 进行关联映射，否则会按照预定义的映射规则，将 SDAP SDU 与某一 DRB 实现关联映射。如果 RRC 配置 SDAP SDU 映射到某一个 DRB 需要增加 SDAP 包头，那么通过添加 SDAP 包头的方式实现上行 SDAP 数据 PDU 封装，如图 6-10 所示，否则以无包头的方式实现 SDAP 数据 PDU 封装（SDAP SDU 到 PDU 以透传方式实现），如图 6-11 所示。

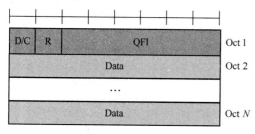

图 6-10　上行 SDAP 数据 PDU
格式（含 SDAP 包头）

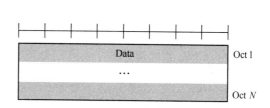

图 6-11　上下行 SDAP 数据 PDU
格式（无 SDAP 包头）

为了实现下行数据接收，当 SDAP 实体通过底层基于某一个 QoS 流获取 SDAP 数据 PDU 时，如果 RRC 配置 SDAP SDU 映射到某一个 DRB 需要增加 SDAP 包头，UE 可以根据反向 QoS 流与 DRB 映射规则实现上行的 QoS 流与 DRB 映射；同时如果下行 SDAP 数据 PDU 所包含字段 RQI 设置为 1，SDAP 实体需要向 NAS 层通知 RQI（注：RQI 为 1 bit，置为 1 意味着需通知 NAS 层关于服务数据流到 QoS 流

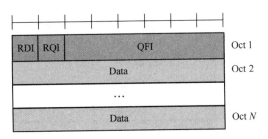

图 6-12　下行 SDAP 数据 PDU 格式
（含 SDAP 包头）

的映射规则变更，RQI 置为 0 则没有任何动作）和 QFI；UE 通过去 SDAP 包头的方式实现下行 SDAP 数据 PDU（如图 6-12 所示）解封装从而获取 SDAP SDU 并将其传递至高层。如果 RRC 没有配置 SDAP 包头，那么下行 SDAP 数据 PDU 以透传方式转换为 SDAP SDU 传递至高层，如图 6-11 所示。

RRC 通过消息体 SDAP-Config（见图 6-13）针对某一 DRB 进行相应的 SDAP 参数配置，从而实现 QoS 与 DRB 的关联映射。具有相同 pdu-Session 取值的 SDAP-Config 配置实例来源于同一个 PDU 会话，并且由相同的 SDPA 实体进行处理。RRC 可以通过该消息体配置上行 QoS 流与 DRB 的映射规则，另外为了实现 QoS 流与 DRB 的反向映射，需要将 SDAP 下行包头 sdap-HeaderDL 进行配置。值得一提的是，当 RRC 指示释放 DRB 时，SDAP 实体需要将所有与该 DRB 相关的 QoS 流进行释放。

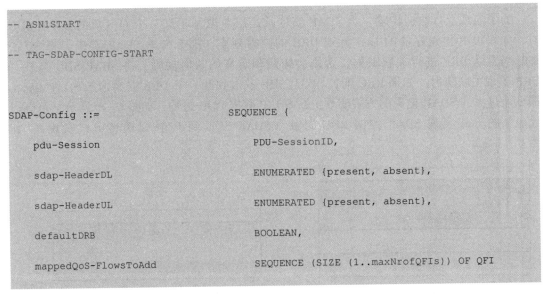

```
-- ASN1START

-- TAG-SDAP-CONFIG-START



SDAP-Config ::=                       SEQUENCE {

    pdu-Session                       PDU-SessionID,

    sdap-HeaderDL                     ENUMERATED {present, absent},

    sdap-HeaderUL                     ENUMERATED {present, absent},

    defaultDRB                        BOOLEAN,

    mappedQoS-FlowsToAdd              SEQUENCE (SIZE (1..maxNrofQFIs)) OF QFI
```

图 6-13　通过 RRC 进行 SDAP 子层相关参数配置

```
OPTIONAL, -- Need N

    mappedQoS-FlowsToRelease              SEQUENCE (SIZE (1..maxNrofQFIs)) OF QFI

OPTIONAL, -- Need N
                                                        ,
    ...

}


QFI ::=                                   INTEGER (0..maxQFI)


PDU-SessionID ::=                         INTEGER (0..255)


-- TAG-SDAP-CONFIG-STOP

-- ASN1STOP
```

图 6-13　通过 RRC 进行 SDAP 子层相关参数配置（续）

6.2.2　SA 组网模式下控制面协议栈

5G 接入网的控制面协议架构相比 4G 没有颠覆性的改变，借鉴了一些蜂窝物联网中基于能耗节约和信令简化的设计理念，在 RRC 连接建立之后新增加了一种 RRC 不活跃态（RRC_INACTIVE）。处于 RRC 不活跃态的 UE 可以通过检测 P-RNTI 加扰 DCI 获取短消息，也可以使用 5G-S-TMSI 侦听寻呼信道获取核心网寻呼消息（CN Paging），或者使用 I-RNTI 侦听寻呼信道获取接入网寻呼（RAN Paging），同时也可以进行邻小区测量和相应的小区重选流程，另外可以获取系统消息，也可以通过配置为 SI-request 方式获取系统消息。UE 可以根据 RRC 高层配置实现 UE 专属的 DRX、周期性的休眠和唤醒。除此之外，UE 状态还包含 RRC 空闲态（RRC_IDLE）和 RRC 连接态（RRC_CONNECTED），处于 RRC 连接态下的 UE 也可以获取系统消息，三种状态的相互转换示意图如图 6-14 所示。

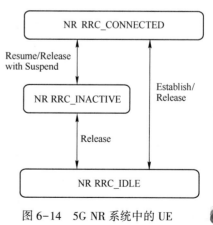

图 6-14　5G NR 系统中的 UE 状态以及状态迁转示意图

图 6-15 说明了 UE 在 4G/5G 异系统不同状态之

间的互操作流程概览，其中 4G 中出现的 RRC_INACTIVE 是 4G LTE 接入网根据核心网演进情况进行定义的新状态（如 E-UTRA/5GC）。

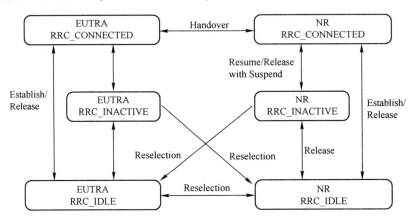

图 6-15　4G/5G 异系统 UE 不同状态之间的迁转（含系统间互操作）

接入网控制面可以建立无线信令承载（Signalling Radio Bears，SRBs）传输 RRC 和 NAS 层消息，包含 SRB0、SRB1、SRB2、SRB3 四种类型，其中 SRB0 使用 CCCH 逻辑信道的 RRC 消息，SRB1 使用 DCCH 逻辑信道传输 RRC 消息（注：SRB1 也可以用来携带 NAS 消息），SRB2 主要使用 DCCH 逻辑信道传输 NAS 消息，SRB1 先于 SRB2 建立，相比 SRB2 具有较高的调度优先级，SRB2 可以在接入网安全流程激活之后进行配置。SRB3 承载了一类特殊的 UE 专属 RRC 消息，主要适用于（NG）EN-DC 或者 NR-DC 双连接状态下 SCG 小区的信令传输。在（NG）EN-DC 或者 NR-DC 双连接状态下 SRB1 和 SRB2 可以通过 SRB 分裂的方式在 MCG 和 SCG 分别传输以实现空中接口无线信令承载传输的稳定性加固（注：SRB0 和 SRB3 不支持 SRB 分裂传输方式）。

接入网 RRC 消息可以通过 PDCP 层实现完整性保护和加密流程，一旦接入网安全策略被激活，SRB1、SRB2、SRB3 上承载的 RRC 消息以及所包含的 NAS PDU 都可以实现完整性保护和加密。NAS 层具有和 RRC 层独立的完整性保护和加密机制，需要通过 NAS 层信令独立配置。

为了在业务忙时降低接入网系统负荷，避免进一步阻塞，同时也为了避免某一类型业务独占网络资源导致其他业务无法使用接入，5G 接入网控制面定义了统一访问控制（Unified Access Control，UAC）的机制。根据运营商的策略以及部署原则，可以定制化地配置接入策略实现 RRC 接入管控（Access Barring Check）。网络侧通过将访问控制规则与访问标识（Access Identities）和访问类型（Access Categories）进行关联从而实现无线侧差异化的接入，其中访问标识基于不同用户访问网络级别在 SIM 卡开卡时配置，实现了针对 UE 的区分标识，访问类型针对 UE 访问接入的触发类型（如 MO 信令、MMTEL 语音、MO 数据）进行区分标识，详细说明参见 TS 22.261 6.22 & TS 38.331 5.3.14。

　　伴随着新增加的 RRC 不活跃态，UE 与网络之间新增加了与 RRC 连接恢复相关交互信令消息，分别如图 6-16～图 6-21 的信令交互示意图所示。RRC 不活跃态通过发起 RRC 连接恢复流程试图恢复挂起的 RRC 连接态，包括同时恢复 SRB(s) 和 DRB(s) 或者试图进行接入网指示区（RAN-based Notification Area，RNA）更新。UE 被挂起处于 RRC 不活跃态时，若 NAS 层或者 AS 层（响应接入网寻呼或者发起 RNA 更新）要求 UE 恢复挂起的 RRC 连接，那么 UE 发起 RRC 恢复流程。发起 RRC 恢复流程之前，UE 应确保获取了最新的有效关键系统消息，同时需要根据高层所触发的接入类型以及小区下接入控制准则来判断是否可以发起 RRC 恢复，如果接入尝试被禁止（Barred），那么 RRC 恢复流程终止。

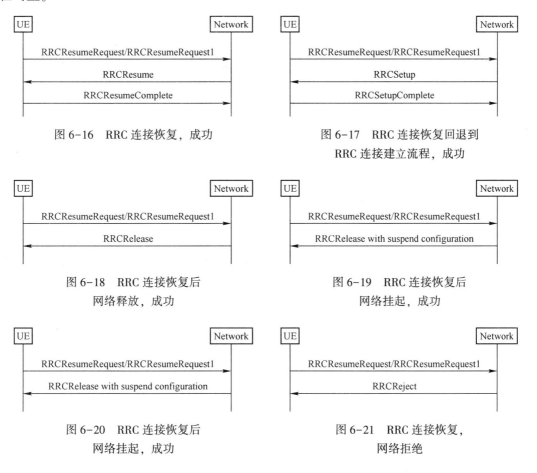

图 6-16　RRC 连接恢复，成功　　　　　图 6-17　RRC 连接恢复回退到
　　　　　　　　　　　　　　　　　　　　　　　　RRC 连接建立流程，成功

图 6-18　RRC 连接恢复后　　　　　　　图 6-19　RRC 连接恢复后
　　　　网络释放，成功　　　　　　　　　　　　网络挂起，成功

图 6-20　RRC 连接恢复后　　　　　　　图 6-21　RRC 连接恢复，
　　　　网络挂起，成功　　　　　　　　　　　　网络拒绝

　　RRC 恢复信令流程本质上是一种信令简化流程，UE 在被挂起进入 RRC 不活跃态时，NAS 层相关参数信息并不释放，仅仅将 MAC 层和 RLC 实体重置和重建，后续通过 RRC 恢复流程重新建立与网络侧的连接，一定程度上简化了后续的 NAS 层信令交互。RRC 恢复可以使用短消息格式 RRCResumeRequest（48 bits）也可以使用长消息格式 RRCResume-

Request1（64 bits）发起，区别在于如果 SIB1 中参数 useFullResumeID 设置为 true，那么采取长消息格式 RRCResumeRequest1 发起流程，同时将 resumeIdentity 设置为 fullI-RNTI（40 bit），否则采取端消息格式 RRCResumeRequest，并且将 resumeIdentity 设置为 shortI-RNTI（24 bit），I-RNTI 被用来标识（处于 RRC 不活跃态下的 UE）所挂起的 UE 上下文。当 UE 发起 RRC 恢复流程时，会接收来自高层 NAS 层（或 RRC 层）的恢复触发原因，并将参数 resumeCause 设置为相应的触发原因，如图 6-22 所示。

```
-- ASN1START

-- TAG-RESUMECAUSE-START



ResumeCause ::=                  ENUMERATED {emergency, highPriorityAccess, mt-Access,
mo-Signalling,

                                 mo-Data, mo-VoiceCall, mo-VideoCall, mo-SMS,
rna-Update, mps-PriorityAccess,

                                 mcs-PriorityAccess, spare1, spare2, spare3,
spare4, spare5 }



-- TAG-RESUMECAUSE-STOP

-- ASN1STOP
```

图 6-22　触发 RRC 恢复请求的原因值

第7章 向5G演进过程中的协同优化

7.1 5G协同优化的频谱分析

7.1.1 5G频谱

目前5G定义了两段频谱，一段是6 GHz以下的，称为FR1，另一段为毫米波频段，称为FR2，分配方式如表7-1所示

表7-1 3GPP 38104规范中定义的5G频谱范围

Frequency range designation	Corresponding frequency range/MHz
FR1	410~7125
FR2	24250~52600

在每个频段，3GPP分别定义了不同的频带，FR1的频带定义如表7-2所示。

表7-2 FR1中定义的工作频带

NR *operating band*	Uplink（UL）*operating band* BS receive/UE transmit $F_{UL,low}-F_{UL,high}$ /MHz	Downlink（DL）*operating band* BS transmit/UE receive $F_{DL,low}-F_{DL,high}$/MHz	Duplex mode
n1	1920~1980	2110~2170	FDD
n2	1850~1910	1930~1990	FDD
n3	1710~1785	1805~1880	FDD
n5	824~849	869~894	FDD
n7	2500~2570	2620~2690	FDD
n8	880~915	925~960	FDD
n12	699~716	729~746	FDD
n14	788~798	758~768	FDD
n18	815~830	860~875	FDD
n20	832~862	791~821	FDD
n25	1850~1915	1930~1995	FDD
n28	703~748	758~803	FDD
n29	N/A	717~728	SDL
n30	2305~2315	2350~2360	FDD

（续）

NR operating band	Uplink (UL) operating band BS receive/UE transmit $F_{UL,low}-F_{UL,high}$ /MHz	Downlink (DL) operating band BS transmit/UE receive $F_{DL,low}-F_{DL,high}$/MHz	Duplex mode
n34	2010~2025	2010~2025	TDD
n38	2570~2620	2570~2620	TDD
n39	1880~1920	1880~1920	TDD
n40	2300~2400	2300~2400	TDD
n41	2496~2690	2496~2690	TDD
n48	3550~3700	3550~3700	TDD
n50	1432~1517	1432~1517	TDD
n51	1427~1432	1427~1432	TDD
n65	1920~2010	2110~2200	FDD
n66	1710~1780	2110~2200	FDD
n70	1695~1710	1995~2020	FDD
n71	663~698	617~652	FDD
n74	1427~1470	1475~1518	FDD
n75	N/A	1432~1517	SDL
n76	N/A	1427~1432	SDL
n77	3300~4200	3300~4200	TDD
n78	3300~3800	3300~3800	TDD
n79	4400~5000	4400~5000	TDD
n80	1710~1785	N/A	SUL
n81	880~915	N/A	SUL
n82	832~862	N/A	SUL
n83	703~748	N/A	SUL
n84	1920~1980	N/A	SUL
n86	1710~1780	N/A	SUL
n89	824~849	N/A	SUL
n90	2496~2690	2496~2690	TDD
n91	832~862	1427~1432	FDD[2]
n92	832~862	1432~1517	FDD[2]
n93	880~915	1427~1432	FDD[2]
n94	880~915	1432~1517	FDD[2]
n95[1]	2010~2025	N/A	SUL

NOTE1：This band is applicable in China only.

NOTE2：Variable duplex operation does not enable dynamic variable duplex configuration by the network，and is used such that DL and UL frequency ranges are supported independently in any valid frequency range for the band.

可以看出，4G 的工作频带，一般称为 BAND，如在中国使用较多的 BAND 41，相同频段，在 5G 中定义为 n41 频带。

窄带物联网 NB-IoT 设计在 5G 的以下工作频带：n1，n2，n3，n5，n7，n8，n12，n14，n18，n20，n25，n28，n41，n65，n66，n70，n71，n74，n90。

FR2 的频带定义如表 7-3 所示。

表 7-3 FR2 中定义的工作频带

NR *operating band*	Uplink（UL）and Downlink（DL）*operating band* *BS transmit/receive* *UE transmit/receive* $F_{UL,low} - F_{UL,high}$ $F_{DL,low} - F_{DL,high}$	Duplex mode
n257	26500 ~ 29500 MHz	TDD
n258	24250 ~ 27500 MHz	TDD
n260	37000 ~ 40000 MHz	TDD
n261	27500 ~ 28350 MHz	TDD

基站的上行链路或下行链路支持单个 NR 载波，也可以在同一频谱内支持不同的 UE 信道带宽，以用于向连接到基站的 UE 发送和接收。UE 信道带宽可灵活配置，但是只能在基站配置的 NR 信道带宽之内。

在 FR1 频段中，对于不同的子载波间隔（Sub-Carrier Spacing，SCS），不同的信道带宽可支持的 RB 数 N_{RB} 的关系如表 7-4 所示。

表 7-4 FR1 不同 SCS 配置下不同信道带宽可配置的 RB 数

SCS/kHz	5 MHz N_{RB}	10 MHz N_{RB}	15 MHz N_{RB}	20 MHz N_{RB}	25 MHz N_{RB}	30 MHz N_{RB}	40 MHz N_{RB}	50 MHz N_{RB}	60 MHz N_{RB}	70 MHz N_{RB}	80 MHz N_{RB}	90 MHz N_{RB}	100 MHz N_{RB}
15	25	52	79	106	133	160	216	270	N/A	N/A	N/A	N/A	N/A
30	11	24	38	51	65	78	106	133	162	189	217	245	273
60	N/A	11	18	24	31	38	51	65	79	93	107	121	135

可见 4G 常见的 20 MHz 带宽中，按照 LTE 的 SCS 为 15 kHz 计算，4G 可支持 100 个 RB，在 5G 中可支持 106 个 RB。5G 中常用的 SCS 为 30 kHz，100 MHz 带宽下，可支持的 RB 数为 273 个。

在 FR2 频段中，对于不同的 SCS，不同的信道带宽可支持的 RB 数如表 7-5 所示。

表 7-5 FR2 不同 SCS 配置下不同信道带宽可配置的 RB 数

SCS（kHz）	50 MHz N_{RB}	100 MHz N_{RB}	200 MHz N_{RB}	400 MHz N_{RB}
60	66	132	264	N/A
120	32	66	132	264

5G 可支持更多 RB 数的主要原因在于定义了相对 4G 更小的保护带宽，FR1 中不同子载波间隔下不同带宽定义的最小保护带宽如表 7-6 所示。

表 7-6　FR1 不同信道带宽定义的最小保护带宽（kHz）

SCS（kHz）	5 MHz	10 MHz	15 MHz	20 MHz	25 MHz	30 MHz	40 MHz	50 MHz	60 MHz	70 MHz	80 MHz	90 MHz	100 MHz
15	242.5	312.5	382.5	452.5	522.5	592.5	552.5	692.5	N/A	N/A	N/A	N/A	N/A
30	505	665	645	805	785	945	905	1045	825	965	925	885	845
60	N/A	1010	990	1330	1310	1290	1610	1570	1530	1490	1450	1410	1370

依然以 20 MHz 为例，在子载波 SCS 为 15 kHz 时，4G 的保护带宽为 1 MHz（首尾各 1 MHz），而在 5G 中定义的保护带宽为 452.5 kHz。

FR2 中不同子载波间隔下不同带宽定义的最小保护带宽如表 7-7 所示。

表 7-7　FR2 不同信道带宽定义的最小保护带宽（kHz）

SCS/kHz	50 MHz	100 MHz	200 MHz	400 MHz
60	1210	2450	4930	N/A
120	1900	2420	4900	9860

当子载波间隔 SCS 为 240 kHz 时，不同带宽定义的最小保护带宽如表 7-8 所示。该最小保护带仅在 SCS 240 kHz SS/PBCH 块与 SS/PBCH 块所在的 BS 信道带宽的边缘相邻时才适用。在任何 BS 信道带宽中配置的 RB 的数量应确保满足本节规定的最小保护带宽。

表 7-8　FR2 SCS=240 kHz 时不同信道带宽定义的最小保护带宽（kHz）

SCS/kHz	100 MHz	200 MHz	400 MHz
240	3800	7720	15560

LTE 制定了 6 种不同的载波带宽，分别为 1.4 MHz、3 MHz、5 MHz、10 MHz、15 MHz、20 MHz，与之类似，5G 在不同的频带上也指定了不同子载波间隔时可支持的载波带宽，如表 7-9 所示，由于列表较大，仅选择 4G、5G 使用较多的频带。

表 7-9　不同频带可支持的载波带宽

NR Band	SCS kHz	5 MHz	10 MHz	15 MHz	20 MHz	25 MHz	30 MHz	40 MHz	50 MHz	60 MHz	70 MHz	80 MHz	90 MHz	100 MHz
						NR band/SCS/BS channel bandwidth								
n1	15	Yes	Yes	Yes	Yes									
	30		Yes	Yes	Yes									
	60		Yes	Yes	Yes									

（续）

NR band/SCS/BS channel bandwidth													
NR Band	SCS kHz	5 MHz	10 MHz	15 MHz	20 MHz	25 MHz	30 MHz	40 MHz	50 MHz	60 MHz	70 MHz	80 MHz	90 MHz	100 MHz
n3	15	Yes	Yes	Yes	Yes	Yes	Yes							
	30		Yes	Yes	Yes	Yes	Yes							
	60		Yes	Yes	Yes	Yes	Yes							
n8	15	Yes	Yes	Yes	Yes									
	30		Yes	Yes	Yes									
	60													
n38	15	Yes	Yes	Yes	Yes			Yes						
	30		Yes	Yes	Yes			Yes						
	60		Yes	Yes	Yes			Yes						
n39	15	Yes	Yes	Yes	Yes	Yes	Yes	Yes						
	30		Yes	Yes	Yes	Yes	Yes	Yes						
	60		Yes	Yes	Yes	Yes	Yes	Yes						
n40	15	Yes	Yes	Yes	Yes	Yes	Yes	Yes	Yes					
	30		Yes	Yes	Yes	Yes	Yes	Yes	Yes	Yes		Yes		Yes
	60		Yes	Yes	Yes	Yes	Yes	Yes	Yes	Yes		Yes		Yes
n41	15		Yes	Yes	Yes		Yes	Yes	Yes					
	30		Yes	Yes	Yes		Yes	Yes	Yes	Yes	Yes	Yes	Yes	Yes
	60		Yes	Yes	Yes		Yes	Yes	Yes	Yes	Yes	Yes	Yes	Yes
n77	15		Yes	Yes	Yes	Yes	Yes	Yes	Yes					
	30		Yes	Yes	Yes	Yes	Yes	Yes	Yes	Yes	Yes	Yes	Yes	Yes
	60		Yes	Yes	Yes	Yes	Yes	Yes	Yes	Yes	Yes	Yes	Yes	Yes
n78	15		Yes	Yes	Yes	Yes	Yes	Yes	Yes					
	30		Yes	Yes	Yes	Yes	Yes	Yes	Yes	Yes	Yes	Yes	Yes	Yes
	60		Yes	Yes	Yes	Yes	Yes	Yes	Yes	Yes	Yes	Yes	Yes	Yes
n79	15							Yes	Yes					
	30							Yes	Yes	Yes		Yes		Yes
	60							Yes	Yes	Yes		Yes		Yes

其中 n1（2100 MHz）、n3（1800 MHz）、n8（900 MHz）是 4G 网络 FDD 制式主流频带；n40（2320～2370 MHz）、n41（2496～2690 MHz）是 4G 网络 TDD 制式主流频带；n77、n78、n79 是 5G 网络在 FR1 使用的主流频带。

为了统一标识以及有共同的参考标准，3GPP 为 0~100 GHz 的所有频率定义了频点，称为全球频率信道，通过 RF 参考频率 F_{REF} 来标识 RF 通道，SS 块和其他元素的位置，全局频率信道的粒度为 ΔF_{Global}。

RF 参考频率由全局频率信道 [0…3279165] 范围内的 NR 绝对频点号（NR-ARFCN）指定，NR-ARFCN 和 RF 参考频率 F_{REF} 之间的关系（以 MHz 为单位）由以下公式给出，其中 F_{REF} 即实际使用的 RF 频率，$F_{REF-Offs}$ 和 $N_{Ref-Offs}$ 在表 7-10 中给出，其中的 N_{REF} 指的是绝对频点号 NR-ARFCN。

$$F_{REF} = F_{REF-Offs} + \Delta F_{Global}(N_{REF} - N_{REF-Offs}) \qquad (7-1)$$

中心频点的计算过程是式（7-1）的变式，以中心频率 F_{REF} 来计算中心频点号，即：

$$N_{REF} = (F_{REF} - F_{REF-Offs})/\Delta F_{Global} + N_{REF-Offs} \qquad (7-2)$$

表 7-10　NR-ARFCN 在不同频带下的绝对频点号范围

Range of frequencies（MHz）	ΔF_{Global}（kHz）	$F_{REF-Offs}$（MHz）	$N_{REF-Offs}$	Range of N_{REF}
0~3000	5	0	0	0~599999
3000~24250	15	3000	600000	600000~2016666
24250~100000	60	24250.08	2016667	2016667~3279165

FR1 中不同频带起止的绝对频点号如表 7-11 所示，同表 7-9，仅选择 4G、5G 使用较多的频带。

表 7-11　FR1 中在不同频带下的绝对频点号

NR operating band	ΔF_{Raster}/kHz	Uplink range of N_{REF}（First-<Step size>-Last）	Downlink range of N_{REF}（First-<Step size>-Last）
n1	100	384000-<20>-396000	422000-<20>-434000
…	…	…	…
n3	100	342000-<20>-357000	361000-<20>-376000
n8	100	176000-<20>-183000	185000-<20>-192000
n38	100	514000-<20>-524000	514000-<20>-524000
n39	100	376000-<20>-384000	376000-<20>-384000
n40	100	460000-<20>-480000	460000-<20>-480000
n41	15	499200-<3>-537999	499200-<3>-537999
n41	30	499200-<6>-537996	499200-<6>-537996
n77	15	620000-<1>-680000	620000-<1>-680000
n77	30	620000-<2>-680000	620000-<2>-680000

（续）

NR operating band	ΔF_{Raster} /kHz	Uplink range of N_{REF} (First-<Step size>-Last)	Downlink range of N_{REF} (First-<Step size>-Last)
n78	15	620000-<1>-653333	620000-<1>-653333
	30	620000-<2>-653332	620000-<2>-653332
n79	15	693334-<1>-733333	693334-<1>-733333
	30	693334-<2>-733332	693334-<2>-733332

在子载波间隔 SCS = 30 kHz 的情况下，即实际的频率间隔为 30 kHz，参考式 5-1，公式中默认的 ΔF_{Global} = 15 kHz，实际的频率间隔是公式中默认的 2 倍，因此，N_{REF} 的间隔必须为：2×（ SCS/ΔF_{Global})。如频带 n79，SCS = 15 kHz 时，N_{REF} 的取值范围是 693334-<1>-733333，间隔是 1；SCS = 30 kHz 时，N_{REF} 的取值范围是 693334-<2>-733332，间隔是 2。

7.1.2　5G 与 4G 协同频谱

1.2 节介绍了 4G 与 5G 灵活频谱共存方案，指出目前频谱"零散分片"难以满足 5G NR 单小区载波 100 MHz 连续频谱的需求；此外，由于 5G 的载波频率一般分配至高频段，在实际组网过程可能出现上行覆盖受限的情况，通过复用较低的频率来实现上行覆盖的增强。

目前，LTE FDD 与 NR 上行频谱协同方案较成熟，LTE FDD 可支持共享的频带包括：700 MHz 共享 10 MHz、1800 MHz 共享 15 MHz 或 20 MHz、2100 MHz 共享 15 MHz 或 20 MHz；下一阶段是 LTE FDD 与 NR 动态共享频谱，支持每 1 ms 动态频谱资源分配。

从国内的实际情况来看，中国三大基础电信运营商已经获得全国范围 5G 中低频段 5G 频率使用许可，并且划定了相应的频谱。从具体分配情况来看，中国电信获得 3400～3500 MHz 共 100 MHz 带宽的 5G 试验频率资源。中国移动获得 2515～2675 MHz、4800～4900 MHz 频段的共 260 MHz 带宽的 5G 试验频率资源。其中，2515～2575 MHz、2635～2675 MHz 和 4800～4900 MHz 频段为新增频段，2575～2635 MHz 频段为重耕中国移动现有的 TD-LTE（4G）频段。中国联通获得 3500～3600 MHz 共 100 MHz 带宽的 5G 试验频率资源。

某运营商分配的 2.6 GHz 频段，具备频段低、覆盖优、带宽大、连续 160 MHz 灵活部署的巨大优势。相对而言，2.6 GHz 比 3.5 GHz 在室内深度覆盖部分提升 6 dB，小区覆盖半径约提升 30%。在 5G 中后期 LTE 逐步退网后，可使用 2.6 GHz 的 160 MHz 频谱部署 5G，用户体验更佳。在 2.6 GHz 部署 NR 与 LTE，可兼顾 4G 容量和 5G 覆盖需求，达到快速建网的目的。本文针对 NR 2.6 GHz 频段与 LTE 协同组网过程中的网络容量规划进行分析，进一步对协同组网共用有源天线处理单元（Active Antenna Unit，AAU）时需考虑的时隙对齐进行统筹规划，做到 NR 与 LTE 干扰协同。

1. NR 与 LTE 频谱规划

前期的 Band 41 即 2.6 GHz 频段分配中，2575～2635 MHz 分配给某运营商承担 TD-LTE 建设，LTE 系统中每个频点带宽为 20 MHz，所以共有 3 个频点。NR 2.6 GHz 频段分配后，必然面临原有 TD-LTE 频段如何迁移的问题。方案 1 为继承原有 TD-LTE 使用频段，NR 使用头尾部的 100 MHz 频段，会出现 NR 与 LTE 频段交织，如图 7-1 所示。优点是目前的存量 4G 终端可以使用原有频段，不受影响；缺点是 NR 如果使用割裂频段，终端芯片不支持上行载波聚合（Carrier Aggregate，CA），导致上行峰值速率下降。

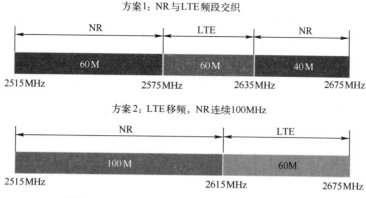

图 7-1　2.6 GHz 频段的 NR 与 LTE 频谱规划

如果采用方案 2，NR 可使用连续的 100 MHz 频段，上下行峰值速率可达到 5G 的标准，2.6 GHz 的频段优势也优于竞争对手，不足之处是 LTE 需移频，需计算移频后的 LTE 频段是否能满足存量 4G 用户的业务需求。此外，不管哪种方案，都需要考虑到 LTE 与 NR 组网过程的相互干扰。

将 2575～2635 MHz 的每 20 MHz 规划为 LTE 的一个频点，定义为 D1、D2、D3 频点。同理，将 2515～2575 MHz 频段定义为 D4、D5、D6 频点，将新扩展的 2635～2675 MHz 频段定义为 D7、D8 频点。

LTE TDD 模式支持 Band 41 频带的可支持所有频点，如果只支持 Band 38 的终端只能使用（2575～2635 MHz）的 3 个频点，当 5G 使用（2615～2635 MHz）后，只剩下 D3 一个频点可供使用。

2. NR 2.6 GHz 频段干扰分析

确定 NR 2.6 GHz 频段归属后，运营商需对整个频段进行频谱扫描，需对 2515～2675 MHz 整个频段进行全面扫描。需关注前期分配给不同运营商的频段是否已按要求关停相关设备，对计划建设 5G 的试点区域进行频谱分析，避免 NR 连续 100 MHz 的后 40 MHz 频段与现有 LTE D 频段存量频段之间的重叠干扰，如图 7-2 所示。

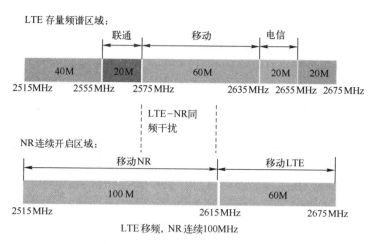

图 7-2 NR 2.6 GHz 频段干扰分析

在 NR 2.6 GHz 小区与 LTE 2.6 GHz 小区共用 2.6 GHz 频段进行组网的情况下，会出现由于子帧结构不同，收发时隙不一致，导致 NR 小区的下行直接干扰 LTE 小区的上行，或者 LTE 小区的下行直接干扰 NR 小区的上行，如图 7-3 所示。

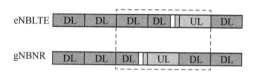

图 7-3 NR 与 LTE 共用 2.6 GHz 频段的交叉时隙干扰

从 NR 与 LTE 的物理信道结构来看，NR 对 LTE 的干扰小于 LTE 对 NR 的干扰。广播信号：LTE 持续在一个宽波束进行发送，而 NR 最大支持 8 个窄波束进行轮询发送，将干扰随机化。参考信号（导频）：LTE CRS 持续发送，而 NR 无 CRS，在有用户调度时才发送，大大减少了同频干扰。数据子载波：LTE 与 NR 一致，只有在有数据传输时，才会发送数据子载波。

某市城区 NR 站点连续组网（规模超过 30 个基站），实现 NR 连续 100 MHz 带宽。周边 LTE 现网忙时平均负荷（30%），经测试发现：在 NR 空载且无隔离带时，NR 下行平均速率下降小于 5%，设置隔离带后，影响可忽略；在 NR 30% 负载时，无论有无隔离带，影响可忽略。由于 NR 的 CRS free、窄波束、负荷轻等特点，NR 对 LTE 干扰的影响要小于 LTE 对 NR 干扰的影响。建议在 NR 示范区域，展示 5G 最佳性能可考虑设置隔离带，规模商用部署时则无须设置隔离带。

3. NR 与 LTE 共 AAU 时隙对齐

LTE 支持两种基本的工作模式，即频分双工（FDD）和时分双工（TDD），支持两种不同的无线帧结构，即 Type1 和 Type2 帧结构，帧长均为 10 ms，Type1 用于 FDD 工作模式，Type2 用于 TDD。在 TDD 模式下，每个 10 ms 无线帧包括 2 个长度为 5 ms 的半帧（Half Frame），每个半帧由 5 个长度为 1 ms 的子帧组成，其中有 4 个普通子帧和 1 个特殊子帧。特殊子帧包括 3 个特殊时隙（DwPTS、GP 和 UpPTS），总长度为 1 ms。

LTE TDD 中支持 5 ms 和 10 ms 的上下行子帧切换周期，7 种不同的上、下行时间配比，具体配置如表 7-12 所示，在实际使用时，网络可以根据业务量的特性灵活地选择配置，现有 TD-LTE 使用模式 2，即 DL∶UL 为 3∶1。

表 7-12   TD-LTE 上下行时间配比

DL-UL Configuration	Switch Point periodicity	Subframe									
		0	1	2	3	4	5	6	7	8	9
0	5 ms	D	S	U	U	U	D	S	U	U	U
1	5 ms	D	S	U	U	D	D	S	U	U	D
2	5 ms	D	S	U	D	D	D	S	U	D	D
3	10 ms	D	S	U	U	U	D	D	D	D	D
4	10 ms	D	S	U	D	D	D	D	D	D	D
5	10 ms	D	S	U	D	D	D	D	D	D	D
6	5 ms	D	S	U	U	U	D	S	U	U	D

TD-LTE 无线帧是 10 ms，特殊子帧可以有多种配置，用以改变 DwPTS、GP 和 UpPTS 的长度，如表 7-13 所示。TD-LTE 的特殊子帧配置和上下行时隙配置没有制约关系，可以相对独立地进行配置。现网 LTE 2.6 GHz 频段使用的特殊子帧配置为模式 7，即 10∶2∶2。

表 7-13   普通循环前缀 CP 下的 TD-LTE 特殊子帧配置

特殊子帧配置	DwPTS	GP	UpPTS
0	3	10	1
1	9	4	1
2	10	3	1
3	11	2	1
4	12	1	1
5	3	9	2
6	9	3	2
7	10	2	2
8	11	1	2

4. NR 无线帧结构

5G NR 采用多个不同的载波间隔类型，区别于 4G 只是用单一的 15 kHz 的载波间隔。

5G NR 将采用 μ 这个参数来表述载波间隔，比如 $\mu=0$ 代表等同于 4G 的 15 kHz。目前 NR 试验区域采用 $\mu=1$，即使用 30 kHz 的子载波间隔，如表 7-14 所示。在普通 CP 下，NR 100 MHz 的载波可支持 275 个子载波。

表 7-14　NR 不同的子载波宽度和前缀配置

子载波配置	子载波宽度/kHz	循 环 前 缀	每时隙符号数	每帧时隙数	每子帧时隙数
0	15	Normal	14	10	1
1	30	Normal	14	20	2
2	60	Normal	14	40	4
3	120	Normal	14	80	8
4	240	Normal	14	160	16
5	480	Normal	14	320	32
2	60	extended	12	40	4

时域方面，5G 采用和 4G 相同的无线帧（10 ms）和子帧（1 ms）。5G 在子帧中设置不同数量的时隙，同时在每个时隙上定义不同数量的符号，符号根据时隙配置类型的不同而变化。NR 支持 15 种特殊子帧配比，目前采用模式 10，即 DL:GP:UP 为 6:4:4。

5. NR 与 LTE 时隙同步

NR 试验区域使用 30 kHz 的子载波间隔，采用 DL:UL=8:2 时隙配比，为了使用同一 AAU 的 NR 与 LTE 规避干扰，需将 NR 与 LTE 的上下行时隙对齐，主要是不同时隙结构的上下行转换点保持一致。NR 8:2 时隙配比在 10 ms 内两个完整周期，即每个 5 ms 周期的时隙配置为 DDDSUDDDSU，其中 D 表示下行时隙，S 表示特殊时隙，U 表示上行时隙。只有将 NR 和 LTE-TDD 的帧结构上下行转换点保持一致，即在 LTE-TDD 帧偏置基础上加上 3 ms 才能规避相互之间干扰的问题，如图 7-4 所示，才能做到 NR 与 LTE 时隙同步，规避交叉干扰。

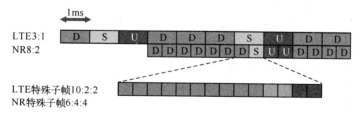

图 7-4　NR 与 LTE 时隙同步配置方式

目前 NR 侧时隙配置为 8:2，特殊子帧配置需结合 LTE 的特殊子帧进行配置。

当 D 频段 LTE 侧特殊子帧配比配置为 SSP7（10:2:2）时，NR 配置为 SS54（6:4:4）；当 D 频段 LTE 侧特殊子帧配比配置为 SSP6（9:3:2）时，NR 配置为 SS56（4:6:4）；当 D 频

段 LTE 侧特殊子帧配比配置为 SSP5（3∶9∶2）时，NR 配置为 SS518（6∶18∶4）。

TDD 为时分系统，网络中需要保持时隙同步，即上下行子帧传输配比相同，上下行转换点保持一致。在 2.6 GHz 部署 NR 与 LTE，可兼顾 4G 容量和 5G 覆盖需求，达到快速建网的目的。从 NR 试验区域的测试统计情况来看，在 2.6 GHz 部署 NR 与 LTE 需关注 LTE 网络负荷、4G 终端对 2.6 GHz 不同频点的支持比例，也需关注时隙同步，避免 NR 与 LTE 之间的邻频干扰、杂散干扰，甚至是不同网络下行信号对终端上行的干扰。

7.2 5G 协同组网结构

根据网络架构控制面锚点的不同，5G 网络架构分为独立组网（Standalone，SA）架构和非独立组网（Non-Standalone，NSA）架构。独立组网（SA）架构就是建立端到端的 5G 网络，核心网采用 NGC，无线系统可以是 5G gNB，也可以是 LTE eNB 升级后的 eLTE-eNB，分别对应 Option2 和 Option5，如图 7-5 所示。Option2 架构中，gNB 直接连接 NGC（指 5G 核心网），Option5 架构中，eLTE eNB 是指演进的 eNB，直接连接 NGC，提供 LTE 空口资源。SA 组网架构需要提前建设 NGC 核心网。

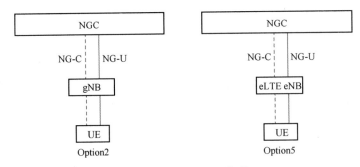

图 7-5　SA 独立组网架构

非独立组网（NSA）架构就是借助已经建立的网络，和 LTE 建立双连接方式，包括 Option3、Option4 和 Option7。目前在 Option3 架构下，可利用已经商用部署的 EPC、eNB，与 gNB 建立双连接，快速部署 5G 网络。

在 NSA 架构中涉及部分新的定义，概述如下。

MeNB：EN-DC 场景下主节点 eNB（Master eNB），提供 LTE 空口控制面和用户面资源。

SgNB：EN-DC 场景下辅节点（Secondary gNB）/En-gNB（EN-DC gNB），提供 NR 空口控制面和用户面资源。

MN（Master Node）：在双连接中，控制面连接核心网的接入网元，EN-DC 组网可以是 Master eNB，NGEN-DC 组网中可以是 Master ng-eNB，或者 NE-DC 组网中可以是 Master gNB。

SN（Secondary Node）：在双连接中，控制面没有连接核心网的接入网元，EN-DC 组网可以是 en-gNB，NGEN-DC 组网中可以是 Secondary gNB，或者 NE-DC 组网中可以是 Secondary ng-eNB。

NSA 组网主节点可以是 eNB、gNB 或者 ng-eNB。

Option3 中，eNB 做主节点 MN，gNB 做辅节点 SN，仅 eNB 通过 S1-C 连接 MME、eNB 和 gNB 均可通过 S1-U 连接 SGW，如图 7-6 所示。

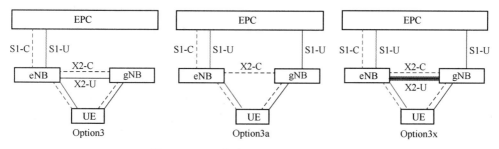

图 7-6　NSA 非独立组网 Option 3 系列

Option4 中，gNB 做主节点 MN，eNB 做辅节点 SN，仅 gNB 通过 NG-C 连接 AMF（Access and Mobility Management Function），gNB 和 eNB 均可通过 NG-U 连接 UPF（User Plane Function），如图 7-7 所示。

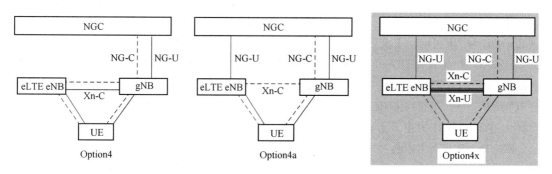

图 7-7　NSA 非独立组网 Option 4 系列

Option 7 中，eLTE eNB 做主节点 MN，gNB 做辅节点 SN，仅 eLTE eNB 通过 NG-C 连接 AMF，eLTE eNB 和 gNB 均可通过 NG-U 连接 UPF，如图 7-8 所示。

综合来说，Option3A 相比 Option3，作为辅节点 SN 用户面可以直接连接到核心网，另外 Option3X 相比 Option3，即用户数据可以在 4G 和 5G 空口进行 Split，增强了空口传输速率。Option3 方案中，eNB 用户面需要处理分流的 5G 流量，存量 eNB 硬件不能满足；且 NR 业务数据经过 eNB 和 gNB 两个节点，NR 空口时延增大，不能支持一些特定低时延业务。

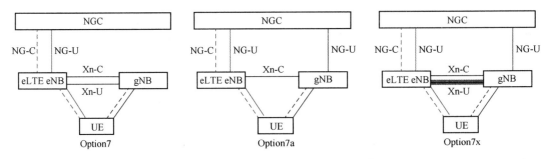

图 7-8　NSA 非独立组网 Option7 系列

7.2.1　EN-DC 双连接架构

通过双连接架构只建设 5G 基站，将 5G 无线系统连接到现有的 LTE 网络中，可以实现 5G 系统的快速部署。4G 和 5G 的双连接技术称为 MR-DC（Multi-Radio Dual Connectivity），也包括了 NR 内的双连接。

MR-DC，即多无线双连接，特指 4G 和 5G 双连接技术，MR-DC 协议定义两种架构。

MR-DC with EPC，即 EN-DC（E-UTRA-NR Dual Connectivity），eNB 代表 E-UTRA，作为主节点通过 S1 接口连接到 EPC，即 4G 核心网，通过 X2 接口连接到 gNB；gNB 代表 NR，即 5G 基站，通过锚点在 4G 基站，接入层信令数据在 4G 锚点基站完成，用户面数据将由核心网直接流向 5G gNB，一部分数据也可以通过 X2 接口转发到 4G 的 eNB 部分并转发给 UE。

MR-DC with 5GC，即主节点连接到 5G 核心网 5GC，包括了两种不同的方式，包括 NGEN-DC 和 NE-DC，主要区别是哪个网元作为主节点连接到 5GC 核心网，其中 NGEN-DC 是指 NG RAN E-UTRA-NR Dual Connectivity，是升级的 4G eNB 设备作为主节点连接到 5GC 核心网；需注意：代表双连接的标识符 "-" 之前是 NG RAN E-UTRA，表示升级的 4G eNB，"-" 之后是 NR，表示双连接的 5G 新无线接入网；另一种 NE-DC 比较容易理解，是 5G NR 作为主节点连接到 5GC 核心网，N 表示 5G NR，E 表示 4G E-UTRA。

EN-DC 模式下 UE 通过 LTE 的基站 eNB 接入 LTE 核心网 EPC，eNB 通过 X2 协议连接 NR 基站 gNB，如图 7-9 所示，eNB 通过 S1-C 与 MME 连接，S1-U 与 S-GW 连接，gNB 与 EPC 之间只有用户面连接，通过 S1-U 连接到 S-GW。

en-gNB 是指可以连接 EPC 和 eNB 的 gNB，在 EN-DC 网络中做辅节点，同时在空口给 UE 提供 NR 控制面和用户面协议。EN-DC 网络结构具体参见 TS37.340 4.1.2 节。本文中 MN 特指 eNB，即 MeNB；SN 特指 en-gNB，即 SgNB。

EN-DC 双连接架构下部分术语的概述如下。

MCG（Master Cell Group）：双连接中主节点的 Serving Cell 组，由 Spcell（Pcell）和一个或者多个 Scells 组成。

SCG（Secondary Cell Group）：双连接中辅节点的 Serving Cell 组，由 Spcell（PSCell）和一个或者多个 Scells 组成。

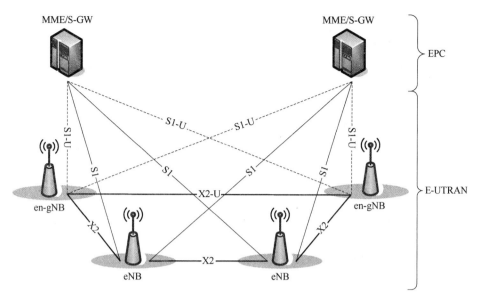

图 7-9　EN-DC 双连接网络架构

PCell（Primary Cell）：主小区组的主小区。

PSCell（Primary Secondary Cell）：辅小区组的主小区。

SpCell（Special Cell）：主小区组或者辅小区组的主小区。

SCell（Secondary Cell）：辅小区。

MN terminated bearer：双连接 PDCP 位于 MN 的无线承载。

SN terminated bearer：双连接 PDCP 位于 SN 的无线承载。

RLC bearer：小区组的 RLC 和 MAC 逻辑信道配置无线承载。

SRB3：EN-DC 或者 NGEN-DC 场景下，在 UE 和 SN 之间直接 SRB 连接。

DCNR（Dual Connectivity with NR）：指示和 NR 系统双连接能力。

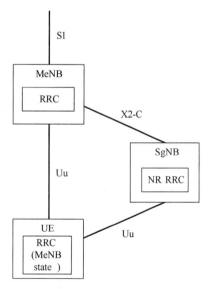

图 7-10　EN-DC 控制面架构

EN-DC 的控制面架构如图 7-10 所示，仅 eNB 才与 EPC 有 S1-C 信令连接，SgNB 与 EPC 没有信令连接。eNB 与 gNB 之间通过 X2-C 交互 EN-DC 相关信令，UE 与 LTE 之间有信令连接，进行 RRC 信令以及 NAS 信令交互。在 SgNB 连接建立成功后，也可以与 SgNB 进行 RRC 信令交互。

EN-DC 用户面在网络侧 MCG，SCG 和 Split 承载架构如图 7-11 所示，其中：MCG bearer 是指双连接，RLC 承载仅在 MCG 的无线承载；SCG bearer 是指双连接，RLC 承载仅在 SCG 的无线承载；Split bearer 是指双连接，RLC 承载同时在 MCG 和 SCG 的无线承载。

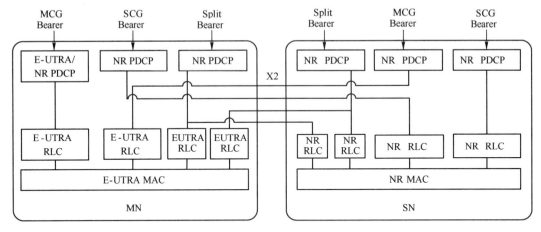

图 7-11　EN-DC 在网络侧 MCG，SCG 和 Split 承载

EN-DC 用户面在 UE 侧 MCG，SCG 和 Split 承载架构如图 7-12 所示。

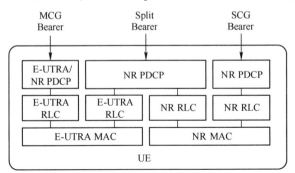

图 7-12　EN-DC 在 UE 侧 MCG，SCG 和 Split 承载

3GPPR15 协议新增 NR 和 eutra-NR 能力查询，分别对应 UE-NR-Capability 和 UE-MRDC-Capability 能力信息上报。eNB 在不明确终端支持的能力时，直接下发 eutran、nr 和 eutra-nr 制式能力查询，可能导致 4G 终端的能力查询失败，因此需要先查询 UE-EUTRA-Capability 能力。

双连接过程需要在 E-UTRA 和 NR 之间协调 UE 能力，包括频带组合、基带处理能力和 UE 的最大功率（FR1）。MN 决定 MN 和 SN 配置之间的依赖关系，MN 可以主动提供 SCG 配置的 UE 能力。LTE 根据 CA 协同关系配置，将 CA 最强的组合排序放置靠前发给 NR，如果 NR 收到 4G 侧发来的 UE 能力有多组，在 NR 能力相同的情况下，则优选靠前组合，保证组合能力最优。

7.2.2　EN-DC 信令流程

1. X2 口建立

EN-DC 架构中 X2 建立流程是为了在 X2 口完整交互 eNB 和 en-gNB 需要的应用层配置数据，此流程可以清除两个节点已经存在的应用层信息，并用接收到的消息来替换，也可以当作复位流程来使用。

当底层偶联状态正常时，eNB 和 en-gNB 分别向对端发起 EN-DC X2 SETUP REQUEST 消息。若等待响应定时器未超时，收到对端站回复的 EN-DC X2 SETUP RE-SPONSE 消息，即建立成功。否则继续发起 EN-DC X2 SETUP REQUEST 消息，直到建立成功。如图 7-13 所示

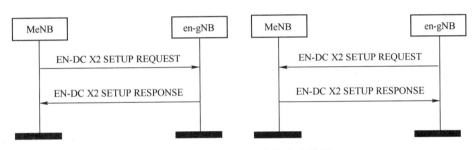

图 7-13　EN-DC X2 建立成功流程

2. SN 添加

SN 添加流程主要是在 EN-DC 连接下，MeNB 请求 SgNB 为 UE 分配相关资源，由 MeNB 发起请求，SgNB 根据资源情况确认。EN-DC 架构中仅支持先将业务建立在 LTE 侧，再通过 SN 添加，将该承载全部 DRB 资源（SCG 承载）或者部分资源（SCG Split 承载）迁移至 NR 侧。支持基于覆盖触发，触发场景主要包括：初始上下文建立、NSA 移动过程。

网络中的小流量业务，如微信、WhatsAPP、Line、定位以及在 LTE 侧完全能够满足业务需求的情况下，此时不建立双连接。网络侧 SN 配置模式根据 UE 申请业务量来判断是否配置双连接。

基于业务添加是指对于有业务需求的 NSA 终端配置 SN，需要基于业务负荷进行判断，如果满足拥塞条件，则触发 SN 的添加。

基于测量添加是指当满足 NSA 锚点属性，网络共享下 Serving PLMN 允许 EN-DC，则根据用于 EN-DC 功能添加 SN 的 NR 系统间测量索引——下发双连接 B1 测量。UE 测量 NR 邻区，MN 收到 SN 小区测量报告，MN 判决满足 SN 添加，触发 SN 添加流程，如图 7-14 所示。

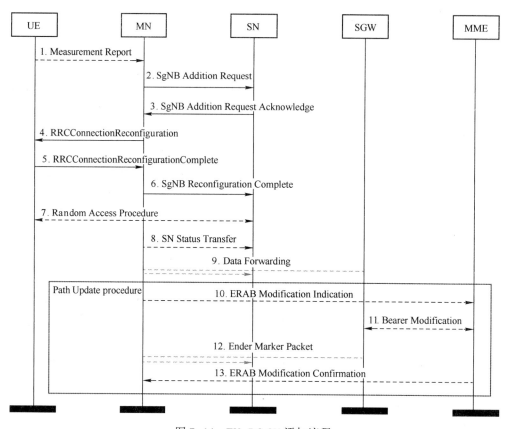

图 7-14　EN-DC SN 添加流程

SN 添加信令流程步骤如下。

SN 添加触发场景基于测量或者盲添加 SN；MN 根据测量信息选择合适的 SN，触发 SN 添加过程，MN 按照承载级别向 SN 发送 SgNB Addition Request，携带 UE 承载，并启动 DC 准备过程定时器 DC 准备过程定时器（毫秒）等待 SN 回复响应；双连接承载类型根据 QCI 配置为 SCG、SCG Split MCG。

SN 收到添加请求后，进行 DRB 和 SRB3（主要用于承载 SN 侧的 RRC 消息）接纳，回复 SgNB Addition Request Acknowledge，在 UE 不支持 SRB3 场景下，SN 可以随路携带 NR 测量配置信息给 MN；MN 根据 SN 回复的 SgNB Addition Request Acknowledge 消息，给 UE 下发 SN 添加的 RRCConnectionReconfiguration 消息，MN 不会修改 SN 的重配信息。

UE 根据新的配置信息，向 MN 回复 RRCConnectionReconfigurationComplete，包含 NR 的重配完成信息，MN 给 SN 发送 SgNB Reconfiguration Complete；UE 通过 SN 进行随机接入。

如果需要进行数据反传，且为 AM 模式承载，源 MN 发送 SN Status Transfer 消息给目标 SN 侧，传递上下行 PDCP SN 和 HFN 状态；源 MN 进行 Data Forwarding 过程。

如果承载的下行地址发生变化，通知 MM 地址修改，发送 E-RAB ModificationIndication，并启动 ERAB 修改确认定时器（毫秒），等待 ERAB 修改完成；MME 收到之后，和 S-GW 进行地址的 Bearer Modication。源 MN 发送 End Marker Packet 消息，表征反传路径已经没有数据；地址修改成功，MME 给 MN 回复 E-RAB Modification Confirmation 消息。

3. SN 修改

MN 和 SN 均可触发 SN 修改流程，SN 可以使用 SRB3 触发不涉及 MN 的 SN 修改流程，SN 也可以触发涉及 MN 的 SN 修改流程。

（1）MN 触发的 SN 修改

NSA 终端已存在 EN-DC 双连接，可以新建或者修改 SCG，由于 SCG Split 承载的全部或者部分资源是建立在 SN 上的，所以 MN 会触发修改 SN 修改流程。

MN 触发的 SN 修改场景包括三点：S1 口的 E-RAB 流程，包括 E-RAB 建立/E-RAB 修改/E-RAB 释放（多承载）；目标 MN 添加 SN 切换（eg：MN 内切换 SN 不变，SCG UE 上下文查询）；MN 触发的安全更新。

（2）SN 触发涉及 MN 的 SN 修改

SN 触发的涉及 MN 的 SN 修改场景包括：安全配置变更；无 SRB3 的空口配置变更（如测量、物理资源）。

（3）无 SRB3 触发的 SN 修改

EN-DC 场景下，MeNB 与 SgNB 都存在 RRC 实体，能够各自生成 RRC 消息发送给 UE。如果网络未使用 SRB3，除 NR 测量配置信息外，NR 其他资源配置信息也需要通过 MN 转发给 UE。

4. MN 站内切换

MN 站内切换主要指 UE 接入后，成功添加 SN 后发生的站内切换。MN 站内切换分为目标小区不添加 SN 切换和添加 SN 切换两种方式。

（1）目标小区不添加 SN

站内触发目标小区不添加 SN 切换主要是基于覆盖场景，如图 7-15 所示。

MN 站内切换步骤说明如下。

UE 检测到满足测量门限条件的邻区之后，上报测量报告；MN 发起 SN 删除流程，发送 SgNBReleaseRequest 消息给 SN；SN 回复 SgNBReleaseRequestAcknowledge 消息；源小区发送 Rrc Connection Reconfiguration 消息给 UE，该消息中包含 mobilityControlInfoIE，指示 UE 接入目标小区。UE 向目标小区发起随机接入，当 UE 随机接入成功后，发送 Rrc Connection Reconfiguration Complete 消息给目标小区，确认切换成功。

源 MN 进行 Data Forwarding 过程，在 SN 释放过程中，如果 SN 有流量信息，并且支

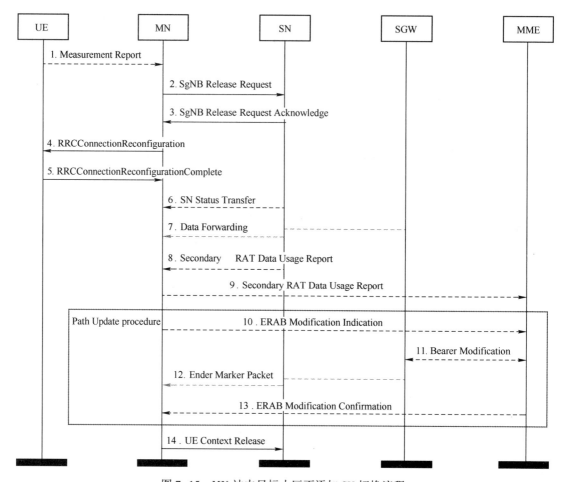

图 7-15　MN 站内目标小区不添加 SN 切换流程

持流量上报功能，SN 给 MN 发送 Secondary RAT Data Usage Report 消息，MN 投递给 MME。

如果承载的下行地址发生变化，通知 MME 进行下行地址更新并携带流量上报，发送 E-RAB Modification Indication 启动 ERAB 修改确认定时器（毫秒），等待 ERAB 修改完成。地址修改成功后，MME 给 MN 回复 E-RAB Modification Confirmation 消息；上述流程成功之后，MN 下发 UeContextRelease 消息给源 SN，SN 收到后释放无线和控制面相关的 UE 上下文资源。

（2）目标小区添加 SN 且 SN 变化

MN 站内触发目标小区添加 SN 且 SN 变化的切换流程，是目前 NSA 架构下常见的一种切换方式，主要是在 MN 站内测量到更优的 SN 小区时触发的切换，在优化分析中通常称为锚点不切换情况下，NR 小区切换的方式，切换流程如图 7-16 所示。

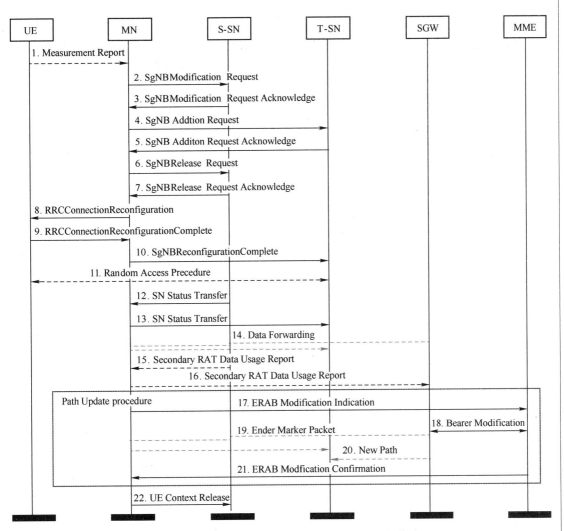

图 7-16　MN 站内目标小区添加 SN 且 SN 变化的切换流程

　　MN 站内目标小区添加 SN 且 SN 变化的切换流程说明：UE 检测到满足测量门限条件的邻区之后，上报测量报告；MN 根据 LTE 目标侧 NR 系统测量的 RSRP 值，与带 SN 切换 RSRP 差门限进行判断，如果测量量是 RSRP，根据带 SN 切换 RSRP 差门限判断，如果其他 NR 小区与 UE 原 PSCell 的 RSRP 差值大于等于该值，则在切换流程中选择其他 NR 小区配置为 SN；否则选择原 PSCell 配置为 SN。

　　MN 触发 SN 修改流程，给源 SN 发送 SgNB Modification Requset 消息，查询 SCG Configuration。源 SN 给 MN 回复 SgNB Modification Requset Acknowledge 消息；目标 MN 根据测量结果、添加策略指示开关 PSCell 添加策略指示以及根据 EN-DC 功能 SN 配置模式触发目标 SN 添加过程，给目标 SN 发送 SN Addition Request 消息，目标 SN 给 MN 回复 SgNB

Addition Request ACK 消息。

MN 源小区给 UE 发送 Rrc Connection Reconfiguration 消息，该消息中包含 mobilityControlInfoIE，指示 UE 接入目标小区；UE 空口给 MN 目标小区回复 Rrc Connection Reconfiguration Complete 消息，MN 给目标 SN 发送 SgNB Reconfiguration complete 消息，UE 和目标 SN 随机接入；源 SN 向 MN 发送 SN STATUS TRANSFER 消息，MN 向目标 SN 发送 SN STATUS TRANSFER 消息。源 SN 进行数据反传流程。在 SN 释放过程中，如果 SN 有流量信息，并且支持流量上报功能，SN 给 MN 发送 Secondary RAT Data Usage Report 消息，MN 转发给 MME。

如果承载的下行地址发生变化，通知 MME 进行下行地址更新并携带流量上报，发送 E-RAB Modification Indication 启动 ERAB 修改确认定时器（毫秒），等待 ERAB 修改完成。地址修改成功，MME 给 MN 回复 E-RAB Modification Confirmation 消息。上述流程成功之后，MN 下发 UeContextRelease 消息给源 SN，SN 收到后释放无线和控制面相关的 UE 上下文资源。

5. MN 间切换

MN 间切换目前分为 X2 切换和 S1 切换两种方式，从实际的优化分析中，MN 间切换主要指锚点小区的切换，此时无论 SN 小区是否变化，都需要按照 MN 切换的流程重新添加 SN 小区。MN 间 S1 切换主要指 UE 接入后，成功添加 SN 后发生的 S1 切换；MN 间 S1 切换分为 MME 内 S1 切换和 MME 间 S1 切换。

MN 间 X2 切换主要指 UE 接入后，成功添加 SN 后发生的 X2 切换，如图 7-17 所示。

MN 站间携带 SN 的 X2 切换流程过程说明如下。

UE 检测到满足测量门限条件的邻区之后，上报测量报告；MN 根据触发条件，判决触发 SN 修改流程，MN 给 SN 发送 SgNB Modification Request 消息，SN 收到之后，进行 SN 修改携带信息接纳，并且向 MN 回复的 SgNB Modification Request Acknowledge 消息，确认切换完成。

源 MN 发送 Handover Request message 给目标 MN，该消息中携带 MCG、SCG 相关配置信息和 NR 测量结果；源 MN 发起 SN 删除流程，发送 SgNB Release Request 消息给 SN；如果需要数据反传，源 MN 提供数据反传地址给源 SN，启动数据反传，源 SN 回复 SgNBRelease Request Acknowledge 消息给源 MN。

源 MN 发送 Rrc Connection Reconfiguration 消息给 UE，包含 MobilityControlInfo IE，指示 UE 接入目标侧。UE 向目标小区发起随机接入，UE 成功接入目标小区后，发送 Rrc Connection Reconfiguration Complete 消息给目标 MN 侧，目标 MN 给目标 SN 发送 SgNB Reconfiguration Complete，UE 和目标 SN 随机接入。

源 SN 发送 Secondary RAT Data Usage Report 消息给源 MN，携带通过 NR 无线传递给 UE 的数据流量；源 MN 将该 Secondary RAT Report 消息（携带切换标识）发送给 MME；如果源 SN 需要数据反传，则发送 SN Status Transfer，源 MN 发送 SN Status Transfer 消息给

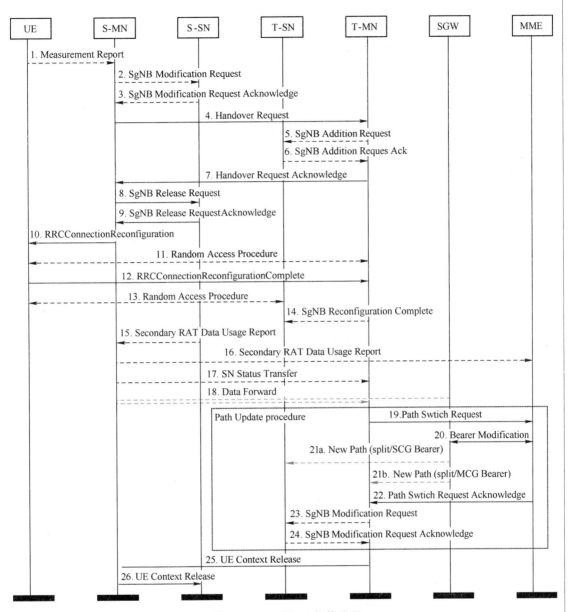

图 7-17　MN 间 X2 切换流程

目标侧，进行源 SN 数据反传。

　　目标 MN 向 MME 发起 S1 链路切换请求 S1 PATH SWITCH，来更新 S1 口上下行地址流程，如果 S1 口上行地址发生变更，则 MN 通过 SN 修改流程通知 SN；目标 MN 发送 UE Context Release 消息给源 MN，源 MN 发送 UE Context Release 消息给源 SN，源 SN 释放相关资源，至此不携带 SN 的 X2 切换完成。

7.3 5G 与 4G 波束协同

7.3.1 5G 波束赋形与波束管理

波束赋形是对发射信号进行加权，形成指向 UE 或特定方向的窄波束。波束赋形加权时使用的权值若是预设的权值（静态波束），则需要进行波束管理；加权时使用的若是动态权值（动态波束），则不需要进行波束管理。波束管理是对静态波束的扫描、上报、维护等进行管理，为各个信道选择合适的静态波束。能够提升小区覆盖、节约系统开销。

波束赋形的原理是发射端对数据先加权再发送，以产生具有方向性的波束，波束对准目标用户，同时多天线的发射信号在目标 UE 相干叠加，从而提高用户的解调信噪比，改善小区边缘用户体验，权值随无线信道环境变化而变化，以保证波束时刻对准目标用户。

波束赋形的过程包括：通道校正，保证收发通道的互易性和通道间的一致性；权值计算，基站基于下行信道特征计算出一个向量，用于改变波束形状和方向；加权，在基带将权值与待发射的数据进行矢量相加，改变信号幅度和相位；赋形，应用干涉原理，调整波束的宽度和方向。

1. 5G 网络的波束赋形

5G 网络中根据波束赋形时采用的权值策略，分为静态波束与动态波束。

静态波束是指波束赋形时采用预定义的权值，即小区会形成固定的波束，比如波束的数目、宽度、方向都是确定的。然后根据小区覆盖、用户分布、系统负载等信息，为各类信道/信号或 UE 选择最优的波束集合。

静态波束又包括广播波束与控制波束。

广播波束是指小区广播信道或信号的波束，如 PBCH、SS 同步信号，二者对应 SSB 波束，称为广播波束。其目的是为了增大小区下广播信道、同步信号的覆盖范围，更好地匹配小区覆盖范围和用户分布，需要支持多种覆盖场景的波束。

控制波束是指用户级信道或信号的波束，如 PUCCH、PDCCH、CSI-RS，按需设计足够多的波束，满足小区所有用户的覆盖需求。

动态波束是指波束赋形时的权值是根据信道质量来计算得到的，会随 UE 位置、信道状态等动态变化因素调整宽度和方向的波束。

静态（广播/控制）波束的加权采用的是静态权（SSB、CSI-RS）。动态（业务）波束的加权采用的是动态权（SRS/PMI）。

2. 5G Massive MIMO 的加权

5G 网络 Massive MIMO 有两种加权方式：一种是静态权，另外一种是动态权。静态权是指静态波束对应的权值，是预定义的；动态权是指 SRS 权或者 PMI 权，gNB 通过 SRS 测量的信道估计获得 SRS 权，通过 UE 上报的 PMI 反馈获得 PMI 权。

待传输的数据，在不同的天线逻辑端口用不同的权值（$w1\cdots wM$）进行加权，实现信号幅度和相位的改变。多天线发射，输出的信号叠加后呈现出一定的方向性，指向 UE。天线越多，波束越窄，也可以更灵活地控制波束的方向。权值（$w1\cdots wM$）需要根据下行信道情况计算得到，用于改变波束宽度和方向，这就涉及权值的计算。

权值计算是指 gNodeB 基于下行信道特征计算出一个向量，用于改变波束形状和方向。计算权值的关键输入是获取下行信道特征，有两种不同的获取下行信道特征的方法，用于动态（业务）波束：一种是 gNodeB 通过获取 UE 上行信道的 SRS（Sounding Reference Signal）信号，根据互易原理计算出对应下行信道的特征；一种是 gNodeB 基于 UE 上行反馈的 PMI（Precode Matrix Indication）选择最佳的加权权值。

3. 5G 与 LTE 的波束对比

5G 系统采用波束赋形技术，对每类信道/信号都会形成能量更集中，方向性更强的窄波束。LTE 则使用一个宽的广播波束覆盖整个小区。5G 与 LTE 的广播波束设计不同，5G 的广播波束为 N 个方向固定的窄波束，通过在不同时刻发送不同方向的窄波束（SSB 扫描）完成小区的广播波束覆盖。LTE 使用的是宽波束，没有扫描；相对于窄波束能量不够集中，覆盖性能相对较弱。

5G 改进了 LTE 时期基于宽波束的广播机制，采用窄波束、轮询扫描覆盖整个小区的机制。波束管理的目的就是合理设计窄波束，并选择合适的时频资源发送窄波束。

广播波束最多设计为 N 个方向固定的窄波束。通过在不同时刻发送不同的窄波束完成小区的广播波束覆盖。UE 通过扫描每个窄波束，获得最优波束，完成同步和系统消息解调。相对宽波束（比如 LTE 波束），窄波束的覆盖范围有限，一个波束无法完整地覆盖小区内的所有用户，也无法保证小区内的每个用户都能获得最大的信号能量。所以引入波束管理，基于各类信道或信号的不同特征，gNodeB 对各类信道或信号分别进行波束管理，并为用户选择最优的波束，提升各类信道或信号的覆盖性能及用户体验。

4. 5G 波束扫描

5G 波束在网络侧采用分时扫描方式，为了进一步提高通信质量，终端 UE 设备也会使用波束赋形技术来产生不同方向上的模拟波束，用于接收和发送数据。选择较佳的波束对（Beam Pair Link，BPL）进行 Beam 配对的过程包括一个 Tx beam 和一个 Rx beam，在发送波束方向和接收波束方向对齐的情况下，接收信号的增益最佳。

波束扫描主要包括以下三个过程。

1）粗对齐：SSB 扫描，gNB 和 UE 同时改变波束，以此确定 gNB 窄波束范围，此时 UE 使用宽波束。P1 阶段，首先基站全向发送 SSB 波束，UE 用宽波束扫描，UE 和基站都扫一遍后，确定基站的窄波束范围和 UE 的宽波束。然后 UE 发送 PRACH，进行随机接入。

2）基站精调：CSI-RS 扫描，gNB 改变波束，确定 gNB 窄波束。P2 阶段，RRC 连接建立之后，UE 用特定的宽波束上报最优的 SSB 测量报告，基站在最优的波束附近，用窄波束扫一遍，确定 gNB 的窄波束。

3）UE 精调：基站波束固定，UE 改变波束，确定 UE 窄波束。P3 阶段，基站固定波束，UE 再用窄波束扫描，以此确定 UE 的窄波束，P3 过程结束之后，UE 和基站就都用窄波束对准了。

以 3.5 GHz SSB 扫描为例，波束最大发送个数为 8 时，SSB 波束扫描 SS Block Set（一次完整的扫描波束集合）每间隔 20 ms 发送一次，PBCH 信息在 80 ms 周期内保持不变。SSB 波束决定了终端的驻留，在规划上，需要确保用户驻留在最佳的业务小区，保证整体的业务性能最优，避免驻留到不合理小区。SSB 波束扫描是 5G 相对于 4G 的优势之一，8 波束可以提升覆盖性能。

5G UE 在初始接入阶段采用宽波束来进行扫描确定大致接收波束方向，接入小区过程中，反馈 SSB 与 CSI-RS 的最优波束后，在连接过程中由网络指示 UE 终端进行窄波束扫描进行波束维护，通过 CSI-RS 波束周期扫描与 SRS 上报，确定上下行波束进行数传。由于 UE 运动、旋转、环境变化等因素，会导致 Beam link 失败，过程中周期性扫描 CSI-RS 检测波束是否失败，基于 SSB 波束通过随机接入过程来恢复链路。

7.3.2 基于 4G 用户位置的天线权值规划

当 5G 与 4G 共站建设时，由于 5G 建网初期用户较少，可使用现有 4G 网络的用户位置进行 5G 的天线权值规划。尤其是当 5G 分配 n41 频段（2.6 GHz）与 4G 使用连续的频谱，可使用 AAU 同时连接 5G 与 4G 的 BBU 设备。

目前 LTE 网络中，部分传统基站的"BBU+RRU+天线"将演变为与 5G 共站使用 Massive MIMO 的"BBU+AAU"方式，其中，更大规模天线阵列的多天线形态，更多的天线通道数、并与中射频处理单元一起集成为有源天线处理单元 AAU。

传统的 8 通道天线内部振子连接示意图如图 7-18 所示，其中正负 45 度振子构成一对双极化振子，每列极化方向相同的振子组成一个通道，共有 8 个通道，每个通道连接 8 个极化方向相同的振子。

Massive MIMO 天线的振子连接示意图如图 7-19 所示，仍然是正负 45 度振子构成一对双极化振子，共有 128 个振子，在水平方向使用 1 驱 1 方式，在垂直方向使用 1 驱 2 方式，每一个通道包含同一极化方向的两个振子，共有 64 个通道。

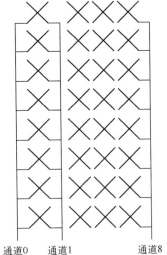

通道0　　通道1　　　　通道8

图 7-18　传统 8 通道天线
内部振子连接示意图

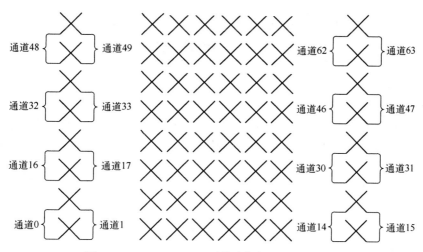

图 7-19 Massive MIMO 天线内部振子连接示意图

传统 8T8R 系统，天线阵列的波束赋形权值仅在水平维度可调；而 Massive MIMO 天线的天线阵列规模大，在水平与垂直维度均可提供灵活的波束赋形加权、提升水平与垂直不同方位 UE 的接收信干噪比（SINR）；对于高楼覆盖场景尤其能明显提升垂直维业务数据的覆盖。

目前，按照覆盖场景的特点，Massive MIMO 天线可配置为 13 种水平波宽与垂直波宽的权值，如表 7-15 所示。

表 7-15 Massive MIMO 天线水平波宽与垂直波宽的权值

覆盖场景	水平波宽	垂直波宽
SCENARIO_1	90°	8°
SCENARIO_2	65°	8°
SCENARIO_3	45°	8°
SCENARIO_4	25°	8°
SCENARIO_5	90°	17°
SCENARIO_6	65°	17°
SCENARIO_7	45°	17°
SCENARIO_8	25°	17°
SCENARIO_9	15°	17°
SCENARIO_10	65°	35°
SCENARIO_11	45°	35°
SCENARIO_12	25°	35°
SCENARIO_13	15°	35°

［−15°，15°］之间的电下倾角的权值可供设置，如表 7-16 所示。

表 7-16　Massive MIMO 天线电下倾角权值

电 下 倾 角	调 整 范 围	调 整 步 长
Tilt	［−15°,15°］	1°

如果统一设置现有的 Massive MIMO 天线权值为水平波宽 65°，垂直波宽 8°，电下倾角 0°，未考虑实际覆盖场景，不能保证在水平/垂直维度均可提供灵活的波束赋形加权，不能保证水平/垂直不同方位 UE 的接收质量 SINR，不能体现 5G 的窄波束覆盖增强特性。

可考虑通过采集 4G 用户的现有位置，为 5G 的 Massive 天线权值进行规划。在已反向开通 4G 的基础上，采集当前天线工程参数，包括：方位角（机械）、下倾角（机械）、电下倾角、当前水平波束与垂直波束权值以及 4G 网络 MR 采样点，判断用户所在位置后为 5G Massive MIMO 天线设置合理的天线权值。

将 Massive MIMO 天线覆盖范围划分为 $m \times n$ 空间范围，设 $m = 8$，$n = 4$。也就是说，将天线覆盖范围划分成 8×4 个空间，每个空间对应所述天线的一个通道输出的波束。将每个通道产生的业务量划归至 $m \times n$ 的空间范围。

其中，m 表示在水平方向划分为 m 个空间，n 表示在垂直方向划分为 n 个空间。

采集所在 4G 小区一个时间段（一周或两周）内最忙时的 Massive MIMO 天线每个通道的业务，将其划分到 $m \times n$ 的空间范围；参照水平波束与垂直波束为 8×4 的空间范围，采集每个波束下累计的业务吞吐量，如表 7-17 所示。

表 7-17　水平波束与垂直波束为 8×4 的空间范围下每波束累计的业务吞吐量

year	month	day	hour	minute	second	mod32 sum_dltra-fficbits_ beam_0 （BYTE）	mod32 sum_dltra-fficbits_ beam_1 （BYTE）	mod32 sum_dltra-fficbits_ beam_2 （BYTE）	mod32 sum_dltra-fficbits_ beam_3 （BYTE）	~	mod32 sum_ dltra-fficbits_ beam_ 30 （BYTE）	mod32 sum_ dltra-fficbits_ beam_ 31 （BYTE）
**	*	*	*	*	*	291097	929093	790340	666	~	227872	121562

将每个波束产生的业务吞吐量折算为吞吐量占比，如表 7-18 所示。

表 7-18　水平波束与垂直波束为 8×4 的空间范围下每波束累计的业务吞吐量占比

波 束 位 置	3	2	1	0	7	6	5	4	垂直波束汇总
1	0.29%	0.01%	1.29%	0.16%	0.39%	1.32%	1.80%	0.34%	5.61%
0	0.25%	0.56%	5.68%	16.60%	2.99%	4.89%	1.00%	1.12%	33.11%
3	3.39%	0.16%	4.44%	9.47%	4.08%	11.42%	1.92%	1.33%	36.22%
2	16.18%	0.00%	0.14%	0.38%	0.11%	0.19%	4.79%	3.26%	25.06%
水平波束汇总	20.12%	0.73%	11.56%	26.62%	7.58%	17.82%	9.51%	6.06%	—

计算水平 m 列的吞吐量，判断其是否需要进行方位角调整，以及水平波束权值的设定；水平 m 列的每列的不同波束位置的吞吐量，如表 7-19 所示。

表 7-19　水平 m 列的每列的不同波束位置的吞吐量占比

水平波束位置	3	2	1	0	7	6	5	4
水平波束汇总	20.12%	0.73%	11.56%	26.62%	7.58%	17.82%	9.51%	6.06%

根据表 7-19 数据作图，如图 7-20 所示。

计算水平 m 列中靠近中心位置的 $(m-2)$ 列的波束吞吐量占比总和是否超过一个门限（如：80%），如超过，则 Massive MIMO 天线方位角保持原值，且天线水平波束权值保持现有值（如 65°）。

如靠近中心位置的 $(m-2)$ 列的波束吞吐量占比总和未超过门限，则 Massive MIMO 天线方位角向吞吐量占比较大的波束 3 偏移一定的值（如向波束 3 的方向偏移 10°）。

如靠近中心位置的 $(m-2)$ 列的波束吞吐量占比总和未超过门限，且处于天线水平方向两端的两个波束产生的吞吐量占比均较大，则 Massive MIMO 天线水平波束权值可设置为相对当前值更大的一个值（如 90°）。

计算垂直 n 列的吞吐量，判断其是否需要进行下倾角调整，以及垂直波束权值的设定，如表 7-20 所示。

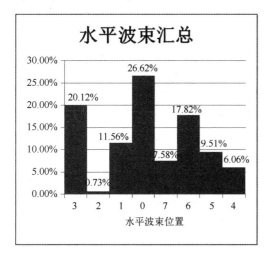

图 7-20　不同位置水平波束吞吐量占比

表 7-20　垂直 n 行的每行的不同波束位置的吞吐量占比

垂直波束位置	垂直波束汇总
1	5.61%
0	33.11%
3	36.22%
2	25.06%

根据表 7-20 数据作图，如图 7-21 所示。

计算垂直 n 行中靠近中心位置的 $(n-2)$ 行的波束吞吐量占比总和是否超过一个门限（如：80%），如超过，则 Massive MIMO 天线下倾角保持原值，且天线垂直波束权值保持现有值（如 8°）。

如靠近中心位置的（$m-2$）行的波束吞吐量占比总和未超过门限，则判断吞吐量占比较大的垂直波束的位置，在图 7-21 中，是上方的波束 2 位置的吞吐量占比较大，则 Massive MIMO 天线下倾角抬升 8°；且垂直波束权值设置为相对当前值更大的一个值（如 17°）。

小结：通过采集 4G 用户的现有位置，为 5G 的 Massive 天线权值进行规划。在已反向开通 4G 的基础上，采集 4G 网络 MR 采样点，判断用户所在位置后为 5G Massive MIMO 天线设置合理的天线权值。

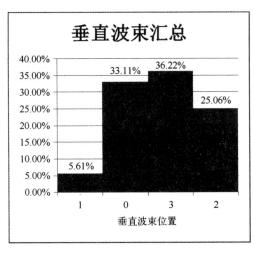

图 7-21　不同位置垂直波束吞吐量占比

7.4　5G 上行增强方案

7.4.1　5G 超级上行技术分析

4G 时代主要面向大众消费者，网络能力主要以下行流量为主。在 5G 万物互联时代，与大众消费者不同，行业应用的海量数据将自下而上地产生，在传统下行大带宽的基础上，对上行带宽、时延提出了新的要求。随着 5G 垂直行业发展，下行体验不变的情况下大幅提升上行体验并缩短时延，是对网络提出的新的要求和挑战。

无线网络覆盖的短板在于上行。基站功率可达 200 W 甚至更高，基站向手机发送信号时，下行覆盖距离不用担心。但手机的发射功率只有 0.2 W，手机向基站发射信号时，上行覆盖距离有限，双方通信的距离就只能以手机发射信号的距离为准。频段越高，覆盖距离越短，3.5G 频段相比 4G 主力频段 1.8G/2.1G 频段覆盖少 50%。

在 2019 年世界移动通信大会上，中国电信携手华为公司在上海举办了 5G "超级上行" 联合技术创新发布会。双方联合提出 "超级上行" 解决方案，旨在进一步增强 5G 体验，更好地优化用户服务感知，增强差异化的市场竞争力。中国电信和华为公司联合提出的 "超级上行" 解决方案，可实现 TDD/FDD 协同，高频/低频互补，时域/频域聚合，进一步提升数据的上行能力，降低时延，为垂直行业应用提供更好的发展空间。

1. "超级上行" 技术原理及其优势分析

（1）提升上行带宽，缩短网络时延

与上行 CA（载波聚合）和 SUL（上下行解耦）不同的是，当 3.5G 频段传送上行数据时，FDD 上行不传送数据。如果 TDD 3.5G 传输下行数据，则 FDD 2100 传输上行数据。

5G TDD 3.5G 上行带宽不够，就用 4G FDD 上行带宽来补充，通过 TDD+FDD 的方式合力提升上行吞吐率，并缩短时延。这就相当于加开了一条 FDD 上行车道，从此上行车辆不用分时段限行，全时段畅通无阻，如图 7-22 所示。

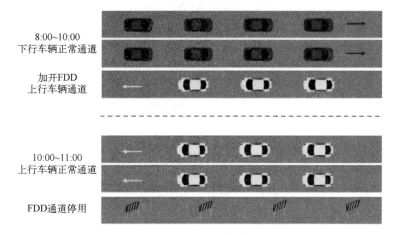

图 7-22　5G 超级上行示意图

当 TDD 3.5G 传送下行数据时，FDD 传送上行数据，从而实现了 FDD 和 TDD 时隙级的转换，保证全时隙均有上行数据传送，其时域示意图如图 7-23 所示。

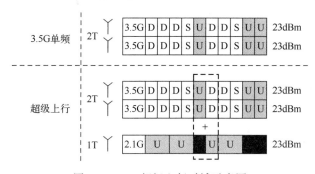

图 7-23　5G 超级上行时域示意图

这样可以充分利用 3.5G 100 MHz 大带宽和终端双通道发射的优势提升上行吞吐率（3.5G 100 MHz+终端双通道发射 VS　FDD 20 MHz+终端单通道发射），同时确保每个通道最大发射功率达到 23 dBm，提升 3 dB 覆盖。

从速率上分析，3.5G 64QAM 上行峰值约为 280 Mbit/s，2.1G 64QAM 上行速率约为 90 Mbit/s。超级上行打开后，理论上行峰值速率可达到 280+0.7×90＝343 Mbit/s，速率提升 20%。平均时延由 2.7 s 下降为 1.9 s，降幅达 29.6%。

（2）上行覆盖增强

3.5G 上行覆盖受限，当终端远离基站，离开 3.5G 上行覆盖范围时，超级上行可以使用 FDD 低频段，来补齐 TDD 上行覆盖短板，从而扩大覆盖范围，如图 7-24 所示。

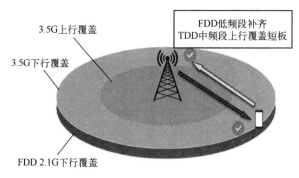

图 7-24　上行覆盖增强

2. 与其他上行增强技术的关键指标对比分析

选取超级上行、CA（载波聚合）、SUL（上下行解耦）、纯 3.5G、纯 2.6G 不同情况进行对比，如表 7-21 所示。

表 7-21　上行增强技术对比

	超级上行 3.5G +2.1G	载波聚合 3.5G +2.1G	上下行解耦 (SUL) 3.5G	3.5G	纯 2.6G
上行峰值速率/（Mbit/s）	332.5	215	280	280	185
上行边缘速率/（Mbit/s）	1.8	1.8	-	0.2	1.09
上行单向平均时延/ms	1.9	2.7	2.7	2.7	3.9
覆盖能力	与 2.1G 同覆盖			比 2.1G 少 50%	

可以看出，超级上行能够明显提升上行速率。超级上行（3.5G +2.1G）技术与纯 3.5G 相比，上行峰值速率由 280 Mbit/s 提升到 332.5 Mbit/s，提升 18.75%；上行边缘速率由 0.2 Mbit/s 提升到 1.8 Mbit/s，提升 8 倍。超级上行技术能够明显降低上行单向平均时延：采用了超级上行（2.1G+3.5G）技术与纯 3.5G 相比，上行单向平均时延由 2.7 s 降低为 1.9 s，降幅达 29.6%。

此外，超级上行技术与 CA 和 SUL 技术相比能够达到更高的上行峰值速率和更低的上行单向平均时延。

3. "超级上行"目前存在的问题及缺点分析

超级上行技术对终端要求较高，几个载波间切换要求较高，可能对终端要求 0us 载波间切换。部署该技术与 NSA 类似，将造成 4G 设备与 5G 设备绑定，不利于招标。

4. 其他频段超级上行增益分析

如果采用超级上行技术即 2.6G+1.8G，其与纯 2.6G 以及电信的超级上行技术几个关键指标对比，如表 7-22 所示。

表 7-22　上行增强技术增益对比

3.5G 64QAM	3.5G+2.1G	2.6G	2.6G+1.8G
上行峰值速率/（Mbit/s）	332.5	185	245
上行边缘速率/（Mbit/s）	1.8	1.09	2.28
上行单向平均时延/ms	1.9	3.9	1.9

超级上行能够明显提升 2.6G 频段 5G 的上行速率，超级上行（2.6G +2.1G）技术与纯 2.6G 相比，上行峰值速率由 185 Mbit/s 提升到 245 Mbit/s，提升 32.4%；上行边缘速率由 1.09 Mbit/s 提升到 2.28 Mbit/s，提升 109%。超级上行技术能够明显降低上行单向平均时延：超级上行（2.6G +2.1G）技术与纯 2.6G 相比，上行单向平均时延由 3.9 s 降低为 1.9 s，降幅达 51.28%。

简单地讲，所谓超级上行，就是将 TDD 和 FDD 协同、高频和低频互补、时域和频域聚合，充分发挥 3.5G 大带宽能力和 FDD 频段低、穿透能力强的特点，既提升了上行带宽，又提升了上行覆盖，同时缩短网络时延。

7.4.2　由 FDD LTE 向 5G 演进中的 SUL 方案

1. 5G 上行增强技术

5G 时代使用的频段越来越高，目前中国已发布的 5G 频谱中，6 GHz 以上主要是毫米波频谱，6 GHz 以下分为三段，包括 2.6 GHz、3.5 GHz、4.9 GHz，其中 3.5 GHz、4.9 GHz 统称为 C band（即低于 6 GHz，高于 3 GHz 的频段）。

目前 5G 试验网测试中发现 5G C band 频谱的上行与下行覆盖不一致。5G 网络因为信道设计、基站侧大规模阵列天线增益等原因，可以较好地弥补基站侧由于频段高导致的损耗大的问题。此外，5G 基站侧发射功率可以达到上百瓦（50 dBm），而手机终端的发射功率最大是 26 dBm，导致下行覆盖范围远大于上行覆盖范围。

一种新型的上下行解耦技术（Supplementary Uplink，SUL）打破上下行绑定在同一频段的传统限制，在使用 5G C band 频谱下行大容量的同时，将 5G 的上行通过较低的频段（1.8 GHz）传输，实现 5G C band 频谱与 LTE 的 1.8GHz 共站部署同覆盖，大幅提升网络覆盖，最大化网络资源使用效率的同时能够有效地改善上下行不平衡的问题。

上下行解耦是针对 5G 的上行和下行链路所用频谱之间关系的解耦，5G 上下行链路所用频率不再固定于原有的关联关系，而是允许上行链路配置一个较低的频率，以解决或减小上行覆盖受限的问题。5G 终端能同时利用高低频段，下行采用高频段，而上行链路可以承载在高频或低频上，达成与高频段的下行链路一致或相近的覆盖半径，实现上下行无线链路平衡。在部署上下行解耦的情况下，一般仍然需要配置 5G NR UL，例如对于 NR TDD 双工模式，UE 需要通过 NR UL 发送 SRS 用于 gNB 进行 NR DL 下行信道估计。

以 3.5 GHz 5G NR 核心频段为例，由于 NR 上下行时隙配比不均以及 UE/gNB 上下行功率差异大等原因，导致 3.5G 频段上下行覆盖不平衡，经链路预算计算，3.5G 上行覆盖能力相比下行少 13.7 dB，给后续 3.5 GHz 频段 5G 连续组网带来较大问题，如图 7-25 所示。

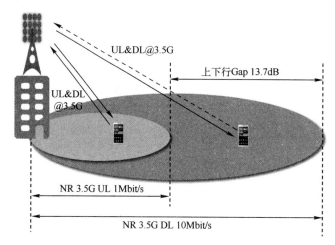

图 7-25　5G C-band 上行覆盖瓶颈大

仿真中 UE 功率设定为 23 dBm，gNB（5G 基站）功率设定为 50.8 dBm（120 W），NR 带宽为 100 MHz，上下行时隙配比为 DL∶UL=4∶1，子载波间隔设定为 30 kHz，天线使用 64T64R 天线。

5G 协议定义的上下行解耦定义了新的频谱配对方式，将部分低频上行频段分配为上下行解耦专用频率，允许上下行使用不同频段。如图 7-26 所示，以 3.5G 组网为例，下行数据使用 3.5G 频段，充分发挥 C 波段可用频谱资源多的优势，上行可使用 1.8G 等低

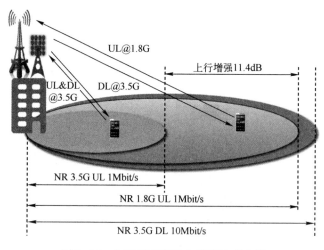

图 7-26　上下行解耦引入低频补充上行

频频段，发挥低频 1.8G 上行覆盖能力强的优势，相比 3.5G 上行，可增强 11.4 dB 的上行覆盖，降低运营商 5G 建网成本。

NR SUL 规划的频段如表 7-23 所示，目前可用于 NR SUL 的频段多位 n80 频段，相比 C 波段，1800M 具备一定的频段优势，此外由于 1800M 带宽共有 75 MHz，相对 900M 频段的 25 MHz，拥有较大的带宽优势。

表 7-23 3GPP NR SUL 规划的频段

双 工 模 式	频段编号	频 段	频 率 范 围
NR SUL	n80	1800M	1710~1785 MHz
	n81	900M	880~915 MHz
	n82	800M	832~862 MHz
	n83	700M	703~748 MHz
	n84	2100M	1920~1980 MHz

NR 基站与 LTE 基站共站是典型部署场景，如图 7-27 所示，设 5G NR DL 在频率 F2，5G NR 和 LTE 在 UL 共享频率 F1，其中上行频率 F1 对于 NR 组网而言称为辅助上行载波（Supplementary Uplink Frequency）。当 NR 终端在覆盖近区时，NR 终端上下行链路工作在 F2 上，如 3.5GHz，当 NR 终端离开基站向小区边缘移动时，随着上行链路覆盖的减弱，NR 终端的上行将承载切换到 F1 频率上，如 1.8 GHz，而其下行则保持在原有 F2 频率上，如 3.5 GHz，从而有效地扩大上下行未解耦场景的覆盖范围。

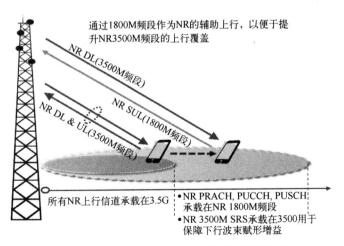

图 7-27 NR 与 LTE 基站共站的典型部署场景

现有的 SUL 上下行解耦模式下，NR 与 FDD LTE 的 1800 MHz 频段共享上行频谱，按照初始设计，在不同的调度周期（TTI）NR 与 LTE 可灵活支持使用不同带宽的频谱资源，如图 7-28 所示。

但是，在实际的组网过程中，SUL 上下行解耦模式下，NR 使用的 SUL 上行频谱与 LTE 的上行频谱是分段隔离的。以 NR SUL n80 频段（1800 MHz）为例，该频段为 FDD 频谱的上行频段，包括 1705~1780 MHz。某运营商对 NR SUL n80 频段的规划为 1710 ~ 1725 MHz，共 15 MHz。

2. 传统共享上行频谱过程中分配方式的缺点

目前，NR SUL n80 频段（1800 MHz）NR 与 FDD LTE 并不是共享上行频谱，而是经过人工分配，即：NR 使用 1710 ~ 1720 MHz 的 10 MHz，FDD LTE 使用 1720 ~ 1725 MHz 的 5 MHz，这种分配方式明显具有较大的缺点，列举如下。

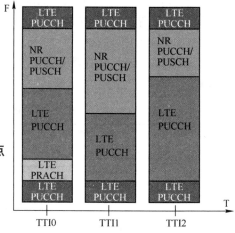

图 7-28　NR 与 LTE 基站共享上行频谱资源

NR 与 LTE 并未真正共享 NR SUL n80 频段（1800 MHz），而是进行人工划分，NR 使用 1710~1720 MHz 的 10 MHz，FDD LTE 使用 1720~1725 MHz 的 5 MHz。

人工划分 NR SUL n80 频段，5 MHz 不能保证 FDD LTE 的上行容量需求，同样，在 5G 建设初期，给 NR 分配固定的 10 MHz 则比较闲置。

目前 LTE 设置 FDD 频段是成对分配，上行与下行使用的频谱保持一致，由于 NR SUL 模式中 FDD LTE 使用 1720~1725 MHz，导致 FDD LTE 下行也只能使用与之对应的 5 MHz 频谱，即（1815~1820 MHz），而与 NR SUL 对应的下行频谱（1805~1815 MHz）则闲置不用，对 FDD LTE 造成极大的浪费。

3. 基于实际负荷的 SUL 上下行解耦模式

在现网中还可以考虑一种基于实际负荷的 SUL 上下行解耦模式下 NR 与 LTE 共享上行频谱的方法，包括：按照分配给 FDD LTE 的频谱，计算可分配的 PRB 数据；将 FDD LTE 小区划分为两个虚拟小区，其中 FDD LTE 为主小区，NR SUL 小区为辅小区，两个虚拟小区共同使用全部的上行、下行 PRB 资源；计算 FDD LTE 上行 PRB 占用数量，设定可分配给 FDD LTE 主小区的上行 PRB 调度的数量，计算起止 PRB 标识，明确主小区上行 PRB 的资源分配；将剩余的上行频谱分配给辅小区 NR SUL 使用，计算其可使用的上行频谱范围，明确辅小区上行 PRB 的资源分配；FDD LTE 下行使用全部 PRB 资源，避免前期由于规划 SUL 导致浪费 FDD LTE 小区下行频谱资源现象。

（1）按照分配给 FDD LTE 的频谱，计算可分配的 PRB 数据

按照某运营商已拥有的频谱，其在 3GPP BAND3（上行 1710~1785 MHz，下行 1805~1880 MHz）共拥有 2×25 MHz 的频率资源，即上行 1710~1735 MHz，下行 1805~1830 MHz。

分配给 NR 及 FDD LTE 共享的频率为 2×15 MHz, 即上行 1710~1725 MHz, 下行 1805~1820 MHz。

LTE 支持两种基本的工作模式, 即频分双工 (FDD) 和时分双工 (TDD); 支持两种不同的无线帧结构, 即 Type1 和 Type2 帧结构, 帧长均为 10 ms, Type1 用于 FDD 工作模式, Type2 用于 TDD。Type1 帧结构 10 ms 的无线帧分为 10 个长度为 1 ms 的子帧 (Subframe), 每个子帧由两个长度为 0.5 ms 的时隙 (slot) 组成, 其编号为 0~19。一个子帧定义为两个相邻的时隙, 其中第 i 个子帧由第 $2i$ 个和第 $2i+1$ 个时隙构成。Type1 的帧结构图如图 7-29 所示。

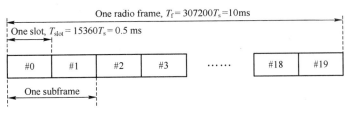

图 7-29　LTE Type1 帧结构格式

传输使用的最小资源单位叫作资源粒子 (Resource Element, RE), 时域上为 1 个 OFDM 符号, 频域上 1 个子载波, 即 15 kHz。在 RE 的基础上, 还定义了资源块 (Resource Block, RB), RB 为业务信道的资源单位, 一个 RB 包含若干个 RE, 在时域上为 1 个时隙, 在频域上为 12 个子载波, 即 180 kHz。子载波数与带宽有关, 带宽越大, 包含的子载波越多。

3GPP 设定 LTE 可支持 1.4 MHz、3 MHz、5 MHz、10 MHz、15 MHz、20 MHz 不同带宽组网, 其中 20 MHz 可使用 100 个 RB 资源块, 15 MHz 可使用 75 个 RB 资源块。

(2) 将 FDD LTE 小区划分为两个虚拟小区

FDD LTE 为主小区, NR SUL 小区为辅小区, 两个虚拟小区共同使用全部的上行、下行 PRB 资源; 由计算可知, FDD LTE 的主小区与 NR SUL 的辅小区共用全部的上行 75 个 RB 资源及下行 75 个 RB 资源。

(3) 计算 FDD LTE 上行 PRB 占用数量

设定可分配给 FDD LTE 主小区的上行 PRB 调度的数量, 计算起止 PRB 标识, 明确主小区上行 PRB 的资源分配; 从性能统计报告中采集 FDD LTE 小区的采集 FDD LTE eNB 基站的实时上行 PRB 利用率, 包括:

PUSCH PRB 利用率 = PUSCH PRB 占用平均数/PUSCH PRB 可用平均数

提取小区每天最忙时的上行 PRB 利用率, 如果该指标未达到上行高负荷门限 N1 (参考现网实际情况), 则继续实施; 如果该指标超过上行高负荷门限 N1 (参考现网实际情况), 则该小区不适合作为 NR SUL 小区。

参考计算得到的可使用的 RB 资源, 计算 FDD LTE 小区可使用的 RB 资源:

FDD LTE 小区可使用的 RB 资源＝总体 RB 资源×上行 PRB 利用率

设定可分配给 FDD LTE 主小区的上行 PRB 调度的数量，计算起止 PRB 标识，明确主小区上行 PRB 的资源分配。

举例：

现网某 FDD LTE 小区的上行 PRB 利用率为 15%；可用 RB 资源为 75 个 RB（使用 15 MHz 带宽）。

即分配 FDD LTE 主小区的上行 PRB 调度的数量为：75RB×15% = 11.25RB。即，分配给 FDD LTE 主小区的上行 PRB 调度的数量为 12RB（可考虑一定的冗余），设置分配给 FDD LTE 主小区的上行 PRB 调度的数量为 15RB，则可使用的 PRB 起止标识为：（1-15）PRB。

将剩余的上行频谱分配给辅小区 NR SUL 使用，计算其可使用的上行频谱范围，明确辅小区上行 PRB 的资源分配。

如设置分配给 FDD LTE 主小区的上行 PRB 调度的数量为 15RB，则可使用的 PRB 起止标识为：（1-15）PRB，则设置分配给 SUL NR 辅小区的上行 PRB 调度的数量为 60RB。可使用的 PRB 起止标识为：（16-75）PRB。

FDD LTE 下行使用全部 PRB 资源，避免前期由于规划 SUL 导致浪费 FDD LTE 小区下行频谱资源现象。

设置分配给 FDD LTE 主小区的下行 PRB 调度的数量为 75RB，则可使用的 PRB 起止标识为：（1-75）PRB。

4. 小结

SUL 上下行解耦模式下 NR 与 LTE 共享上行频谱，可保证 NR 在上行覆盖受限场景下，启动 SUL 上下行解耦模式来实现上行覆盖增强；现网中基于实际负荷的 SUL 上下行解耦模式，可保证 FDD LTE 与 NR 共享上行频谱时，FDD LTE 小区能使用充足的、连续的 PRB 资源，保证现有 4G 用户的使用感知；此外，可保证 FDD LTE 下行使用全部的下行频谱，而不是前期手工分配的少量下行频谱。

第 8 章　面向演进的 5G 端到端方案分析

8.1　语音承载及技术方案

1. Vo5G 演进方案

Vo5G 包括 VoNR、VoeLTE、RAT FB、EPS FB 共四种。

VoNR 是 5G 网络的目标语音解决方案，从 5G 商用初期选择的语音方案演进到 VoNR，主要有三条 VoNR 演进路径，如图 8-1 所示。

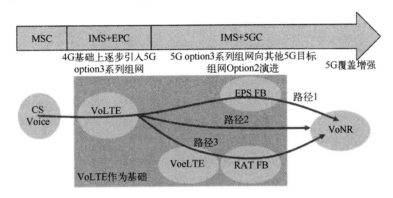

图 8-1　Vo5G 演进方案

（1）路径 1：VoLTE→EPS FB→VoNR

5G 初期语音网络和数据网络分离，语音通过 EPC+LTE 来提供，以 VoLTE 作为语音解决方案。随着 5GC 的引入，语音继续通过 EPC+LTE 来提供，以 EPS FB 作为语音解决方案。最后，在 5G 网络深入优化后，逐步推出 VoNR。

（2）路径 2：VoLTE→VoNR

5G 建设以终为始，语音和数据同时在 5G 上提供。

（3）路径 3：VoLTE→VoeLTE→RAT FB→VoNR

5G 初期语音网络和数据网络分离，采用 NR+LTE 双连接组网，语音通过 EPC+LTE 来提供，以 VoLTE 作为语音解决方案。随着 5GC 的引入，继续采用 NR+LTE 双连接组网，语音通过 5GC+LTE 来提供，以 VoeLTE 作为语音解决方案。逐步引入 NR 独立组网，语音仍通过 5GC+LTE 来提供，以 RAT FB 作为语音解决方案。最后，在 5G 网络深入优化后，逐步推出 VoNR。

2. 不同运营商选择方案对比分析

之前电信尝试 SA 组网方式，发现进度缓慢，进度落后于联通和移动，因此电信目前也是先部署 NSA，再逐步向 SA 组网方式过渡。目前三家运营商 NSA 均是 Option3X 组网方式，如表 8-1 所示，其向 VoNR 演进的路径是基本一致的。联通和电信并未最终确定演进方案，目前倾向于 VoLTE→EPS FB→VoNR，也即路径 1。

表 8-1　5G 语音演进方案

运 营 商	中 国 移 动	中 国 联 通	中 国 电 信
NSA 组网方式	Option3X	Option3X	Option3X
网络架构	LTE+NR+5GC	LTE+NR+5GC	LTE+NR+5GC
Vo5G 演进路径	VoLTE→EPS FB→VoNR	VoLTE→EPS FB→VoNR	VoLTE→EPS FB→VoNR
SA 建设方式	大区建设	大区建设	暂未确定

注：之前联通 volte 没有商用，现在已经开始试商用

3. 路径 1 演进方案简析

由于目前我国的三家运营商都倾向于从路径 1 演进到 VoNR。

EPS FB 即 EPS Fallback，5G NR 初期不提供语音业务，当 gNB 在 NR 上建立 IMS 语音通道时触发切换，此时 gNB 向 5GC 发起重定向或者 inter-RAT 切换请求，回落到 LTE 网络，由 VoLTE 提供服务。

EPS FB 的用户体验和 4G 的 CSFB 体验类似，终端驻留 5G NR，语音和数据都回落 4G LTE；同时引入了额外的回落过程，接续时间也比 VoNR 长 1~2 s。但与 4G 的 CSFB 体验也有不同，如 USSD 等业务并不会触发 EPS FB。

EPS FB 的部署要求是 LTE 和 NR 重叠覆盖。EPS FB 的好处在于 UE/gNB 只需支持 IMS 信令通道（SIP over NR，实时性要求不高），而无须支持 IMS 语音通道（RTP/RTCP over NR，实时性要求高）；RTP/RTCP over NR 往往需要 NR 持续做网络优化，以达到语音质量好和 UE 功耗低的要求。选择这个技术，可在 5G NR 初期聚焦发展数据业务，待 NR 网络覆盖和优化后再演进到 VoNR。

对于 5G 的 Option3/3a/3X 组网，如图 8-2 所示，NR 由 gNB 提供，然后 gNB 作为 eNB 的从站，接入 EPC 网络。

随着 5GC 的部署，原接入 EPC 的 Option3 系列组网可割接到 5GC 下。另外在 5G 部署初期，NR 会和 4G 重叠覆盖，语音可先选择 EPS FB；然后再演进到 VoNR，如图 8-3 所示。

图 8-2　5G Option3/3a/3X 方案

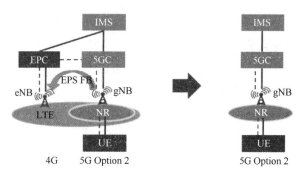

图 8-3　5G Option2 方案

4. 小结

在 Vo5G 的众多方案中，VoNR 是终极目标，由于目前三家运营商 NSA 都采用 Option3X 方案，且都面临 NSA 到 SA 的过渡，因此对于 5G 语音承载方案，其演进过程在路径上是一致的。

8.2　5G 端到端应用案例

8.2.1　5G 边缘计算浅析

移动边缘计算（Mobile Edge Computing，MEC）诞生于 2013 年，目前仍处于技术研发和产业化过程中，由于架构复杂，尚未形成统一标准，仍处于发展阶段，但作为 5G 的核心技术之一，发展前景广阔。移动边缘计算的基本思想是把云计算平台迁移到移动接入网边缘，将传统电信网络与互联网进行深度融合，减少移动业务交付的端到端时延，发掘无线网络的内在能力，提升用户体验，从而给电信运营商的运作模式带来全新变革，并建立新型的产业链及网络生态圈。

1. MEC 关键技术简析

从 MEC 技术的必要性分析来看，5G 带来的高清移动视频流量将成为未来流量工作的重点，流量增长直接增大了数据到 CDN、IDC 传输处理的网络成本，需要找到维系成本的有效手段。5G 时代物与物之间的流量成为流量增长的驱动力，大数据对网络带宽带来了巨大挑战，目前网络下区-县-市-省，层层汇聚并不适用。5G 工业大连接产生了实时、海量分析的需求，中心化的云计算架构不能满足时延敏感、数据分析等方面的需求。

从 MEC 技术的可行性分析来看，相比 4G 网络，5G 网络架构支持控制面与数据面分离，SA 架构原生支持流量就近调度，能够发现离用户较近的边缘节点实现流量就近出，并能够满足计费、安全监管等网络运维要求。5G 网络采用 NFV 架构，边缘节点成为云基础设施的一部分，边缘计算资源具备可调度性，能够配合业务逻辑实现资源的合理分配，从而实现计算能力到边缘的延伸。

2. MEC 主要技术特点分析

1）邻近性：由于移动边缘计算服务器的布置非常靠近信息源，因此边缘计算特别适用于捕获和分析大数据中的关键信息。此外，边缘计算还可以直接访问设备，因此容易直接衍生特定的行业应用。

2）低时延：由于移动边缘计算服务靠近终端设备或者直接在终端设备上运行，因此大大降低了延迟。这使得反馈更加迅速，同时也改善了用户体验，大大降低了网络在其他部分中可能发生的拥塞。

3）大带宽：由于移动边缘计算服务器靠近信息源，可以在本地进行简单的数据处理，不必将所有数据或信息都上传至云端，这将使得核心网传输压力下降，减少网络堵塞，网络速率也因此大大增加。

4）能力开放：边缘计算平台的能力开放是服务垂直行业的关键。能力开放使应用能够以 API 的方式快速便捷地调用网络能力，网络可对外部调用请求进行高效智能的响应。

3. 应用场景及发展趋势

1）视频优化加速：作为 CDN 的发展演进方向之一，MEC 能有效降低移动视频延迟，提高数据处理精度，从而承载高清视频、监控视频、AR/VR 等重度应用，实现跨层视频优化。

2）自动驾驶：MEC 边缘平台实时采集车辆信息进行分析计算等预处理，支持车辆在移动的过程中，通过 MEC 边缘业务平台实现切换和动态数据同时确保低时延和高可靠性。

3）工业互联网：工业现场数据无须都上公有云，通过边缘计算进行本地决策，实时响应。MEC 融合本地网络、计算、存储、应用核心能力，为智能工厂提供快速连接、实时业务、应用赋能、安全保障等方面的全链条管理服务。

目前，从不同的角度出发思考分析可以发现，互联网企业（BAT、浪潮等）更希望运营商在边缘计算中继续扮演"管道商"的角色，通过租赁运营商提供边缘机房、机架等资源，由互联网企业部署边缘计算设备、提供边缘计算服务。但从运营商的角度考虑，更希望将边缘计算与通信网络进行深入融合，具有自主部署边缘计算设备、提供边缘计算服务的能力，这就对运营商的 CT、IT 能力，尤其是 IT 能力提出了更高的要求。

8.2.2 5G 切片技术浅析

网络切片（Network Slicing）是一种按需组网的方式，可以让运营商在同一基础设施上切出多个虚拟的端到端网络，每个网络切片从无接入网到承载网再到核心网在逻辑上隔离，适配各类场景应用。最终通过提供隔离的、差异化的、高效和便于运营的网络能力，激活垂直行业，并使之成为 5G 网络的基本特征之一。

传统 4G 网络服务的核心是人，连接网络的主要设备是智能手机，不需要面向不同应用场景，但 5G 网络天然面向增强型移动宽带（eMBB）、海量机器通信（mMTC）及高可靠低时延通信（uRLLC）三大场景，业务需求更加多样化和差异化。针对不同业务截然不同的特点，4G 仅面向智能手机的移动宽带业务 QoS（Quality of Service，服务质量）方案显得捉襟见肘，这就要求 5G 网络需要能够像积木一样灵活部署，方便地进行新业务快速上下线，满足不同行业的特定业务需求。

5G 系统中的网络切片（Network Slicing）概念本质上源于差异化的用户服务理念（Service Level Agreement，SLA）。网络切片技术涉及端到端实现，不仅在以虚拟化技术为主体的核心网存在切片概念，在无线接入网中依然存在切片概念，因此，一旦涉及网络切片实现，总是包含核心网部分以及对应的无线接入网部分。不同网络切片的业务流由不同的 PDU 会话进行处理，基站侧可以通过层 1（物理层）和层 2（MAC/RLC/PDCP/SDAP）差异化的参数配置以及资源调度实现网络切片的管理。每一个网络切片由 S-NSSAI（Single Network Slice Selection Assistance Information）进行唯一标识，如图 8-4 所示，S-NSSAI 主要包含 SST（Slice/Service Type，必选）以及 SD（Slice Differentiator，可选），其中 SST 包含 8 bit，对应网络切片 ID 0~255，主要标识了切片的类型，可以划分为标准切片类型（Standardized SST ID：0~127）以及非标准切片类型（Non-Standardized SST ID：128~255），尽管提出标准切片类型是为了使全球运营商网络实现更加高效的漫游通用，但目前标准并不要求运营商一定要支持所有的标准切片类型。

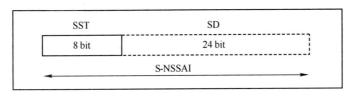

图 8-4　S-NSSAI 结构

目前，在协议层面能够达成共识的主要有三种标准切片类型，分别为 eMBB、URLLC以及 MIoT，如表 8-2 所示。对于非标准切片类型，主要是由运营商自定义。SD 包含24 bit，主要将具有相同 SST ID 值的网络切片进一步细化区分。UE 如果从 NAS 层接收到一个或多个 S-NSSAI，会将其加入 s-NSSAI-List 并以 RRCSetupComplete 消息通知基站其可以支持的网络切片，每个 UE 最多支持 8 个网络切片。

表 8-2　标准网络切片类型

Slice/Service type	SST value	Characteristics
eMBB	1	Slice suitable for the handling of 5G enhanced Mobile Broadband
uRLLC	2	Slice suitable for the handling of ultra- reliable low latency communications
MIoT	3	Slice suitable for the handling of massive IoT

为了实现端到端的网络切片，其最后"一公里"取决于无线接入网侧的实现方案。为了实现无线接入网的网络切片技术，基站侧需要支持差异化的业务处理，支持选择对应网络切片；基于不同网络切片实现空口资源的差异化调度管理，支持切片内不同的 QoS 管理；基于切片标识进行 5G 核心网内 AMF 寻址，基于网络切片实现有效的软硬件资源隔离；基于切片实现无线侧访问控制，支持网络切片有效性管理，支持 UE 同时并发多切片实例，将网络切片与 PDU 会话相关联实现基于切片颗粒度的资源配置，校验 UE 是否具备权限访问网络切片。

网络切片并不需要为每一类应用场景构建一个物理实体专网，而是将一个物理网络分成多个虚拟的逻辑网络，每一个虚拟网络对应不同的应用场景。实现物理网络的虚拟切片的技术基础是网络功能虚拟化（NFV）与软件定义网络（SDN），因此只有 5G SA 组网方式具备网络切片能力。依托 NFV/SDN 技术，可以将所有的网络硬件抽象为计算、存储、网络三类资源进行统一管理分配，给不同的切片分配不同大小的资源，且完全隔离互不干扰，实现了逻辑上的高层统一管理和灵活切割。

1. 5G 网络切片架构分析

5G 对网络切片进行了全面的设计，可以对各类资源及 QoS 进行端到端的管理，一个网络切片至少包含了无线、承载与核心网，如图 8-5 所示。在无线接入网层面，5G 切片对协议栈进行订制裁剪，控制时频资源软切或硬切。在承载网方面，数据平面与控制平面隔离，采用基于 ETH 的切面技术或者光传输层切面技术，实现数据面 IP 包正常时延或者低时延转发。在核心网层面，控制（CP）与承载（UP）分离，基于业务需求对控制面模块和用户面模块进行调用和功能剪裁。

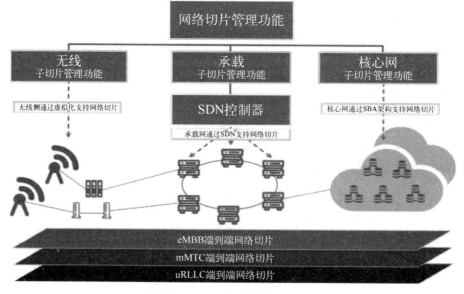

图 8-5　5G 切片横纵架构

网络切片架构划分为纵向和横向两个维度。先在纵向的无线、承载、核心网子切片完成自身的管理功能，再在横向上组成各个功能端到端的网络切片。不同于传统的 4G 网络"一条管道、尽力而为"形式，5G 网络切片旨在基于统一基础设施和统一的网络提供多种端到端逻辑"专用网络"，最优适配行业用户的各种业务需求。

根据网络现有能力，在不同切片等级内组合无线、传输、核心网等能力，匹配网络最有可能的部署策略，共形成 5 种切片能力等级，如图 8-6 所示。

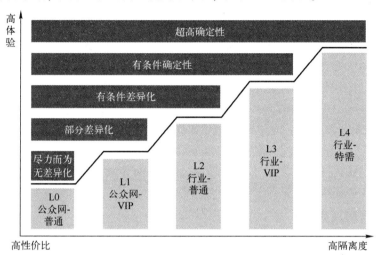

图 8-6　切片能力等级

按照网络资源、隔离性、运营运维、安全和服务等级协议（Service Level Agreement，SLA），网络切片分级如表 8-3 所示。

表 8-3　切换等级划分

切片等级	网络类型	等级划分	定义	资源隔离	安全	运营运维	定制化服务
L0	公众网	普通	基于 5G 公众网基础设施构建，无特殊需求	完全共享	基本安全	无	默认
L1		VIP	基于 5G 公众网基础设施构建，叠加定制化需求	完全共享（或部分独占）	eMBB 增强安全	无	定制化
L2	行业网	普通	基于 5G 行业网基础设施构建，提供增值服务	完全共享（或部分独占）	业务特性安全	可视	定制化
L3		VIP	基于 5G 行业网基础设施构建，提供部分资源独占及高级服务	部分独占	业务特性高阶安全	可管	定制化
L4		特需	基于 5G 行业专网设施构建，提供全部资源独占能力及可靠性服务	完全独占	全面高阶安全	可管	定制化

2. 无线网切片隔离

无线侧当前能提供 4 组组合能力，根据切片等级划分原则进行映射。无线切片隔离方案主要实现网络切片在 NR RAN 部分的资源隔离和保障。根据业务的时延、可靠性和隔离要求，可以分为切片级 QoS 保障、空口动态预留、载波隔离。

在无线空口保障中，绝大部分都是通过差异化 QoS 优先级方式进行业务保障，以提升频谱这类稀缺资源的使用效率，但随着 5G 逐步渗透到各行各业的生产和管理环节，就需要无线侧提供不同等级保障。

基于 QoS 的调度可以确保在资源有限的情况下，不同业务"按需定制"，为业务提供差异化服务质量的网络服务，包括业务调度权重、接纳门限、队列管理门限等，在资源抢占时，高优先级业务能够优先调度空口的资源，在资源拥塞时，高优先级业务也可能受影响。

空口动态 RB 资源预留，允许多个切片共用同一个小区的 RB 资源。根据各切片的资源需求，为特定切片预留分配一定量的 RB 资源。

载波隔离，即不同切片使用不同的载波小区，每个切片仅使用本小区的空口资源，切片间严格区分确保各自资源。

3. 传输切片隔离方案

RAN 与 CN 之间的移动传输网络根据对切片安全和可靠性的不同诉求，分为硬隔离和软隔离，根据业务要求隔离度、时延和可靠性的不同需求，传输承载技术包括 FlexE/MTN 接口隔离、MTN 交叉隔离和 VPN+QoS 隔离不同技术。传输侧根据能提供通道的能力，根据切片等级划分原则进行映射。

1）硬隔离技术

FlexE 接口隔离：FlexE/MTN 接口是基于时隙调度将一个物理以太网端口划分为多个以太网弹性硬管道，在网络接口层面基于时隙进行业务接入，在设备层面基于以太网进行统计复用。

MTN 交叉隔离：基于以太网 64/66B 码块的交叉技术，在接口及设备内部实现 TDM（时分复用）时隙隔离，从而实现极低的转发时延和隔离效果。单跳设备转发时延最低 5~10 us，较传统分组交换设备有较大提升。

FlexE/MTN 接口隔离技术可以组合 MTN 交叉隔离技术或分组转发技术进行报文传输，每个 FlexE/MTN 接口 的 QoS 调度是隔离的。

2）软隔离（Soft Isolation）技术

VPN+Qos 隔离，通过 VPN 实现多种业务在一个物理基础网络上相互隔离。但 VPN+QoS 软隔离不能实现硬件、时隙层面的隔离，无法达到物理隔离效果。

4. 核心网切片隔离方案

核心网切片隔离方案主要实现网络切片在 5G CORE 部分的资源和组网隔离与 SLA 保

障。分为完全共享、部分独占、完全独占三种模式。

完全共享模式：能力等同于 2G/3G/4G 网络的"一条跑道、尽力而为"，通常适用于公众网的普通消费者业务，对于安全隔离性无任何特殊需求。

部分独占模式：结合行业实际需求，通过共享大部分网元功能与少量网元功能独占专享的方式，在安全隔离性需求和成本之间做到最佳平衡，从而能够满足大多数通用行业的网络切片分级需求。

完全独占模式：能力等同于建设一张完整的行业专用核心网，安全隔离性最好、但建设和运营成本也最高。因此仅适用于极个别需要超高安全隔离性而对成本不敏感的特殊行业。

5. 网络切片的应用及优势

5G 切片主流应用场景包括 eMBB、uRLLC、mMTC 三大服务类型，对 VR、AR、自动驾驶、无人机、智能电网、无线医疗，5G 将提供适配不同领域需求的网络连接特性，推动各行业的能力提升与转型。

5G 切片能带来更好的成本效益。5G 网络不仅需要满足大量并行业务上线的需求保证端到端的性能，还要规避新兴业务风险。如果按照传统思路构建专网，势必造成资源浪费，但通过网络切片便能实现逻辑专网需求，运营商可以编排每个切片所需的特性，在提高产品服务效率、提升客户体验的同时，一旦某专网业务失去投资价值，运营商无须考虑网络其余部分的影响便可进行切片更改和删除，降低了成本支出。

6. 5G 切片运营维护模式

鉴于 5G 切片具有灵活部署、快速上线、资源快速回收的特点，一个网络切片的生命周期至少会经历以下 5 个环节。

1）业务定义与切片设计：运营商切片规划人员根据场景需求设计编排资源、定义网络能及商品属性，形成切片商品。

2）切片订购部署与业务发放：运营商网络运维人员对切片网络进行部署，按需部署网络功能、更新信息、组网连接；业务维护人员对网络切片进行签约及策略更新，激活业务上线；租户选购切片商品。

3）切片运维与运营：运营商网络运维人员监控全量网络、业务状态、切片计费；租户运维人员可对少量套餐化配置进行设置。

4）切片 SLA 保障：运营商网络运维人员对切片进行 SLA 监控优化、针对需求对切片进行扩缩容管理。

5）切片删除：运营商网络运维人员负责激活切片，回收资源。

7. 小结

网络切片并不是一个单独的技术，它是基于云计算、NFV、SDN、分布式云架构等几大技术群而实现的 5G 网络基本特征。网络切片通过上层统一的编排让网络具备管理、协同的能力，从而能够基于一个通用的物理网络基础架构平台，同时支持多个逻辑网络的功能，以达到提高用户体验、降低运维成本、提升网络演进能力的目的。

8.2.3 AR 技术浅析

增强现实技术（Augmented Reality，AR）是一种通过实时捕捉、计算影像位置及角度，返回相应图像、视频、3D 模型的技术。AR 主要分为两类，一是实时 AR 技术，指用户通过客户端摄像头实时地捕捉特定图片或物体，并在该图片或物体位置播放直播视频，目前应用较少。二是非实时 AR 技术，指用户识别物体和图片后，在图片或物体位置播放存储于后台服务器的视频。

QQ-AR 开放平台等主流 AR 服务商均为非实时 AR 技术。用户需要预先上传图片和视频建立对应关系，再通过 APP "扫一扫" 功能识别图片内容和位置，并播放对应的视频，主要涉及以下三部分关键技术。

1. 图像识别技术

该技术用于识别图像内容。用户摄像头捕捉特定物体作为识别目标，对目标拍照、压缩并上传云端服务器，云端通过图像识别算法识别，根据识别结果调用服务器上对应的视频资源返回给用户播放。图像识别的速度取决于拍照上传的速度，与网络上行速率相关。

2. 播放区域定位技术

该技术用于固定播放位置。用户捕捉到目标图像后，屏幕中的图像位置区域会被播放器覆盖，在覆盖位置播放视频。视频画面固定在被识别物体的位置区域，当识别目标被其他物体遮挡或移出摄像区域时，屏幕中播放界面会随之消失，若遮挡时间过长（2~3 s），摄像头再次对准目标图片时，系统会默认重新识别该物体并从头播放视频。播放区域定位过程由客户端在本地设备上实时计算完成。可见，播放区域定位对网络质量无特殊要求。

3. 视频及动态 3D 模型播放

该技术用于播放视频阶段，用户接收到云端返回的数据流后，会在定位区域观看。QQ-AR 等开放平台的视频格式一般为 720P 及以下，测试播放最高视频格式的高清 1080P 视频，网络下行速率需要 2 Mbit/s。

第9章 5G 与人工智能技术

公元 2039 年，早上 7 点钟，大刘匆匆忙忙吃过早饭，点了一下手机中的"爱车APP"一键唤车功能，他的爱车自动从地库驶出，停泊到上车的地点，大刘背着书包走近汽车，布满汽车周围的感应探头识别出车主的模样，自动打开车门，并开始播放大刘在上班路上经常听的财经新闻频道，座椅按照车主惯常的坐姿自动进行了位置调整，大刘舒服地小憩了 20 分钟，在此期间，汽车通过密布车辆周围的探头信息识别周围车辆的车况，并实时通过超高的 5G 带宽将收集到的数据回传至 5G 云端，云端超级的计算能力不仅分析整体城市路况，同时根据中心化数据处理能力适时地调整汽车的行驶路线，躲避拥堵路段。在车辆自动驾驶阶段，AI 技术不仅介入了车辆的边缘计算，实现了路况的实时感知，同时也存在于基于 5G 高速通信网络的云端处理单元，对于一些汇总的信息数据进行集中分析，并针对一些特殊路段的车辆自动驾驶进行接管，同时全程实现车辆自动导航。随着云端 AI 处理能力的提升，以及 5G 通信网络对于交互速率和时延的优化，密布在车辆周围的大量摄像头、传感器、雷达以及复杂的计算单元可以大幅度削减，从而实现低成本自动驾驶技术的大众应用。

以上描绘的日常普通通勤场景并不是不可预期的美好梦想，也许在不久的 5~10 年就可以真正实现。实现智能化的自动驾驶取决于两个关键因素，其一需要有高速且超低时延的稳固信息交互连接，另外一点就是在边缘以及中心云化节点所部署的人工智能技术能够对数据进行实时的分析处理。人工智能技术目前主要在图像识别、语音语义识别和翻译等领域大放异彩，这一方面由于图像、语音识别等领域已经在原始训练数据的积累方面有了大量可靠的标注样本，比如在类似河南这样的人口大省有很多较小规模的人工智能公司专门从事图像、图片的人工标注工作，这些宝贵的训练样本获取所需人工成本较低；另一方面，人工方式对于图像进行标注专业门槛较低，标注质量也能得到有效保障；除此之外的因素是互联网的普遍使用，由于互联网信息获取的便捷性使得获取数据的成本进一步降低，同时可以短时期内积累超大量的训练数据，这几个因素恰恰是其他专业领域行业应用中由于各种各样的原因所缺乏的。尽管面临着诸多不确定因素，仍然可以通过大致回顾剖析目前业界流行的人工智能技术尝试寻找"破局"的思路。

数据挖掘、机器学习、人工智能这三个名词在业界一直有各种定义和解读，如果站在具体算法层面，这三种说法本质上一样，都是基于统计学、数学、仿生学、计算机技术等交叉学科的基础所形成的特定数据分析方法，其目标是根据已有的数据信息进行分析处理，最终产生知识或者进行预测的整个过程。本文为了便于理解，将三个概念合而为一，不进行特别区分。(注：广义人工智能中还包含自动化、机器人等拓展概念。)

人工智能 (AI) 算法按照训练样本数据的标注程度可以分为"监督式学习"和"无监督学习"两大阵营，而近年来业界热度比较高的"半监督学习"和"强化学习"可以算是这两大类经典 AI 算法阵营的衍生物。监督式学习与无监督式学习算法的重要区别在于预先获取数据样本中是否有标注。所谓标注的概念非常简单，例如在互联网中对于一张猫的图片可以标注为"1"（是猫）或"0"（不是猫），这里的"1"和"0"就是标注信息，标注可能是离散型数值也可能是连续型数值，甚至也可能是名词类数据。监督式学习包含了基于离散标注数据进行分析预测的"分类算法"和基于连续性标注数据进行分析的"回归算法"。无监督式学习主要包含了聚类算法和关联分析类算法。分类算法作为一种需要借助预先标注信息进行分析输出的算法占据了业界应用的主流。近年来业界很流行的神经网络、深度学习本质属于分类算法的范畴，有些文献愿意将其独立成章，这里为了呈现清晰的整体架构，依然将其纳入分类算法进行说明。

监督式学习阵营中包含 KNN（K 近邻算法）、决策树、GBDT/随机森林/AdaBoost、朴素贝叶斯、逻辑回归、SVM（支持向量机）、神经网络（深度学习）等业内比较流行的机器学习算法。无监督式学习阵营中包含经典的 K-Means（K 均值）算法、DBSCAN 算法以及一些与关联分析相关的算法（Apriori、FP-Growth 树）。除此之外，一些与数据预分析处理的算法也被归纳进这个范畴中，包括主成分分析（PCA）实现数据降维、矩阵奇异值分解（SVD）实现数据降维等。还有一些诸如遗传算法、蜂群算法、退火算法等针对"非凸优化"问题求解的算法，这些算法本质上属于多目标并行处理的效率优化问题，并不在此进行扩展讨论。

KNN 算法是机器学习中最容易实现的算法，该算法通过和已有数据样本根据"距离"基础进行相似性比对，从而实现新的数据样本分类或者预测。KNN 算法可以应用在许多领域当中，如存储文件搜索、低像素维度的图像识别、电影评级、交友网站推荐等许多有趣的应用。该算法的劣势也很明显，在训练学习中需要通过遍历的方式，耗时较长，而且每次对于新的数据预测无法实现"在线更新"，只能依赖"离线方式"进行遍历，效率较低，同时，算法可解释性较差，"知识"不易于累计存储。

决策树算法是非常经典的机器学习算法，该算法很形象地以"树"的结构基于训练数据样本对信息进行划分呈现。决策树并不是简单的"IF-ELSE"逻辑划分，"树权节点"根据信息论中"熵"的概念进行划分。其"树权划分"的基本思想是在每次"树权节点"的划分中都把当前最具有典型代表意义的数据样本划分为一组，剩下数据按照这样的方式继续划分，直到形成"叶子节点"。决策树算法的划分宗旨是使得"树"的结构越清晰越简化越好，这符合"信息熵"理论中能耗越低越稳定的设计理念。决策树应用的场景也比较普遍，对于数据规模较小的标称型数据的分析预测非常有效，例如生物学家根据海洋生物的特征进行鱼类或者哺乳类动物的划分。决策树算法可以解决二分类问题，也可以对多分类目标进行求解。另外，决策树算法还可以进行"知识沉淀"，可以在抽象的数据中将事物内在的规则显性化。当然，决策树算法在应用中也有很多的局限，首先，决策树是基于贪心算法的一种寻优划分策略，往往找到的不是全局最优解；另外，当训练样本数据众多的时候，庞大繁杂的"树"结构容易造成过拟合问题，使得算法预测精度下降。尽管像基于数值处理的 CART 树能够通过全局遍历的方式改进贪心算法局部解的问题，但依然存在过拟合使得算法性能下降的问题。

在机器学习中，使用单决策树进行预测，预测精度往往不是很高。这时可以采取"众筹决策"的方式来提升，这里"众筹决策"指的是集成学习算法，业内比较流行的随机森林、GBDT（Gradient Boosting Decision Tree，梯度提升决策树）、AdaBoost 等都属于这一算法类别。所谓"众筹"或者"集成"的概念是通过参考多个强决策器的共同决策结果从而规避单个弱决策器的预测精度局限的一种提升技术。虽然以上三种算法同属一个概念范畴，但提及的这三种流行算法在具体原理以及实现方面还是有所不同。集成学习在理论上分为两种，一种是 Bagging 实现方式，随机森林就属于这一类实现；另一种是Boosting 实现方式，GBDT/AdaBoost 属于这一类实现方式。随机森林这个名称很形象地说明了该算法的本质，多棵决策树共同投票决定最终的分类结果，这样从"树"就成长为"森林"，而每棵决策树是从整个数据集中按照一定比例随机选取部分训练数据生长形成。随机森林相比单棵决策树的优势显而易见，其预测精度更高，但解释性较差，同时由于其随机选择部分样本空间的属性导致算法运行对于最终的预测结果有一定的波动性，为了处理这样的随机波动性，Boosting 的实现方式得以引入。相比 Bagging 可基于原始数据样本空间以并行数据处理的方式进行实现，Boosting 则以一种串行数据处理的方式进行实现，其基本实现思想为在每次迭代训练过程中将上一次错分的样本权重放大，并在下一次迭代训练中着重聚焦解决历史遗留错分样本，使得每一次的迭代中都能够将预测性能提升（Boosting）。GBDT 与 AdaBoost 同属于 Boosting 的思想，但二者在具体实现方法上仍有较大的不同，AdaBoost 选取的投票基函数（注：就是每次迭代单独产生的决策器）一般选择决策"树桩"这种单节点的弱分类器，尽管也可以选择其他的分类算法作为基函数，但相关文献表明弱分类器作为基函数的预测效果更加理想，因此 AdaBoost 一般适用于处理离散数据分类问题，而 GBDT 是一种基于 CART 的 Boosting 算法，该算法通过每次迭代力图缩小损失函数的残差，从最初始的弱分类器（决策树）不断拟合成长为强分类器（CART）。GBDT 同样可以处理离散型数据的二元或多元分类问题，但其对于连续型数据的回归问题更加直接有效。GBDT 在 BAT 这样的互联网大厂中都有广泛的应用，由于其泛化性能突出，在近年来流行的机器学习算法中占据重要一席。

分类算法中还有一类是基于数学数据和统计模型实现分类的算法，包括通过前验概率进行预测的朴素贝叶斯、基于阶跃函数实现二分类的逻辑回归以及基于拉格朗日乘子实现的支持向量机（SVM），这些算法的一个共性特征就是面向二分类问题求解，在训练数据相对较小的情况下，其预测准确度甚至不输于神经网络学习或深度学习。其中，SVM可以对非线性的高维度空间的数据进行分类，泛化性能也较好，曾经一度被认为是前深度学习时代最优秀的机器学习算法。朴素贝叶斯可以针对非结构化数据的二分类问题进行预测，其中一个典型的应用是在邮件系统中识别垃圾邮件，或者对于新闻网站中出现的高频词汇进行统计。逻辑回归算法解决的是典型的二分类问题，虽然预测精度不高，另外算法适合的应用也有一定局限（注：一般只适用于线性可分的二分类问题），但逻辑回归是一种"在线"学习算法，而且对于训练样本的不同特征（注：或称作属性）都可以通过量化的权重进行表征，这也是它的一个典型特点。

除了面对离散数据进行处理分析的分类算法，监督式学习阵营还包括回归类型的算法。回归算法一般面向解决连续性数值问题的预测分析，主要分为线性回归以及非线性的树回归。线性回归的核心算法是通过矩阵求逆运算实现的最小二乘法，一般用来进行连续数值的趋势预测，在实际应用中，也可以利用线性回归算法中数据特征的权重来量化分析特征对于标注数据的影响程度这一特性进行扩展应用开发。但当数据拥有众多特征并且特征直接关系十分复杂，同时面对非线性问题时，线性回归模型就显得不那么有效了，此时可以采取 CART（Classification And Regression Trees，分类回归树）构建算法，前文提及 CART 算法相比决策树属于全局寻优算法，而 GBDT 是一种更先进的 CART 树，将损失函数的残差作为目标函数（注：标注 CART 采取标注数据的方差作为目标函数），并结合集成学习技术进一步提升了预测的精度。

神经网络/深度学习是近年来被认为最为流行的"仿生学"机器学习算法，其本质是以逻辑回归作为基础"神经元"细胞，通过输入-输出反复刺激（训练），不断迭代寻优，最终形成预测模型。神经网络可以解决二元分类、多元分类甚至回归问题，业内有一种观点，如果其自身的前馈神经元数量足够庞大复杂，通过引入非线性架构的神经网络，理论上可以模拟任何函数，解决任何问题。尽管神经网络如此强大，但是在实际应用中也存在诸多局限性，例如在使用算法前需要对众多的算法参数进行调整，这个过程就比较复杂，另外神经网络可解释性较差，在较小的数据结构中预测精度可能会下降，而且不利于在线扩展。业内最成熟的神经网络/深度学习应用一般针对图像、人脸识别或者语音、语义的处理等领域，这些技术在各行各业都进行了应用，例如门禁闸机、互联网的身份认证、翻译器等，这些较成熟的应用都需要预先收集庞大且标注质量较高的数据，通过耗时较长的训练过程将模型固化。

监督式学习算法目前是机器学习在实际应用中的主流算法，但另一个重要的领域——无监督学习同样不可忽视。无监督学习区别于有监督学习最重要的特点就是采集到的训练样本数据没有明确的标注信息。作为聚类算法的 K 均值算法、二分 K 均值算法、DBSAN 占据无监督式学习阵营的主流。聚类算法一般用来对数据进行整理分析，通过将相似数据的聚类簇进行合并从而发现共性特点。在具体应用实现中，一般通过聚类算法将数据进行预先处理，对同一聚类簇的数据进行共性标注，再依据标注信息结合分类算法实现后续预测分析。除此之外，聚类算法还可被用于地图的地理化分布呈现，通过打点坐标的经纬度将距离相近的打点聚合在一起，不同类别冠以不同的颜色呈现区分，这在大数据可视化地图分析中非常直观。关联分析类算法严格来说并不算是机器"学习"的范畴，而更偏向于大数据统计分析，其经典的应用就是在零售行业的售货记录中发现了"啤酒-尿布"的关联关系，除此之外还有很多有趣的应用，例如可以通过关联分析算法发现某国议会中投票法案之间的潜在关系，也可以应用在互联网的关键词热搜当中。该算法在处理数据的时候并不关心特征的样本取值，而将样本出现在数据中比拟为零售清单中的一条记录，只关心在一条记录中该"商品"（特征）是否出现，出现一次就记为1。由于在实际应用分析中往往面临的数据量异常庞大，因此在关联分析中实际关注的焦点问题是如何将计算复杂度降低，于是 Apriori 算法、FP（Frequent Pattern）-growth 算法应运而生，这些算法可以将搜索量显著降低，FP-growth 算法相比 Apriori 算法数据扫描量更低，计算效率显著提升，而且易于在线扩展，是目前互联网对于关键词热搜的主流算法。

在非监督学习阵营中，还有一类针对数据进行预处理的算法，其重要性可能一直被业界所忽视，这就是通过矩阵运算而实现的数据降维处理算法，主要包括主成分分析（Principal Component Analysis，PCA）、奇异值分解（Singular Value Decomposition，SVD）等。尽管这些算法很多时候需要结合其他算法或规则联合对数据进行分析，但其在有些应用需求中却是不可或缺的，如 SVD 可以用于图像压缩技术，也可以用来根据用户喜好实现对于用户的商品推荐，如互联网电视节目、大众点评的菜品或者是感兴趣的新闻类型。在 2006 年末，美国电影公司 Netflix 曾经举办了一个奖金为 100 万美元的大赛，这笔奖金会颁给当时最好的推荐系统的参赛者。最后的获奖者就使用了 SVD 技术。

尽管机器学习算法领域中的研究已经日趋成熟，但受制于一些因素，AI 技术在专业领域完全取代传统人工的大规模应用还为时尚早，归纳起来主要有三方面原因。

1）行业应用普遍缺乏高质量的标注数据，同时获取标注的成本巨大：这是目前制约 AI 在各个行业深入应用的难题，专业领域中的应用与图像识别的基础标注工作不同，需要有更专业的知识和经验进行评判，这些基础人工的标注工作质量直接决定了后续 AI 技术预测分析的准确程度。例如，在医疗行业中对于医疗 X 光片的基础标注工作直接取决于医生的经验，对一例 X 光图片的标注所需要的成本和难度远远高于互联网中获取到的小猫小狗图片的标注成本。对于标注数据的前期采集需要消耗大量的人力、物力成本，需要组织大量高素质的专家进行专门标注，这不仅涉及投入成本开销，还涉及传统行业领域面向 AI 转型系统性的组织和布局。

2）数据颗粒度的精细程度以及数据采集质量：什么是数据颗粒度？数据颗粒度表示组成某数据集的最小单元，这个最小单元越细化，数据的价值就越高，这一概念也可以引申为数据采集的频度，频度越高对于后续的算法学习预测效果越准确。5G 时代相比 4G 时代在数据带宽方面具备显著优势，通过 5G 网络建设拓宽了数据传输通道，数据传输基础设施的普遍升级使得大数据采集工作聚焦到了前端采集的手段，更细化颗粒度的数据采集可能会为新兴的产业创造机遇，但同时在传统需手工采集领域也存在不小的挑战。

例如，在通信行业中如果尝试将 AI 技术引入，代替传统优化工人凭经验判断调整天线方位角、俯仰角，以期实现自动智能天馈优化这一目标，这就需要在前期数据采集过程中，在天线塔工每次上站时都要对于天线调整之后的对应性能数据有详细的记录入库，但这往往无法同步记录，一般会存在一定时间的观察统计延迟；另外，为了积累足够大量细化颗粒度的数据，天线塔工需要对一面天线至少进行成百上千次试错性的调整以获得预期数据，这在实际网络优化调整中往往难以有效开展，不仅人力物力开销巨大，同时也会影响网络质量。由此看来，在传统靠手工采集数据的领域短期内应用 AI 技术进行替换升级还不十分现实，IT 手段建设进行数据采集是 AI 技术应用的前提。

3）人工智能算法选型：在说明这个问题时，先引入一个有趣的比喻，将专业领域应用 AI 技术的工程师比作"厨师"，各式各样的人工智能算法可以比作厨房中的"锅、碗、瓢、盆"等各种厨具，各种需要定制化采集清洗的数据可以认为是切好的"菜"，那么作为 AI 技术应用方的"厨师"，其实并不太需要关注厨具的生产工艺如何，甚至工艺指标如何，更应该关心的是如何定制化地烧出一桌"好菜"。因此，应该本着适配务实的原则来选取有效的算法推进 AI 在专业领域中的应用，不一定言必称"神经网络""深度学习"，其实很多经典的机器学习算法都可以有效地应用在生产实践中，做出一盘盘美味的"小菜"，例如做番茄炒蛋，并不一定非要用拿高压锅（注：这里类比深度学习这样的复杂算法）来做，一般的炒锅就能完全胜任。还有一个关键是，需要关心"菜"（数据）是如何定制化准备的，比如在备菜阶段将西红柿切开，鸡蛋打散，这就是根据实际"菜"的需求按照定制化的格式预先准备数据。基于之前提到 AI 技术应用中存在的两个困境，也可以尝试通过设计新的算法结构寻求突破，比如尽量选择无监督式算法对庞杂数据进行预先整理，再尝试按照分类簇进行标注，这样可以有效减少庞大的标注工作量。另外，初始训练阶段难以获取大数据样本的情况下，可以尝试选择半监督学习算法或者强化式学习算法，这样通过时间维度不断积累数据，以"时间维度换取数据空间"，不断迭代算法，提升模型工作的准确程度。业内为了解决有效数据量不足的通病，也尝试提出了"迁移式学习"这样的理念，但真正落地到实际中也要考虑建模时的理论鲁棒性，避免出现通过分析 A 的微博历史记录预测 B 的语言习惯，尽管这两个人外貌十分相似。除此之外，还可以在建模初期采取仿真等技术手段模拟制造"大数据"从而初步训练模型，后续过程中再通过实际数据进行模型校准修正，尽管在初期可能存在模型不准确等风险，但有效解决了初始阶段数据不足的问题，随着有效数据的逐步馈入，模型的实效会得以同步提升。

5G 万物互联时代，AI 技术的规模应用已成为必然，虽然在某些专业领域中已全面替代传统人工，但是助力产业深化转型升级过程中依然面临一些亟待解决的困境。对于千千万万从事该领域研究的工程师而言，困难是自身成长的"维生素"，挑战是提升本领的"蛋白质"，5G 人工智能之路虽任重道远，但依然充满了希望，令人鼓舞和期许。

附录 缩略语

5GC　5G Core　5G 核心网

5G-S-TMSI　5G S-Temporary Mobile Subscription Identifier　5G 临时移动用户标识
（短格式用于寻呼）

5QI　5G QoS Identifier　5G 服务质量标识

AI　Artificial Intelligence　人工智能

AF　Application Function　应用功能

AMBR　Aggregate Maximum Bit Rate　最大聚合比特速率

AMF　Access and Mobility Management Function　访问与移动性管理功能

AR　Augmented Reality　增强现实技术

ARFCN　Absolute Radio Frequency Channel Number　绝对射频信道号

ARP　Allocation and Retention Priority　分配和保留优先级

AS　Access Stratum　接入层

AUSF　Authentication Server Function　鉴权服务功能

BCH　Broadcast channel　广播信道

BFR　Beam Failure Recovery　波束失败恢复

BPSK　Binary Phase Shift Keying　二进制相移键控

BWP　Bandwidth Part　带宽片段

CA　Carrier aggregation　载波聚合

CCE　Control Channel Element　控制信道单元

CCD　Cyclic Delay Diversity　循环时延分集

CDM　Code Division Multiplexing　码分复用

CDN　Content Distribution Network　内容分发网络

CE　Control Element　控制单元

CoMP　Coordinated Multiple Points　协同多点传输

CORESET　Control Resource Set　控制资源集合

CP　Cyclic Prefix　循环前缀

CQI　Channel Quality Indicator　信道质量指示

C-RAN　Cloud-Radio Access Network　基于云计算的无线接入网架构

CRB　Common Resource Block　公共资源块

CRC　Cylic Redundancy Check　循环冗余校验

CRI　CSI-RS resource Indication　CSI-RS 资源指示

C-RNTI　Cell-Radio Network Temporary Identifier　小区无线网络临时标识（UE 处于 RRC 连接态下用于调度的唯一标识）

CSI-RS　Channel State Information-Reference Signal　信道状态信息参考信号

CS-RNTI　Configured Scheduling RNTI　用于下行半持续调度或者上行配置授权传输的唯一用户设备标识

CSS　Common Search Space　公共搜索空间

CU　Centralized Unit　集中式单元

DC　Direct Current　直流分量

DC　Dual Connectivity　双连接

DCI　Downlink Control Information　下行控制信息

DevOps　Development and Operations　研发与运维协作

DFT-s-OFDM　Discrete Fourier Transform-spread OFDM　离散傅里叶变换扩频的正交频分复用多址接入

DL-SCH　Downlink Shared Channel　下行共享信道

DMRS　Demodulation Reference Signal　解调信号

DN　Data Network　数据网络

DRB　Dedicated Radio Bearer　专用无线承载

DRX　Discontinuous Reception　非连续接收

DSP　Digital Signal Processing　数字信号处理

DU　Distributed Unit　分布式处理单元

eIMTA　Enhanced Interference Management and Traffic Adaptation　增强型干扰管理和业务适配

eMBB　Enhanced Mobile Broadband　增强型移动宽带

EMM　EPS（Evolved Packet System）Mobility Management　EPS 移动性管理

EN-DC　E-UTRA-NR Dual Connectivity　LTE 与 NR 双连接

EPC　Evolved Packet Core　演进分组域核心网络（4G 系统核心网络）

EPS　FB EPS fall back　EPS 回落

EVM　Error Vector Magnitude　误差向量幅度

FDD　Frequency Division Duplex　频分双工

FEC　Forward Error Correction　前向纠错

FFT　Fast Fourier Transform　快速傅里叶变换

FlexE　FlexEthernet　灵活以太网客户端接口标准

FR1　Frequency Range 1　频率范围 1

FR2　Frequency Range 2　频率范围 2

GBR　Guaranteed Bit Rate　保证比特率

GFBR　Guaranteed Flow Bit Rate　保障流速率比特

GP　Guard Period　保护间隔

GSCN　Global Synchronization Channel Number　全球同步信道号

GT　Guard Time　保护时间

HARQ　Hybrid Automatic Repeat reQuest　混合自动重传请求

ICT　Information and Communication Technology　信息通信技术

IDC　Internet Data Center　互联网数据中心

IMS　IP Multimedia Subsystem　IP 多媒体子系统

I-RNTI　Inactive RNTI　在 RRC 不活跃态下标识用户设备上下文

ISI　Inter Symbol Interference　符号间干扰

LDPC　Low-Density Parity-Check　低密度奇偶校验

LSB　Least Significant Bit　最低有效位

LTE　Long Term Evolution　长期演进系统

MAC　Medium Access Control　中间访问控制

MBSFN　Multicast Broadcast Single Frequency Network　多播广播单频网

MCG　Master Cell Group　主小区组

MCS　Modulation and Coding Scheme　调制和编码方案

MCS-C-RNTI　Modulation and Coding Scheme Cell RNTI　用于指示 PDSCH 和 PUSCH 的调制编码表的唯一用户设备标识

MEC　Mobile Edge Computing　移动边缘计算

MFBR　Maximum Flow Bit Rate　最大流速率比特

MIB　Master Information Block　主信息块

MIMO　Multiple In Multiple Out　多输入多输出

MIoT　Massive Internet of Things　大规模物联网（万物互联）

MN　Master Node　主节点

MO　Mobile Originated　主叫通话

MR　Measurement Reporting　测量报告

MR-DC　Multi-Radio Dual Connectivity　多无线电制式双连接

MSB　Most Significant Bit　最高有效位

MT　Mobile Terminated　被叫通话

NAS　Non Access Stratum　非接入层

NE-DC　NR-E-UTRA Dual Connectivity　NR 与 LTE 双连接

NEF　Network Exposure Function　网络曝光功能

NFV　Network Function Virtualization　网络功能虚拟化

NGEN-DC　NG-RAN E-UTRA-NR Dual Connectivity　下一代接入网 LTE 与 NR 双连接

NR　New Radio　新无线电（新空口）

NR-DC　NR-NR Dual Connectivity　NR 与 NR 双连接

NRF　Network Repository Function　网络仓库功能

NS　Network Slicing　网络切片

NSA　Non-Standalone　非独立组网

NSSF　Network Slice Selection Function　网络切分功能

NZP　Non Zero Power　非零功率

OFDM　Orthogonal Frequency Division Multiplexing　正交频分复用

PAPR　Peak Average Power Ratio　峰值平均功率比

PBCH　Physical Broadcast Channel　物理广播信道

PCC　Policy Control Function　策略管控功能

PCell　SpCell of a Master Cell Group　主小区组的主小区

PCH　Paging Channel　寻呼信道

PCFICH　Physical Control Format Indicator Channel　物理控制格式指示信道

PCI　Physical Cell Identifier　物理小区标识

PDCCH　Physical Downlink Control Channel　物理下行控制信道

PDCP　Packet Data Convergence Protocal　分组数据汇聚协议

PDN　Packet Domain Network　分组域网络

PDSCH　Physical Downlink Shared Channel　物理下行共享信道

PDU　Protocal Data Unit　协议数据单元

PHICH　Physical Hybrid ARQ Indicator Channel　物理混合自动重传指示信道

PMI　Precoding Matrix Indicator　预编码矩阵指示

PRACH　Physical Random Access Channel　物理随机接入信道

PRB　Physical Resource Block　物理资源块

P-RNTI　Paging RNTI　用于寻呼和系统消息改变通知的用户标识

PSCell　SpCell of a Secondary Cell Group　辅小区组的主小区

PSS　Primary Synchronization Signal　主同步信号

PTI　Precoding Type Indicator　预编码类型指示

PT-RS　Phrase Tracking Reference Signal　相位追踪参考信号

PUCCH　Physical Uplink Control Channel　物理上行控制信道

PUSCH　Physical Uplink Shared Channel　物理上行共享信道

QAM　Quadrature Amplitude Modulation　正交振幅调制

QCL　Quasi Co-Located　近似联合定位

QFI　QoS Flow ID　QoS 流标识

QoS　Quality of Service　服务质量

QPSK　Quadrature Phase Shift Keying　正交相移键控

RAN　Radio Access Network　无线接入网络

RAR　Random Access Response　随机接入响应

RA-RNTI　Random Access RNTI　用于下行随机接入响应的标识

RB　Radio Bearer　无线承载

RB　Resource Block　资源块

RE　Resource Element　资源元素

REG　Resource Element Group　资源单位组

RI　Rank Indication　传输秩指示

RLC　Radio Link Control　无线链路控制

RMSI　Remaining Minimum System Information　最小保留系统消息

RNA　RAN-based Notification Area　接入网通知区域

RNTI　Radio Network Temporary Identifier　无线网络临时标识

ROA　Reflective QoS Attribute　反映 QoS 属性

RPI　Relative Power Indicator　相对功率指示

RRC　Radio Resource Control　无线资源控制

RS　Reference Signal　参考信号

RTD　Round Trip Delay　往返传输时延

SA　Standalone　独立组网

SBA　Service-based architecture　基于服务的架构

SCell　Secondary Cell　辅载波小区

SCG　Secondary Cell Group　辅小区组

SCS　Subcarrier Spacing　子载波间隔

SD　Slice Differentiator　切片微分

SDAP　Service Data Adaptation Protocal　服务数据适配协议

SDU　Service Data Unit　服务数据单元

SFI-RNTI　Slot Format Indication RNTI　时隙格式指示

SFN　System Frame Number　系统帧号

SIB　System Information Block　系统消息块

SINR　Signal Interference Noise Ratio　信干噪比

SI-RNTI　System Informtion RNTI　用于广播和系统消息的标识

SI-window　Scheduling Information Window　调度消息接收窗长

SLA　Service Level Agreement　服务等级协议

SMF　Session Management Function　会话管理功能

SN　Secondary Node　辅节点

S-NSSAI　Single Network Slice Selection Assistance Information　单一网络切片选择辅助信息

SpCell　Special Cell　特殊小区

SR　Scheduling Request　调度请求

SRB　Signaling Radio Bearer　信令无线承载

SRS　Sounding Reference Signal　探测参考信号

SS　Synchronization Signal　同步信号

SSB　SS/PBCH Block　同步信号与物理广播信道资源块

SSS　Secondary Synchronization Signal　辅同步信号

SST　Slice/Service Type　切片/服务类型

SUCI　Subscription Concealed Identifier　用户隐私保护订阅标识

SUL　Supplementary Uplink　上行补充

SUPI　Subscription Permanent Identifier　用户永久订阅标识

TBS　Transport Block Size　传输块

TCI　Transmission Configuration Indicator　传输配置指示

TC-RNTI　Temporary C-RNTI　用于随机接入过程中临时标识

TDD　Time Division Duplex　时分双工

TPC-PUCCH-RNTI　Transmit Power Control PUCCH RNTI　用于 PUCCH 信道功率控制的唯一用户标识

TPC-PUSCH-RNTI　Transmit Power Control PUSCH RNTI　用于 PUSCH 信道功率控制的唯一用户标识

TPC-SRS-RNTI　Transmit Power Control SRS RNTI　用于 SRS 参考信号功率控制的唯一用户标识

TRP　Transmission and Reception Point　传输和接收节点

TRS　Tracking Reference Signal　追踪参考信号（CSI-RS 参考信号的一种特殊应用）

TSN　Time Sensitive Network　时间敏感网络（工业低时延网络）

TTI　Transmission Time Interval　传输时间间隔

UAC　Unified Access Control　统一访问控制

UDM　Unified Data Management　统一的数据管理

UDR　Unified Data Repository　用户订阅数据存储库

UDSF　Unstructured Data Storage Network Function　非结构化数据存储网络功能

UE　User Equipment　用户设备

UL-SCH　Uplink Shared Channel　上行共享信道

UPF　User Plane Function　用户面功能

URLLC　Ultra-Reliable and Low Latency Communications　超级可信低时延通信

USS　UE-Specific Search Space　基于用户设备的搜索空间

VoLTE　Voice over LTE　以 LTE 网络提供语音的解决方案

VoNR　Voice over NR　语音建立在新空口

VRB　Virtual Resource Block　虚拟资源块

WDM　Wavelength Division Multiplexing　波分复用

ZP　Zero Power　零功率

参 考 文 献

［1］ 王晓云，刘光毅，丁海煜，等．5G 技术与标准［M］．北京：机械工业出版社，2019．

［2］ 刘晓峰，孙韶辉，杜忠达，等．5G 无线系统设计与国际标准［M］．北京：人民邮电出版社，2019．

［3］ 罗发龙，张建中．5G 权威指南——信号处理算法及实现［M］．北京：机械工业出版社，2018．

［4］ 李兴旺，张辉．5G 大规模 MIMO 理论、算法与关键技术［M］．北京：机械工业出版社，2017．

［5］ 张传福，赵立英，张宇．5G 移动通信系统及关键技术［M］．北京：电子工业出版社，2018．

［6］ 万芬，余蕾，况璟，等．5G 时代的承载网［M］．北京：人民邮电出版社，2019．

［7］ 杨峰义，谢伟良，张建敏，等．5G 无线接入网架构及关键技术［M］．北京：人民邮电出版
社，2018．

［8］ 刘毅，刘红梅，张阳，等．深入浅出 5G 移动通信［M］．北京：机械工业出版社，2019．

［9］ 李侪，曹一卿，陈书平，等．5G 与车联网——基于移动通信的车联网技术与智能网汽车［M］．北
京：电子工业出版社，2019．

［10］ 江林华．5G 物联网及 NB-IoT 技术详解［M］．北京：电子工业出版社，2018．

［11］ 万蕾，郭志恒，谢信乾，等．LTE/NR 频谱共享——5G 标准之上下行解耦［M］．北京：电子工业
出版社，2019．

［12］ 张阳，郭宝．万物互联——蜂窝物联网组网技术详解［M］．北京：机械工业出版社，2018．

［13］ 3GPP. System architecture for the 5G system：3GPP TS 23. 501［S］. 2019.

［14］ 3GPP. Procedures for the 5G system：3GPP TS 23. 502［S］. 2019.

［15］ 3GPP. Technical realization of service based architecture：3GPP TS 29. 500［S］. 2019.

［16］ 3GPP. 5G system；principles and guidelines for services definition：3GPP TS 29. 501［S］. 2019.

［17］ 3GPP. 5G system；session management services ：3GPP TS 29. 502［S］. 2019.

［18］ 3GPP. 5G system；session management event exposure service：3GPP TS 29. 508［S］. 2019.

［19］ 3GPP. 5G system；network function repository services；3GPP TS 29. 510［S］. 2019.

［20］ 3GPP. 5G system；policy and charging control signalling flows and QoS parameter mapping：3GPP TS
29. 513［S］. 2019.

［21］ 3GPP. 5G system；access and mobility management services：3GPP TS 29. 518［S］. 2019.

［22］ 3GPP. 5G system；services, operations and procedures of charging using service based interface（SBI）：
3GPP TS 32. 290［S］. 2019.

［23］ 3GPP. NR and NG-RAN overall description：3GPP TS 38. 300［S］. 2019.

［24］ 3GPP. NR；base station radio transmission and reception：3GPP TS 38. 104［S］. 2019.

［25］3GPP. NR；physical layer；general description：3GPP TS 38. 201 ［S］. 2019.

［26］3GPP. NR；physical layer services provided by the physical layer：3GPP TS 38. 202 ［S］. 2019.

［27］3GPP. NR；physical channels and modulation：3GPP TS 38. 211 ［S］. 2019.

［28］3GPP. NR；multiplexing and channel coding：3GPP TS 38. 212 ［S］. 2019.

［29］3GPP. NR；physical layer procedures for control：3GPP TS 38. 213 ［S］. 2019.

［30］3GPP. NR；physical layer procedures for data：3GPP TS 38. 214 ［S］. 2019.

［31］3GPP. NR；physical layer measurements：3GPP TS 38. 215 ［S］. 2019.